U0309044

晶体生长初步

成核、晶体生长和外延基础

Crystal Growth for Beginners

Fundamentals of Nucleation, Crystal Growth and Epitaxy

Ivan V. Markov 著

牛刚 王志明 译

高等教育出版社·北京

图字：01-2015-6311 号

图书在版编目(CIP)数据

晶体生长初步：成核、晶体生长和外延基础：第二版／(保)伊凡·V·马尔可夫(Ivan V Markov)著；牛刚，王志明译. --北京：高等教育出版社，2018. 9
（材料科学经典著作选译）
书名原文：Crystal Growth for Beginners：Fundamentals of Nucleation, Crystal Growth and Epitaxy
ISBN 978-7-04-050061-5

Ⅰ. ①晶… Ⅱ. ①伊… ②牛… ③王… Ⅲ. ①晶体生长 Ⅳ. ①O78

中国版本图书馆 CIP 数据核字(2018)第 149368 号

策划编辑 刘剑波　　责任编辑 刘占伟　　封面设计 杨立新　　版式设计 张　杰
插图绘制 于　博　　责任校对 胡美萍　　责任印制 韩　刚

出版发行	高等教育出版社	网　　址	http：//www.hep.edu.cn
社　　址	北京市西城区德外大街 4 号		http：//www.hep.com.cn
邮政编码	100120	网上订购	http：//www.hepmall.com.cn
印　　刷	北京汇林印务有限公司		http：//www.hepmall.com
开　　本	787mm×1092mm　1/16		http：//www.hepmall.cn
印　　张	25. 25		
字　　数	480 千字	版　　次	2018 年 9 月第 1 版
购书热线	010-58581118	印　　次	2018 年 9 月第 1 次印刷
咨询电话	400-810-0598	定　　价	99. 00 元

本书如有缺页、倒页、脱页等质量问题，请到所购图书销售部门联系调换
版权所有　侵权必究
物 料 号　50061-00

译者简介

牛刚，西安交通大学特聘研究员，博士生导师。德国"洪堡学者"和陕西省"千人计划"获得者。2010 年在法国里昂中央理工大学获得博士学位，曾在德国莱布尼兹微电子所 IHP 担任研究员。从事分子束外延材料与器件研究多年，主要的研究方向是硅基板上的功能性纳米薄膜研制及"后摩尔"器件的实现等。主持了多个由国家自然科学基金、德国研究基金会 DFG 等资助的关于外延生长及器件的研究项目。截至目前，在国际学术期刊上发表外延生长及器件相关论文 70 余篇，撰写英文专著 *Molecular Beam Epitaxy* 中的一章，在 EMRS、SPIE、ECS 等权威国际学术会议作特邀报告 10 余次，多次受邀担任国际会议的委员会委员及分会主席，担任国际期刊 *Microelectronic Engineering* 和 *Journal of Nanomaterials* 客座编辑。为国际电力电子学会 IEEE 会员和中国电子学会的高级会员，并且曾获中国电子学会"优秀科技工作者"称号。

王志明，应用物理学家，电子科技大学教授。1969 年 10 月出生于山东省高密市。2006 年起任期刊 *Nanoscale Research Letters* 的主编。2010 年入选国家千人计划。其研究领域是工程与材料科学，长期从事分子束外延材料与器件研究，代表性研究成果有量子点多层有序自组织、高指数面纳米结构控制以及液滴外延技术等，其中纳米自钻孔技术和量子点分子生长开创了半导体量子结构研究的新方向。

作者简介

Ivan V. Markov，目前为保加利亚科学院物理化学研究所的荣誉退休教授。Markov 于 1965 年在保加利亚索菲亚大学获得化学专业学位，随后加入位于索菲亚的保加利亚科学院物理化学研究所，于 1976 年在该所获得金属电化学成核的哲学博士学位，此后从事薄膜外延生长的理论研究，并于 1989 年获得理学博士学位。他曾是德国德累斯顿大学(1989)、中国台湾清华大学材料科学系(1992—1994)、西班牙马德里自治大学凝聚态物理系(1992—1994)、中国香港大学物理系(2004)等的客座教授，讲授成核、晶体生长和外延基础的课程。他的研究兴趣主要集中于成核和外延(外延界面结构、外延生长机制以及表面活性剂的作用等)，围绕这些研究方向，发表了约 100 篇科学论文。

第二版前言

虽然本书在 1995 年出版，但其实第一版的主体是在 1990 年写成的。唯一的例外是致力于讨论一维成核的那一章，那章是我两年之后在中国台湾清华大学访问时写成的。恰逢在 1989—1990 年间，有两个能够极大影响工业应用的新现象被发现了——Copel 等（1989）发现了表面活性剂对于半导体外延层生长模式的作用，以及 Eaglesham 和 Cerullo（1990）发现在 Stranski-Krastanov 生长模式中会形成连贯（无位错）的三维岛。此外，上个 10 年[①]人们开始对下台阶扩散的额外势垒（由 Ehrlich 在 30 多年前发现）对于生长表面形貌的作用进行了密集的研究。这些研究是和表面分析仪器的急剧发展联系在一起的。这些发展的结果是，实际上整个成核和生长的理论都应在考虑 Ehrlich-Schwoebel 势垒的基础上重写。

囊括上述发现来更新本书的想法，是准备此书第二版的第一个原因。第二个原因与书本身有关。许多同事告诉我，这本书读起来不是很容易。几乎相同数量的同事告诉我相反的意见。一些年之后，我明白了造成意见分化的原因。我自己喜欢书的一半而不喜欢另一半。我发现，非常有趣的是，我最喜欢的部分是那些自我感觉不是专家的部分（一个人不可能在所有事情上都是专家）；反之，我不喜欢那些我自己作出贡献的部分。所以，我决定尝试纠正这种不一致性。第一个合理的步骤是删除我自己作出贡献的部分。这很简单。第二个步骤，即撰写别人最近所做的成果，显然这是一项繁重的工作。我不得不"决定什么将留在科学中而什么将被遗忘"。为了解决这个问题，我简单地决定只写自己最喜欢的部分。因此，我删除了讲述原子间势的非凸性对于外延界面结构作用的部分，并且加入了两个新的章节，讨论 Ehrlich-Schwoebel 势垒和表面活性剂对于表面形貌的影响。虽然这两个因素同时影响晶体生长和外延生长，我决定将第一节放入第三章而将第二节放入第四章。在讨论成核的原子论速率和饱和核密度的章节中，进行了重大的修改。而且，我花了很长时间，来找到一种更为讲究的方式来介绍针对团簇的平面吸附物稳定性的判据。我被 Sir Rudolf Peierls 的方法深深吸引，所以我决定完全复制他那才华横溢的三页论文。这进而导致了对于讨论外延生长机制的热力学判据章节的彻底的修整。

---

① 指 20 世纪 90 年代。——译者注

至于可读性，我的一个朋友告诉我，关于物理学的教科书不是畅销惊险小说，读者应该进行一些努力来掌握内涵。虽然我也知道，一些关于固态物理学和统计热力学的书在我读来就像惊险小说，我还是决定同意我朋友的说法。但是，我尝试修改文中我认为不当的部分，或者不清楚的问题。因此，我真的希望我能够成功，至少部分地，将文字沿一个正确方向更新，并且使其更为可读。

我想向 G. H. Gilmer、T. T. Tsong、Th. Michely、M. Horn-von Hoegen 和 B. Voigtländer 致以感激，他们好心地允许我从他们的论文中复制图片，并且发给我对应的文件。尤其，我非常感激 B. Voigtländer 能够好心地允许我使用锗在 Si(001) 上的"小屋"形团簇的漂亮的 SEM 图片作为本书的封面。我也想感谢 J. E. Prieto 对于第四章的批判性阅读。

Ivan V. Markov

于保加利亚索菲亚

II

第一版前言

撰写这本书的主意并不完全是我的。它部分地要属于我的同事兼朋友，Svetoslav D. Toschev 博士。我和他一起研究金属电化学成核的动力学。不幸的是，由于他于 1971 年英年早逝，使得他不能够完成这项事业。撰写这样一本著作的想法，是来自我们在物理化学研究所中对于成核、晶体生长和外延的理论及实验方面长期的实践经验。实际上，早在 1927 年，Ivan Stranski 就在保加利亚发表了晶体生长的第一篇论文，同时与 W. Kossel 介绍了半晶体位置的概念。这成为成核和晶体生长中最为重要的概念。两年之后，Stranski 与 K. Kuleliev 一起利用这个概念探讨了沉积在一个异质衬底上的头几层单层稳定性的问题。这个工作为后来 Stranski 和 Krastanov 探讨一价离子晶体在二价离子晶体表面外延生长的机制奠定了基础。选择这个系统，是因为在当时对于此系统的原子间力的评估更为容易。Stranski 和他的同事们首次意识到，在超薄的外延薄膜中，是化学势随厚度的变化决定了生长机制。如今，对于所有从事外延生长的研究者来说，以 Stranski 和 Krastanov 命名的先形成几个完整单层再生长孤立三维岛的外延生长机制已经人人皆知。实际上，Stranski 和 Kuleliev 的工作是外延生长的第一项理论研究。在 20 世纪 30 年代早期，Stranski 和 Kaischew 引入了平均分离功的概念，以便描述小的三维和二维晶体与母相之间的平衡。这使得他们能够用定量的方式来描述晶体成核的动力学以及完美晶体的二维生长。今天，这些早期的论文几乎已经被遗忘了，但是它们激发了此领域许多作者更进一步的研究，如 R. Becker 和 W. Döring，Max Volmer，W. K. Burton，N. Cabrera 和 F. C. Frank 以及其他很多人。

当我在保加利亚的 Botevgrad 的微电子与光电子所审阅一门成核的课程时，我有了写这本书的念头。我惊讶地发现，在利用化学气相沉积(CVD)、液相外延(LPE)、金属有机化学气相沉积(MOCVD)及分子束外延等技术从事先进材料的生长和检测时，很多人缺乏晶体生长和外延的基础知识。虽然他们是高真空、表面以及块体材料检测和器件建构方面很好的专家，但是却不理解构成这些器件制造基础的基本过程。一年之后，在德国德累斯顿大学读了相似的课程课件以及和我的同事作了多次讨论之后，我进一步地坚定了撰写这本书的想法。

有许多从不同方面讨论成核、晶体生长和外延的优秀的专著、论述和综述文章。它们当中的绝大多数都被列在参考文献当中。我希望读者特别注意 Max Volmer 的专著《相图动力学》，和 Y. Frenkel 的著述《液体动力学理论》。只有 A. A. Chernov 的《现代晶体学》的第三卷以及 J. W. Christian 的《金属与合金中的转变理论》第二版这几本专著与本书讨论的问题有相当大的重叠，我在读到它们的时候也非常高兴。然而，所有这些著作的目标读者基本都是已经在该领域有了一些基础知识的研究者。显然，对于刚开始研究生涯的研究生甚至本科生，还并没有一本教科书能够从他们的水平出发，以一个统一的标准给出成核、晶体生长和外延的基本知识。读者将需要初级结晶学和化学热力学的一些知识。甚至对于本科生来说，数学描述都不应该造成任何困难。实际上，对于需要更加复杂的数学推导的情况，我们替代性地讨论更低维度的问题。因此，数学推导被极大地简化了，从而更加容易掌握物理含义。一个典型的例子是赫灵（Herring）公式的讨论。在一些情况下，也不能完全避免对于某些特别数学方法（如第一章中的欧拉方程）和特别函数（如贝塞尔函数）以及椭圆积分的运用。但是，读者不应当"痛苦地"接受它们。任何好的教科书都应该能够帮助那些对于数学方法不熟悉的读者们。所有上述的这些都决定了本书的题目。

本书很自然地划分为 4 章：晶体-环境相平衡、成核、晶体生长及外延生长。第一章给出了理解其余章节中材料所需的信息。因此，第一章中定义了决定一个二维岛与母相间平衡的平均分离功的概念，并在第三章中使用它推导弯曲台阶推进速率的表达式。第二章探讨所有与成核有关的问题。唯一的例外是第三章中包含的一维成核理论，因为它紧密地与单个高度台阶的推进相关。关于从半晶体（扭结）位置的分离功的概念贯穿了整个介绍。我们可以把它看作沉积物的一个单层的特定晶体的化学势（取负号）。通过使用这个概念，我们展示出，晶体生长和外延生长的唯一区别是热力学性质。超薄外延薄膜中的化学势与晶体中的不同。生长单晶和外延薄膜的动力学是同一个。

我没有和我的任何同事讨论书稿的内容。所以，我独自承担任何误解或错误的责任，并且如果有人可以指出它们并提醒我，我将非常感激。另一方面，我非常感激 V. Bostanov、A. Milchev、P. F. James、H. Böttner、T. Sakamoto 及 S. Balibar 能够好心地允许我再现其论文中的图，并且提供对应的照片。我也深深地感激伦敦帝国理工大学的 D. D. Vvedensky 教授，因为他好心地允许我使用他漂亮的关于 Si(001) 生长的蒙特卡罗模拟的图片来作为本书的封面。除了 3.2.4 节之外，这本书的撰写都是在保加利亚科学院理化研究所完成的，3.2.4 节探讨了通过台阶流动进行生长的 Si(001) 邻位表面。我决定加进这一节来阐释通过一维成核的单高度台阶的传播。这一节是我在中国台湾新竹清华大学作为特邀访问教授期间撰写的。书稿的最后准备也是在中国台湾清华大学进行的。我想要对 L. J. Chen 教授以及系里的教工致以真挚的感谢，感谢他们的热情好客以及帮助。这方面我也感谢"台湾科学委员会"的财政资助。

Ivan V. Markov
于保加利亚索菲亚
中国台湾新竹

目　　录

第一章
晶体−环境相平衡

1.1 无限大相的平衡

当两个无限大相 α 和 β 的化学势 μ_α 和 μ_β 相等时，它们之间就达到了平衡。化学势可由 $\mu = (\partial G/\partial n)_{P,T}$ 表示，即在恒定压强 P 和温度 T 系统中吉布斯（Gibbs）自由能（G）对于粒子数（n）的导数。换言之，化学势是在单位相中为改变粒子数所作的功。最简单的情形是单组分系统，其中有

$$\mu_\alpha(P, T) = \mu_\beta(P, T) \tag{1.1}$$

上述方程意味着在两相中压强和温度都相等。$P_\alpha = P_\beta = P$ 的要求等价于两相间界面为平坦的情形，也就是说，相是无限大的。我们将在下一节介绍有限大相平衡时阐明这个问题。

现在我们假设温度和压强被极微量地改变而两相始终保持平衡，即

$$\mu_\alpha + \mathrm{d}\mu_\alpha = \mu_\beta + \mathrm{d}\mu_\beta \tag{1.2}$$

由式（1.1）和式（1.2）有

$$\mathrm{d}\mu_\alpha(P,\ T) = \mathrm{d}\mu_\beta(P,\ T) \tag{1.3}$$

回忆吉布斯自由能的性质（$\mathrm{d}G = V\mathrm{d}P - S\mathrm{d}T$），可以将式（1.3）写为

$$-s_\alpha \mathrm{d}T + v_\alpha \mathrm{d}P = -s_\beta \mathrm{d}T + v_\beta \mathrm{d}P \tag{1.4}$$

式中 s_α 和 s_β，v_α 和 v_β 分别是两相在平衡状态下的分子熵和分子体积。

将式（1.4）变形可以得到著名的克拉佩龙（Clapeyron）方程

$$\frac{\mathrm{d}P}{\mathrm{d}T} = \frac{\Delta s}{\Delta v} = \frac{\Delta h}{T\Delta v} \tag{1.5}$$

式中，$\Delta S = S_\alpha - S_\beta$；$\Delta v = v_\alpha - v_\beta$；$\Delta h = h_\alpha - h_\beta$ 是对应相变的焓。

我们首先考虑 β 相是液相（凝聚相之一）及 α 相是气相的情况，则焓的变化 Δh 为蒸发焓，即 $\Delta h_{ev} = h_v - h_1$，而 v_1 和 v_v 分别是液相与气相的摩尔体积。蒸发焓恒为正值而气相体积 v_v 通常远比液相体积 v_1 大。换言之，斜率 $\mathrm{d}P/\mathrm{d}T$ 将是正值。我们可以忽略晶体相对于蒸气的摩尔体积，并且假设蒸气为理想气体，即 $P = RT/v_v$，则式（1.5）有如下形式：

$$\frac{\mathrm{d}\ln P}{\mathrm{d}T} = \frac{\Delta h_{ev}}{RT^2} \tag{1.6}$$

这就是著名的克拉佩龙-克劳修斯（Clapeyron-Clausius）方程。用升华焓 Δh_{sub} 替换 Δh_{ev}，我们得到描述晶相-气相平衡的方程。

假设 Δh_{ev}（或 Δh_{sub}）不随温度变化，式（1.6）容易积分得到

$$\frac{P}{P_0} = \exp\left[-\frac{\Delta h_{ev}}{R}\left(\frac{1}{T} - \frac{1}{T_0}\right)\right] \tag{1.7}$$

式中，P_0 是在温度 T_0 下的平衡压强。

在晶体-熔化平衡的条件下，焓 Δh 等于熔化焓 Δh_m（始终为正值），而平衡温度即熔点 T_m。

基于以上讨论的结果，我们可以在 P-T 坐标系下建立单组分系统的相图（图 1.1）。晶体升华焓 Δh_{sub} 大于液体的蒸发焓 Δh_{ev}，所以相图中表示晶相-气相平衡的曲线的斜率大于表示液相-气相平衡曲线的斜率。另一方面，通常液相的摩尔体积 v_1 要大于晶相的摩尔体积 v_c（存在一些极少但重要的例外，例如水和铋的情况），但是其差别很小，所以斜率 $\mathrm{d}P/\mathrm{d}T$ 很大，实际上，它远远大于另外两种情况下的斜率，并且也是正值（除上述提到的少数例外）。因此，P-T 空间可分为三个部分。在高压和低温情况下，晶相从热力学角度讲易于存在。液相在高温高压下稳定而气相在高温低压下稳定。两种相沿着图 1.1 中实线达到平衡，在所谓的三相点 O 处三种相同时达到平衡。液相-气相线在所谓的关键点 O' 处结束。越过 O' 点，液体不再存在，因为液相的表面能等于零，而且两相的相边界消失了。

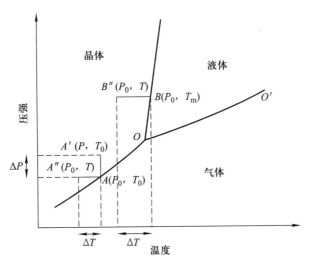

图 1.1　压强-温度坐标系下的单组分系统相图。O 和 O' 分别代表三相点和关键点。当沿着 AA' 线或 AA'' 线移动时，气相相对于晶相变得过饱和或过冷却。当沿着 BB'' 线移动时，液相相对于晶相过冷却。ΔP 和 ΔT 为过饱和和过冷却

1.2　过饱和

在沿着分界线移动时，对应的各相处于平衡，也就是说式（1.1）被严格满足。如果压强或温度有一个偏离相平衡的分界线，会有一种相变得稳定。这意味着它的化学势变得比处于其他区域的相的化学势要小。若温度和/或压强有任何变化，则会导致稳定区域的变化，进而导致相之间的转化。因此，降低温度或升高压强会导致结晶或气体的液化，而降低温度会导致液体的固化。图 1.2 展示了温度恒定的条件下，晶相和气相的化学势随压强的变化。气相化学势随压强的升高满足对数法则。这对应于图 1.1 中沿 AA' 线的移动。同时，晶相的化学势与压强是线性关系，且其斜率由摩尔体积 v_c 给出。两条曲线相交于平衡压强 P_0 的位置。当压强小于 P_0，晶相的化学势大于气相化学势，所以晶体应升华。反之，当压强大于 P_0，气体应当结晶。化学势是随压强变化的函数，而化学势的不同则代表了结晶发生的热力学原动力。过饱和（supersaturation），其定义为，在某温度下无限大母相和新相之间的化学势之差，即

$$\Delta \mu = \mu_v(P) - \mu_c(P) \tag{1.8}$$

上式所表达的"过饱和"其实有误，正确的表达正好与其相反：过饱和应该等于新相化学势相对于母相化学势之差，即 $\Delta \mu = \mu_c(P) - \mu_v(P)$。但是，我们必须记得，化学势始终为负值，并且更小的化学势意味着更"负"的化学势

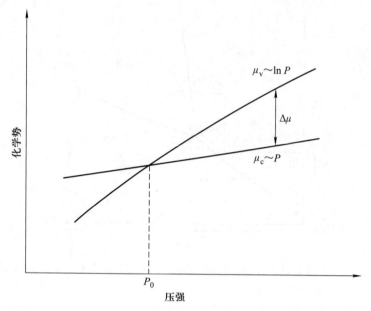

图 1.2　当沿图 1.1 中 AA' 线移动时，气相(μ_v)和晶相 (μ_c)的化学势随压强的变化关系。P_0 代表平衡压强

（即更大的绝对值）。这一点可以很清晰地从式（1.58）中看出，其中无限大晶体的化学势（0 K 时）等于在蒸发一个原子所需能量的值（正值）前加负号。那么，μ_c 与 μ_v 之差（$\mu_c-\mu_v$）将为负。为了避免正负号的混淆，我们通常按式（1.8）来定义 $\Delta\mu$。这也是在成核所需功的表达式［式（2.3）］中，我们给包含过饱和那一项前面加负号的原因。

由式（1.1）或 $\mu_v(P_0)=\mu_c(P_0)$，我们可以将式（1.8）重新写为如下形式：

$$\Delta\mu = \left[\mu_v(P) - \mu_v(P_0)\right] - \left[\mu_c(P) - \mu_c(P_0)\right]$$

对于很小地偏离平衡态的情况，上述方程变为

$$\Delta\mu \cong \int_{P_0}^{P} \frac{\partial\mu_v}{\partial P}\mathrm{d}P - \int_{P_0}^{P} \frac{\partial\mu_c}{\partial P}\mathrm{d}P = \int_{P_0}^{P} (v_v - v_c)\mathrm{d}P \cong \int_{P_0}^{P} v_v\mathrm{d}P$$

将气相视为理想气体（$v_v = kT/P$），从积分我们得到

$$\Delta\mu = kT\ln \frac{P}{P_0} \tag{1.9}$$

式中，P_0 是无限大晶相在给定温度下的平衡蒸气压。

不去管太多细节，我们可以写出从溶液结晶情况下过饱和的表达式，当溶液为理想情况时，它的表达式为

$$\Delta\mu = kT\ln\frac{C}{C_0} \tag{1.10}$$

式中，C 和 C_0 分别为溶质的实际浓度和平衡浓度。其实，更严格的推导需要考虑多组分系统，详见参考文献 Chernov(1980)。

图 1.3 展示了晶相和液相的化学势在恒定压强下随温度的变化(图 1.1 中 BB''段)。在这种情况下，过饱和经常被称为过冷却(undercooling)，再一次地，它被定义为无限大液相与晶相化学势(分别为 μ_1 和 μ_c)在给定温度下的差

$$\Delta\mu = \mu_1(T) - \mu_c(T) \tag{1.11}$$

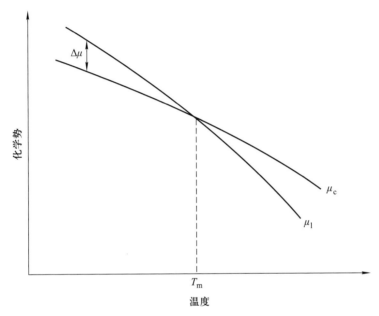

图 1.3　当沿图 1.1 中 BB'' 线移动时，液相 (μ_1) 和晶相 (μ_c)的化学势随温度的变化关系。T_m 代表熔化点

采用上面同样的过程，我们得到

$$\Delta\mu = [\mu_1(T) - \mu_1(T_m)] - [\mu_c(T) - \mu_c(T_m)]$$

$$\cong \int_{T_m}^{T}\frac{\partial\mu_1}{\partial T}dT - \int_{T_m}^{T}\frac{\partial\mu_c}{\partial T}dT = \int_{T}^{T_m}\Delta s_m dT$$

假设熔化熵 $\Delta s_m = s_1 - s_c$，与温度无关，积分后有

$$\Delta\mu = \Delta s_m(T_m - T) = \frac{\Delta h_m}{T_m}\Delta T \tag{1.12}$$

显然，如果将熔化焓换为升华焓(图 1.1 中 AA''段)，也即过冷却的气体结晶的情况下，式(1.12)也同样适用。

最后，金属的电结晶是一种特殊情况，此时过饱和由下式给出：

$$\Delta\mu = ze\eta \tag{1.13}$$

式中，z 为中性粒子的价态；$e = 1.602\ 19 \times 10^{-19}$ C，为基本电荷；$\eta = E - E_0$ 是所谓的"过电压"或"过电势"，指溶液中沉淀金属的平衡电势 E_0 与外界所加的电势 E 之差。

我们现在以一个"简单"晶体硅（Si）为例，比较过饱和（从气相开始的晶体生长）和过冷却（从熔化开始的晶体生长）。硅蒸气中包含 Si、Si_2 和 Si_3，但是单体的浓度比聚合分子的浓度大许多个数量级，所以后者可以忽略不计。从气相开始的生长经常在约 600 K 温度下发生，而且原子到达速率 R 通常在每分钟一个单分子层（monolayer，ML）范围内，即大约 1.1×10^{13} cm^{-2} · s^{-1}（Voigtländer，2001），硅在 600 K 的平衡蒸气压为 $P_e = 1.3 \times 10^{-32}$ atm① 或 1.3×10^{-27} N/m²。每秒到达单位面积 1 cm² 的原子流量为 $R_e = P_e(2\pi mkT)^{-1/2}$ ［见式（2.56）］，其中 m 为单个原子质量，大约为 4.66×10^{-26} kg，k 为玻尔兹曼（Bolzmann）常量，其值为 1.38×10^{-23} J/K。在更高温度下重复同样的计算［平衡蒸气压随温度呈指数上升，见式（1.58）］，我们发现在 1 000 K，$\Delta\mu = 1.2$ eV，而 1 400 K 时变为负数，即 $\Delta\mu = -0.2$ eV。换言之，在大约 1 300 K 时，在上述原子到达速率下，硅晶体开始蒸发而不是生长。我们现在计算硅在熔融物中的过冷却。用 $\Delta s_m = 30$ J/mol（Hultgren 等 1973），我们得到 $\Delta\mu = 3$ meV（$\Delta T = 10$ K）。比较上述两个估算，我们得到如下非常重要的结论：在典型条件下（气相生长中较低温度和熔化生长中靠近熔点），与从熔融物开始的生长相比，从气相开始的生长在离平衡很远的条件下发生。

Max Volmer（1939）为过饱和和过冷却引入了名词"超越（step across 或德语 Überschreitung）"，用来表示穿过表示两相共存的线段的转变。因此，无限大的新相与母相的化学势之差就表现为测量从相平衡的偏移量，并且这个差值决定了从一相至另一相的转变率。

1.3　有限相的平衡

在前面几节，我们考虑了单组分系统中两相的平衡，并且假设这两相均足够（或无限）大，或者可以说，它们之间的相边界是平坦的，显然这并不是我们所感兴趣的那种相转变过程开始时的情况。因此，对于气相-晶相，气相-液相和液相-气相相转变的情形，形成新相的过程都要经过形成小微晶（crystallites）、小液滴（droplets）或小气泡（bubbles）的过程。在本节中，我们将要阐

---

① 1 atm = 101 325 Pa，余同。

明两个问题：① 小颗粒与它们周围相之间的力学平衡，或者说，当边界非平坦时两相中压强的相互关系；② 小颗粒的热力学平衡或它们的平衡蒸气压与它们尺寸的变化关系。实际上，我们将要推导并解释拉普拉斯(Laplace)和汤姆森-吉布斯(Thomson-Gibbs)方程。

1.3.1 拉普拉斯方程

考虑一个容器，它有恒定体积 V，其中包含压强为 P_v 的气体和半径为 r、内压为 P_1 的液滴。它们均处于同一恒定温度 T。平衡条件可以通过最小化系统的亥姆霍兹(Helmholz)自由能 $F(V, T)$ 得到

$$dF = -P_v dV_v - P_1 dV_1 + \sigma dS = 0 \qquad (1.14)$$

式中，V_v 和 V_1 分别为气相和液滴的体积；σ 为液体表面张力；S 为液滴的表面面积。σ 通常取无限大液相的表面张力的值。由于 $V = V_v + V_1 = $ 常数，且 $dV_v = -dV_1$，式(1.14)在重组后可以重写为如下形式：

$$P_1 - P_v = \sigma \frac{dS}{dV_1}$$

考虑到 $S = 4\pi r^2$，且 $V_1 = 4\pi r^3 / 3$

$$\frac{dS}{dV_1} = \frac{d(4\pi r^2)}{d\left(\frac{4\pi r^3}{3}\right)} = \frac{2}{r}$$

则上述方程变为

$$P_1 - P_v = \frac{2\sigma}{r} \qquad (1.15)$$

这就是拉普拉斯方程。它表明，在小液滴中的压强总是高于周围气体的压强。压强差 $2\sigma/r$ 称为拉普拉斯压强或毛细(capillary)压强，而且，当相边界为平坦时($r \to \infty$)，其值为零。此时 $P_1 = P_v = P_\infty$，如 1.1 节所述。此处，P_∞(而不是 P_0)被用来标记平衡压强，这是为了强调分界面是平坦的，即它有无限大的曲率半径。

如果我们从力平衡开始推导，式(1.15)的含义会变得更加清晰。外界施加于液滴的总外力为：施加于气相外力($4\pi r^2 P_v$)与表面张力($8\pi r\sigma$)之和。它等于由于内压强引起的力 $4\pi r^2 P_1$，即

$$4\pi r^2 P_v + 8\pi r\sigma = 4\pi r^2 P_1$$

这正是式(1.15)的结果。因此，拉普拉斯压强很明显地是由于小液滴的表面张力引起的。

对任意拥有 r_1 和 r_2 主曲率半径的表面，式(1.15)变为

$$P_1 - P_v = \sigma\left(\frac{1}{r_1} + \frac{1}{r_2}\right) \tag{1.16}$$

举个例子，我们来估量雾中一个水滴的压强。这种液滴的典型尺寸为大约 1 μm，即 1×10^{-6} m。水的表面张力为 75 erg·cm^{-2} = 0.075 J/m^2[①]，所以我们有 $2\sigma/r = 150\,000$ N/m^2 = 1.5 atm。如果外界压强是 1 atm，我们知道内压强比外压强高 2.5 倍。

1.3.2 汤姆森-吉布斯方程

为了解决热力学平衡的问题，我们考虑和之前一样的处于恒定压强(P)和温度(T)下的系统。此情况下，系统吉布斯自由能 $G(P, T, n_v, n_1, S)$ 的变化可以写为($dP=dT=0$)，即

$$\Delta G = \mu_v dn_v + \mu_1 dn_1 + \sigma dS = 0 \tag{1.17}$$

式中，n_v 和 n_1 分别为气相和液相中的摩尔数。

当写吉布斯自由能的表达式时，对于小液滴中原子的化学势，我们取对于体相有效的值，并且用表面能 σS 来补偿体态液体和小液滴之间的差异。此外，我们再次赋予表面张力以其体态值。由于系统是封闭的，$n_v+n_1=$常数，且 $dn_v+dn_1=0$。与 $dn_v=-dn_1$ 联立解式(1.17)，得到

$$\mu_v - \mu_1 = \sigma\frac{dS}{dn_1}$$

由 $n_1 = 4\pi r^3/3v_1$，上式转变为著名的汤姆森-吉布斯(Thomson-Gibbs)方程

$$\mu_v - \mu_1 = \frac{2\sigma v_1}{r} \tag{1.18}$$

比较式(1.15)和式(1.18)，立即可以清楚地看出，$(P_1-P_v)V_1 = n\Delta\mu$ 正好等于一滴液体小液滴从不稳定的气相形成时获得的功，换言之，它也相当于 $n = V_1/v_1$ 个原子或分子从拥有较高化学势的气相转变为拥有较低化学势的液相获得的功(Gibbs 1928)。

因为 μ_1 是体态液相的化学势，所以差值 $\mu_v-\mu_1$ 正好等于过饱和 $\Delta\mu$[见式(1.9)]，并且

$$P_r = P_\infty \exp\left(\frac{2\sigma v_1}{rkT}\right) \tag{1.19}$$

后者表明，半径为 r 的一个小液滴的平衡气压比平面无限大的液体要更高。物理上的原因很容易理解：我们可以想象，比起平面上的一个原子来，位于凸曲面表面的一个原子与周围原子的绑定要更弱一些。

---

① 1 erg = 10^{-7} J，余同。

很明显，对于过热的液体中半径为 r 的一个气泡，它正好和上面讨论的情况相反。沿用同样的步骤，我们得到

$$P_r = P_\infty \exp\left(-\frac{2\sigma v_1}{rkT}\right) \tag{1.20}$$

图 1.4 展示了一个液态小液滴和一个气态小气泡的平衡气压随它们大小的变化。

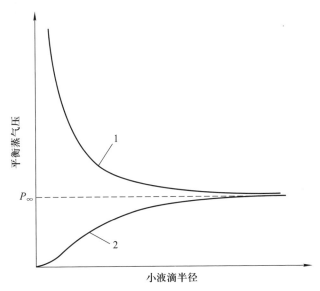

图 1.4　小液滴［曲线 1，式（1.19）］和过热液体中气泡［曲线 2，式（1.20）］的平衡气压随尺寸的变化。P_∞ 表示无限大液相的平衡气压

为了推导出针对小微晶的相似的方程，我们必须知道它的平衡形状。平衡形状是指晶体在特定体积下拥有最小表面能时的形状。很明显，对于一个液态小液滴来讲，它的平衡形状是一个球形。迄今为止，我们将接受式（1.19）也适用于小微晶，唯一的不同是我们需要将液滴的半径替换为嵌在微晶中的球形的半径。

我们现在评估液滴尺寸对平衡气压的影响。我们再次考虑一滴水的小液滴，其半径为 1 μm。这滴水中包含 1.4×10^{11} 个分子（$v_1 = 3\times10^{-23}$ cm³）。对于如此大的液滴，我们可以再次将表面张力取为无限大液相的值 $\sigma = 75$ dyn/cm[①]。然后，式（1.19）导致 $P_r/P_\infty = 1.001$，并且汤姆森-吉布斯效应可以被忽略。但是，对于半径量级在 10 Å 左右的更小的水液滴，它包含 140 个分子，$P_r/P_\infty =$

---

①　1 dyn = 10^{-5} N，余同。

3.3，由于很小，所以正如 Kirkwood 和 Buff（1949）以及 Tolman（1949）指出的那样，它们的表面张力应当小于无限大液相的值。用式（1.12）和式（1.18）来估计小微晶的熔化温度，将是很有趣的事。例如，我们考虑一个半径为 10 Å 锗（Ge）的小晶体，它的熔融物中包含 200 个原子。已知晶-熔边界的表面能 $\sigma = 250 \ \mathrm{erg/cm^2}$（Skripov 1977），熔化熵 $\Delta s_m = 30.55 \ \mathrm{J/K \cdot mol}$，$v_c = 2.3 \times 10^{-23} \ \mathrm{cm^3}$，我们得到 $T_m - T = 220 \ \mathrm{K}$。这意味着，虽然体态锗在 1 210 K 时才熔化，锗小微晶在小于 1 000 K 时就熔化了。基于以上讨论，我们可以引入一个晶体尺寸，当晶体小于这个尺寸时，汤姆森-吉布斯效应起重要作用，所以这个尺寸通常也被称为汤姆森-吉布斯尺寸。下面将展示，对于三维（3D）和二维（2D）晶体，这个特征尺寸是不同的。

1.4　晶体平衡形状

当考虑一个拥有环境相（气体、溶液或熔融物）小晶体的平衡时，很显然，从热力学的角度来讲，存在着一个最有利的形状，在给定体积下，形成此形状所需的功最小。形成小晶体的功由两部分组成：体积部分和表面部分。体积部分 $(P_c - P_v)V_c = n(\mu_v - \mu_c)$ 由 n 个原子或分子从环境相（气相）向晶相转化时获得，当然，此时晶相是稳定的，晶相体化学势 μ_c 小于气相的化学势 μ_v。表面部分 σS 用来创建一个新的相隔离表面。体积部分显然只取决于晶体体积或转变的原子数量。在恒定体积下，表面部分只取决于晶体形状。那么，恒定体积下晶体形成时，决定平衡形状的吉布斯自由能改变最小值的条件就被简化为表面能的最小值。小液滴的平衡形状显然为球形，而晶体的情况更加复杂一些，因为后者被拥有不同晶向的晶面限制，这些晶面拥有不同的表面能。这意味着表面能取决于晶向，也就是说是各向异性的。

通常有三种方式来创造一个新表面。第一种方式中，两个均匀的相被切（或解离）为两部分，然后不同的半部相接触。第二种方式中，新的表面也可以通过原子从一相到另一相的传递形成，并且形成凸（生长时）或凹（蒸发或溶解时）的形态。第三种方式中，通过拉伸旧表面（通过拉伸体态晶体）也能创造新的表面。对于两个液态相的情况，上述三种方式没有变化。用来可逆且等温地创造一个单位面积的新表面的功称为"比表面自由能（specific surface free energy）"。当用前两种方法形成新表面时，伴随着化学键的断裂或者形成。因此，创建一个新表面的功，也就是比表面自由能，可以首先粗略地等于单位面积上化学键断裂能量的总和。当应用第三种方法时，断裂键的数量不变，但是每个悬挂键的表面积发生了变化，这也反过来引起表面能的变化。

从上述讨论可以得出，给定晶体面堆积得越紧密，不饱和键的密度就越小，从而它的比表面自由能也就越小。例如，我们来考虑简立方晶体的晶面比表面自由能。除了金属钋(polonium)晶体的一种变形外，简立方晶格在自然界并不存在，但它被广泛应用于理论计算中，并有一个广为人知的名称"考塞尔晶体"(Kossel crystal)。当确定比表面能时，我们将考虑在第一、第二和第三最相邻原子之间的键。确定(hkl)面 σ 的步骤如下：首先构建一个原子柱，它的形状是一个拥有基座形式的棱柱，简便起见，基座的形式取晶体表面的对称性，对于立方晶体来说，即(100)面上为正方形，而(111)面上为六角形，其他晶体以此类推(Honnigmann 1958)。然后，因为有两个表面参与，所以用 Ψ_{hkl}(即使这一列脱离晶体表面所需的能量)除以接触面积 Σ_{hkl} 的二倍。因此，$\sigma_{hkl} = \Psi_{hkl}/2\Sigma_{hkl}$。如图 1.5a 所示，一个拥有正方形基座的原子柱从考塞尔晶体的(100)面上脱离，两个表面形成了。则表面能的值为

$$\sigma_{100} = \frac{\psi_1 + 4\psi_2 + 4\psi_3}{2b^2} = \frac{1}{b^2}\left(\frac{1}{2}\psi_1 + 2\psi_2 + 2\psi_3\right)$$

式中，ψ_1、ψ_2 和 ψ_3 分别为打断第一、第二和第三相邻原子之间键所需的功；b^2 是每个原子所占的面积，b 为原子间距。

对于菱形的(110)面(见图 1.5b)，原子柱有一个长方形基座，且有

$$\sigma_{110} = \frac{2\psi_1 + 6\psi_2 + 4\psi_3}{2b^2\sqrt{2}} = \frac{1}{b^2}\left(\frac{1}{\sqrt{2}}\psi_1 + \frac{3}{\sqrt{2}}\psi_2 + \sqrt{2}\psi_3\right)$$

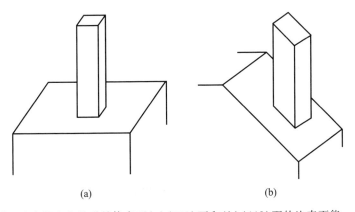

(a)   (b)

图 1.5　对于确定简立方晶系晶体表面(a)(100)面和(b)(110)面的比表面能 σ_{hkl}

最短的第一相邻键对于表面能有最重大的贡献。对于金属键和共价键来说，第二相邻键的能量很可能不会超过第一相邻键能量的10%。第三相邻键的贡献可以忽略。由上可知，$\sigma_{100} < \sigma_{110}$。对(111)面和(211)面进行同样的计算，我们可以得到 $\sigma_{100} < \sigma_{110} < \sigma_{111} < \sigma_{211}$，等等。

1.4.1 吉布斯-居里-武尔夫定理

1.4.1.1 三维媒质中的晶体

我们首先考虑较简单的情况，即在三维均匀媒质（气体、溶液或熔融物）中的晶体。根据 Gibbs（1878）和 Curie（1885）的理论，我们从 T 和 V 均为常数时系统的最小亥姆霍兹（Helmholz）自由能的一般情况推导出单晶平衡形状的表达式

$$dF = 0, \quad dV = 0 \tag{1.21}$$

我们首先假设晶体是一个由有限数量的不同晶面围成的多面体，这些晶面面积为 Σ_n，并且它们对应着一系列离散的比表面能 σ_n 的值。则平衡条件[式（1.21）]为

$$dF = -P_v dV_v - P_c dV_c + \sum_n \sigma_n d\Sigma_n = 0 \tag{1.22}$$

式中，P_c 是晶体内部压强；P_v 是气相压强；V_v 和 V_c 分别为气相和晶相的体积。

我们记得 $V = V_v + V_c =$ 常数，或 $dV_v = -dV_c$，上述方程简化为

$$-(P_c - P_v)dV_c + \sum_n \sigma_n d\Sigma_n = 0 \tag{1.23}$$

晶体的体积可以被看作晶面上构建的拥有相同顶点（位于晶体内的任意一点）的金字塔体积的总和。那么

$$V_c = \frac{1}{3} \sum_n h_n \Sigma_n$$

而且

$$dV_c = \frac{1}{3} \sum_n (\Sigma_n dh_n + h_n d\Sigma_n)$$

式中，h_n 是金字塔的高度。

另一方面，每一个二阶无穷小精度的体积的变化都等于表面 Σ_n 乘以距离 dh_n，从而

$$dV_c = \sum_n \Sigma_n dh_n$$

结合最后两个方程有

$$dV_c = \frac{1}{2} \sum_n h_n d\Sigma_n \tag{1.24}$$

将式（1.24）代入式（1.23）有

$$\sum_n \left[\sigma_n - \frac{1}{2}(P_c - P_v)h_n \right] d\Sigma_n = 0$$

因为 $d\Sigma_n$ 的变化是独立于彼此的，所以方括号中的每一项均等于零，而且

$$P_c - P_v = 2\frac{\sigma_n}{h_n} \tag{1.25}$$

差值 $P_c - P_v$ 不取决于晶体取向，对于平衡形状，我们得到

$$\frac{\sigma_n}{h_n} = 常数 \tag{1.26a}$$

或者

$$\sigma_1 : \sigma_2 : \sigma_3 \cdots = h_1 : h_2 : h_3 \cdots \tag{1.26b}$$

式 (1.26a) 中的关系表达了 Wulff (1901) 后来给出的几何解释，也称为武尔夫规则 (Wulff's rule) 或吉布斯-居里-武尔夫定理 (Gibbs-Curie-Wulff's theorem)。它声明，在平衡状态下，从晶体中一点（称为武尔夫点）到晶面的距离正比于这些晶面的比表面能。根据这个规则，我们可以用如下步骤构建平衡形状：首先画由任意一点垂直于所有晶面的矢量，然后在矢量上标出那些正比于对应比表面能 (σ_n) 值的距离，然后通过这些标记构建垂直于矢量的平面。最后获得的封闭多面体就是平衡形状。拥有最低表面能的晶面属于它。那些只是刚刚接触到多面体顶点的晶面或是更远的晶面不属于平衡形状。

式 (1.26a) 中的比例常数由两相中的压强差决定。上一节中已经展示过，$(P_c - P_v)v_c = \Delta\mu$，其中 $v_c = V_c/n_c$ 是晶相的摩尔体积。$P_c - P_v$ 为常数的条件因此等价于化学势差值的表述，换言之，在整个晶面上过饱和 $\Delta\mu = \mu_v - \mu_c$ 有同一个值。那么

$$\Delta\mu = \frac{2\sigma_n v_c}{h_n} \tag{1.27}$$

因此，过饱和决定了晶体的比例或尺寸。可以看出，式 (1.27) 和汤姆森-吉布斯方程有相同的形式。因为武尔夫点是任意选取的，我们可以把它选在晶体的中心。

1.4.1.2 表面上的晶体

同样地，我们可以针对形成在异质衬底上的晶体推导吉布斯-居里-武尔夫定理（图 1.7）(Kaischew 1950, 1951, 1960)。这种情况下，晶体通过它的一个晶面（比表面能 σ_m）处于衬底（比表面能 σ_s）之上。在晶体和衬底直接形成了一个界面分界线。为了找到它的特定能量，我们将进行如下的假想实验。

1.4.1.2.1 杜普雷关系

我们考虑两个晶体 A（衬底）和 B（沉积物），它们有相同的尺寸（图 1.6）(Kern 等 1979)。我们可逆且等温地劈开它们，并且产生两个 A 表面（每个面积是 Σ_A）和两个 B 表面（每个面积 $\Sigma_B = \Sigma_A$）。这样一来，我们消耗了能量 U_{AA} 和 U_{BB}。然后我们使 A 的两个半部分与 B 的两个半部分接触，产生两个界面分界线 AB，每个的面积为 $\Sigma_{AB} = \Sigma_B = \Sigma_A$。所获得的功为 $-2U_{AB}$。伴随着上述过程，

能量发生了改变，所以需要界面 AB 的过剩能（$2U_i$）来平衡这个改变。因此，我们有

$$2U_i = U_{AA} + U_{BB} - 2U_{AB}$$

很明显，当两个晶体不可分辨时，$U_{AA} = U_{BB} = U_{AB}$ 且过剩能 $U_i = 0$。应用比表面能的定义（$\sigma_{hkl} = U_{hkl}/2\Sigma_{hkl}$），我们得到著名的杜普雷（Dupré）关系（Dupré 1869）

$$\sigma_i = \sigma_A + \sigma_B - \beta \qquad (1.28)$$

式中，比界面能 $\sigma_i = U_i/\Sigma_{AB}$ 被定义为单位面积上分界线的过剩能，而且比黏附能 $\beta = U_{AB}/\Sigma_{AB}$ 被定义为分离两个不同晶体的单位面积能量。注意，β 对两晶体间的连接负责，而并不取决于晶格失配。晶格失配将在讨论薄膜的外延生长时予以考虑。

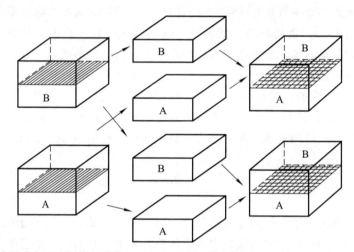

图 1.6　为了确定两个同构的晶体 A 和 B 的比界面能［根据 Kern 等（1979）］

1.4.1.2.2　平衡形状

当晶体在异质衬底上形成时，丧失的表面能为 $\sigma_s\Sigma_m$ 而得到的表面能为 $\sigma_i\Sigma_m$，Σ_m 是接触面积。那么，与式（1.22）不同，我们必须写为

$$dF = -P_v dV_v - P_c dV_c + \sum_{n \neq m} \sigma_n d\Sigma_n + (\sigma_i - \sigma_s) d\Sigma_m = 0 \qquad (1.29)$$

用与上述相同的过程，我们得到了下面的关系式，在文献中称之为武尔夫-凯舒（Wulff-Kaischew）定理（Kaischew 1950；Müller 和 Kern 2000）

$$\frac{\sigma_n}{h_n} = \frac{\sigma_m - \beta}{h_m} = 常数 \qquad (1.30a)$$

或

$$\sigma_1 : \sigma_2 : \sigma_3 \cdots \sigma_m - \beta = h_1 : h_2 : h_3 \cdots h_m \qquad (1.30b)$$

式中，h_m 是从武尔夫点到接触平面的距离（图 1.7）。

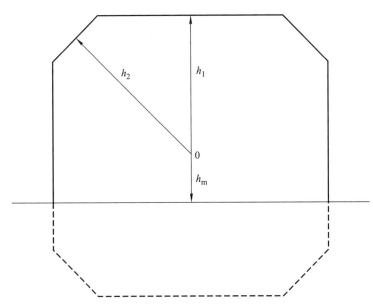

图 1.7　在一个异质衬底上的晶体的平衡形状。武尔夫点标记为 0。从武尔夫点到接触平面的距离标记为 h_m。到自由表面的距离 h_1 和 h_2 与在自由多面体时保持相同。没有异质衬底时的平衡形状用额外的虚线表示

从武尔夫点到接触平面的距离 h_m 正比于对应的比表面能和特定黏附能之差。很显然，当衬底的催化效力为 0，$\beta=0$，距离 h_m 将为其没有衬底存在时的"同质"值。这种情况下，我们称之为"完全非润湿（complete non-wetting）"。在另外一种极端情况下，$\beta=\sigma_A+\sigma_B=2\sigma$（$\sigma_A=\sigma_B=\sigma$），我们有"完全润湿（complete wetting）"，并且晶体被减少为二维单层岛。在所有的中间状态，即 $0<\beta<2\sigma$ 时，我们有"非完全润湿（incomplete wetting）"，并且晶体的高度将会小于其横向的尺寸。

1.4.2　表面能的极坐标图

迄今为止我们只考虑了被小米勒指数（Miller indices）离散表面限制的晶体。现在我们想象一个从小指数平面轻微地偏离的晶体面（以一个小的角度 θ），图 1.8 中展示了小指数面为考塞尔晶体的立方（100）面的情况。这样的表面称为邻界面（vicinal）。可以清楚地看到，由于几何原因，它包含平台（terrace）和台阶（step）。简便起见，我们承认台阶是单原子和等距的。这样表面的比表面能是平台表面能 σ_0 和台阶或边缘能 $\varkappa\approx b\sigma_0$ 之和，它可以用与表面能相同的方式来评估，只要数单位长度上断裂键的数目即可。如果忽略台阶之间的

相互作用，对于这样一个邻界面的比表面能可以初步近似为（Landau 1969）

$$\sigma(\theta) = \frac{\varkappa}{b}\sin(\theta) + \sigma_0\cos(\theta) \qquad (1.31)$$

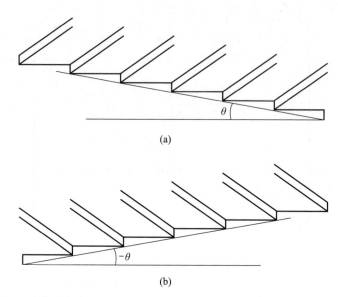

(a)

(b)

图 1.8　以（a）θ 和（b）$-\theta$ 角从一个小米勒指数（单数）面偏离的邻界表面

我们现在考虑与第一个邻界面对称的另一个邻界面，即以 $-\theta$ 角倾斜（图 1.8b）。它的表面能为

$$\sigma(-\theta) = -\frac{\varkappa}{b}\sin(\theta) + \sigma_0\cos(\theta) \qquad (1.32)$$

图 1.9a 给出了式（1.31）和式（1.32）中 $\sigma(\theta)$ 函数的图表形式。可以看到，它们在除 $\theta=0$ 外处处连续，其中 $(d\sigma/d\theta)_{\theta\geqslant0} = \varkappa/b$，而 $(d\sigma/d\theta)_{\theta\leqslant0} = -\varkappa/b$。换言之，$\sigma(\theta)$ 的变化在 $\theta=0$ 有一奇点，而它的导数有一个 $2\varkappa/b$ 的跳跃。同样的奇点在 $\theta=\pm\pi/2$，$\pm\pi$ 等处也存在。图 1.9b 中同样的函数在极坐标系中画出，结果得到一个包含圆弧形的轮廓，并且在 $\theta=0$，$\pi/2$ 和 $3\pi/2$ 处有奇点。在三维情况下（图 1.9c），得到一个包含 8 个球截体并有 6 个锐利的奇点的物体。这幅图叫做表面能的极坐标图。

当构造上面的极坐标图时，只考虑了第一相邻原子之间的键。考塞尔晶体中第二相邻原子之间的键对准相对于第一相邻原子键 $\pi/4$ 角的方向。我们可以只针对第二相邻键进行同上的考虑（Chernov 1984）。因此，得到一个刻在第一幅极坐标图（第二相邻键比第一相邻键弱得多）而且相对于后者旋转 $\pi/4$ 的极坐标图（图 1.10）。两条曲线的总和给出了同时考虑第一和第二相邻原子的极坐标图。可以看到，新的较浅的最小值出现了，对应于类似三维考塞尔晶体中(110)面的表面。第三相邻原子键的贡献不重要，而且不会剧烈影响极坐标图的形状。在任何情况下，考虑越远的相邻原子总是导致更加复杂的极坐标图和平衡形状。

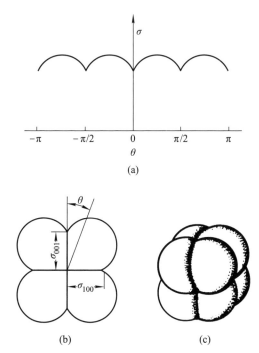

图 1.9　比表面能的极坐标图——在(a)正交坐标系，(b)极坐标系(二维表示)和(c)球坐标系(三维表示)下表面能随角 θ 的变化。仅考虑第一相邻原子互动［根据 Chernov (1984)］

1.4.3　赫灵公式

我们现在导出考虑表面能各向异性时的晶体平衡形状，换言之，即 $\sigma(\theta)$ 的依存关系。这是一个最为重要的问题，因为它清楚地与晶体表面的平衡结构(粗糙)问题相关。从数学的角度来说，三维问题有些复杂，所以我们将考虑较为简单的"二维"晶体，它代表了三维晶体的一个横截面。另一方面，二维的情况对于理解二维的成核以及平滑晶面上层状生长也非常重要。

我们完全按照 Burton，Cabrera 和 Frank(1951)的方法来探讨问题。晶体的体积 V_c 将被替换为晶体表面积 S_c，比表面能 $\sigma(\theta)$ 被替换为比边缘能 $\varkappa(\theta)$。然后，仿照式(1.21)我们有

$$\Phi = 最小值，\quad S_c = 常数 \tag{1.33}$$

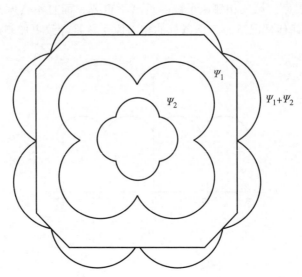

图 1.10　比表面极坐标图。最外面的轮廓被标记为 $\Psi_1+\Psi_2$（二维表示），考虑到第一（Ψ_1）和第二（Ψ_2）最相邻原子的相互影响。标记为 Ψ_1 和 Ψ_2 的轮廓给出了独立考虑第一和第二最相邻原子时计算出的极坐标图。包含穿过 $\Psi_1+\Psi_2$ 轮廓奇点直线的闭合轮廓给出了晶体的平衡形状

式中

$$\Phi = \int_L \varkappa(\theta)\,\mathrm{d}l \tag{1.34}$$

意为"二维晶体"的边缘能对其整个外围 L 的积分，并且

$$S_c = \int_S \mathrm{d}s \tag{1.35}$$

意为晶体的表面积，其中 $\mathrm{d}s$ 是一个单位曲线部分的表面积。

　　在晶体边界 L 上有一点 M（图 1.11），令 r 和 φ 为极坐标，而 x 和 y 为对应的正交坐标。我们过 M 点做晶体边界 L 的切线 T，再过 O 点做切线 T 的垂线 ON，其长度为 n。ON 和横坐标成 θ 角。晶体边界的线性成分在 $x=x(t)$ 和 $y=y(t)$ 参量形式下可以写为

$$\mathrm{d}l = (x'^2 + y'^2)^{1/2}\mathrm{d}t$$

式中，$x'=\mathrm{d}x/\mathrm{d}t$；$y'=\mathrm{d}y/\mathrm{d}t$。

　　用同样的方式，曲线部分 $\mathrm{d}s$ 为

$$\mathrm{d}s = \frac{1}{2}(xy' - yx')\mathrm{d}t$$

　　如果我们选择 θ 角为积分的参数，式（1.34）和式（1.35）可被重写为如下形式：

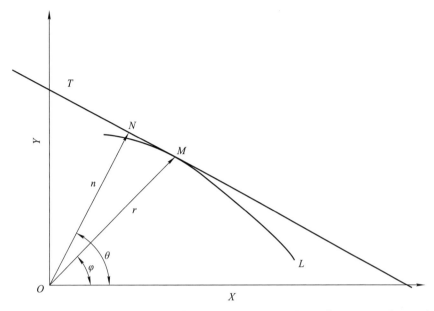

图 1.11　赫灵公式的派生即为二维晶体的情况。L 和 T 分别为晶体边界和过其上一点 M 的切线。r 和 φ 是晶面上 M 点的极坐标，n 和 θ 为点 N 在极面图 $\varkappa(\theta)$ 中的极坐标 [根据 Burton，Cabrera 和 Frank(1951)]

$$\Phi = \int_0^{2\pi} \varkappa(\theta) (x'^2 + y'^2)^{1/2} d\theta \tag{1.36}$$

$$S_c = \frac{1}{2} \int_0^{2\pi} (xy' - yx') d\theta \tag{1.37}$$

从图 1.11 中我们发现，从原点到切线 T 的垂线 n 由下式给出：

$$n = x\cos\theta + y\sin\theta$$

然后对于晶体边界上任何点 M，我们都可以找到其点 N。反过来，利用下面的变形：

$$x = n\cos\theta - n'\sin\theta \tag{1.38a}$$

$$y = n\sin\theta + n'\cos\theta \tag{1.38b}$$

如果我们知道 $n(\theta)$，$n' = dn/d\theta$，我们可以建立晶体的轮廓。

那么式(1.36)和式(1.37)可以写为 $n(\theta)$ 的形式

$$\Phi = \int_0^{2\pi} \varkappa(\theta) (n + n'') d\theta = 最小值 \tag{1.39}$$

$$S_c = \frac{1}{2} \int_0^{2\pi} n(n + n'') d\theta = 常数 \tag{1.40}$$

式中，$n'' = d^2 n / d\theta^2$。

沿用拉格朗日（Lagrange）方法，我们给式（1.40）乘以一个不定的标量 λ，并且将两个方程加起来，从而得到

$$\int_0^{2\pi} \left[\varkappa(\theta)(n + n'') - \frac{1}{2}\lambda n(n + n'') \right] \mathrm{d}\theta = 最小值 \qquad (1.41)$$

对于最小值的条件仍旧保持着，因为我们给其乘以一个常数并且加上一个常数。式（1.41）的解将给出一个函数 $n = n(\theta)$，它既满足 $\varPhi$ 为最小又满足 S_c 为常数的条件。为了解这个问题，我们将采用欧拉（Euler）方法来找到一个极值（Zeldovich，Myshkis 1967；Arfken 1973）。这个方法指出，如果我们有如下形式的函数：

$$\int_a^b F(x, y, y', y'') \mathrm{d}x = 最小值$$

式中，$y = y(x)$；$y' = \mathrm{d}y/\mathrm{d}x$；$y'' = \mathrm{d}^2 y/\mathrm{d}x^2$。满足它的方程有如下形式：

$$\frac{\partial F}{\partial y} - \frac{\partial}{\partial x}\left(\frac{\partial F}{\partial y'}\right) + \frac{\partial^2}{\partial x^2}\left(\frac{\partial F}{\partial y''}\right) = 0$$

式中，函数 y、y' 和 y'' 被视为独立变量进行微分，不考虑它们随 x 的变化。

应用如上的方法，由式（1.41）我们得到

$$\frac{\partial^2}{\partial \theta^2}\left[\varkappa(\theta) - \lambda n(\theta) \right] + \left[\varkappa(\theta) - \lambda n(\theta) \right] = 0 \qquad (1.42)$$

因此，晶体的平衡形状由一个二阶非线性方程支配，这个方程满足 $\varPhi$ 为最小，且 S_c 为常数。它的解 $n(\theta)$ 将给出用以构建二维晶体平衡形状（晶体轮廓）的规则，构建时要根据边缘能的极坐标图以及利用式（1.38a）。其实，我们必须求解简单很多的二阶线性差分方程。用 u 替代 $\varkappa(\theta) - \lambda(\theta)$，式（1.42）变为 $u'' + u = 0$。它的解为（Kamke 1959）

$$u = C\sin(x - \varphi)$$

或者

$$n(\theta) = \frac{1}{\lambda}\varkappa(\theta) - C\sin(\theta - \phi)$$

式中，C 和 ϕ 为常数。在方程式右边的第二项是一个周期为 2π 的周期函数。但是，不同晶体有不同的对称性，从而有不同的周期。例如，立方晶体的周期为 $\pi/2$，六方晶体的周期为 $\pi/3$，等等。为了摆脱这个限制，我们令 $C = 0$，则得到

$$n(\theta) = \frac{1}{\lambda}\varkappa(\theta) \qquad (1.43)$$

与之前的情况类似，用比例性的常数 $\lambda = \Delta\mu/s_c$ 乘以晶体的体积，其中 s_c 是在二维晶体中一个原子的面积，并且

$$\Delta\mu = \frac{\varkappa(\theta) s_c}{n(\theta)} \qquad (1.44)$$

式(1.44)作为汤姆森-吉布斯方程的广义形式，是二维晶体时的吉布斯-居里-武尔夫定理，其中 $n(\theta)$ 是极坐标 $\varkappa(\theta)$ 的径向矢量。

对式(1.42)进行微分，有

$$n + n'' = \frac{1}{\lambda}\big[\varkappa(\theta) + \varkappa''(\theta)\big]$$

式中，$\varkappa''(\theta) = \mathrm{d}^2\varkappa(\theta)/\mathrm{d}\theta^2$。

了解到

$$n + n'' = \frac{(x'^2 + y'^2)^{3/2}}{x'y'' - y'x''} = R$$

其实 R 是晶体轮廓的主曲率半径，则应用 $\lambda = \Delta\mu/s_c$ 可以得到

$$\Delta\mu = \frac{s_c}{R}\left[\varkappa(\theta) + \frac{\mathrm{d}^2\varkappa(\theta)}{\mathrm{d}\theta^2}\right]$$

类似地，对于三维晶体的平衡形状，由主曲率半径 R_1 和 R_2 以及极角 θ_1 和 θ_2，将 s_c 和 $\varkappa(\theta)$ 分别替换为 v_c 和 $\sigma(\theta)$［更严格的推导见 Chernov (1984)］，我们得到被称之为赫灵(Herring)方程的表达式(Herring 1951，1953)

$$\Delta\mu = \frac{v_c}{R_1}\left(\sigma + \frac{\mathrm{d}^2\sigma}{\mathrm{d}\theta_1^2}\right) + \frac{v_c}{R_2}\left(\sigma + \frac{\mathrm{d}^2\sigma}{\mathrm{d}\theta_2^2}\right) \qquad (1.45)$$

用同样的方法，三维晶体的广义吉布斯-居里-武尔夫定理为

$$\Delta\mu = \frac{2\sigma(\theta) v_c}{n(\theta)} \qquad (1.46)$$

式(1.44)和式(1.46)提供了我们用以构建平衡形状的实用规则。首先，我们赋予比例参数 $\Delta\mu/2v_c$ 一个特定值，它决定了晶体的尺寸。然后我们从中心点沿任意选定的晶向画径矢量 $n(\theta)$，并找到其与极坐标图的交点(图1.12)。随后我们过这个点做一个垂直于 $n(\theta)$ 的平面，并且对于整个图的轮廓重复这个过程。最终得到一族面，而它们的内部包络其实就是晶体的平衡形状。

我们回到赫灵公式(1.45)，并且更加密切地考虑通常被称为表面刚度(surface stiffness)的量 $\sigma_n^* = \sigma + \mathrm{d}^2\sigma/\mathrm{d}\theta_n^2(n = 1, 2)$。在这个奇点上，$\sigma$ 对于 θ 的一阶导数经历了一个跳跃(在上述简化情况中等于 $2\varkappa/b$)。因此，其二阶导数以及依次而来的表面刚度 σ_n^* 有无限大的值。式(1.45)的左手边有有限的值，而且明显地，若要方程右手边有有限值，条件是主半径 R_1 和 R_2 均为无限大。因此，奇点处对应的晶面曲率将等于零，换言之，晶面是平坦的。这也是平坦的表面经常被称为奇异面(singular faces)的原因。一旦离开奇点，σ 的二阶导数及相应的表面刚度 σ_n^* 获得有限正值，因此半径 R_1 和 R_2 也获得有限正值。

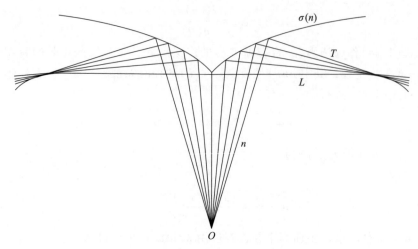

图 1.12　根据满足式(1.46)的表面能极坐标图构建晶体平衡形状

　　所以，晶体表面将被圆弧化，它将包括平台和台阶，换言之，在原子级别上它是粗糙的。最后，存在一些区域，其中 $\sigma_n^* = 0$，从而半径 R_1 和 R_2 也为零（σ_n^*/R_n 比值再次拥有有限值）。这些很明显是晶体的边缘和顶点。表面刚度的负值不具有物理意义，因为它意味着半径 R_1 和 R_2 为负，而凹形的区域是不能存在于平衡形状之上的。

　　正如上面讨论过的，对于有平衡形状的晶体，在其表面上的每一点，过饱和都必须有一个相同的数值。由此推论，在非平衡形状晶体上每一点过饱和的值都不相同。其面积小于平衡条件所需面积的小平面(facet)将有更大的化学势，因此在它们之上的过饱和值将小于系统中的现有值；反之亦然。如果这样的一个晶体被浸入一个过饱和的环境相，并且给予足够的时间来达到平衡，小的小平面将溶解并变为大的小平面，而大的小平面将生长并变为小的小平面，直到晶体各处的过饱和均达到同一值，并且形成平衡形状。下面将会展示，上面的结论对于足够小（$KTR_n/\sigma_n^* v_c \ll 1$）的微晶有效，从而使得作为达到平衡的驱动力的过饱和的差值足够大。

　　最后，式(1.45)可被表达为如下形式：

$$\Delta\mu = v_c\left(\frac{\sigma_1^*}{R_1} + \frac{\sigma_2^*}{R_2}\right) \tag{1.47}$$

或者

$$P_c - P_v = \frac{\sigma_1^*}{R_1} + \frac{\sigma_2^*}{R_2} \tag{1.48}$$

　　我们可以总结，拉普拉斯方程［式(1.16)］将液体表面张力同弯曲液体表面的两面压强之差联系起来，而赫灵公式是对于有限微晶的拉普拉斯方程的一般化。在这种情况下，拉普拉斯压强由支配了晶体曲率（而不是由比表面能）的表面刚度决定。所以，式（1.48）解释了表面刚度这个名词的意义：它测量了当某压强（单位面积上的力）加于晶体表面之上时，晶体表面对抗弯曲（粗糙化）的抵抗力。为了被"弯曲"，平坦的小平面需要无限大的压强。

1.4.4　晶体表面的稳定性

实际上我们刚刚总结道，一个给定晶体表面的结构是由对应的表面刚度值决定的。当这个值为无限时，对应的晶体表面是平坦且原子级平滑的。当表面刚度是有限正值时，晶体表面是圆弧的，而且在奇异面邻近区域应当包括被台阶（step）分离的平台（terrace）。我们承认，这些台阶的高度都是单分子厚度。平台的宽度或者台阶的密度取决于极化角的值。但是，在同一个极化角，我们可以有对于一个邻界面的不同结构。因此，在同一个极化角度，如果台阶是双倍高，则平台应该是双倍宽的，而若台阶是三倍高则平台将是三倍宽的，以此类推（图1.13b）。所以，我们并不能仅凭几何上的原因来明白无误地确定对应邻界面的真正形状。此外，在真实情况下表面能以及表面刚度可以改变它们的值。这是当晶体表面上吸附了一些杂质原子时的一般情况。杂质原子使得晶体表面的不饱和悬挂键饱和，并且降低了表面能。杂质原子浓度越高，特定晶体表面的比表面能越小（Szyszkowski 1908；Moelwin‐Hughes 1961；Mutaftschiev 2001）。改变表面能的另一个原因是表面重建（Mönch 1979）。因此，晶体表面的结构应该改变。所以，我们下一步的工作是找到真正的晶体表面，或者说，找到给定晶体表面的稳定情况。晶体表面稳定性的问题首先由 Chernov（1961）考虑，后来又由 Cabrera 和 Coleman（1963）进行了讨论。在这一章中，我们沿用后者的陈述。

我们考虑一个以 θ 角向最近的奇异面倾斜的无限大邻位晶面，它包含平台和单分子层台阶。实现这样的一个面是容易的，因为我们知道单晶晶圆是沿着某一奇异面的晶向被切割和打磨的，所以它总是以某一个小角度向后者倾斜。一般来讲，这个面可以表示为 $z = z(x, y)$，其中 $z = 0$ 决定了奇异面。然后在一点 (x, y) 处的方向将由两个独立的分量 $p = -dz/dx$ 和 $q = -dz/dy$ 来决定。我们考虑台阶平行于 y 轴的简化条件（y 轴因此垂直于薄片的平面），也即 $q = 0$，并且邻位面表示为 $z = z_0 - px$，其中 $p = \tan\theta$。用 Σ_0 来标记表面面积，则参照奇异面的面积为 $\Sigma = \Sigma_0 \cdot \cos\theta$。

平面 Σ_0 的表面能为 $\Phi_0 = \sigma(\theta)\Sigma_0$。用分量 p 来表示的话，它可以写为

$$\Phi_0 = \sigma(\theta)\Sigma_0 = \sigma(p)(1 + p^2)^{1/2}\Sigma = \xi(p)\Sigma \qquad (1.49)$$

式中，$(1+p^2)^{1/2} = 1/\cos\theta$；$\xi(p) = \sigma(p)(1+p^2)^{1/2}$。

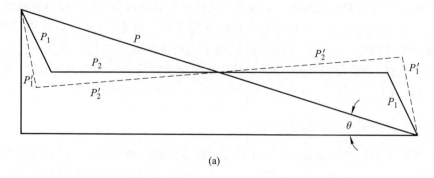

(a)

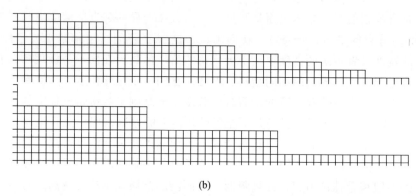

(b)

图 1.13　展示抵抗小平面化的邻界晶体表面稳定性的示意图：（a）最初的斜率为 $p = \tan\theta$ 的邻近表面分裂成了两个斜率分别为 $p_1 = \tan\theta_1$ 和 $p_2 = \tan\theta_2$ 的小平面。斜率为 p_1' 和 p_2' 的虚线分别给出了从斜率为 p_1 和 p_2 的小平面化的表面可能的偏离（见正文）。（b）考塞尔晶体一个邻界面的小平面图，其斜面由单原子高的台阶或小平面调节 [Cabrera 和 Coleman （1963）]

　　我们现在假设两个方向有细微差别的新的平面形成了

$$p_1 = p + \delta p_1 \text{ 和 } p_2 = p + \delta p_2 \tag{1.50}$$

这两个平面的完全投影面分别为 Σ_1 和 Σ_2。如果面 Σ_0 是稳定的话，它的表面能 Φ_0 在恒定体积下应该小于新形成轮廓的表面能 $\Phi = \xi(p_1)\Sigma_1 + \xi(p_2)\Sigma_2$。换言之，$\Delta\Phi = \Phi - \Phi_0 > 0$ 的条件应当被满足。在我们这种情况下，恒定体积的条件被简化成一个图 1.13a 中所示横截面的恒定面积。表面能可以由 $\Delta S = S_1 - S_2 = 0$ 很容易地得到，其中 S_1 和 S_2 是轮廓下的面积，它们的斜率分别为 p_1 和 p_2。可以得到

$$p_1\Sigma_1 + p_2\Sigma_2 = p\Sigma \tag{1.51}$$

将式（1.50）代入式（1.51），并且应用如下关系：

$$\Sigma_1 + \Sigma_2 = \Sigma \tag{1.52}$$

则恒定体积 $\Delta S = 0$ 的条件变为

$$\Sigma_1 \delta p_1 + \Sigma_2 \delta p_2 = 0 \tag{1.53}$$

函数 $\xi(p_i)(i=1, 2)$ 可以用泰勒级数展开至抛物线项

$$\xi(p_i) = \xi(p) + \xi'(p)\delta p_i + \frac{1}{2}\xi''(p)(\delta p_i)^2 \tag{1.54}$$

式中，$\xi'(p) = \mathrm{d}\xi/\mathrm{d}p$；$\xi''(p) = \mathrm{d}^2\xi/\mathrm{d}p^2$。

替换式（1.54）为 $\Delta\Phi$ 的表达式，并且应用式（1.52）和式（1.53），有

$$\Delta\Phi = \frac{1}{2}\xi''(p)\left[\Sigma_1(\delta p_1)^2 + \Sigma_2(\delta p_2)^2\right] \tag{1.55}$$

方括号中的项总为正值，并且当

$$\xi''(p) > 0 \tag{1.56a}$$

时条件 $\Delta\Phi > 0$ 被满足。

我们记得 $\mathrm{d}\sigma/\mathrm{d}p = (\mathrm{d}\sigma/\mathrm{d}\theta)(\mathrm{d}\theta/\mathrm{d}p)$，$\theta = \arctan p$，$\mathrm{d}\theta/\mathrm{d}p = -1/(1+p^2)$，并且 $\xi''(p) = \sigma^*/(1+p^2)^{3/2}$，式（1.56a）简化为

$$\sigma^* = \sigma + \frac{\mathrm{d}^2\sigma}{\mathrm{d}\theta^2} > 0 \tag{1.56b}$$

这表示，当最初的邻位面（它包含被单分子台阶划分的平台）的表面刚度为正时，它将是稳定的。否则，它将分解成由宏台阶（macrosteps）划分的平台，或者在限制条件下，分解成单独的晶面，其保持原始的平面相对于奇异面的总体斜率。

图 1.14 给出了 $\xi(p)$ 变化的示意图。总体上我们有三种可能性。第一种情况下（图 1.14a），$\xi(p)$ 的二阶导数在奇点的两个最小值 $p = 0$ 和 $p = p_0$ 间处处为正。这意味着 $p = 0$ 和 $p = p_0$ 间所有可能的平面均为稳定的，而且只要没有物质吸附在其上，它们不会突变为小平面（facets）。第二种情况下（图 1.14b），$\xi(p)$ 的二阶导数处处为负。这意味着只有方向为 p 和 p_0 的奇异面是稳定的。如果一个方向为 p 的平面形成了，其中 $0 < p < p_0$，它将分解为方向为 $p = 0$ 和 $p = p_0$ 的小平面。在通常情况下（图 1.14c），在 0 和 p_0 之间存在 $\xi''(p) > 0$ 和 $\xi''(p) < 0$ 的区域。这表示只有那些在奇点最小值的平面才能存在于晶体表面，因为只有在这些方向在 p_1 和 p_2 之间的平面上，$\xi''(p) > 0$ 的条件才得到满足。所有其他平面均不稳定，并且应该分解为小平面。

这个结果的物理意义十分简单。如果新的方向为 p_1 和 p_2 的晶面拥有比最初方向为 p 的表面更小的比表面能，而且表面能的降低过分补偿了表面积的增加，晶面将会分解为小平面。反之，它将是稳定的。

小平面的稳定性可以用与之前表面一样的方法来研究。这种情况下我们允许两个新的表面形成，它们的方向为 $p_1' = p_1 + \delta p_1$ 和 $p_2' = p_2 + \delta p_2$（图 1.13a）。从表

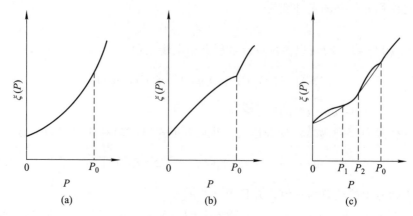

图 1.14 参数 $\xi(p)=\sigma(p)/(1+p^2)^{1/2}$ 随斜率 p 变化的示意图：(a)$\xi''(p)>0$，(b)$\xi''(p)<0$，(c) 在 p_1 和 p_2 间 $\xi''(p)>0$，并且在 0 和 p_1 间 $\xi''(p)<0$[引用 Cabrera 和 Coleman(1963)]

面能在恒定体积时正的变化的条件，我们发现，当对应的小平面的表面刚度 σ_1^* 和 σ_2^* 为正值时，小平面是稳定的。因此，一个不稳定的表面刚度为负值的平滑表面应该分解为表面刚度为正值的小平面。

晶体表面的小平面化很久以前就已经被观测到。Moore(1963)回顾了早期的工作。原则上，小平面可以由任何减小比表面能的原因引起。特别地，这原因是表面活跃的吸附物。因此，当大约 0.2 单分子层(monolayer)的 Ag 在温度约为 400 ℃ 时吸附在台阶化的 Ge(111)表面，它会引起(544)和(111)小平面的形成(Suliga 和 Henzler 1983)。当 Ag 的覆盖(coverage)增加到大于 0.7 单分子层时，形成(211)小平面。上述的结果在后来的一篇论文当中得到了改善(Henzler，Busch 和 Friese 1990)。一个 Ge 单晶被切割并磨光，其表面相对于(111)面的偏离角为 3°($p=0.052\ 4$)。然后，得到拥有单原子台阶和 10 个原子间距宽的平台的邻界表面，它可以用米勒指数(19，17，17)来表示。随后 Ag 在室温下被沉积，并且晶体在 400 ℃ 下退火 10 min。当再次冷却到室温时，观察到了下面的变化。当 Ag 的覆盖为 1/4 个单分子层时(相对于 Ge(111)表面的覆盖)，最初的(19，17，17)表面分解为(13，11，11)小平面，后者拥有更大斜率、更窄平台以及平坦而更加宽阔的(111)方向的部分。两个小平面的总体表面的分数比例可以分别估计为 0.75 和 0.25。当 Ag 覆盖为 1/2 单分子层时，发现一半的表面为(10，8，8)方向，而另一半有(111)方向。在 Ge 晶体退火且 Ag 脱附之后，Ge 表面恢复了最初的(19，17，17)方向。

沿[011]方向偏离 5° 的洁净 Si(100)表面包含平均间距为 29 Å、高度为 2.7 Å(双倍台阶)的台阶。在此表面上沉积 As(砷)，当超过一个临界的表面覆盖值 0.38 单分子层时，不管在任何温度下，平台都变为大约 100 Å 宽，并且台阶为 9 Å(6 个单分子层)高(Ohno 和 Williams 1989a)。这个过程是可逆的。As 脱附之后，表面恢复到其最初的结构。同样的现象在 6°偏离的 $[1\overline{1}0]$、$[2\overline{1}\,\overline{1}]$ 和 $[\overline{2}11]$ 方向的 Si(111) 表面也被观察到。当 As 的覆盖高于一个临界值，即 0.16 个单分子层时，单台阶转变为双倍台阶(Ohno 和 Williams 1986b)。

此外，无论是否存在碳污染，Si(112) 表面在加热到 800 ℃时都是稳定的。当晶体表面上存在碳污染且被加热到 950~1 150 ℃之间时，(112) 表面分解为 (111)、(113)、(525) 和 (255) 表面。如果在加热超过 950 ℃之前引入碳，小平面化的程度升高。1 250 ℃的退火移除碳污染，并且使初始的表面结构得以恢复(Yang 和 Williams 1989)。

值得注意的是，As 引起的 Si(100) 和 (111) 表面的小平面化在 As_2 气压与在 Si 单晶衬底上生长 GaAs 时应用的气压可比较时发生。所以，假设衬底表面在实验条件下保持其台阶化的结构是不安全的。同样地，如果不采取必要的预防措施来降低真空腔里的碳污染也是不安全的。Somorjai 和 van Hove(1989)总结了关于金属表面小平面化的工作。

1.5 晶体生长的原子论观点

1.5.1 拥有环境相的无限大晶体的平衡——半晶体位置的概念

上述的考虑是纯粹宏观的，因为热力学宏观量被用来描述不同相之间的平衡。而且，并没有顾及单独的建筑单元(原子、离子或者分子)在新相的生长颗粒上附着和从其上的脱离。这也是吉布斯早期的观点没有被完全理解的原因之一，直到 1927 年，Kossel(1927)和 Stranski(1927，1928)同时介绍了一个建筑单元从所谓半晶体位置的分离的功这一概念，上述情况才得以改观。在这一章中，我们将会在微观原子级别上来考虑问题。

例如，我们考虑包含一个单原子台阶的考塞尔晶体的立方面(100)(图 1.15)。台阶可以被定义为平面的某个区域以及它邻近的与其高度差为一个平面间间距的区域的边界。原子可以占据这个表面上的不同位置——合并入表面(位置 1)、台阶(位置 2)，合并入拐角位置 3，或者在台阶处(位置 4)抑或晶体表面上(位置 5)被吸收。取决于它们的位置，原子们被有区别地结合在晶体表面。因此，一个吸附在晶体表面的原子被一个键与晶体结合，并且有 5 个不饱和的悬挂键。相反地，一个合并入表面的原子有 5 个饱和键和一个不饱和键。此外，这些原子的脱离导致了不饱和悬挂键数目的变化，或者说，导致了表面能。唯一的例外是位置 3 的原子，它有同样数量的饱和键与不饱和键。然后，当它从这个特别位置脱离时，表面能不会发生变化。可以看到，在这个位置的一个原子被结合在半个原子行、半晶体平面和一个半晶体块上。所以，这个位置称作半晶体（half-crystal）或者扭结（kink）位置。这些原子在这个位置上重复地附着或脱离，可以建立起整个晶体（如果它大到足以排除尺度效应）或使其瓦解为单个的原子。

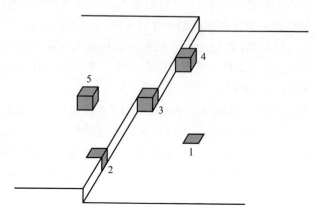

图 1.15 一个原子在晶体表面上所能占据的最重要的位置：1—原子嵌入到最外层的平面，2—原子嵌入到台阶边缘，3—原子在一个半晶体（扭结）位置，4—原子被吸附到一个台阶，5—原子被吸附到晶体表面

表 1.1 一个在半晶体位置的原子的第一、第二和第三相邻原子的数目

晶格类型	相邻原子数目		
	第一	第二	第三
简立方	3	6	4
面心立方	6	3	12
体心立方	4	3	6
密排六方	6	3	1
金刚石	2	6	6

使一个原子从半晶体位置脱离所需的功 $\varphi_{1/2}$ 取决于晶体晶格的对称性（表1.1），但是总等于使半个位于晶体体内的一个原子的键断裂所需的功。因此，对于一个考塞尔晶体

$$\varphi_{1/2} = 3\psi_1 + 6\psi_2 + 4\psi_3$$

如果我们用 Z_1、Z_2 和 Z_3 来标注对应晶体晶格 n 中第一、第二和第三坐标球的坐标数，则

$$\varphi_{1/2} = \frac{1}{2}(Z_1\psi_1 + Z_2\psi_2 + Z_3\psi_3) \tag{1.57}$$

当一个足够大的晶体在环境相下处于平衡，那么统计学上半晶体位置被占据和不被占据的频率是相等的。这意味着，原子从环境相附着或者脱离扭结位置的概率是相等的。于是，具有环境相的无限大晶体的平衡由半晶体位置决定，而且 $\varphi_{1/2}$ 可以被大致取为等于蒸发焓 Δh_{ev} 的值。换言之，从半晶体位置脱离所需的功决定了无限大晶体的平衡气压，从而决定了它的化学势。因此，对于简单的拥有单原子气体的晶体有（Stern 1919；Kaischew 1936）

$$\mu_c^{\infty} = \mu_0 + kT\ln P_{\infty} = -\varphi_{1/2} + kT\ln\left[\frac{(2\pi m)^{3/2}(kT)^{5/2}}{h^3}\right] \tag{1.58}$$

式中，m 为原子质量；h 为普朗克（Planck）常量。

从上述方程式可以看出，在 $T = 0$ 时，化学势等于取相反符号的从半晶体位置的脱离功。也就是说，半晶体位置的这个性质使得它在晶体生长理论中很独特。对于发现半晶体位置的历史，读者可以参考 Kaischew（1981）所著的历史性综述。

如果我们将从其分离的功写为如下形式的表达式，那么半晶体位置的另一个非常重要的性质就变得很明显：

$$\varphi_{1/2} = \varphi_{水平} + \varphi_{垂直}$$

式中，$\varphi_{水平}$ 为与半晶体平面和半原子排水平的键合；$\varphi_{垂直}$ 为与下面的半晶体块的垂直的键合。这种划分（水平或者垂直）有两个优点。第一，它反映了特别晶体面的性质。例如，我们考虑面心立方（fcc）晶格的最紧密堆积的面（111）和（100）。我们将讨论仅限制在第一相邻原子的相互作用。为了将一个原子从（111）面上半晶体位置脱离，我们必须打断 3 个水平键和 3 个垂直键，而对于（100）面，我们必须打断 2 个水平键和 4 个垂直键。两种情况下，我们都得打断 6 个键，但是我们可以得出结论，（100）面比（111）面拥有更大的吸附势。

这种划分的另一个非常重要的结果与薄膜的外延生长相联系。实际上，如果我们将下面的晶体块替换为另一块不同的材料，在假设键能可加性的条件下，水平键合大致保持不变。但是，垂直键或者穿过界面的键将会改变（Stranski 和 Kuleliev 1929）。然后对于一个考塞尔晶体，源于半晶体位置的分离功为（$\psi_1 \equiv \psi$）

$$\varphi'_{1/2} = 2\psi + \psi' = 3\psi - (\psi - \psi')$$

或者

$$\varphi'_{1/2} = \varphi_{1/2} - (\psi - \psi') \tag{1.59}$$

式中，ψ' 为用于打断不同原子之间一个键的能量。

立刻就能看出，当 $\psi < \psi'$，则 $\varphi'_{1/2} > \varphi_{1/2}$，并且在异质衬底上的第一个单分

子层的平衡蒸气压要小于体晶的平衡蒸气压，即 $P'_\infty(1)<P_\infty$。这样，在任何高于 $P'_\infty(1)$ 的蒸气压下，至少可以沉积一个单分子层。这意味着，甚至当 $P'_\infty(1)<P<P_\infty$ 时，也即相对于体晶为欠饱和（undersaturation）时，沉积就将发生。在相反的情况下（$\psi>\psi'$），$\varphi'_{1/2}<\varphi_{1/2}$ 且 $P'_\infty(1)>P_\infty$。这意味着，沉积需要过饱和（supersaturation）在系统中存在。第二个单分子层从衬底处感受到的能量的影响愈加微弱，而对于第三个单分子层，衬底的影响可以忽略。由此可知，在这个特别的情况下，化学势不为常数而取决于单分子层的数目，或者换句话说，取决于膜的厚度。在这种情况下我们谈到外延，这将会在第四章中进行更加详细的讨论。我们将会展示，如果假设水平键保持不变，只考虑穿过界面的键的区别，化学势与厚度的依存关系可以很容易地推导出来。第四章中将要讨论，穿过界面的键的不同导致外延薄膜不同的生长模式［参看 Markov 和 Stoyanov（1987）的一篇综述文章］。

1.5.2 平衡有限晶体－环境相——平均分离功的概念

上面提到，只有当晶体足够大，使得边缘的影响可以忽略时，我们可以通过反复的附着或是脱附建筑单元来建立或者分解一个晶体。如若不然，非常清楚，半晶体位置不再是一个重复的台阶，并且它不会决定气相晶体的平衡。为了解决这个问题，Stranski 和 Kaischew（1934a，b，c，d）考虑了一个气相小晶体的动态平衡，并且总结道，对于一个将处于平衡态的有其环境相的小颗粒来说，建立起一整个新晶体平面的概率应当等于它分解的概率。所以，为了测量一个有限晶体与其环境的平衡，他们引入了所谓的"平均分离功"，其定义为，一整个晶体平面瓦解为单个原子时每个原子的能量。对于属于平衡形式的所有晶体平面，这个量必须只有同一个值。

例如，考虑一个边缘长度为 $l_3=n_3 a$ 的考塞尔晶体，其中 n_3 是在三维晶体边缘的原子数量，a 为原子间距。一整个晶格平面分解为单个原子时每个原子的能量为（图 1.16a~c）

$$\bar{\varphi}_3 = \frac{\left[3\psi(n_3-1)^2 + 4\psi(n_3-1) + \psi\right]}{n_3^2} = 3\psi - \frac{2\psi}{n_3}$$

另一方面，由 $3\psi=\varphi_{1/2}$（表 1.1）有

$$\bar{\varphi}_3 = \varphi_{1/2} - \frac{2\psi}{n_3} \tag{1.60}$$

由此可知，随着晶体的尺寸增大，平均分离功渐渐地趋向从扭结位置分离的功。然后，如果 $n_3>70$ 或者 $l_3>2\times10^{-6}$ cm（$a=3\times10^{-8}$ cm），则这个晶体可以被认为是足够大。

由于 $\bar{\varphi}_3$ 决定了气相的平衡，与式（1.58）类似，我们可以写出

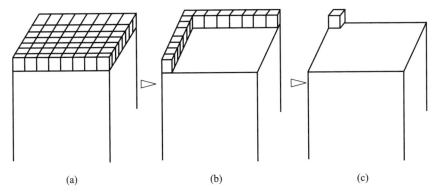

图 1.16　根据 Stranski 和 Kaischew(1934b)，评估平均分离功 $\bar{\varphi}_3$ 的示意图，$\bar{\varphi}_3$ 决定了气相的有限三维晶体的平衡。首先，（a）$(n-1)^2$ 个原子脱离表面，只有两行原子留下。每个原子的脱离需要打断三个键，然后，（b）每行包含 $n-1$ 个原子的两行剩下的原子，除了角落的原子外，都脱离表面，原子的脱离需要打断每个原子的两个键，最后，（c）最后一个处于角落的原子脱离，它只需要打断一个键［Stranski 和 Kaischew(1934b)］

$$\mu_c = \mu_v = \mu_0 + kT\ln P_1 = -\bar{\varphi}_3 + kT\ln\left[\frac{(2\pi m)^{3/2}(kT)^{5/2}}{h^3}\right] \qquad (1.61)$$

则

$$\Delta\mu = \mu_v - \mu_c = kT\ln\left(\frac{P_1}{P_\infty}\right) = \varphi_{1/2} - \bar{\varphi}_3 = \frac{2\psi}{n_3} \qquad (1.62)$$

显然，这和汤姆森-吉布斯方程式（1.19）相同。通过局限在第一相邻原子的相互作用，我们可以定义考塞尔晶体的比表面能为，创造两个面积均为 a^2 的表面的能量

$$\sigma = \frac{\psi}{2a^2} \qquad (1.63)$$

将由式（1.63）所得的 ψ 代入式（1.62），可以得到

$$\Delta\mu = \frac{4\sigma v_c}{l_3} \qquad (1.64)$$

这正是式（1.19）给出的汤姆森-吉布斯方程（对于一个考塞尔晶体，$l_3 = 2r$ 及 $v_c = a^3$）。

1.5.3　平衡二维晶体-环境相

Stranski 和 Kaischew 进一步考虑了当一个在三维晶体的一个面上形成的二维晶体与环境相平衡的情况。与他们对于三维建议的情况相似，建立起一整个长度为 $l_2 = n_2 a$（图 1.17）新原子行的概率应当等于它分解为单个原子的概率。

现在，平衡二维晶体-蒸气相由对应的平均分离功 $\bar{\varphi}_2$ 决定，在这个特别情况下，$\bar{\varphi}_2$ 等于分解整个边缘行原子的每个原子的能量。假设一个简单情况，一个边缘上有 n_2 个原子的方形晶体，其平均分离功为

$$\bar{\varphi}_2 = 3\psi - \frac{\psi}{n_2} = \varphi_{1/2} - \frac{\psi}{n_2} \qquad (1.65)$$

那么在三维晶体上形成一个二维晶体的所需的过饱和为

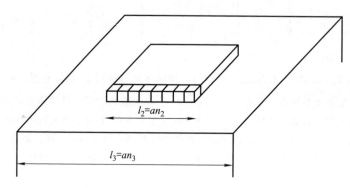

图 1.17   考量平均分离功 $\bar{\varphi}_2$ 的示意图。在边长为 l_3 的三维晶体平面上有一个边长为 l_2 的有限二维晶体，$\bar{\varphi}_2$ 决定了它与环境相的平衡。n_2 和 n_3 分别表示在二维和三维晶体边缘上的原子数量［根据 Stranski 和 Kaischew（1934b）］

$$\Delta\mu = kT\ln\left(\frac{P}{P_\infty}\right) = \frac{\psi}{n_2} \qquad (1.66a)$$

根据比边缘能的定义

$$\varkappa = \frac{\psi}{2a} \qquad (1.67)$$

我们得到了熟知的适用于二维情况的汤姆森-吉布斯方程

$$\Delta\mu = \frac{2\varkappa a^2}{l_2} \qquad (1.66b)$$

比较式（1.64）和式（1.66）的那组方程（$\varkappa = \sigma a$），可以导出如下结论：平衡状态时，在同一个过饱和下，二维晶体的边缘长度应该比三维晶体的边缘长度短 $1/2$，即 $l_2 = l_3/2$。

1.5.4   晶体的平衡形状——原子论方法

平均分离功的引入使得 Stranski 和 Kaischew（1935）能够给出一个新的原子论的方法来确定晶体的平衡形状。基本的想法是，与晶体的键合能小于平均分

离功的原子不可能属于平衡形状，因为对应的蒸气压将高于系统中的平衡蒸气压。然后，为了推导平衡形状，我们从一个有任意简单形态的晶体开始，并且所有分离功小于$\varphi_{1/2}$的原子相继从晶体表面上移开。精确地在那个时刻，所有属于平衡形状的晶体表面出现。然后，表面面积发生改变（整个晶体平面被移除或是增加），直到所有晶体平面的平均分离功$\bar{\varphi}_3$都有同一个值的时刻。最后一次操作中，所有不属于平衡形状的平面消失了[见 Honnigmann（1958）]。

在计算平均分离功的时候，将距离更远的相邻原子考虑在内，拥有更高比表面能的小平面正如图 1.10 中所示那样出现在平衡形状上。因此，当只考虑考塞尔晶体中第一相邻原子时，平衡形状只包括立方晶面（100）。如果考虑第二相邻原子，除了（100）面，还将出现（110）面和（111）面。然后，通过比较理论预测和实验观察，我们可以得到有关原子间力作用半径对于平衡形状影响的结论。

要阐明 Stranski 和 Kaischew 的原子论方法，我们可以将一个三维晶体放置在一个异质衬底上，并找到它的平衡形状。简化起见，我们考虑一个立方晶体，它有一个正方基底，其水平边 $l=na$，而高度 $h=n'a$，其中 n 和 n' 是水平和垂直边上的原子数目（图 1.18）。根据上述的过程，从晶体侧面计算出的平均分离功为

$$\bar{\varphi}'_3 = 3\psi - \frac{\psi - \psi'}{n'} - \frac{\psi}{n} \tag{1.68}$$

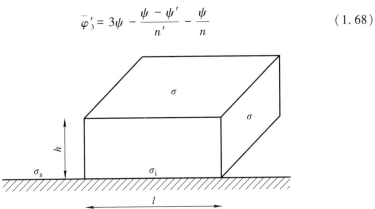

图 1.18 一个在异质衬底上的立方晶体，其水平边长为 l，高度为 h。衬底的比表面能 σ_s、沉积的晶体的上水平表面的比表面能 σ 以及衬底沉积物界面的比表面能 σ_i 决定了平衡形状的比 h/l

由上基底计算出的平均分离功由式（1.60）给出。平衡形状的条件是，对于不同表面的化学势，或者说，它们的平均分离功必须相等（$\bar{\varphi}'_3 = \bar{\varphi}_3$）。后者导致了如下关系（Kaischew 1950）：

$$\frac{h}{l} = \frac{n'}{n} = 1 - \frac{\psi'}{\psi} \qquad (1.69)$$

用比表面能和比黏附能替换 ψ 和 ψ'，有

$$\frac{h}{l} = 1 - \frac{\beta}{2\sigma} = \frac{\sigma + \sigma_i - \sigma_s}{2\sigma} \qquad (1.70)$$

式中，σ_i 是用杜普雷(Dupré)关系式(1.28)表达的比界面能。如果我们从经典热力学条件开始，即 $\Phi = l^2(\sigma + \sigma_i - \sigma_s) + 4lh\sigma =$ 最小值以及 $V_c = l^2h =$ 常数(Bauer 1958)，也可以得到相同的结果。

1.5.5 二维晶体在异质衬底上的平衡蒸气压

在一个不同材料的晶体表面上形成一个二维晶体，它的平衡蒸气压如何？这也是一个值得探讨的有趣问题。简化起见，我们假设一个正方形状，从晶体边缘估计的平均分离功为

$$\bar{\varphi}_2' = 2\psi + \psi' - \frac{\psi}{n_2} = \varphi_{1/2}' - \frac{\psi}{n_2}$$

式中，$\varphi_{1/2}' = 2\psi + \psi'$ 项其实是一个原子从异质衬底上的半无限吸附层的半晶体位置分离的功(Stranski 和 Kuleliew 1929)。

我们记得对于过饱和有 $\varphi_{1/2} = 3\psi$，因此对于平衡蒸气压我们有

$$\Delta\mu = kT\ln\left(\frac{P}{P_\infty}\right) = \psi - \psi' + \frac{\psi}{n_2}$$

结合能的差值 $\varphi_{1/2} - \varphi_{1/2}' = \psi - \psi'$ 可以如上所讨论的那样，或者为正($\psi > \psi'$)，或者为负($\psi < \psi'$)。这意味着二维晶体的平衡蒸气压可以高于或低于体晶的平衡蒸气压，并且沉积可以分别在过饱和或欠饱和下进行。

1.6 晶体表面的平衡结构

1.6.1 晶体表面的分类

晶体生长的过程开始于晶体-环境相界面，其中环境相可以是蒸气、熔融物或是溶液。显然，这个界面的平衡结构，或者换言之，它的粗糙度一方面决定了晶体形状，另一方面决定了生长机制，进而决定了它的生长速率。

例如，我们考虑一个属于完美无缺陷晶体的原子级平滑的晶面。一个新的晶格平面的形成需要提供半晶体位置的单原子台阶的存在，因为一个这样台阶的源头能够随机地服务于出现的有封闭轮廓线的新晶格层的二维形成。刚开始时，它们不稳定，而且有分解为母相的趋势。当这种用作新层的"二维核"的

形成超过了某临界尺寸时，它们进一步的生长在热力学上更为有利，而且覆盖了整个晶面。在台阶消失以后，初始状态被恢复。然后，形成新的晶格平面需要新的二维核，并且上述过程被重复。因此，一个无缺陷的原子级平滑的晶面的生长是一个周期性的过程，其中包含了连续的二维成核和水平生长（图3.16），这个过程通常在分子束外延（molecular beam epitaxy，MBE）的晶体生长中可以被观察到（Harris，Joyce 和 Dobson 1981a，1981b；Neave，Joyce，Dobson 和 Norton 1983）。二维核的形成是连接的，但是存在一定的能量的困难，并且需要超过一个临界过饱和。然后，一个无缺陷晶体表面的生长速率将会是过饱和的非线性（其实是指数）函数。

但是，实验数据表明，晶体可以在低至 0.01% 的过饱和下生长，这与晶体生长的凝结理论存在显著差异。这个问题在 1949 年 Bristol 举办的法拉第学会（Faraday Society）讨论会上被弗兰克（Frank）解决，他提出了晶体生长的螺旋机制（spiral mechanism）（Frank 1949）。他建议，在低过饱和下晶体的持续生长是因为晶体缺陷的出现，尤其是螺旋位错（图3.9）。后者提供了不消失的单原子台阶，沿其上有扭结位置，因此使得二维凝结不再必要。在 1951 年，Burton，Cabrera 和 Frank 发表了他们著名的文章《晶体生长和它们表面的平衡结构》（Burton 等 1951）。考虑到有螺旋位错存在的一个晶体面的生长，他们发现螺旋的连贯的线圈之间的距离直接与临界二维核的线性尺寸成比例，而后者由存在的过饱和所决定。然后，在螺旋位错的突发点形成的角锥体的生长与过饱和成正比。我们可以得出结论，通常来讲，生长速率也将是过饱和的非线性函数。

最后，如果晶体表面是原子级粗糙的，它提供大量的扭结位置。从母相到达表面的建筑颗粒实际上可以在任何使得二维凝结以及螺旋位错的不必要出现的地方合并入晶体的晶格。不再有热力学阻碍存在，生长过程很快，生长速率简单地与来自环境相的原子流量成比例，并因此是过饱和的线性函数。

因此，晶体生长意味着从环境相来的建筑单元合并入半晶体位置。然后，对于给定晶体面，它提供给来自环境相的建筑单元生长的位置（半晶体位置或扭结位置），而在垂直于其表面方向上的生长速率正比于生长位置的密度。这个密度一方面取决于晶面的结晶学取向，另一方面取决于生长温度。

Burton 和 Cabrera（1949）针对晶体表面生长为封闭堆积（close packed）和非封闭堆积（non-close packed）或台阶化（stepped）表面的能力对它们进行了分类。这个问题被 Hartman（1973）和其他人（Honigmann 1958；Cabrera 和 Coleman 1963）进一步阐明。

因此，晶体表面被分为三组：F（平坦的，flat）表面、S（台阶化的，stepped）表面、K（扭结的，kinked）表面，分别取决于它们是否平行于至少两行最密集原子行、一行最密集原子行或者完全不平行于最密集原子行（Hartman 1973）。例如，F 面是考塞尔晶体和面心立方晶体的平行于两行最密集原子行的（100）面，平行于三行最密集原子行的面心立方的（111）面以及密排六方晶体的（0001）面，等等（图 1.19）。S 面和 K 面的典型例子是氯化钠（或考塞尔）晶体的（110）面和（111）面。非常清楚，当一个晶面平行于多于一行最密集原子行时，饱和的最短，所以最强的平行于晶体表面的化学键的数目最大。不饱和键的数目是最小的，所以表面的比表面能也是最小的（见图 1.19 中的箭头）。当晶面平行于一行最密集原子行时，只有它与其他面相交，并且所有平行于后者的化学键变为不饱和的。因此，不饱和键的数量在晶面与所有最密集原子行都相交时达到它的最大值，所以这样的一个晶面比 S 面和 F 面提供了更多的生长位置（扭结位置）。

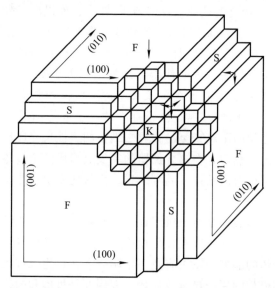

图 1.19 显示一个考塞尔晶体的 F（平坦的）、S（台阶化的）和 K（扭结的）平面的图示。F 面和 S 面分别取决于它们是否平行于两行或是一行最密集原子行，而 K 平面不平行于任何最密集原子行。长箭头给出了最密集原子行的方向（第一相邻键的方向）。短箭头代表了属于对应晶面的一个原子的不饱和第一相邻键[根据 Hartman（1973）]

　　由于 K 面提供了密度比 S 面和 F 面密度大得多的扭结位置，它们将比后者生长得更快。S 面也在沿台阶方向提供扭结位置，但是它们的密度比在 K 面上要小。最后，完美晶体的 F 面不提供任何扭结位置。然后，在小到足够阻止二维凝结的过饱和下，垂直于特定平面的方向上的生长速率在 K 面上最高，在 S 面上小一些，而在 F 面上为零。据此，K 面应当最先消失，随后是 S 面，而最后晶体在生长过程中将仅被 F 面封闭，而且将会在足够小的过饱和下完全停止生长。

之前的小节中已经展示过，晶面也可以被划分为奇异面和邻位面。单一最小值对应于奇异面，且后者可以是任何低指数平面，无论它们是 F、S 或 K 平面。最后，相对于主（奇异）晶体平面稍微倾斜的邻位面为到达的建筑单元提供了一长列被平滑平台划分开的平行台阶。这种划分在实际中很有趣。当晶体以某一特定结晶学方向被切割，用以准备外延生长的衬底时，相对于选定方向的切割角绝不会等于零。因此，用切割准备的晶圆总是为晶体生长提供邻位面。此外，在螺旋生长中（图3.9），角锥体的侧面实际上代表了邻位面。当晶面通过形成并生长二维核生长时，是一样的情况。生长的角锥体由连续不断的、在其之前的同伴顶部形成的二维核形成，并且它们的侧面有一次代表了邻位面（图3.2）。这是我们首先考虑单原子高度台阶的平衡结构的原因。

1.6.2　一个台阶的平衡结构

简化起见，我们考虑一个简立方晶体表面上的单台阶，其高度为单原子且长度无限。在 $T=0$ 时，这个台阶为完全笔直的。当温度升高，被平滑部分分离的扭结将开始出现。按照惯例，扭结可划分为正或负，这取决于一个新原子行是开始还是结束（图1.20）。当这个台阶平均地沿着一行最密集原子行的方向，正扭结和负扭结的数量相等。扭结的总数在台阶从这个方向偏离时增加。扭结可以是单原子的也可以是多原子的。简化起见，我们仅考虑第一单原子扭结。我们也排除所谓的"悬垂部分（overhangs）"（图1.20）。

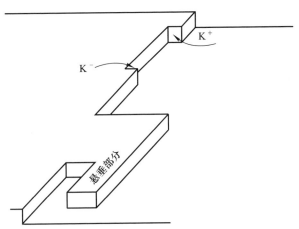

图 1.20　$T \neq 0$ 时沿着一个台阶的正 K^+ 和负 K^- 扭结。图中也展示了悬垂部分

形成一个扭结所需要的能量为 $\omega = \psi/2$。确实，如图 1.21 中所示的那样，为了制造一个孔洞并且在初始笔直的台阶内吸附一个原子，我们打断了三个横

向的键且创造了一个键，因此净耗费了 2ψ 的能量。下一个原子的传递（用一个平滑部分分离开扭结）与能量的改变无关。所以，我们耗费 2ψ 的能量来形成 4 个扭结（两个正的，两个负的），或者每个扭结耗费 $\omega = \psi/2$。这适用于晶相-气相界面。如果环境相是熔融物，我们可以基于所谓的熔融物晶格模型来计算形成一个扭结的能量。假设原子处于液体形式，它的晶格和晶体中一样，但是用以破坏两个相邻原子间的能量却不相同，在晶体中为 ψ_c，在熔融物中

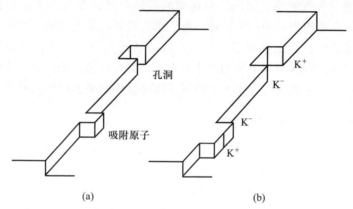

(a)　　　　　　　　　　　　(b)

图 1.21　为了确定形成一个扭结的激活能：(a)首先我们传递嵌入台阶(图 1.15 中的位置 2)一个原子到台阶的一个吸附位置(图 1.15 中的位置 4)。一个孔洞和一个吸附原子形成了。(b)通过移开第二个原子并且使它与第一个原子相邻，孔洞被展宽了。结果，4 个扭结形成了，两个为正，两个为负

为 ψ_m，既是晶体又是熔融物时为 ψ_{cm}。和之前一样，我们进行相同的考虑，但是现在我们增加能量来将两个液体原子从熔融物中传递至在台阶中创造的孔洞。那么，对于每个晶-熔键 ψ_{cm} 来说形成一个扭结的能量 ω

$$\omega = \frac{1}{2}(\psi_c + \psi_m) - \psi_{cm} \tag{1.71}$$

对于晶相-气相界面的情况，$\psi_m = \psi_{cm} = 0$ 且 $\omega = \psi_c/2 \equiv \psi/2$。

值得指出，创造一个扭结的功实际上是创造一个新悬挂键的功，或者，换言之，是将台阶延长一个原子间距的功。因此，扭结的创造导致台阶边缘能或晶面表面能的变化。

我们用 n_+ 和 n_- 来标记单个正或负扭结的数目，并且用 n_0 来表示没有任何跳跃的平滑部分的数目。它们的总和为

$$n_+ + n_- + n_0 = n = \frac{1}{a} \tag{1.72}$$

这恰好等于台阶每单位长度的原子数量，其中 a 是第一邻位距离。

如果形成一个扭结的能量是 $\omega = \psi/2$，我们可以写出（Burton，Cabrera 和 Frank 1951）

$$\frac{n_+}{n_0} = \frac{n_-}{n_0} = \eta$$

或

$$\frac{n_+ n_-}{n_0^2} = \eta^2, \qquad \eta = \exp\left(-\frac{\omega}{kT}\right) = \exp\left(-\frac{\psi}{2kT}\right) \tag{1.73}$$

如果台阶的平均取向以一个小角度 φ 偏离了最密集原子行的方向，则

$$n_+ - n_- = \frac{\varphi}{a} \tag{1.74}$$

在 $\varphi = 0$ 时，通过解式（1.72）~式（1.74）的系统来求扭结间的平均距离 δ_0，我们得到

$$\delta_0 = \frac{1}{n_+ + n_-} = a\left(1 + \frac{1}{2\eta}\right) = a\left[1 + \frac{1}{2}\exp\left(\frac{\omega}{kT}\right)\right] \tag{1.75}$$

让我们来评估这个量。例如，Ag 的蒸发焓为 $\Delta H_e = 60\ 720$ cal/mol，$\psi = \Delta H_e/6$ 或 $\omega = \Delta H_e/12$。当 $T = 1\ 000$ K 时，$\omega/kT = 2.53$ 且 $\delta_0 = 7a$。换言之，在 Ag 的晶相-气相界面，平均来说，每隔 7 个原子间距就有扭结的迹象，也即，台阶将是粗糙的。对于处于熔融点温度的 Si 的晶-熔界面，$T_m = 1\ 685$ K，$\Delta H_m/kT_m = 3.3$，$\omega/kT = 1.66$ 且 $\delta_0 = 3.5a$。一个有趣的例子是 Si(001) 的邻位平面。3.2.4 节中将会展示所谓的 S_A 和 S_B 台阶，它们分别交替有着 $\omega = 0.15$ eV 和 0.01 eV。利用式（1.75）我们发现，在 Si(001) 邻位平面上并存着非常粗糙和非常平滑的台阶。

相反地，我们可以通过测量 δ_0，用式（1.75）来评估 ω，从而评估键强度 ψ，Swartzentruber 等（1990）针对 Si(001) 的情况进行了如上步骤。Yau 等（2000）使用这个方法来估计生长在水溶液中的脱铁铁蛋白蛋白质分子间的键。脱铁铁蛋白蛋白质分子有面心立方晶格，其晶格常数为 $a_0 = 184$ Å。借助原子力显微镜（AFM），Yau 等测得 $\delta_0 \approx 3.5a$，据此可以估计 $\omega = 1.6\ kT$ 和 $\psi = 0.082$ eV（$T = 296$ K）。我们来检查一下这个值对于 ψ 是否合理。为此，我们计算蛋白质(111)晶体表面的表面能，并且将它与 Bonzel（1995）编译并讨论的其他面心立方晶体的表面能相比较。使用方程 $\sigma_{111} = 3\psi/2\Sigma_{111}$，其中 $\Sigma_{111} = a_0^2\sqrt{3}/4$ 为一个分子占据的面积（见 1.4 节），其值为 0.3 erg/cm^2 或 0.02 meV/Å^2。最软的面心立方金属 Pb 的表面能为 610 erg/cm^2 = 38 meV/Å^2。考虑到束缚在 1 g 水溶液中球状蛋白质的水的量在 0.2~0.5 g 之间变化，可以预期，蛋白质-蛋白质水溶液的界面量至少比金属-真空的界面能的 1/1 000 还小。我们得出结论，Yau 等推导出的 ψ 值是合理的。

所有这些意味着，虽然在 $T = 0$ 时台阶是完美笔直的，没有任何扭结的迹象，可是在任何高于零度的温度时它将包含扭结，换言之，它将是粗糙的。这是由于温度升高时熵增引起吉布斯自由能的降低。对于台阶的吉布斯自由能，我们可以写出通常的表达式（忽略 PV 项）

$$G_{st} = U_{st} - TS_{st} \qquad (1.76)$$

式中

$$U_{st} = (n + n_+ + n_-) \frac{\psi}{2} \qquad (1.77)$$

是台阶上不饱和键的势能（n 是垂直于台阶方向上的不饱和键的数目，n_+ 和 n_- 是平行于台阶方向上的不饱和键的数目，每个不饱和键的能量为 $\omega = \psi/2$）。

熵取决于扭结和平滑部分可能分布方式的数目，使得（如果我们忽略扭结-扭结相互作用）

$$S_{st} = k\ln\left(\frac{n!}{n_+!\ n_-!\ n_0!}\right) \qquad (1.78)$$

再次针对更简单的情况，即一个平行于最密集原子行方向的台阶（$\varphi = 0$），解方程式（1.72）~式（1.74），我们得到

$$\frac{n_+}{n} = \frac{n_-}{n} = \frac{\eta}{1 + 2\eta}, \qquad \frac{n_0}{n} = \frac{1}{1 + 2\eta} \qquad (1.79)$$

将式（1.79）代入式（1.76）~式（1.78），并且使用斯特林（Stirling）公式 $\ln N! = N\ln N - N$，有

$$G_{st} = - nkT\ln[\eta(1 + 2\eta)] \qquad (1.80)$$

这个表达式是在扭结为单原子的假设下得到的。如果我们对 G_{st} 放开这个限制，可以得到（Burton, Cabrera 和 Frank 1951）

$$G_{st} = - nkT\ln\left(\eta \frac{1 + \eta}{1 - \eta}\right) \qquad (1.81)$$

容易看到，当 η 大于某临界值 $\eta_r = \sqrt{2} - 1$ 时，$G_{st} > 0$。这意味着，存在一个由 $\Delta G_{st} = 0$ 条件决定的临界温度

$$\frac{kT_r}{\psi} = 0.57 \quad \text{或者} \quad \frac{\Delta H_e}{kT_r} = 0.88Z \qquad (1.82)$$

小于临界温度时，台阶是粗糙的，但依旧存在。我们记得台阶将一个半晶体平面（其中有缺位）从一个稀释的吸附层分开，非常清楚，当温度高于 T_r 时，两个区域相互溶解而台阶不复存在，而晶面平面变得原子级粗糙。这个现象与液相和气相在临界点时的相互溶解相似，在临界点，液相和气相之间的相边界消失了。

图 1.22 显示了对于一个包含台阶的考塞尔晶体的（100）面结构的蒙特卡罗（Monte Carlo）模拟结果（Leamy, Gilmer 和 Jackson 1975）。在低温 $T = 0.427\psi/k <$

$T_r(\omega/kT = 1.17)$ 时，两个台阶清晰可见，一同出现的还有少量吸附原子和吸附缺位。在高温 $T = 0.667\psi/k > T_r(\omega/kT = 0.75)$ 时，台阶不再能被分辨出来了。

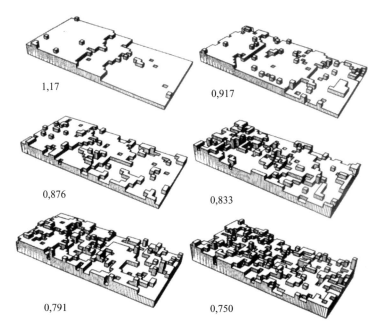

图 1.22　单个晶面的原子模型，晶面有正方晶格，且包含随温度变化的台阶。图中给出了 ω/kT 的值 [H. J. Leamy，G. H. Gilmer 和 K. A. Jackson，in：Surface Physics of Materials，Vol. 1，ed. J. P. Blakeley（Academic Press，1975），p. 121。经 Academic Press 许可，由 George Gilmer 提供]

1.6.3　F 面的平衡结构

我们在之前的小节中看到，一个单原子台阶的消失导致台阶化表面变得粗糙。所以，下一个符合逻辑的问题是：如果最初没有台阶的话，F 面还能否变粗糙？答案是肯定的，但是问题却更加复杂。晶面的粗糙度可以定义为

$$R = \frac{U - U_0}{U_0} \tag{1.83}$$

式中，U_0 是 $T = 0$ 时参考平坦面的内部（势）能，它正比于垂直于表面的不饱和键的数量（每个原子 $U_0 = \psi/2$）；U 是 $T > 0$ 时表面的内部能，它正比于垂直和水平的键。因此，粗糙度由不饱和的水平键和垂直键的比例给出。如果我们从讨论中排除悬挂部分 [这是著名的固体在固体上（solid-on-solid）或 SOS 模型]，垂直键并不随粗糙度改变，而且 $U_0 =$ 常数。

当 $T = 0$ 时，表面是原子级平滑的，并且所有表面原子处于同一层。不饱

和水平键不存在，且 $R=0$。当 $T>0$ 时，一些原子可以离开最上层的原子平面，在其中留下空位并吸附于其上，所以使不饱和水平键的出现增多，且因此导致粗糙程度的增大。当原子在不同层上时，在台阶中出现与扭结类似的跳跃。但是对于台阶的情况，问题远为简单，因为扭结和平滑部分的总数等于台阶单位长度上键的数目，并且，一个扭结或平滑部分在任何特定点的出现不依赖于它相邻点的情况。一个二维晶体表面的情况是完全不同的。例如，如果我们考虑一个考塞尔晶体的(100)面，我们将会看到，水平键的数量比单位面积上原子的数量大两倍。因此，不同层上原子间跳跃的数量大于原子的数量。这意味着，虽然不同层上原子的存在是独立的，但是在给定位置跳跃的存在却取决于在其相邻位置上跳跃的存在。由于我们对于跳跃或不饱和水平键的数量和分布感兴趣，不得不讨论这种"合作(cooperative)"现象，这是指在不同层上的原子间跳跃的出现是相互依赖的。这是一个相当困难的问题，而且对于最简单的情况，即一个拥有正方形原子网格且仅有两层原子的平面，精确解是存在的。更一般的解在利用一些近似后可以得到。

Burton，Cabrera 和 Frank(1951)首先意识到两平面问题和铁磁理论中的二维伊辛(Ising)模型类似。伊辛模型处理一个自旋的正方形网格的情况，自旋可以指向上或者下(图1.23)。两个相邻自旋的相互作用能根据它们是平行的还是反平行的，可以分别取+1或者−1。这种系统表现出一种临界行为，即当温度高于某个临界温度(著名的居里温度)时，所有的自旋随机地取向(图1.23a)。在低温下，所有的自旋均同向，因此使得铁磁态出现(图1.23b)。

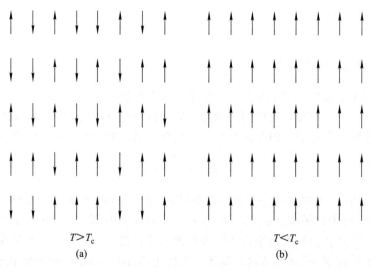

$T>T_c$
(a)

$T<T_c$
(b)

图1.23 自旋的正方形网格，用以阐明处于(a)高于和(b)低于临界温度 T_c 的是二维伊辛模型

现在考虑一个晶面，有两层原子。如果一个原子在同层上有一个相邻原子，它们之间的相互作用能将会是$-\psi$。否则的话（即两个原子在不同层上），键将是不饱和的，并且相互作用能将会是零。这分别与自旋的平行与反平行等价。因此，如果所有的原子均位于同一层且表面是原子级平滑的，所有的水平键是饱和的，而这个状态等价于铁磁态。很明显，存在一个类似于居里温度的临界温度，高于这个温度时，大约有一半的原子在上层，而另外一半原子在下层。利用 Onsager（1944）对于这种"简单"情况的精确解，Burton，Cabrera 和 Frank 推导出考塞尔晶体的（001）面的临界温度，由下式给出：

$$\exp\left(-\frac{\psi}{2kT_{\mathrm{r}}}\right) = \sqrt{2} - 1 \text{ 或者} \frac{kT_{\mathrm{r}}}{\psi} = 0.57 \qquad (1.84)$$

显然，发生在多余两层原子且非正方对称性的晶面的粗糙化是不能用这种方法处理的。应该应用某些近似。所以，我们首先考虑 Jackson（1958）的双层模型，然后我们用同样的方式来处理 Temkin（1964）的多层模型［也参照 Bennema 及 Gilmer（1973）］。

1.6.3.1 Jackson 模型

我们考虑一个平坦的原子级光滑的表面，在平衡温度 T_e 时，它在单位面积上有 N 个吸附位置。令 N_A 个原子吸附在这个表面上，则表面覆盖度为 $\theta = N_A/N$。每一个原子有 Z_1 个水平键。例如，对于考塞尔及面心立方晶体的（100）面 $Z_1 = 4$，对于面心立方晶体的（111）面 $Z_1 = 6$，等等。这个系统的相对吉布斯自由能为（PV 项再次被忽略）

$$\Delta G_{\mathrm{f}} = \Delta U_{\mathrm{f}} - T\Delta S_{\mathrm{f}} \qquad (1.85)$$

式中，ΔU_{f} 也是不饱和水平键引起的内部能；ΔS_{f} 是 N_A 个原子在 N 个吸附位置上分布的构型熵［$S_{\mathrm{f}}(T=0) = 0$］。为了计算 ΔU_{f}，我们使用所谓的布拉格-威廉斯（Bragg-Williams）近似，它也称作"平均场"近似。在这个特例中，后者包含如下内容。平面上的一个吸附原子可以有 1，2，3，…，Z_1 个第一相邻原子。如果我们假设原子是随机分布且团簇（cluster）可以排除，我们可以接受，每个吸附原子大约将会分别平均有 $Z_1\theta$ 个第一相邻原子和 $Z_1(1-\theta)$ 个不饱和键。然后

$$\Delta U_{\mathrm{f}} = N_A Z_1 (1 - \theta)\frac{\psi}{2} = NZ_1\theta - (1 - \theta)\frac{\psi}{2} \qquad (1.86)$$

熵可以用通常的方法来计算

$$\Delta S_{\mathrm{f}} = k\ln\left(\frac{N!}{N_A!\ (N - N_A)!}\right) = -kN\theta\ln\theta - kN(1 - \theta)\ln(1 - \theta) \qquad (1.87)$$

式中，我们再一次用到了斯特林公式。

然后对于吉布斯自由能我们得到

$$\frac{\Delta G_f}{NkT_e} = \alpha\theta(1-\theta) + \theta\ln\theta + (1-\theta)\ln(1-\theta) \quad (1.88)$$

对于参数 α 不同的值，$\Delta G_f/NkT_e$ 的图形表示由图 1.24 给出

$$\alpha = \frac{Z_1\psi}{2kT_e} = \frac{Z\psi}{2kT_e}\frac{Z_1}{Z} = \frac{\Delta H_e Z_1}{kT_e Z} = \frac{\Delta S_e}{k}\frac{Z_1}{Z} \quad (1.89)$$

式中，Z 是体晶中一个原子的配位数。

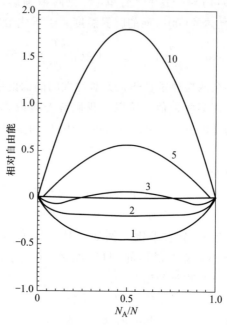

图 1.24 相对吉布斯自由能 $\Delta G_f/NkT_e$ 随表面覆盖度 θ 的变化。图中不同的曲线标记出参数 α 取不同值时的依赖关系 [根据 Jackson(1958)]

可以看到，所有的曲线都是对称的，而且在 $\theta = 1/2$ 处有最大或最小值。在 $\theta = 1/2$ 处，二阶导数

$$\frac{d^2}{d\theta^2}\frac{\Delta G_f}{NkT_e} = -2\alpha + \frac{1}{\theta} + \frac{1}{1-\theta}$$

当 $\alpha > 2$ 时为负值，当 $\alpha < 2$ 时为正值。这意味着，当 $\alpha < 2$ 时，吉布斯自由能在 $\theta = 1/2$ 处有最小值；相反，当 $\alpha > 2$ 时，吉布斯自由能在 $\theta = 1/2$ 处有最大值，并且在 θ 值非常靠近 0 和 1 处有两个相等的深极小值。两个极小值对应两个等价的构型：第一个($\theta \cong 0$)表示在平坦晶面上的吸附原子的小密度；第二个($\theta \cong 1$)表示有一些缺位的平坦晶面。如果我们接受说，表面粗糙度最大值由 $\theta = 1/2$ 定义，则晶面在 $\alpha < 2$ 时为粗糙，而在 $\alpha > 2$ 时为平滑。

我们现在可以回答如下问题：在熔化或升华转变温度时，晶体-环境相界面是什么结构。对于许多金属，熔化熵 $\Delta S_m/R$ 都有一个 1.2 左右的典型值，并且它们的表面在 T_m 或接近 T_m 时是粗糙的。不同的晶面几乎有同一扭结密度，而且晶体会从它们的熔融物中呈圆形生长。另一方面，相对蒸发熵 $\Delta S_e/R$ 的典型值大于 10。F 面将是平滑的，而且晶体将会从气相呈多边形生长。上述讨论应用于金属。对于一些有机晶体的情况，熔化熵很大，而且它们从熔融物呈多边形生长。

Jackson 的模型被 Chen，Ming 和 Rosenberger(1986)进一步推广，用来解释打断第一相邻原子间键的能量的非线性行为，它是由和更远距离的相邻原子的多体相互作用引起的。分析导致了对于一系列金属（Cu、Pb、Zn）的更低的 α 因子，因此在比 Jackson 模型所预测温度更低的温度下，粗糙化的趋势升高了。

1.6.3.2 Temkin 模型

除了使用平均场近似外，Jackson 模型的主要缺点是表面粗糙被限制于仅两层原子，并且结果只适用于平衡温度。所以，Temkin(1964，1968)进一步发展了这种方法，使得晶面能够在任意深度和任意温度下，也即，在生长和溶解过程中（$\Delta\mu\neq0$）粗糙化。

布拉格-威廉斯近似又一次使得我们能解决更一般的情况，即多层粗糙化（Temkin 1964；Bennema 和 Gilmer 1973）。在 $T=0$ 时，晶面如图 1.25a 所示，完全平滑。在一些更高的温度下，晶面是粗糙的，且粗糙没有像在 Jackson 模型中那样被限制于两层原子，而是可以从 $-\infty$ 到 $+\infty$ 变化。实际上我们考虑 SOS 模型，排除了悬挂部分(图 1.25b)。每一个晶体层（有数量 n）包括属于晶体的 N_{ns} 个固体原子和属于流体相的 N_{nf} 个原子。则

$$N_{ns} + N_{nf} = N = \text{常数} \tag{1.90}$$

我们像从前一样定义表面覆盖度

$$\theta_n = \frac{N_{ns}}{N} \text{ 和 } 1 - \theta_n = \frac{N_{nf}}{N} \tag{1.91}$$

那么流体相原子的部分为 $1-\theta_n$。因为 n 从 $-\infty$ 到 $+\infty$ 变化，找到所有 θ_n 的问题受制于如下边界条件：

$$\theta_{-\infty} = 1 \text{ 和 } \theta_{+\infty} = 0 \tag{1.92}$$

由于我们在讨论中排除了悬挂部分，所以 $\theta_n \leq \theta_{n-1}$，式（1.92）意味着我们从完全的固相去往完全的流体相。为了找到 θ_n 的解，我们使用 Mutaftschiev 的方法（Mutaftschiev 1965；Bennema 和 Gilmer 1973）。

一个粗糙表面相对于平滑表面的吉布斯自由能由下式给出（Mutaftschiev 1965）：

$$\Delta G_f = \Delta G_v + \Delta U_f + T\Delta S_f \tag{1.93}$$

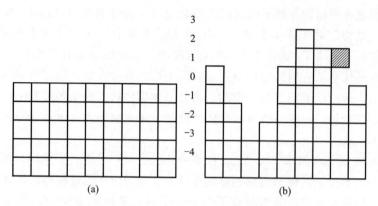

图 1.25 一个 F 面的固体在固体上 SOS(solid-on-solid)模型的示意图：(a) $T=0$ 时的平滑表面，(b) $T>0$ 时的粗糙表面。阴影方块所示的悬挂部分是禁止的。图中表示了对应晶体层的数量

第一项是指晶相和流体相之间原子的相互交换。这个相互交换与晶体(μ_c)和流体(μ_f)中原子的化学势之差有关：$\Delta\mu=\mu_c-\mu_f$，这正是过饱和。那么对于 ΔG_v，我们可以写出[见式(1.91)]

$$\Delta G_v = (\mu_c - \mu_f) \sum_{-\infty}^{0} N_{nf} + (\mu_f - \mu_c) \sum_{1}^{\infty} N_{ns} = N\Delta\mu \left(\sum_{-\infty}^{0} (1 - \theta_n) - \sum_{1}^{\infty} \theta_n \right)$$

括号中的项给出了从环境相离开晶体或加入晶体的原子的净总量。如果粗糙化在没有两相之间原子交换的情况下发生了，则两个总和彼此消除，而且 $\Delta G_v = 0$。这只有在平衡温度 $T=T_e$ 下，或者换言之，只有在 $\Delta\mu=0$ 时，才是严格有效的。

式(1.93)中的第二项与 Jackson 模型中的内部能完全相似，而且仅给出了不饱和水平键的数目。那么

$$\Delta U_f = Z_1 N \frac{\psi}{2} \sum_{-\infty}^{\infty} \theta_n (1 - \theta_n)$$

立刻就可以看到，在双层模型的情况下，总和被缩减到了只有一项，它精确地等于 Jackson 表达式的第一项[式(1.86)]。

构型熵 ΔS_f 可以用 Jackson 模型中同样的方式来计算

$$\Delta S_f = k\ln \prod_{-\infty}^{\infty} \frac{(N\theta_n)!}{(N\theta_{n+1})! \, (N\theta_n - N\theta_{n+1})!}$$

利用边界条件式(1.92)和斯特林公式，可以得到一个与 Jackson 表达式完全相似的表达式

$$T\Delta S_f = - kTN \sum_{-\infty}^{\infty} (\theta_n - \theta_{n+1}) \ln(\theta_n - \theta_{n+1})$$

然后对于相对吉布斯自由能 $\Delta G_{\mathrm{f}}/NkT$，我们有

$$\frac{\Delta G_{\mathrm{f}}}{NkT} = \beta\Big(\sum_{-\infty}^{0}(1-\theta_n) - \sum_{1}^{\infty}\theta_n\Big) + \alpha\sum_{-\infty}^{\infty}\theta_n(1-\theta_n) +$$

$$\sum_{-\infty}^{\infty}(\theta_n - \theta_{n+1})\ln(\theta_n - \theta_{n+1}) \qquad (1.94)$$

式中

$$\beta = \frac{\Delta\mu}{kT} \qquad (1.95)$$

α 再一次由式(1.89)给出，但其中 T_e 被替换为 T。

如果我们使 $\beta=0$，$\theta_{-1}=1$，$\theta_0=\theta$，且 $\theta_{+1}=0$，可以立刻看出，Jackson 表达式可以自动得到。虽然如此，这个表达式并不仅仅是 Jackson 表达式对于多层情况的一般化。晶面的粗糙被放在一个非保守(non-conservative)系统中考虑，因为我们没有将固体原子保持为常数，而是允许相之间的相互交换。因此，虽然 Temkin 模型是一个静态热动力模型，但是它考虑了在生长或溶解过程中的表面粗糙化，而 Jackson 考虑的是处于平衡的系统($T=T_e$，而且由此 $\beta=0$)。

晶体-流体界面的稳定性由吉布斯自由能的最小值条件决定

$$\frac{\partial}{\partial\theta_n}\Big(\frac{\Delta G}{NkT}\Big) = 0$$

这导致了如下的对于 θ_n 的主要方程：

$$\frac{\theta_n - \theta_{n+1}}{\theta_{n-1} - \theta_n} = \exp(2\alpha\theta_n - \alpha + \beta) \qquad (1.96)$$

使用替换式 $z_n = 2\alpha\theta_n - \alpha + \beta$，式(1.96)变为

$$\frac{z_n - z_{n+1}}{z_{n-1} - z_n} = \exp(z_n) \qquad (1.97)$$

通过 $z_n - z_{n+1}$ 来表达 $z_{n-1} - z_n$，并且将其对于 z_n 替换入方程，式(1.97)可以写为如下形式：

$$z_{n+1} = z_n - (z_0 - z_1)\exp\Big(\sum_{m=1}^{n}z_m\Big) \qquad (1.98a)$$

$$z_{-(n+1)} = z_{-n} + (z_0 - z_1)\exp\Big(-\sum_{m=0}^{n}z_{-m}\Big) \qquad (1.98b)$$

边界条件 $\theta_{-\infty}=1$ 和 $\theta_{\infty}=0$ 变为

$$z_{-\infty} = \beta + \alpha, \qquad z_{\infty} = \beta - \alpha \qquad (1.99)$$

我们首先来考虑 $\beta=0$ 的较简单情况，即 Jackson 模型的多层一般化。受制于边界条件[式(1.99)]，式(1.98)有两个可能的对称解(Temkin 1968)。第一个解是

$$z_0 = -z_1, \quad z_{-1} = -z_2, \quad z_{-2} = -z_3, \cdots \qquad (1.100)$$

这对应于

$$\theta_0 = 1 - \theta_1, \quad \theta_{-1} = 1 - \theta_2, \quad \theta_{-2} = 1 - \theta_3, \cdots$$

第二个解是

$$z_0 = 0, \quad z_{-1} = -z_1, \quad z_{-2} = -z_2, \cdots \qquad (1.101)$$

它对应于

$$\theta_0 = \frac{1}{2}, \quad \theta_{-1} = 1 - \theta_1, \quad \theta_{-2} = 1 - \theta_2, \cdots$$

比较这两个解，马上可以发现，第二个解[式(1.101)]对应于一个更高的吉布斯自由能，因为 $\theta_0 = 1/2$，而且某种程度的粗糙总是存在的，而第一个解[式(1.100)]允许 θ_0 接近于整数，且 θ_1 接近零。因此，解[式(1.100)]在表面能中提供了一个最小值，而解[式(1.101)]对应于一个弯曲点。如果我们回到 Jackson 方程，对于它有 θ_{-1}，θ_{-2}，$\theta_{-3} = 1$ 且 θ_1，θ_2，$\theta_3 = 0$，我们将会看到第二个解 $\theta_0 \equiv \theta \cong 0.5$ 对应于相对吉布斯自由能在参数 α 大于 2 时的最大值。第一个解 $\theta_0 = 1 - \theta_1$ 对应于一个吸附原子密度可以忽略（$\theta \cong 0$）的平坦表面，或者一个空位密度可以忽略（$\theta \cong 0$）的平坦表面。

图 1.26 展示了对于参数 α 不同值时 θ_n 对于 n 的依赖关系。可以看到，随着 α 的减小，界面变得越来越模糊。相反地，当 $\alpha = 3.31$ 时，界面是一层的，其中包含一些空位，其上有一些吸附原子。换言之，当 $\alpha > 3.3$ 时，界面是平坦和原子级平滑的。

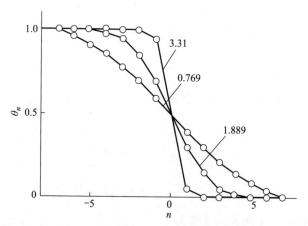

图 1.26 在参数 α 取不同值时，表面覆盖度对于层数 n 的依赖关系。图中对于每条曲线都标出了平衡态（$\beta = 0$）时的 α 值[根据 Temkin(1964，1968)]

我们进一步考虑 $\beta \neq 0$ 时的更一般的情况，并且做 $\ln\beta$ 随 α 的变化曲线（图

1.27)。可以看到，整个域被分为 A 和 B 两个部分。在 A 部分中，式(1.96)有两个解：一个基态解[式(1.100)]和一个鞍点解[式(1.101)]。在划分线上，两个解是一致的。在 B 区域主方程式(1.96)完全没有解，这可以解释为晶面的晶体学取向的消失。换言之，它变得很粗糙，以至于不能再被分辨为一个有确定晶体学取向的晶面。后者意味着，在区域 B 的条件下，从环境相到达的原子可以合并入晶体表面的任意位置而无需克服一个热力学能量势垒。在区域 A 中的 α 和 β 值时，基态基本上是一个平坦表面，并且它的生长需要二维核的形成或是螺旋位错的出现。

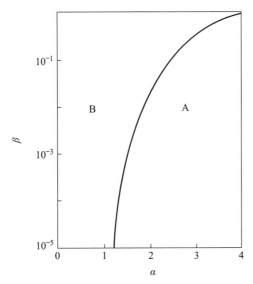

图 1.27　根据 Temkin 模型表现晶体表面状态的 $\ln\beta$ 和 α 坐标下的相图。在标记为 A 的区域，式(1.96)有两个解，其中一个为对应于平滑表面的基态解，另一个是一个鞍点解。这两个解在划分线处取得一致，并且在标记为 B 的区域无解存在。后者可以解释为晶面的晶体取向的消失或晶面的粗糙化[根据 Temkin(1964，1968)]

图 1.28(Lemay，Gilmer 和 Jackson 1975)展示了一个晶面在温度升高时粗糙化的蒙特卡罗模拟。可以看到，温度的升高导致了原子列高度的热涨落的升高。

1.6.3.3　Fisher 和 Weeks 标准

虽然 Jackson 和 Temkin 的模型预测了某临界温度之上时晶体表面的粗糙化，但是它们并不能正确地解释系统中的热涨落，因为它们使用了平均场近似。

如上所示，Temkin 模型预测说，在图 1.27 中 B 区域的条件下，晶体表面不能再被分辨为一个有确定晶体学取向的面。换言之，晶体表面相对于晶格来

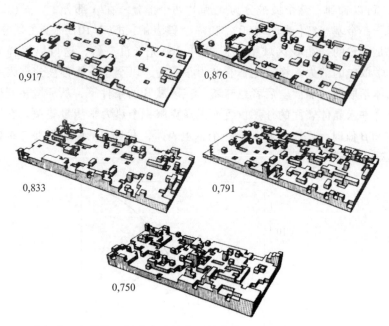

图 1.28 一个拥有正方晶格、没有台阶的奇异晶体表面随温度变化的原子结构。图中给出了 ω/kT 的值[H. J. Leamy，G. H. Gilmer 和 K. A. Jackson，in：Surface Physcis of Materials，Vol. 1，ed. J. P. Blakeley(Academic Press，1975)，P. 121。经 Academic Press 许可，由 George Gilmer 提供]

说变得离域化(不受位置限制的)。这个论述本身包含了液体表面与晶体表面间的主要差异。平坦晶体表面有一个确定的晶体学取向，且因此被称为定域的或稳定的。相反地，液体表面是离域的，因为它没有确定的晶体学取向。在足够低温时，晶体表面大体上是平滑的，所以在它上面有台阶。在高温时，热涨落变得重要，而且台阶变得越来越粗糙，台阶吉布斯自由能 G_{st} 趋向于零。已经表明 (Swendsen 1978；Weeks 1980；Fisher 和 Weeks 1983；Jayaprakash，Saam 和 Teitel 1983)，G_{st} 根据如下规律随温度趋向于零：

$$G_{st} \propto \exp\left[-\frac{C}{(T_r - T)^{1/2}} \right] \tag{1.102}$$

也就是说，以一种非常(无限的)平滑的方式。

台阶自由能 G_{st} 与比表面能紧密相联，所以也和表面刚度非常紧密地联系在一起。之前的小节中已经表明，对于一个平坦晶体表面，表面刚度是无限的，而对于一个圆形的"粗糙"表面，它有有限的值。表面刚度的温度行为理论讨论导致了一个对于粗糙化温度的表达式，这个表达式自然地将粗糙化温度和表面刚度联系起来

$$kT_r = \frac{2}{\pi}\sigma^*(T_r)d_{hkl}^2 \qquad (1.103)$$

式中，$\sigma^*(T_r)$ 为转化温度时的表面刚度；d_{hkl} 是平行于界面的平面间距。对于一个给定晶面，堆积得越紧密，平面间距越大，且粗糙化温度将会越高。因此，对于一个面心立方晶格 $d_{111} = a_0/\sqrt{3}$，$d_{100} = a_0/2$，且 $(d_{111}/d_{100})^2 = 4/3 = 1.33$。因此，平衡时，在一些有限温度下，最紧密堆积的表面将会是平坦的，而其他的平面将是圆形的。从平衡轻微的偏离将导致圆形区域的生长及随后它们的消失。晶体将仅仅被低指数的平面所限制。如果再次达到平衡，圆形区域应当再次出现。

理论标准式(1.103)已经在实验上被 ^{4}He 晶体的实验所证明(Wolf 等 1985；Keshishev 等 1981；Babkin 等 1984；Avron 等 1980；Gallet 等 1986，1987；Nozière 和 Gallet 1987)，^{4}He 晶体实验是这种研究的理想选择。主要优点如下。液氦-4 在小于 1.76 K 时为超流体，即，它的黏度几乎为零。而且它的热导率实际上是无限的。除此之外，氦可以轻易地被净化，其杂质浓度可以低至 1×10^{-9} at.%。后者(低杂质浓度)极为重要，因为杂质的吸附剧烈地改变表面能量。晶体氦也有非常高的热导率。因此，与其他晶体不同，热和质量的传输是非常快的。那么，在一个非常短的时间里就可以达到平衡形状。

上面提到，晶体表面的结构影响生长机制。Wolf 等(1985)研究了后者(生长机制)，并且发现在温度高于 1.232 K 时，生长速率对于 $\Delta\mu$ 的依赖关系是线性的，这可以作为原子级粗糙表面的一个直接的迹象。相反地，当温度小于 1.232 K 时，一个非线性的依赖关系建立起来，它被证明是二维凝结生长机制所需的指数性关系(图 1.29)。对数曲线的斜率直接给出了二维核形成的能量势垒，而且当 $T = 1.232$ K 时，它变为零。斜率为零意味着台阶的自由能变为零，表面变得原子级粗糙，以及二维凝结对于晶体的生长不再必要。更为有趣的是，台阶的吉布斯自由能(从生长实验估计得来)对于温度的依赖呈指数级地衰减，平滑地趋向粗糙化温度(图 1.30)。因此，理论和实验达到了很好的定量一致。

我们来更详细地考虑式(1.103)。平面间距 d_{hkl} 可以被识别为台阶高度。接着乘积 $\sigma^*(T_r)d_{hkl}$ 可以被看作台阶的能量，而乘积 $\sigma^*(T_r)d_{hkl}^2$ 可以被看作形成一个扭结的能量或者形成一个悬挂键的能量 ω (Chernov 1989)。假设 $\sigma^* \cong \sigma$ 为第一近似，我们现在可以用式(1.103)来找到临界温度 T_r，并且预测生长机制。因此，对于 Ge(111)，从成核实验中得到的晶-熔界面的表面能等于 215 erg/cm^2 (Skripov 1977)，并且晶相-气相界面的表面能等于 1 100 erg/cm^2 [见 Swalin(1972)；另见 Kern 等(1979)]。对于晶-熔和晶相-气相界面，应用 $d_{hkl} = 3.26 \times 10^{-8}$ cm，可以分别得到粗糙化的临界温度 T_r 的值为 1 150 K 及 5 000 K。

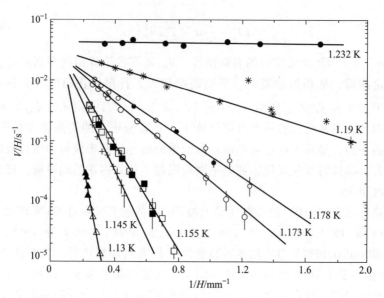

图 1.29　不同温度下，(0001)方向上的生长速率 V 和高度差异 H(后者正比于过饱和)的比值随过饱和导数 $1/H \propto 1/\Delta\mu$ 变化的半对数曲线。直线显示了 $V \propto \Delta\mu \exp(-K_2/\Delta\mu)$，并且因此生长以二维凝结的形式发生(见第二章)。直线的斜率实际上给出了围绕二维核的台阶的比边缘能的平方。可以看到，当 $T = 1.232$ K 时，斜率等于零，这表明台阶的比能量也变为零。后者意味着晶体表面不再是平滑的，而是粗糙的[P. E. Wolf, F, Gallet, S. Balibar, E. Rolley 和 P. Nozière, *J. Phys.* **46**, 1987(1985)。经 Les Editions de Physique 许可，由 S. Balibar 提供]

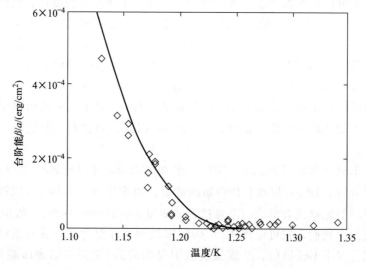

图 1.30　从图 1.29 所示的曲线中推论出的台阶自由能随温度的变化。可以看到，在实验精度范围内，台阶自由能在 $T = T_r = 1.28$ K 附近消失了[F. Gallet, S. Balibar 和 E. Rolley, *J. Phys.* **48**. 369(1987)。经 Les Editions de Physique 许可，由 S. Balibar 提供]

我们记得 Ge 的熔点为 $T_m = 1\,210$ K，那么最紧密堆积的 (111) Ge 平面并且因此所有其他的 Ge 平面在低于熔点接触到熔融物时，应该是粗糙的，而且 Ge 应当由熔融物呈圆形生长。在其他的情况下，粗糙化温度远高于熔点，而 Ge 晶体应该由气相呈多边形生长。

1.6.4　动力学粗糙

迄今为止，所有导出的表面结构的准则都是热力学性质的。晶面的粗糙是因为熵的作用，它减小了晶体表面的吉布斯自由能。但是，在温度低于热力学临界温度时，有可能发生所谓的动力学(kinetic)粗糙。当过饱和足够高时，二维核的形成速率变得非常大，使得新核可以在先前的核完全覆盖晶面时形成。几个原子层同时生长，而且我们观察到被称作"多层(multilayer)"的生长。那么，当二维核的密度非常大时，可能发生如下情况，即它们边缘(转而为粗糙的)之间的平均距离变得与原子间距可比(Chernov 1973)。到达的原子因此实际上可以被合并入任何位置。显然，当比边缘自由能和二维核形成功分别都很小时，动力学粗糙可以被观察到。这个问题我们在第三章中会更加详细地讨论。

第二章
成核

2.1　热力学

　　吉布斯第一个意识到，新相的形成需要一个必要的前提条件，即在过饱和的环境相（气体、熔融物或溶液）的体积内出现建筑单元（原子或分子）的小团簇。他把这些核看作小液滴、气泡或是小微晶，换言之，看作原子或分子的小络合物。这些原子或分子拥有和对应体相相同的性质，唯一的例外是它们有小的线性尺寸。虽然过于简单化，但是这个图像是理解不同聚集态间转化的重要步骤，因为当涉及小尺寸相的时候，表面-体积比值与宏观物体相比证明是很大的。那么，由表面能引起的包含小颗粒系统的那部分吉布斯自由能就变得相当大。此外，这个方法可以按照宏观热力学的量，例如比表面和边缘能、压强等，来描述有限尺寸的相。这是为什么由Gibbs(1928)，Volmer(1926，1939)，Farkas(1927)，Stranski 和 Kaischew(1934)，Becker 和 Döring(1935)，Frenkel(1955)以及其他人发展的新相的形成理论被称为成核的毛细管(capillary)或经典(classic)

理论。从这章中将会知道，对于小的或中度的过饱和，经典理论是有效的，而相反地，原子论理论应用于非常高的过饱和，这时的核包含了非常少量的统一顺序的建筑单元。

在任何热力学系统，甚至稳定的系统中，局部地偏离正常态或涨落应当占有一席之地，它们增加系统的热力学势，在这个意义上，它们有较小可能性。如果考虑一个同质的分子系统（液体或气体），从小分子聚集的意义上说，总是存在密度的小涨落，这与给定聚集态相容得很好。根据 Frenkel(1955)，这种密度涨落可以称作"同相(homophase)"涨落。另一方面，可能存在着所谓的"异相(heterophase)"涨落，它可以导致可见的向另一聚集态的转化。它们的浓度应该在接近平衡相处极大地增加，平衡相由化学势的相等来决定 $\mu_\alpha = \mu_\beta$。如果初始的体相 α 是稳定的($\mu_\alpha < \mu_\beta$)，这些密度涨落生长至一个可以忽略的尺寸并且衰减，不显露无限制生长的趋势，在这个意义上，它们是"无生命的"。但是，如果初始相 α 是不稳定的($\mu_\alpha > \mu_\beta$)，生长的趋势在超过某个临界尺寸后占到上风。仅仅只是这些密度涨落或是团簇被称为新相的临界核。为了形成这些团簇，需要消耗一个自由能。换言之，系统应当克服一个激活垒，它的高度为形成临界核的功。

当考虑与新相核的形成有关的热力学势的变化时，我们假设核的形状正是前一章中确定的平衡形状。任意的形状也可以被解释，但是平衡形状保证了核形成的最小的功，因此决定了最可能的路径。而且，当考虑从一种凝聚相向另一种凝聚相的转化时，例如，从别种晶相或非晶相向晶相转化，核的形成将伴随着由于两相不同的摩尔体积引起的弹性应力的出现。这些应力的贡献有可能非常重要(Hilliard 1966；Christian 1981)，并且经常大于核形状的贡献。在下面的介绍中，将不解释这些应变的贡献。读者可以参考 Christian(1981)的专著来获取更多的细节。但是，在薄膜外延生长的情况中，衬底和沉积晶体一般说来有不同的晶格常数，因此在两个晶体中均出现水平方向的应力。如果我们想要理解这个现象，除上章讨论的体积项和表面项之外，这些弹性应变的贡献不能被排除，并且它们也应该被加在热力学势变化的上面。

在这一章中，将会考虑单组分系统的成核。使用 Frenkel(1955)的方法，Reiss(1950)首先探讨了二元系统的成核。这个问题被许多作者进一步地研究(Wilemski 1975a，1975b；Temkin 和 Shevelev 1981，1984；Shi 和 Seinfeld 1990；Zeng 和 Oxtoby 1991)，有兴趣的读者可以参考论文原作。Cahn 和 Hilliard(1958，1959)考虑了一种双组分的不可压缩流体，并且发现经典理论导致在小的过饱和时成核。但是，在接近拐点时，用以核形成的功趋近于零，因为核与环境相界面的能量在拐点处消失了。临界核的半径趋于无穷大，但是核密度趋向于环境相的密度。Cahn 和 Hilliard 的理论被 Hoyt(1990)进一步发展到多组分系统的情况。请参阅 Uhlmann 和 Chalmers(1966)的一篇综述。

成核的问题，包括热力学和动力学的，被大量的专著和综述论文讨论过(Volmer 1939；Defay 等 1966；Kaischew 1980；Turnbull 1956；Frenkel 1955；Dunning 1955；Hirth 和 Pound 1963；Nielsen 1964；Hollomon 和 Turnbull 1953；Toschev 1973；Stoyanov 和 Kashchiev 1981；Stoyanov 1979；Zettlemoyer 1969；Nucleation Phenomena 1966，1977；Skripov 1977；James 1982；Christian 1981；Oxtoby 1992；Kashchiev 2000，Mutaftschiev 2001)，如果读者对于特定相转化的不同方面有兴趣，可以参看这些专著和论文。

2.1.1 核的同质形成

我们首先考虑最简单的情况，即在一个气相的体内液体核的形成。这种情况简单，显然是由于液体各向同性的表面张力 σ 导致了小液相物体平衡形状为球形。我们考虑一个体积，包含 n_v 个气体分子，气体的化学势为 μ_v，并且是温度 T 和压强 P 的函数。在 $T =$ 常数和 $P =$ 常数时的系统初始状态的热力学势因此为(有兴趣的读者可以参考 Milchev(1991)优秀的综述文章)

$$G_1 = n_v \mu_v$$

一个液体的体化学势为 μ_1，它的一个液滴由气相的 n 个分子形成，则气相-小液滴系统的热力学势有

$$G_2 = (n_v - n)\mu_v + G(n)$$

式中，$G(n)$ 为包含 n 个分子的团簇的热力学势。所以，形成一个包含 n 个原子的团簇的功是差值 $\Delta G(n) = G_2 - G_1$

$$\Delta G(n) = G(n) - n\mu_v \tag{2.1}$$

接着有，团簇的形成功代表了团簇热力学势和母相(气相)中相同数量材料(摩尔数或分子数)的热力学势的差异。这是最普遍的成核功的定义。下面将会展示，它可以用来推导经典的和原子论的成核理论。

在成核的毛细管理论中，小液滴的热力学势为构成无限大液相原子的化学势 $n\mu_1$ 和小液滴的表面能 $4\pi r^2 \sigma$ 之和

$$G(n) = n\mu_1 + 4\pi r^2 \sigma \tag{2.2}$$

在这个方程中，σ 是平坦表面的表面能。表面能与小液滴尺寸的依存关系已经被 Kirkwood 和 Buff(1949)以及 Tolman(1949)讨论过。他们发现，一般地，表面能应当随小液滴尺寸的减小而减小。通过假设原子间力为 Lennard-Jones 力，Benson 和 Shuttleworth(1951)发现，与平坦表面的能量相比，一个有 13 个原子的密堆团簇的表面能减小了 15%。这个结果背后的物理解释很简单，因为对于远离小液滴表面原子的吸引能的长程部分(更大距离的邻位原子)的减小，表面张力随小液滴尺寸减小。黏附能减小了，并且根据表面能的定义(见 1.4

节），表面张力也降低了。在下面的分析中我们将忽略表面能对于曲率的依赖。

由于小液滴形成吉布斯自由能的改变，于是

$$\Delta G = -n(\mu_v - \mu_1) + 4\pi r^2 \sigma$$

我们记得 $n = 4\pi r^3/3v_1$（v_1 是液体的分子体积），可以得到

$$\Delta G(r) = -\frac{4}{3}\frac{\pi r^3}{v_1}\Delta\mu + 4\pi r^2 \sigma \tag{2.3}$$

式中，$\Delta\mu = \mu_v - \mu_1$ 是过饱和[式(1.9)]。图 2.1 绘制了 $\Delta G(r)$ 的依赖性。

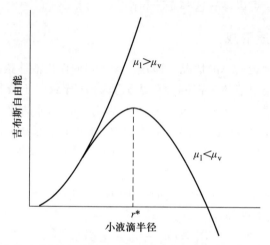

图 2.1　吉布斯自由能改变量 ΔG 与小液滴尺寸的依存关系，ΔG 与从一个过饱和的气相中的液体核的形成有关。当液相稳定时（$\mu_1 < \mu_v$），ΔG 在临界半径 $r = r^*$ 处表现出最大值。大于这个尺寸，核生长导致系统吉布斯自由能的减小。吉布斯自由能最大值 ΔG^* 是形成临界核的功。当气相为稳定时（$\mu_v < \mu_1$），式(2.3)中的两项均为正值，并且使得无限制生长成为可能的核的形成是热力学禁止的，因为它导致吉布斯自由能无限地增大

所以，在气体中形成小液滴这一最简情况下，ΔG 包含两项：体相 $4\pi r^3 \Delta\mu/3v_1 = (4\pi r^3/3)(P_1 - P_v)$ 和表面项 $4\pi r^2 \sigma$。体相前的负号反映了当液相为热力学稳定时（$\mu_1 < \mu_v$），能量是增加的。系统热力学势的增加是因为一个划分平面的形成。然后 ΔG 在某个临界尺寸 r^* 显示出最大值，r^* 由下式给出（图 2.1）：

$$r^* = \frac{2\sigma v_1}{\Delta\mu} \tag{2.4}$$

式(2.4)实际上是汤姆森-吉布斯方程式(1.18)，而且给出了环境相中核的平衡条件。但是，需要注意，这个平衡是不稳定的。确实，如果一些更多的原子加入到临界核中，它的半径增加，从而它的平衡气压变得比系统中的平衡气压[式(1.19)]要更小。然后衰减的可能性变得比生长的可能性要小，所以

它应该进一步生长。在相反的情况下，它的平衡气压变得比系统中的平衡气压更大，核表现出进一步衰减的趋势。换句话讲，核尺寸从临界值的任何无穷小的偏离都导致系统热力学势的减小。从这个意义上讲，尺寸为 r^* 的团簇是新相的一个临界核。

将 r^* 代入式(2.3)可以得到 ΔG 的最大值

$$\Delta G^* = \frac{16\pi}{3} \frac{\sigma^3 v_1^2}{\Delta \mu^2} \tag{2.5}$$

上式给出了凝结发生所需克服的能量势垒的高度。它与过饱和的平方成反比（Gibbs(1878)首次得到了这个结果），并且在平衡相附近陡峭地增大（也即在小过饱和时），因此使相转化的发生变得非常困难。

当环境相稳定时($\mu_v < \mu_1$)，式(2.3)中的两项均为正，而且 ΔG 趋于无限大（图 2.1），因此这反映了在欠饱和时，异相密度涨落在热力学上是不利的。

用从汤姆森-吉布斯方程[式(2.4)]得到的临界核的半径 r^* 来替代式(2.5)中的过饱和 $\Delta \mu$，有

$$\Delta G^* = \frac{1}{3} 4\pi r^{*2} \sigma = \frac{1}{3} \sigma \Sigma \tag{2.6}$$

可以看到，为了形成拥有平衡形状的新相的一个临界核所需要的吉布斯自由能精确地等于表面能 $\sigma \Sigma$ 的 1/3，这个结果由 Gibbs(1878)首次得到。

由汤姆森-吉布斯方程[式(2.4)]，我们可以用临界核半径 r^* 的形式表示过饱和，如果我们将其代入式(2.3)，可以得到 $\Delta G(r)$ 的有用的表达式

$$\Delta G(r) = \Delta G^* \left[3\left(\frac{r}{r^*}\right)^2 - 2\left(\frac{r}{r^*}\right)^3 \right] \tag{2.7}$$

或者用核中原子数目 n^* 来替代过饱和（由 $v_c n = 4\pi r^3/3$）

$$\Delta G(n) = \Delta G^* \left[3\left(\frac{n}{n^*}\right)^{2/3} - 2\left(\frac{n}{n^*}\right) \right] \tag{2.8}$$

式中，ΔG^* 由式(2.6)给出。为了推导成核率的表达式，我们将应用式(2.7)和式(2.8)。

式(2.6)的结果是普适的。它不取决于核的聚集态，并且对于晶核可以容易地以一个一般形式得到。确实，在这种情况下

$$\Delta G^* = -\frac{V^*}{v_c} \Delta \mu + \sum_n \sigma_n \Sigma_n$$

式中，V^* 是临界核的体积；v_c 是晶相中一个建筑单元的体积。我们记得（见 1.4.1 节）

$$V^* = \frac{1}{3} \sum_n h_n \Sigma_n$$

和针对平衡形状的方程式（1.27）

$$\frac{h_n}{\sigma_n} = \frac{2v_c}{\Delta\mu}$$

我们得到

$$\Delta G^* = \frac{1}{3}\sum_n \sigma_n \Sigma_n \qquad (2.9)$$

我们可以用这个表达式来获得拥有任意对称性及任意原子间力作用半径的晶核的形成功。对于最简情况，即一个考塞尔晶体的拥有第一相邻原子相互作用的核，（100）面仅在平衡形状上出现。那么

$$\Delta G^* = 2l^{*2}\sigma = \frac{32\sigma^3 v_c^2}{\Delta\mu^2} \qquad (2.10)$$

在相同条件下（第一相邻原子相互作用），面心立方（fcc）晶体晶格的平衡形状有截角八面体的形式，它包含变成相等的 6 个方形的（100）面和 8 个六边形的（111）面（Markov 和 Kaischew 1976b）。则

$$\Delta G^* = \frac{1}{3}\left(6l^{*2}\sigma_{100} + 8\frac{3\sqrt{3}}{2}l^{*2}\sigma_{111}\right)$$

由平衡形状条件 $h_{111} : h_{100} = \sigma_{111} : \sigma_{100}$，利用第一相邻原子模型关系，有

$$l^* = \frac{\sigma_{100}v_c}{\Delta\mu} = \frac{2\sigma_{111}v_c}{\Delta\mu\sqrt{3}}$$

并且有

$$\Delta G^* = \frac{1}{3}\frac{v_c^2}{\Delta\mu^2}(6\sigma_{100}^3 + 16\sqrt{3}\sigma_{111}^3) = \frac{8\sigma_{100}^3 v_c^2}{\Delta\mu^2} \qquad (2.11)$$

式（2.5）、式（2.10）或式（2.11）可以应用于任何过饱和的（过冷却的）相（气、液或溶液）中的成核。为了这个目的，对应化学势的差 $\Delta\mu$[式（1.9）、式（1.10）或式（1.12）]和对应界面（晶体-气体、晶体-熔融物或晶体-溶液）的比能量应该被考虑在内。

2.1.2 三维核的异质形成

当有杂质颗粒、离子或异质表面出现时，成核的过程受到刺激。核通常在反应容器的壁上形成。虽然一般来讲，这些作用是不受欢迎的，在异质衬底上的成核过程对于外延沉积薄膜来说是重要的。我们将用一个小液滴在所谓的无结构衬底上的形成来说明这个问题（Volmer 1939）。但在这么做之前，我们得首先阐明何谓"无结构衬底"。

一个单晶衬底对母相的颗粒施加一个周期性的势场，它的周期为原子间距，且总体振幅等于表面扩散的激活能（Frenkel 和 Kontorova 1938）。在最简情

况下，它可以表达为一条正弦曲线（图 2.2a）。如果一个核在这样一个平面上形成了，为了适应衬底，它应该是弹性应变的。那么弹性应变能应当增加热力学势的变化。为了简化问题，我们假设周期性势场的调制等于零。在假设无结构衬底时（图 2.2b）作了一个近似，即忽略晶格失配，所以使得研究成核过程中原子间作用力的作用变得可能。于是，我们可以对后者（成核过程）作必要的修正。

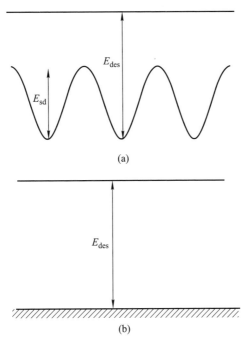

(a)

(b)

图 2.2 为了确定无结构衬底的概念的图示。无结构衬底对于研究核形成的催化效能非常方便。（a）显示了一个单晶衬底的能量轮廓，其中 E_{sd} 和 E_{des} 分别为表面扩散和脱附的激活能。在（b）中表面势不再是一个周期函数（$E_{sd} = 0$）。这个简化排除了晶格失配的影响，但是允许研究 $E_{des} \neq 0$ 的影响

当考虑由一个气相同质地形成小液滴时，我们假设小液滴的平衡形状是球形的。为了推导晶核形成时吉布斯能改变的表达式，我们也假设它们为平衡时的形状。显然，我们应该首先推导在一个异质衬底上的小液滴的平衡形状的表达式。

我们考虑一个在平滑无结构衬底上的小液滴（图 2.3）。它显示为球体的一部分，曲率半径为 r，且投影半径为 $r \sin \theta$，其中 θ 为所谓的润湿角。润湿角描绘了衬底的能量影响特征。我们将小液滴的自由表面、衬底以及衬底–小液

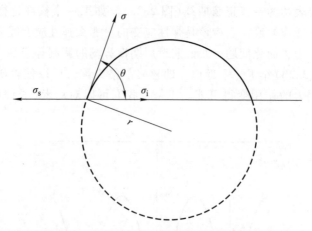

图 2.3　在一个无结构衬底上、曲率半径为 r 的液体小液滴的平衡形状。后者(小液滴)的特征为润湿角 θ,它是衬底平面与小液滴表面切线的夹角。润湿角通过杨氏方程来确定,其中涉及液体小液滴和固体衬底、小液滴和气相之间以及衬底和液体小液滴之间的界面的比表面能,分别记作 σ、σ_s 和 σ_i

滴界面的比表面能分别标记为 σ、σ_s 和 σ_i。于是,平衡条件被著名的杨氏关系(Young 1805)[另见 Adam(1968)]所表达出来

$$\sigma_s = \sigma_i + \sigma\cos\theta \qquad (2.12)$$

它与杜普雷关系[式(1.28)]类似(Dupré 1869),适用于小液滴在固体表面上的情况。

　　杨氏关系容易得自第一章给出的如下方法。我们必须像从前一样找到小液滴在恒定体积 V_1 时表面能 Φ 的最小值。我们记得自由表面和接触面积分别由下面两式给出:

$$\Sigma = 2\pi r^2(1 - \cos\theta)$$

和

$$\Sigma_i = \pi r^2\sin^2\theta$$

小液滴的表面能为

$$\Phi = 2\pi r^2(1 - \cos\theta)\sigma + \pi r^2\sin^2\theta(\sigma_i - \sigma_s) \qquad (2.13)$$

小液滴的体积为

$$V_1 = \frac{4}{3}\pi r^3 \frac{(1 - \cos\theta)^2(2 + \cos\theta)}{4} \qquad (2.14)$$

由 $dV_1 = 0$,我们得到

$$dr = -\frac{(1 + \cos\theta)\sin\theta}{(1 - \cos\theta)(2 + \cos\theta)}rd\theta$$

将上式代入 $\mathrm{d}\Phi = 0$，得到式（2.12）。

由小液滴形成引起的热力学势的变化为

$$\Delta G = -\frac{V_1}{v_1}\Delta\mu + \Phi$$

式中，V_1 和 Φ 分别由式（2.14）和式（2.13）给出。

由平衡形状方程式（2.12）得 $\sigma_i - \sigma_s = -\sigma\cos\theta$，代入 ΔG 的表达式，得到

$$\Delta G = \frac{4}{3}\pi r^3 \frac{(1 - \cos\theta)^2(2 + \cos\theta)}{4}\frac{\Delta\mu}{v_1} +$$

$$2\pi r^2\sigma(1 - \cos\theta) - \pi r^2\sigma\sin^2\theta\cos\theta$$

沿用之前相同的步骤，我们发现热力学势的变化在临界尺寸时（见下式）达到一个最大值

$$r^* = \frac{2\sigma v_1}{\Delta\mu}$$

此临界尺寸不依赖于临界角。这使得我们清晰地回忆起，平衡气压仅依赖于曲率，与小液滴是否是一个完整的球无关。

于是对于核形成的功，我们有

$$\Delta G_{het}^* = \frac{16\pi}{3}\frac{\sigma^3 v_1^2}{\Delta\mu^2}\phi(\theta) = \Delta G_{hom}^*\phi(\theta) \tag{2.15}$$

式中

$$\phi(\theta) = \frac{1}{4}(1 - \cos\theta)^2(2 + \cos\theta) \tag{2.16}$$

是润湿角的函数，并且解释了衬底相对于核形成的催化效能。

图 2.4 给出了 $\phi(\theta)$ 的图形表示。如图所示，当 θ 从 0 到 π 变化时，$\phi(\theta)$ 从 0 到 1 变化。换言之，在完全润湿的情况下 $[\phi(\theta = 0) = 0]$，$\Delta G_{het}^* = 0$，三维小液滴的形成在热力学上是不利的，而且液体趋向伸展到整个衬底成为连续的膜。在另一个极端情况下 $[$完全非润湿 $\phi(\theta = \pi) = 1]$，$\Delta G_{het}^* = \Delta G_{hom}^*$，这意味着，衬底对核形成不施加任何能量上的影响，并且核拥有一个完全球形的形状，也就是说，我们实际上有同质成核。但是，应当指出，在完全润湿的情况下 $(\theta = 0)$，新相的形成仍然需要克服一个能量势垒，它与二维核的形成有关。这种情况下，吉布斯自由能的增长是由于在核周围形成了一个单原子高度的台阶。

比较润湿函数 $\phi(\theta)$ 与小液滴的体积（球形的一部分），马上可以清楚地看到，$\phi(\theta) = V^*/V_0$，其中 V_0 是整个球的体积。于是

$$\Delta G_{het}^* = \Delta G_{hom}^*\frac{V^*}{V_0} \tag{2.17}$$

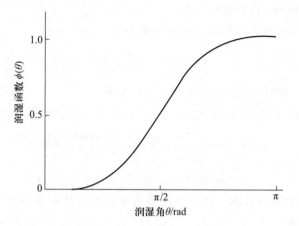

图 2.4 润湿函数 $\phi = (1-\cos\theta)^2(2+\cos\theta)/4$ 与润湿角 θ 的关系图。当 θ 从 0(完全润湿)变化到 π(完全非润湿)时,它从 0 变化到 1

也就是说,在同一过饱和下,异质和同质的核形成的比值简单地等于对应的核体积的比值。下面将会展示,这也是一个普适的结果,既不取决于核的聚集态,也不取决于它的晶格。

确实,同质形成一个晶核的功的一般表达式为

$$\Delta G_{\text{hom}}^* = -\frac{V_0}{v_c}\Delta\mu + \sum_n \sigma_n \Sigma_n$$

式中,V_0 是同质形成的临界核的体积。

将由吉布斯-居里-武尔夫定理[式(1.27)]得到的 σ_n 代入表面能项,有

$$\Delta G_{\text{hom}}^* = \frac{1}{2}\frac{V_0^*}{v_c}\Delta\mu \qquad (2.18)$$

也即,核形成的功等于体积功的一半,体积功是将 $n = V_0^*/v_c$ 个原子从母相传送到新相所需的功。

异质形成一个三维核的功为

$$\Delta G_{\text{het}}^* = -\frac{V^*}{v_c}\Delta\mu + \sum_{n \neq m} \sigma_n \Sigma_n + (\sigma_m - \beta)\Sigma_i$$

式中,V^* 是在异质衬底上形成的临界核的体积,并且沿用杜普雷关系有 $\sigma_m-\beta$ $=\sigma_i-\sigma_s$。

从对异质情形有效的吉布斯-居里-武尔夫定理[式(1.30a)]出发,再次代换上式中的 σ_n 和 $\sigma_m-\beta$,有

$$\Delta G_{\text{het}}^* = \frac{1}{2}\frac{V^*}{v_c}\Delta\mu \qquad (2.19)$$

由式(2.18)和式(2.19)可以得到式(2.17)。

式(2.18)和式(2.19)可以写成如下形式：

$$n^* = \frac{2\Delta G^*}{\Delta \mu} \tag{2.20}$$

式中，$n^* = V^*/v_c$ 是临界核中原子的数量。

由此可知，在所有情况下，临界核中的原子数量都等于核形成功的 2 倍与过饱和之商。我们记得，核形成功与过饱和的平方成反比[式(2.5)]，我们发现，临界核中原子的数量与过饱和的立方成反比。

用式(2.19)我们很容易计算核的形成功，下面用立方核在异质衬底上形成来举例(图 1.18)。由 $V^* = l^{*2} h^*$ 和对于平衡形状的情况 $h^*/l^* = (\sigma + \sigma_i - \sigma_s)/2\sigma = \Delta\sigma/2\sigma$ [式 1.69] 以及汤姆森-吉布斯方程 $l^* = 4\sigma v_c/\Delta\mu$，我们得到

$$\Delta G^*_{het} = \frac{32\sigma^3 v_c^2}{\Delta\mu^2} \frac{(\sigma + \sigma_i - \sigma_s)}{2\sigma} = \Delta G^*_{hom} \frac{\Delta\sigma}{2\sigma} \tag{2.21}$$

式中，$\Delta\sigma/2\sigma = h^*/l^* = h^* l^{*2}/l^{*3} = V^*/V_0^*$。联立式(2.10)、式(2.17)和式(1.70)，容易得到式(2.21)。

看起来[式(1.70)和式(2.16)]，似乎异质衬底在一个由平衡形状(或者也可以说，由原子间力的比值)决定的高度上"切割"了同质核。原子间力的比值对于小液滴来说由润湿函数 $\phi(\theta)$ 给出，而对于晶体来说，由等效的表达式 $(\sigma + \sigma_i - \sigma_s)/2\sigma = 1 - \psi'/\psi$ 给出。

2.1.3 弹性应变的三维核的异质形成

在单晶衬底上形成核的问题要复杂得多，而且可以差不多近似地解决。主要困难源于应变是各向异性的这一事实。由于核要适应衬底，所以有横向应变，而由于泊松(Poisson)效应有相反符号的垂直应变。(垂直应变解释了由纵向应变引起的晶体晶格的横向形变)。

应变效应同时影响形成核所花费功的体积部分和表面部分。每个原子的应变能应当被加到热力学势的变化上，因此明显地应当计入体积项。如果我们声明，应变改变了原子之间的水平化学键的力量，从而改变了晶体的化学势，上述考虑同样成立。

弹性应变对于表面能量项的影响有两方面。第一章提到过，拉伸一个旧平面(当拉伸整个晶体时)可以创造一个新平面。因此，当晶体在平行于衬底表面的两个正交方向上均为水平应变时，晶体上表面将会"各向同性"地在两个方向应变。结果是，它的比能量将会发生变化。另一方面，晶体的水平变形导致侧面比表面能很强的各向异性的变化。我们记得泊松效应，即化学键将会在平行于衬底的方向被拉伸，却在垂直方向上被压缩，反之亦然。结果，晶体侧

面的比能量将会以一种非常特别的方式被改变。此外，在垂直于衬底表面方向上的应变不是常数，而是从核的底部向上表面逐渐减小。后者是由于在自由的侧面上，应变可以部分地弛豫。最终，弹性应变应该影响衬底和沉积原子之间的成键，从而依次影响界面分界线的比能量，或者换言之，它通过应变的三维岛来影响衬底的润湿。应变对于比表面能的贡献应当加入到表面项。

所以，在这一节中，我们将会定性地考虑问题，主要阐释由 Kossel，Stranski 和 Kaischew（见 1.4 节）发展的原子论方法。最近，Müller 和 Kern（1998，2000）、Tersoff 和 Tromp（1993）、Tersoff 和 LeGoues（1994）、Shchukin 等（1995）、Yu 和 Madhukar（1997）、Duport 等（1998）、Politi 等（2000）以及其他一些人对此进行了更严格的探讨。对这个问题的兴趣来自在高度失配的半导体材料的外延中形成连贯的应变三维岛，这有可能应用到光电子学中的量子点。

简化起见，采用考塞尔晶体来讨论问题。我们将自己限制在第一邻位原子相互作用，并且忽略泊松效应。我们进一步假设晶格失配完全地由均匀的弹性应变所适应，所以失配位错被排除了。这种情况下，原子论方法有其重要的优势。无需进入复杂的细节，它可以一种隐性形式解释应变对于比表面能的影响。

当新相的一个核以通常形式形成时，热力学势的变化为

$$\Delta G = - n\Delta\mu + \Phi \tag{2.22}$$

式中，n 是建筑单元的数量；Φ 是表面能。根据 Stranski（1936，1937），Φ 由下式给出：

$$\Phi = n\varphi_{1/2} - U_n \tag{2.23}$$

式中，U_n 是将整个晶体分解为单个原子的能量。实际上给这个量加上负号后，$-U_n$，即是晶体化学键的势能（键合能）。

式（2.23）非常好理解。在右手边的第一项给出了仿佛所有的原子均在晶体体内的键能。第二项给出了团簇中原子的键能，因此差别仅仅是在团簇"表面"之上的不饱和悬挂键的数目乘以打断一个键所需的能量。注意到，在足够大晶体的情况下，Φ 可以用表面能、边缘能和顶点能来表达，但是上述写法可以应用于任意小团簇。非常重要的是，必须注意到，虽然第一项仅仅是晶体体积的函数，第二项额外地还是晶体形状的函数。

如同第一章所示，汤姆森-吉布斯方程用原子论项表达有

$$\Delta\mu = \varphi_{1/2} - \bar{\varphi}_3 \tag{2.24}$$

式中，$\bar{\varphi}_3$[式（1.60）]是平均分离功，它代表了一整个晶体的最上层晶格平面的每个原子的分解能，而且对于平衡形状下的所有晶面它必须有同一个值。

将式（2.24）代入式（2.23），得到原子论方法中临界核的形成功

$$\Delta G^* = n^* \overline{\varphi}_3 - U_n^* \qquad (2.25)$$

我们现在不得不解释弹性形变对于第一邻位原子键能的影响。我们考虑原子间势的简谐近似，它通常由一个 Lennard-Jones 或 Morse 势来表示。如图 2.5 所示，瓦解一个应变的键所需的功将等于 $\psi - \varepsilon$，其中 ψ 是打断一个非应变的键的功，而 ε 为一个键的应变能。后者 (ε) 由下式给出：

$$\varepsilon = \frac{1}{2}\gamma(a - b)^2$$

式中，γ 是第一邻位原子键的弹性系数；a 和 b 是衬底和核晶体的自然原子间距。

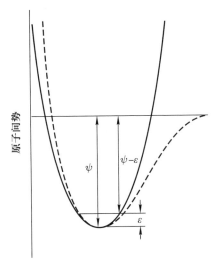

图 2.5　原子间键强度随键应变的改变的图示。虚线给出了一个成对的原子间势，而实线展示了其弹性(胡克的)近似。打断一个非应变键的功为 ψ。打断一个弹性应变的键的功为 $\psi - \varepsilon$，其中 ε 是每个键的应变能

我们模型的核如图 2.6 所示。它可以被想象为由正方形底棱柱(而不是正方体)形状的块状物组成，这些棱柱的厚度小于或大于水平尺寸，因此反映出水平键是应变的，而垂直键保持它们的长度(泊松效应被忽略了)。于是打断水平键的能量为 $\psi - \varepsilon$，而打断垂直键的能量为 ψ。水平和垂直边内的原子数量分别为 n_e 和 n_e'。

从上表面(下标 u)和下表面(下标 c)计算出的平均分离功分别为

$$\overline{\varphi}_u = 3\psi - 2\varepsilon - 2\frac{\psi - \varepsilon}{n_e} \qquad (2.26a)$$

和

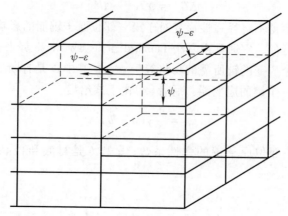

图 2.6 考塞尔晶体的一个核的一部分，这个核形成在一个有四方对称性的单晶衬底上。为了适应衬底，核在两个方向上均匀地应变。水平键同等地应变，并且打断它们的功等于 $\psi - \varepsilon$。如果忽略泊松效应，垂直键保持不变。于是打断一个垂直于衬底表面的键的功等于 ψ

$$\overline{\varphi}_s = 3\psi - 2\varepsilon - \frac{\psi - \varepsilon}{n_e} - \frac{\psi - \psi'}{n_e'} \tag{2.26b}$$

对于平衡形状，条件 $\overline{\varphi}_u = \overline{\varphi}_s$ 给出如下表达式：

$$\frac{n_e'}{n_e} = \left(1 - \frac{\psi'}{\psi}\right)\left(1 - \frac{\varepsilon}{\psi}\right)^{-1} \tag{2.27}$$

我们记得式（1.69）给出了非应变核的平衡形状的条件

$$\frac{n'}{n} = 1 - \frac{\psi'}{\psi}$$

于是有

$$\frac{n_e'}{n_e} = \frac{n'}{n}\left(1 - \frac{\varepsilon}{\psi}\right)^{-1}$$

也即，一个弹性应变的核，它包含比非应变核更多的晶格平面。

由式（2.24）和式（2.26a），回忆起对于考塞尔晶体的过饱和有 $\varphi_{1/2} = 3\psi$，我们得到

$$\Delta\mu = 2\frac{\psi}{n_e^*} + 2\varepsilon\left(1 - \frac{1}{n_e^*}\right) \tag{2.28a}$$

式中，n_e^* 是应变临界核的水平边中的原子数量。重新整理式（2.28a），对于 n_e^* 有

$$n_e^* = \frac{2(\psi - \varepsilon)}{\Delta\mu - 2\varepsilon} = n^*\left(1 - \frac{\varepsilon}{\psi}\right)\left(1 - n^*\frac{\varepsilon}{\psi}\right)^{-1} \tag{2.28b}$$

式中，$n^* = 2\psi/\Delta\mu$ 是处于与过饱和相同值的非应变临界核（$\varepsilon = 0$）边上的原子数量。可以看到，n_e^* 与 $\Delta\mu_c = \Delta\mu - 2\varepsilon$ 成反比，这反映出应变核的化学势由于每个原子应变能增加了 2ε（我们提醒读者 $\Delta\mu = \mu_v - \mu_c$，从而应变岛的化学势为 $\mu_c^e = \mu_c + 2\varepsilon$）。检查式（2.28b），可以得到 $n_e^* > n^*$，而且它们之差随着每个键应变 ε 的增加急剧地增大。所以，我们既有 $n'^*_e > n'^*$，也有 $n_e^* > n^*$，也就是说，在同一过饱和下，水平应变的核在高度和宽度上都比非应变的核更大。

一个非应变的核的平衡蒸气压为 $kT\ln(P/P_\infty) = \Delta\mu = 2\psi/n^*$，于是对于应变的核，相似的量（即平衡蒸气压）为

$$P_e = P\exp\left(\frac{2\varepsilon}{kT}\right) \tag{2.29}$$

我们得到了重要的结果，即在一个异质单晶衬底上形成的水平应变的小晶体的平衡蒸气压高于非应变核的平衡蒸气压，原因是其弹性应变导致的增加的化学势。

对于弹性应变核的形成功，利用式（2.24）、式（2.27）和式（2.28b），并且计算核中原子之间的键，有

$$\Delta G_e^* = n_e^{*2}\psi\left(1 - \frac{\psi'}{\psi}\right) = \frac{4\psi(\psi - \varepsilon)^2}{(\Delta\mu - 2\varepsilon)^2}\left(1 - \frac{\psi'}{\psi}\right) \tag{2.30}$$

换言之

$$\Delta G_e^* = \Delta G^*\left(1 - \frac{\varepsilon}{\psi}\right)^2\left(1 - \frac{2\varepsilon}{\Delta\mu}\right)^{-2} \tag{2.31}$$

式中，ΔG^* 是非应变核（$\varepsilon = 0$）的形成功，由式（2.21）给出。

图 2.7 绘制了 ΔG_e^* 和 ΔG^* 对于过饱和的变化。可以看到，ΔG_e^* 比 ΔG^* 更大，并且当 μ 趋向于 2ε 时，ΔG_e^* 渐进地趋于无穷，而 ΔG^* 仍然有一个有限的值。于是，形成弹性应变的核需要高于每个键应变能的过饱和。

2.1.4 二维核的形成

Brandes（1927）首次考虑了在一个异质衬底的表面上形成二维核的可能性。他发现，形成这种核的吉布斯自由能精确地等于它们的边缘能的一半

$$\Delta G_2^* = \frac{1}{2}\sum_n \varkappa_n l_n \tag{2.32}$$

式中，$\varkappa_n$ 是第 n 个边的比边缘能，且 l_n 是它的长度。式（2.32）和式（2.9）的相似性是明显的。

沿用之前同样的步骤，我们可以推导出一个二维核的形成功的表达式。首先，探讨在一个异质衬底上成核的更一般的情况。

我们考虑一个有着方形平衡形状的团簇（原则上平衡形状必须在之前运用

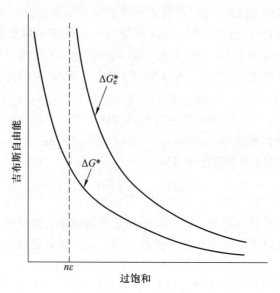

图 2.7　在一个异质单晶衬底上形成弹性应变的三维核的吉布斯自由能 ΔG_e^* 对于过饱和的依赖关系。临界过饱和 $\Delta\mu = n\varepsilon$ 必须被超过，它等于每个原子的应变能。同时，给出形成弹性非应变三维核的吉布斯自由能 ΔG^*，以便比较。可以看到，ΔG_e^* 大于 ΔG^*，并且形成弹性应变的核需要更高的过饱和

二维情况的吉布斯–居里–武尔夫定理 [式 (1.44)] 确定）。在考塞尔晶体这一最简情况下，只有第一邻位原子的相互作用，平衡形状是一个在异质无结构衬底表面上形成的边长为 l 的正方形。吉布斯自由能的变化为

$$\Delta G = -\frac{l^2}{s_c}\Delta\mu + l^2(\sigma + \sigma_i - \sigma_s) + 4l\varkappa \tag{2.33}$$

式中，$n = l^2/s_c$ 是团簇中原子的数量。ΔG 对于 l 的依赖关系与图 2.1 中所示的相似。它表现了一个临界边长的最大值。

$$l^* = \frac{2\varkappa s_c}{\Delta\mu - s_c(\sigma + \sigma_i - \sigma_s)} \tag{2.34}$$

于是，临界二维核的形成功为

$$\Delta G_2^* = \frac{4\varkappa^2 s_c}{\Delta\mu - s_c(\sigma + \sigma_i - \sigma_s)} \tag{2.35}$$

将汤姆森–吉布斯方程 [式 (2.34)] 中所得的 $\Delta\mu$ 代入式 (2.35)，可以得到 $\Delta G_2^* = 2l^*\varkappa$，这与式 (2.32) 等价。后者可以应用三维情况的步骤很容易地得到。

不牵扯太多细节，应用上述相同步骤，可以探讨弹性应变的二维核的形成

问题。对于对应的形成功，我们得到（Markov 等 1978）

$$\Delta G_{e2}^* = \frac{(\psi - \varepsilon)^2}{(\Delta\mu - 2\varepsilon) - (\psi - \psi')}$$

或者

$$\Delta G_{e2}^* = \frac{4\varkappa_e^2 s_c}{(\Delta\mu - 2\varepsilon) - s_c(\sigma + \sigma_i - \sigma_s)} \qquad (2.36)$$

式中，比边缘能 $\varkappa_e = (\psi - \varepsilon)/2a$ 现在解释了弹性应变，并且 $s_c = a^2$ 是被一个表面原子占据的面积。

对于相同晶体表面的成核情况（$\varepsilon = 0$，$\sigma_i = 0$，$\sigma_s = \sigma$，且 $\sigma + \sigma_i - \sigma_s = 0$）

$$l^* = \frac{2\varkappa s_c}{\Delta\mu} \qquad (2.37)$$

且

$$\Delta G_2^* = \frac{4\varkappa^2 s_c}{\Delta\mu} \qquad (2.38)$$

临界核中的原子数量由 $n^* = l^{*2}/s_c$ 给出。代换式（2.37）中的 l^*，并且将结果代入式（2.38），导致

$$\Delta G_2^* = n^*\Delta\mu \qquad (2.39)$$

这是式（2.20）的二维相似情况。下面将会展示，式（2.20）和式（2.39）可以用来确定经典成核理论的应用范围。

对于没有圆形区域的多角方形核，在赫灵方程所需的有限温度下，也就是说，当由核形成所引起的台阶是笔直时，式（2.35）、式（2.36）和式（2.38）是有效的。如果台阶在一定程度上是粗糙的，在温度小于粗糙化温度 T_r 时，平衡形状将会差不多是圆形的，那么代替式（2.37）和式（2.38），我们有

$$r^* = \frac{\varkappa s_c}{\Delta\mu} \qquad (2.40)$$

和

$$\Delta G_2^* = \frac{\pi\varkappa^2 s_c}{\Delta\mu} \qquad (2.41)$$

式中，r^* 是临界核的半径。注意到这个情况下，$\varkappa$ 将会有一个与式（2.38）不同的（更小的）值，这个值对于没有扭结的笔直台阶是有效的。关于二维核形成的更多细节，读者可以参考 Burton，Cabrera 和 Frank（1951）的工作。

在一些技术上重要的情况下，例如硅单晶的生长，二维岛的形状不是等距而是长方形的。如 3.2.4 节所示，Si（001）表面是重建的，重建方式为每个相邻平台上的二聚体（dimer）平行的行彼此旋转 90°。这是有两种台阶的原因，一种是直的 S_A，另一种是粗糙的 S_B，它们交替在邻位面上出现。邻位面与 Si

（001）呈一个小的角度（图 3.37）。由于同样的原因，一个在平台上的二维岛将被两个 S_A 和两个 S_B 台阶围绕。S_A 台阶约为 S_B 台阶边缘能的 1/10（Chadi 1987），由此可有，这个岛的平衡形状将不是正方的，而是长方形的，且纵横比为 $\alpha \approx 0.1$。我们可以轻易地说服自己，这个长方形核的形成功由同样的表达式（2.38）给出，其中的几何系数 4 替换为一个纵横比的函数 $(1+\alpha)^2/\alpha$。于是，愈发拉长的核需要更大的形成功。很容易展示，在这种情况下式（2.39）同样有效。

2.1.5　在异质衬底上成核的模式

我们在这一节讨论，成核在热力学上究竟更偏向于二维还是三维的问题，成核的偏向是过饱和的函数，而过饱和一方面取决于内聚能与黏附能之差 $\Delta\sigma = \sigma + \sigma_i - \sigma_s = 2\sigma - \beta = (\psi - \psi')/b^2$，另一方面取决于应变能 ε。

我们首先考虑 $\Delta\sigma < 0$ 的情况，也就是说，当衬底施加在沉积原子上的吸引力强于沉积原子之间的力时的情况。从上述讨论可得，三维成核在热力学上被禁止（$\Delta G_3^* = 0$），只有二维核可以形成。在这种情况下，式（2.35）的分母的量是正值，且 ΔG_2^* 在 $\Delta\mu = 0$，甚至在欠饱和 $\Delta\mu < 0$ 时为一有限值。因此，在这种情况下（图 2.8）至少在第一个原子层的二维核可以在一个欠饱和的系统中形成，这个想法由 Stranski 和 Krastanov（1938）引入到外延晶体生长的理论中来。显而易见，ΔG_2^* 在一个欠饱和和 $-\Delta\mu = s_c\Delta\sigma$ 时趋于无穷，这个欠饱和决定了在更强的穿过界面的力时的吸附层的平衡蒸气压。

在实际中，当 $\Delta\sigma = 0$ 时，我们有同样的情况。实际上这个条件意味着二维核在相同晶体的表面形成，只是在这种情况下，σ_i 精确地等于零，并且 $\sigma = \sigma_s$。三维成核再一次被禁止（润湿是完全的），并且二维核只有在一个过饱和的系统 $\Delta\mu > 0$ 时才能形成。

当表面能的变化为正，即 $\Delta\sigma > 0$ 时，情况变得更加多样——除了二维核，三维核也可以形成。我们首先考虑当应变能 $\varepsilon = 0$ 的情况。三维核只能在一个过饱和的系统 $\Delta\mu > 0$ 中才能形成，并且 ΔG_3^* 随饱和的平方而减小［式（2.16）］。然而，二维核可以在大于临界值的正过饱和下形成，此临界值为

$$\Delta\mu_0 = s_c(\sigma + \sigma_i - \sigma_s) \tag{2.42}$$

它决定了吸附层的平衡蒸气压（或溶解度）。

超过这个值，ΔG_2^* 随过饱和而减小，并且在某临界过饱和，即

$$\Delta\mu_{cr} = 2s_c(\sigma + \sigma_i - \sigma_s) = 2\Delta\mu_0 \tag{2.43}$$

时变为等于 ΔG_3^*。显然，条件 $\Delta G_2^* = \Delta G_3^*$ 意味着三维核的高度变得等于一个分子层的高度，换言之，三维核变成了二维核（图 2.9），这容易理解，因为我们记得在本节一开始所做的"核保持平衡形状"假设，因此当过饱和增大时，

三维核保持它们的高-宽比 h/l，并且因此它们在 $\Delta\mu_{cr}$ 时变为二维核（Lacmann 1961；Toschev，Paunov 和 Kaischew 1968）。

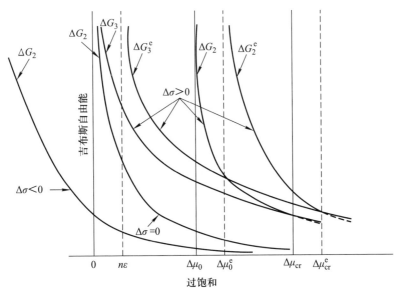

图 2.8　对于不同的表面能的变化值 $\Delta\sigma = \sigma + \sigma_i - \sigma_a = 2\sigma - \beta = (\psi - \psi')/b^2$，形成二维和三维核的吉布斯自由能与过饱和的依赖关系。在完全润湿 $\Delta\sigma < 0$ 时 $\Delta\sigma = 0$ 时，只有二维成核是可能的。在 $\Delta\sigma < 0$ 的情况下，正如第一章所讨论过的，二维成核甚至可以在欠饱和时发生，而 $\Delta\sigma = 0$ 时，二维成核总是需要过饱和。在非完全润湿的情况下，$\Delta\sigma > 0$，二维和三维成核都可以发生，而且三维成核总是比二维成核更有可能。在过饱和高于由成键差决定的一些值 $\Delta\mu_0 = s_c \Delta\sigma = \psi - \psi'$ 时，二维成核发生。在临界过饱和 $\Delta\mu_{cr} = 2\Delta\mu_0$ 时，三维核转化为二维核（图 2.9），并且三维成核不再可能。这是为什么 ΔG_3 对应的曲线在 $\Delta\mu > \Delta\mu_{cr}$ 时由虚线给出。在这个间隔里，只有二维成核是可能的。对于形成应变的核的过饱和，$\Delta\mu_0^e$ 和 $\Delta\mu_{cr}^e$ 被每个原子的应变能 $n\varepsilon$（直虚线）移动到了更大的值

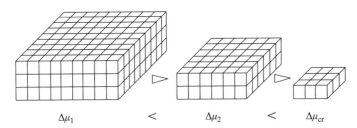

图 2.9　假设保持平衡形状 $h/l = \Delta\sigma/2\sigma$，增大过饱和时，三维核向二维核的转化［根据 Toschev Paunov 和 Kaischew（1968）］

用同样的方式，我们可以考虑弹性应变（$\varepsilon \neq 0$）的二维和三维的核。三维核可以在 $\Delta\mu$ 高于每个原子的应变能 $n\varepsilon$ 时形成，其中 n 是核中每个原子水平键的数量（$n=2$ 和 $n=3$ 分别为衬底表面的方形和六角形网格的值）。二维核可以在过饱和高于如下值时形成：

$$\Delta\mu_0^e = n\varepsilon + s_c(\sigma + \sigma_i - \sigma_s) \tag{2.44}$$

三维核变为二维核的临界过饱和为 $\Delta\mu_{cr}^e$，它被 $n\varepsilon$ 相对于 $\Delta\mu_{cr}$ 移动了，其值为

$$\Delta\mu_{cr}^e = n\varepsilon + 2s_c(\sigma + \sigma_i - \sigma_s) = \Delta\mu_{cr} + n\varepsilon \tag{2.45}$$

于是在过饱和下，在 $\Delta\mu_0$ 到 $\Delta\mu_{cr}$ 的间距内，或者对应地，$\Delta\mu_0^e$ 到 $\Delta\mu_{cr}^e$ 的间距内，三维成核是热力学上有利的，虽然二维成核在原则上也是可能的。超过 $\Delta\mu_{cr}$，或者分别地，$\Delta\mu_{cr}^e$，只有二维成核是可能的。

重新整理式（2.45）得出如下的对于在异质衬底上成核模式的标准（Markov 和 Kaischew 1976a，1976b）。三维成核在如下条件时是能量上有利的：

$$\sigma_s < \sigma + \sigma_i - \frac{\Delta\mu - n\varepsilon}{2s_c} \tag{2.46}$$

二维成核在如下条件时发生：

$$\sigma_s \geq \sigma + \sigma_i - \frac{\Delta\mu - n\varepsilon}{2s_c} \tag{2.47}$$

上述标准可以容易地推广到拥有其他晶格和取向的晶体（Markov 和 Kaischew 1976a，1976b）。

我们可以将式（2.46）和式（2.47）重写为如下形式：

$$\sigma_s \lessgtr \sigma + \sigma_i^* - \frac{\Delta\mu}{2s_c} \tag{2.48}$$

式中，$\sigma_i^* = \sigma_i + n\varepsilon/2s_c$ 为界面的比能量，它不但与不同的相互作用能有关，而且与界面均匀的应变有关（更多细节见第四章）

我们总结，在同一个系统中的成核模式可以随过饱和的变化而改变。因此，在足够高的过饱和下，二维成核从经典热力学角度来讲是唯一可能的，而在较低过饱和下三维成核占主导。

2.2 成核率

在这一章中，经典（毛细管）成核理论将首先被考虑，我们连续地探讨同质和异质成核以及在异质成核中三维和二维核的形成。然后，我们将探讨异质成核的原子论理论的一些细节，原子论理论在处于高过饱和时的薄膜沉积扮演一个重要的角色。在这一章的末尾，成核中的非稳定状态以及核密度的饱和将

会被简要地考虑。热力学上较不稳定的相的核首先形成时的 Ostwald 台阶法则将会被简要地讨论。

2.2.1 一般表述

上一节一开始提到，新相的核以异质相密度涨落的方式出现在环境相的体内，也就是说，成核是一个随机的过程。在一个固定的时间间隔里形成的核的数量是一个随机的量，并且服从统计学法则(Toschev 1973)。但是，可以计算平均值，并且它服从成核动力学理论。因此，这一章的目的就是计算成核率，或者换句话讲，是计算在环境相的单位时间和体积(或者异质相中衬底的单位面积)中形成的核的数量。

我们将会使用 Becker 和 Döring(1935)发展的方法。实际上，这个问题是由 Volmer 和 Weber(1926)第一次探讨的。后者被 Farkas(1927)、Stranski 和 Kaischew(1934)以及 Frenkel(1939)进一步详细描述(参见 Christian(1981)的一篇综述文章)。

我们首先探讨气体中小液滴的形成率。我们考虑一个体积为 V 的容器，它包含压强为 P 温度为 T 的过饱和气体。采用下面的简化假设：

(1) 生长中的团簇保持一个符合平衡形状的恒定的几何形状(特殊情况下为球形)。之前的章节提到过，这保证了最小的自由能。

(2) 包含 N 个原子(N 足够大，大于临界数量 n^*)的团簇被从系统中移走，并且被同等数量的单个原子替代，因此保证了系统中恒定的过饱和。

(3) 成核过程被认为是一系列连续的双分子反应(由 Leo Scillard 建议的体制)[见 Benson(1960)]

$$A_1 \; + \; A_1 \; \underset{\omega_2^-}{\overset{\omega_1^+}{\rightleftharpoons}} \; A_2$$

$$A_2 \; + \; A_1 \; \underset{\omega_3^-}{\overset{\omega_2^+}{\rightleftharpoons}} \; A_3$$

$$\cdots$$

$$A_n \; + \; A_1 \; \underset{\omega_{n+1}^-}{\overset{\omega_n^+}{\rightleftharpoons}} \; A_{n+1}$$

$$\cdots$$

式中，团簇的生长和衰减由单个原子的吸附和脱附引起。三重或多重的碰撞由于更不可能，所以被排除。ω_n^+ 和 ω_n^- 指正和逆反应的速率常数。这里 A 被用为一个化学符号。

包含 n 个原子的团簇(将被称为 n 级团簇)分别由 $n-1$ 级的团簇的生长抑或 $n+1$ 级团簇衰减形成(出生过程)，并且通过生长成为 $n+1$ 级或衰减为 $n-1$

级的团簇而消失（消亡过程）。于是，n 级团簇浓度随时间的变化由下式给出：

$$\frac{dZ_n(t)}{dt} = \omega_{n-1}^+ Z_{n-1}(t) - \omega_n^- Z_n(t) - \omega_n^+ Z_n(t) + \omega_{n+1}^- Z_{n+1}(t) \qquad (2.49)$$

通过尺寸 n 引入团簇净流量

$$J_n(t) = \omega_{n-1}^+ Z_{n-1}(t) - \omega_n^- Z_n(t) \qquad (2.50)$$

这将式（2.39）变为

$$\frac{dZ_n(t)}{dt} = J_n(t) - J_{n+1}(t) \qquad (2.51)$$

在稳定状态，$dZ_n(t)/dt = 0$ 且

$$J_n(t) = J_{n+1}(t) = J_0 \qquad (2.52a)$$

式中，我们将稳态速率或者形成团簇的频率标记为 J_0，它显然不取决于团簇尺寸 n。因此，J_0 也等于尺寸为临界尺寸 n^* 的团簇的形成速率。换言之，稳态下有

$$J_0 = \omega_1^+ Z_1 - \omega_2^- Z_2$$
$$J_0 = \omega_2^+ Z_2 - \omega_3^- Z_3$$
$$\cdots$$
$$J_0 = \omega_n^+ Z_n - \omega_{n+1}^- Z_{n+1} \qquad (2.52b)$$
$$\cdots$$
$$J_0 = \omega_{N-1}^+ Z_{N-1}$$

式中，$Z_N = 0$，这在假设（2）中被接受。

沿用 Becker 和 Döring 的方法，我们给每个方程都乘以一个速率常数的比值。第一个方程乘以 $1/\omega_1^+$，第二个乘以 $\omega_2^-/\omega_1^+ \omega_2^+$，第 n 个乘以 $\omega_2^- \omega_3^- \cdots \omega_n^-/\omega_1^+ \omega_2^+ \cdots \omega_n^+$，等等。然后我们将这些方程相加，并且重新整理后得到（Becker 和 Döring 1935）

$$J_0 = Z_1 \left[\sum_{n=1}^{N-1} \left(\frac{1}{\omega_n^+} \frac{\omega_2^- \omega_3^- \cdots \omega_n^-}{\omega_1^+ \omega_2^+ \cdots \omega_{n-1}^+} \right) \right]^{-1} \qquad (2.53)$$

这是对于成核稳态速率的一般表达式。对于速率常数 ω_n^+ 和 ω_n^- 取合适的表达式，上述一般式适用于任何情况的成核（同质或者异质，三维或者二维，甚至一维）。此外，在小或者大的过饱和的限制情形下，它使得我们能够推导对于经典的和原子论的成核率方程。我们将更加详细地考虑同质成核的经典（毛细管）理论。然后，对于二维和三维核的异质形成将不作推导，直接相似地写出。最后，在式（2.53）的基础上，成核的原子论理论将会被探讨。一维成核将在光滑单原子高度台阶增多时发生，这将在第三章中考虑。

2.2.2 平衡态

在进行更多讨论之前，考虑平衡态会非常有益。在一个欠饱和系统中，平衡态给出同质相密度涨落的平衡分布（Frenkel 1955）。在一个过饱和系统中，平衡态可以在足够靠近相平衡处实现。显然，后者将会是一个亚稳态平衡，并且将会给出异质相涨落的平衡分布。当离平衡相直线（$\mu_\alpha = \mu_\beta$）很远时，平衡态不能实现。但是，甚至在这种情况下，我们可以写出一个表达式，它将作为一个方便的参考。

在 $J_0 = 0$ 的条件下，由式（2.50）有

$$\omega_{n-1}^+ N_{n-1} = \omega_n^- N_n \qquad (2.54)$$

式中，N_n 指系统中不存在分子流量时，n 级团簇的平衡浓度。

大家知道，式（2.54）是细节平衡（detailed balance）的方程。它还可被写为如下形式：

$$\frac{N_n}{N_{n-1}} = \frac{\omega_{n-1}^+}{\omega_n^-}$$

乘以比值 N_n / N_{n-1}，$n = 2 \sim n$，有

$$\frac{N_n}{N_1} = \prod_{i=2}^{n} \left(\frac{\omega_{i-1}^+}{\omega_i^-} \right) = \left(\frac{\omega_2^- \omega_3^- \cdots \omega_n^-}{\omega_1^+ \omega_2^+ \cdots \omega_{n-1}^+} \right)^{-1} \qquad (2.55)$$

可以看到，在右边的速率常数以两种表达式出现，既有 n 级团簇 N_n 的平衡浓度，又有成核的稳态速率 [式（2.53）]。显然，问题被简化为找到速率常数 ω_n^+ 和 ω_n^- 的表达式。我们将对于最简单的情况求解，即在过饱和的气体中形成液体核，我们采用吉布斯的想法，即核代表小液滴。

生长反应的速率常数 ω_n^+ 由气相中的原子碰撞在小液滴表面的数量给出。那么，对于一个 $n-1$ 级的团簇形成 n 级团簇的生长速率常数，我们有

$$\omega_{n-1}^+ = \frac{P}{(2\pi m k T)^{1/2}} \Sigma_{n-1} \qquad (2.56)$$

式中，$P/(2\pi m k T)^{1/2}$ 是单位面积的碰撞数量；P 为系统中的气压；Σ_{n-1} 是 $n-1$ 级团簇的表面积。

对于逆反应，即一个 n 级的团簇衰减为一个 $n-1$ 级的团簇，速率常数可以作如下的评估（Volmer 1939）。在气相的平衡下，在一个固定的时间间隔中离开团簇的原子数量等于到达团簇表面的原子数量。因此，离开团簇的原子流量等于到达它表面的原子的平衡流量。另一方面，当加入小液滴的分子的质心穿过原子间力作用球时，发生凝结（图 2.10）。小液滴的半径就恰恰在这个事件之后增大。一个分子的蒸发是逆过程。当它离开小液滴时，它的质心应当穿过相同的作用球，而且同一时刻小液滴缩小，且它的表面积等于 Σ_{n-1}。这个面积

在考虑逆反应的速率常数时也应当考虑在内，并且

$$\omega_n^- = \frac{P_n}{(2\pi mkT)^{1/2}}\Sigma_{n-1} \tag{2.57}$$

式中，P_n 是 n 级团簇的平衡蒸气压。

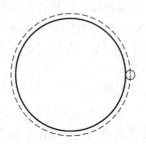

图 2.10　图中显示了如何确定一个包含 n 个分子的小液滴表面积，它取决于一个单分子（用小圆圈表示）的脱附。当分子的质心穿过分子间力作用球（虚线圆圈）的时候，它离开小液滴。精确地在那一时刻，小液滴的表面积为 Σ_{n-1}，由实线圈给出［根据 Volmer（1939）］

　　压强 P 和 P_n 可以通过汤姆森-吉布斯方程来表达

$$kT\ln\frac{P}{P_\infty} = \frac{2\sigma v_1}{r^*}$$

和

$$kT\ln\frac{P_n}{P_\infty} = \frac{2\sigma v_1}{r_n}$$

式中，r_n 是包含 n 个分子的小液滴的半径。那么

$$\frac{\omega_n^-}{\omega_{n-1}^+} = \frac{P_n}{P} = \exp\left[\frac{2\sigma v_1}{kT}\left(\frac{1}{r_n} - \frac{1}{r^*}\right)\right]$$

　　然后，对于式（2.55）中的每一项［并且也在式（2.53）的和当中］，我们通过 $nv_1 = 4\pi r^3/3$ 求原子数量并用其替代半径 r_n 和 r^*，可以得到

$$\frac{\omega_2^-\omega_3^-\cdots\omega_n^-}{\omega_1^+\omega_2^+\cdots\omega_{n-1}^+} = \exp\left[\frac{2\sigma}{kT}\left(\frac{4\pi v_1^2}{3}\right)^{1/3}\sum_1^n\left(\frac{1}{n^{1/3}} - \frac{1}{n^{*1/3}}\right)\right]$$

　　假设 $n^* \gg 1$（毛细管近似），我们用一个积分替代总和，并且进行积分，得到

$$\frac{\omega_2^-\omega_3^-\cdots\omega_n^-}{\omega_1^+\omega_2^+\cdots\omega_{n-1}^+}$$

$$= \exp\left\{\frac{\sigma}{kT}\left(\frac{4\pi v_1^2 n^{*2}}{3}\right)^{1/3}\left[3\left(\frac{n}{n^*}\right)^{2/3} - 2\left(\frac{n}{n^*}\right)\right]\right\}$$

将上述方程式和式(2.8)和式(2.6)比较，立刻显示出，右边大括号中的表达式正是函数 $\Delta G(n)/kT$。因此

$$\frac{\omega_2^- \omega_3^- \cdots \omega_n^-}{\omega_1^+ \omega_2^+ \cdots \omega_{n-1}^+} = \exp\left(\frac{\Delta G(n)}{kT}\right) \tag{2.58a}$$

或

$$\frac{\omega_2^- \omega_3^- \cdots \omega_n^-}{\omega_1^+ \omega_2^+ \cdots \omega_{n-1}^+} = \exp\left\{\frac{\Delta G^*}{kT}\left[3\left(\frac{n}{n^*}\right)^{2/3} - 2\left(\frac{n}{n^*}\right)\right]\right\} \tag{2.58b}$$

也就是说，在式(2.53)分母中的总和里的每一项代表依赖关系 $\exp[\Delta G(n)/kT]$ 的一个点。

将式(2.58a)代入式(2.55)，可以得到 n 级团簇的平衡浓度

$$N_n = N_1 \exp\left(-\frac{\Delta G(n)}{kT}\right) \tag{2.59}$$

读者可以在 Frenkel (1955) 的专著中［另见 Toschev (1973)］找到式(2.59)更为严格的推导。

2.2.3 稳态成核率

用一个积分来替代式(2.53)分母中的总和，得到

$$\sum_{n=1}^{N-1}\left(\frac{1}{\omega_n^+}\frac{\omega_2^- \omega_3^- \cdots \omega_n^-}{\omega_1^+ \omega_2^+ \cdots \omega_{n-1}^+}\right)$$

$$\cong \int_1^N \frac{1}{\omega_n^+}\exp\left\{\frac{\Delta G^*}{kT}\left[3\left(\frac{n}{n^*}\right)^{2/3} - 2\left(\frac{n}{n^*}\right)\right]\right\}\mathrm{d}n$$

右边指数项中的函数在 $n = n^*$ 时有最大值(图 2.1)，而且可以在最大值附近展开为泰勒级数

$$\Delta G(n) = \Delta G^*\left[3\left(\frac{n}{n^*}\right)^{2/3} - 2\left(\frac{n}{n^*}\right)\right] \cong \Delta G^*\left(1 - \frac{1}{3n^{*2}}(n - n^*)^2\right) \tag{2.60}$$

于是总和达到如下形式：

$$\exp\left(\frac{\Delta G^*}{kT}\right)\int_1^N \frac{1}{\omega_n^+}\exp\left(-\frac{\Delta G^*}{kT}\frac{1}{3n^{*2}}(n - n^*)^2\right)\mathrm{d}n$$

为了运算积分，我们进行如下近似。如图 2.11 所示，指数项的积分在 n^* 附近呈现出一个尖锐的极大值，并且积分的范围可以扩展到 $-\infty$ 和 $+\infty$ 而不会造成重大错误。第二，速率常数 ω_n^+ 不是一个对于 n 敏感的函数，而且可以被 $\omega_{n^*}^+ \equiv \omega^* =$ 常数替代，并在积分之前取出。

最后，从负无穷到正无穷运算积分，我们得到稳态的成核率

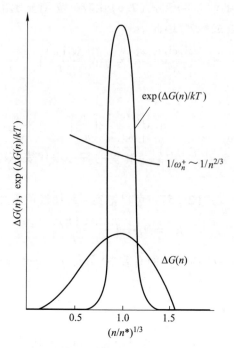

图 2.11 吉布斯自由能的变化 $\Delta G(n)/kT$(虚线)、$\exp[\Delta G(n)/kT]$ 及顺反应速率导数与团簇尺寸的依存关系。可以看到，$\exp[\Delta G(n)/kT]$ 表现出一个尖锐的极大值，而且它的宽度被限制在临界尺寸的附近。速率常数的导数 $1/\omega_n^+$ 是 n 的弱函数，并且可以在临界尺寸处取常数

$$J_0 = \omega^* \Gamma Z_1 \exp\left(-\frac{\Delta G^*}{kT}\right) \tag{2.61}$$

式中，Z_1 是气态中单分子的稳态浓度；ω^* 是分子吸附到临界核的频率。

表达式(2.61)中对于稳态成核率的参数 Γ 有

$$\Gamma = \left(\frac{\Delta G^*}{3\pi kTn^{*2}}\right)^{1/2} \tag{2.62}$$

在文献中被称为 Zeldovich(1943)因子[另见 Frenkel(1955)]。实际上，它由 Farkas(1927)首次推导出。如果我们更加详细地审视稳态成核率[式(2.53)]的定义，则可以发现它的物理意义。Zeldovich(1943)提出，稳态分布函数 Z_n 仅在临界尺寸 n^* 处可被察觉地偏离平衡时的分布 N_n。换句话讲，在临界尺寸附近的间隔 $\Delta n^* = n_r - n_1$(图 2.12)中所发生的过程决定了成核的总速率。根据 Zeldovich，这个间隔的宽度由如下条件决定：自由能的变化 $\Delta G(n)$ 在极大值(在 $n \leqslant n_1$ 时，$Z_n \cong N_n$，且在 $n \geqslant n_r$ 时，$Z_n = 0$)附近随 kT 变化，即

$$\Delta G^* - \Delta G(n = n_1, \ n_r) = kT$$

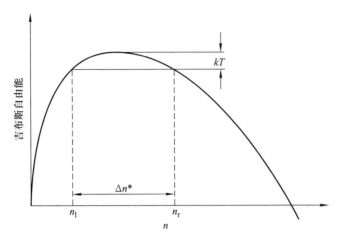

图 2.12　为了确定临界尺寸附近的间隔 $\Delta n^* = n_r - n_1$。根据 Zeldovich(1943)，在这个间隔中发生的过程决定了整体的成核率。这个间隔的宽度实际上是非平衡 Zeldovich 因子 Γ 的导数

我们记得式(2.60)，于是间隔 Δn^* 的宽度为

$$\Delta n^* = 2\left(\frac{3kTn^{*2}}{\Delta G^*}\right)^{1/2} = \frac{2}{\Gamma\sqrt{\pi}} \tag{2.63}$$

换言之，Zeldovich 因子无非是 Δn^* 的导数，并且因此说明了系统从平衡态的偏移。Kashchiev(1969) 给出了对于这个问题的更加严格的探讨。

我们记得式(2.4)和式(2.5)，结果是 Γ 正比于过饱和的平方，即 $\Gamma = \Delta\mu^2/8\pi v_1(\sigma^3 kT)^{1/2}$。换言之，在相平衡处 $\Gamma = 0(\Delta\mu = 0)$，而且当偏离平衡时陡峭地增大。对于水从气相凝结的情况($\sigma = 70$ erg/cm^2)，当 P/P_∞ 的范围是 2 到 6 时，n^* 从 470 变化到 30，并且对应地，Γ 从 0.004 增加到 0.054(Toschev 1973)。因此，Zeldovich 因子在同质成核的情况下通常大约为 1×10^{-2}。

稳态成核率[式(2.61)]可以重写为如下形式($Z_1 \cong N_1$)：

$$J_0 = \omega^* \Gamma N^* \tag{2.64}$$

也即，J_0 是临界核平衡浓度 N^* 与 Zeldovich 因子 Γ 和建筑单元对于临界核 ω^* 的吸附频率的积，其中 N^* 为

$$N^* = N_1 \exp\left(-\frac{\Delta G^*}{kT}\right) \tag{2.65}$$

容易证明，这是一个对于所有成核的可能情况均为有效的通用表达式，并且可以在任何特定情况下使用。

2.2.4 液体从气相的成核

在这种特殊情况下，核的表面积为 $4\pi r^{*2}$，而且

$$\omega^* = P(2\pi mkT)^{-1/2} 4\pi r^{*2} \tag{2.66}$$

那么

$$J_0 = \frac{P}{\sqrt{2\pi mkT}} 4\pi r^{*2} \frac{\Delta\mu^2}{8\pi v_1 \sigma\sqrt{\sigma kT}} \frac{P}{kT} \exp\left(-\frac{16\pi\sigma^3 v_1^2}{3kT\Delta\mu^2}\right) \tag{2.67}$$

式中，如果假设气相为理想气体，则 $P/kT = N_1$。回忆对于临界核的汤姆森-吉布斯方程式(2.4)，式(2.67)变为

$$J_0 = \left(\frac{P}{kT}\right)^2 \frac{2\sigma^{1/2} v_1}{\sqrt{2\pi m}} \exp\left(-\frac{16\pi\sigma^3 v_1^2}{3(kT)^3 \left[\ln\left(\dfrac{P}{P\infty}\right)\right]^2}\right) \tag{2.68}$$

对于式(2.68)的进一步审视表明，与 $\exp[-\Delta G^*/kT] = \exp[-K_2/\Delta\mu^2]$ 相比，预指数 $K_1 = \omega^* \Gamma Z_1$ 对过饱和并不十分敏感。因此，我们可以接受 K_1 近似为一个常数，即

$$J_0 = K_1 \exp\left(-\frac{K_2}{\Delta\mu^2}\right) \tag{2.69}$$

式中，$K_2 = 16\pi\sigma^3 v_1^2/3kT$ 将涉及量的典型值代入，我们可以得到，K_1 大约为 1×10^{25} cm^{-3}/s。

式(2.69)如图 2.13 所示。可以看到，存在一个临界过饱和 $\Delta\mu_c$，小于它时，成核率实际上等于零，并且在越过它时陡峭增大。临界过饱和可以由条件 $J_0 = 1$ cm^{-3}/s 确定。对式(2.69)中的 J_0 取对数，我们发现

$$\Delta\mu_c = \left(\frac{K_2}{\ln K_1}\right)^{1/2} \tag{2.70}$$

对于水蒸气在 $T = 275$ K 时成核的情况，$K_1 \cong 1\times10^{25}$ cm^{-3}/s，$\sigma = 75.2$ erg/cm^2，$v_1 = 3\times10^{-23}$ cm^3，$\Delta\mu_c = 5.42\times10^{-14}$ erg 或 $P_c/P_\infty = 4.16$，这非常好地符合了 Volmer 和 Flood (Volmer 1939)实验上发现的值 4.21。

临界过饱和的存在导致一个结论，即气体的凝结在实验上仅仅能在 $P > P_c$ 时被观察到。在相反的情况下，气体将会处于一个亚稳的状态，也就是说由于动力学的原因，在实验的时间里没有凝结会发生。因此，我们用环境相的亚稳限制(limit of metastability)来识别临界过饱和。回忆单组分系统的相图(图 1.1)，这种亚稳限制的存在意味着，当穿过平衡相线(由化学势的相等决定)时，相变不会发生。为了这个目的，亚稳平衡应当被穿过，而且它们位于相平衡线的左边。应当指出，亚稳平衡对于对应相边界的比表面能的值十分敏感。

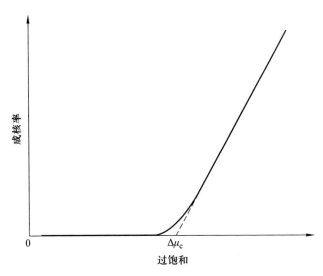

图 2.13 成核率对于过饱和的变化曲线。在小于临界过饱和 $\Delta\mu_c$ 时，成核率实际上等于零。超过这个值，成核率陡峭地升高很多个数量级。这是成核率可以在过饱和的一个非常窄的间距被测量的原因

一般地，由于凝聚相之间的表面能更小，液体-晶体转化的亚稳平衡将小于气体-液体转化的亚稳平衡。杂质粒子、离子的出现，或者异质衬底将以润湿函数的平方根减小亚稳限制。此外，表面活性剂（吸附在相边界的物质，剧烈地改变表面能）也将减小比表面能的值，进而改变亚稳限制。

2.2.5 统计贡献

但是，后来理论研究表明，上述的理论和实验的符合很明显。Lothe 和 Pound（1962）［另见 Dunning（1969）］提出，式（2.3）给出的形成液体核的吉布斯自由能对于剩下的状态也适用。如同 Christian（1981）所讨论的，实际上它给出的是限制在一个液体而不是气体的小液滴形成的自由能。当在气态中形成时，小液滴必须获取类似气体的平移和旋转自由度，而且必须释放 6 个内部或类似液体的自由度。于是，替代式（2.3），应当有

$$\Delta G(r) = -\frac{4}{3}\frac{\pi r^3}{v_1}\Delta\mu + 4\pi r^2\sigma + \Delta G_{tr} + \Delta G_{rot} + \Delta G_{rep}$$

式中，ΔG_{tr} 和 ΔG_{rot} 必须为正，且 ΔG_{rep} 为负。

对应的表达式分别为（Lothe 和 Pound 1962）

$$\Delta G_{tr} = -kT\ln\left[\frac{(2\pi n^* mkT)^{3/2}kT}{Ph^3}\right]$$

$$\Delta G_{rot} = - kT \ln \left[\frac{(2kT)^{3/2}(\pi I^3)^{1/2}}{h^3} \right]$$

且

$$\Delta G_{rep} = \frac{1}{2} kT \ln(2\pi n^*) + Ts$$

式中，$I \cong 2n^* mr^{*2}$ 为核的转动惯量；s 为液体的熵；h 为普朗克常量，且 $\hbar = h/2\pi$。于是对于 $T = 300$ K 时的水，$n^* = 100$，$I = 8.6 \times 10^{-36}$ g·cm^2，$P = 0.075$ atm，$m = 3 \times 10^{-23}$ g 及 $s = 70$ J·K^{-1}·mol^{-1}，$\Delta G_{tr} = -24.4$ kT，$\Delta G_{rot} = -20.6$ kT 和 $\Delta G_{rep} = 11.5$ kT。由于这些自由能的项非常微弱地依赖于核尺寸，它们对于预指数的贡献的总量为 1×10^{17}。于是对于临界过饱和，我们得到 $P_c/P_\infty = 3.09$，这显著地与实验得到的值 4.21 不符。有兴趣的读者可以在如下文献中找到更多信息：Feder 等（1966）、Lothe 和 Pound（1969）、Reiss（1977）、Nishioka 和 Pound（1977）、Kikuchi（1977）以及 Christian（1981）。

2.2.6 从溶液和熔融物的成核

在溶液的情况下，对于临界核的建筑单元流量由溶液体内的扩散决定。另一方面，在吸附至核之前，溶质分子应当打断与溶剂分子的键。换言之，应当克服一个对于退溶的能量势垒。分子吸附至临界核的频率 ω^* 将正比于溶质浓度 C，因此代替式（2.66）有

$$\omega^* = 4\pi r^{*2} C\nu\lambda \exp\left(-\frac{\Delta U}{kT}\right), \qquad (2.71)$$

式中，ν 是一个频率因子；ΔU 是退溶能量；λ 是液体中颗粒的平均自由程，它约等于原子直径。于是，对于成核率我们得到（Walton A G 1969）

$$J_0 = 4\pi r^{*2} C^2 \nu\lambda \exp\left(-\frac{\Delta U}{kT}\right) \Gamma \exp\left(-\frac{\Delta G^*}{kT}\right) \qquad (2.72)$$

式中，浓度 C 被表达为单位体积中的分子数目，并且过饱和被表达为式（1.10）。

估计预指数的主要问题是缺少 ΔU 值的相关知识。我们可以假设它与分子相互作用为同一量级，即 10^{-20} kcal/mol。对于一系列盐在水溶液中成核的临界过饱和的测量（Nielsen 1967；Walton 1967）给出了晶体-溶液界面的比表面能（$\cong 100$ erg/cm^2）及预指数参数（$\cong 10^{24} \sim 10^{25}$ cm^{-3}·s^{-1}）的合理的值。从这些数据计算出的 ΔU 的值对于不同的盐有变化，从 BaSO$_4$ 的 7 kcal/mol 到 PbSO$_4$ 的 14.5 kcal/mol。对于石英在 NaOH 水溶液的情况，Laudise 通过测量在 570~660 K 温度区间的石英（0001）面的热液生长速率得出其 ΔU 的值为 20 kcal/mol（Laudise 1959）[另见 Laudise（1970）]。

液体的凝固与溶液中的结晶并无太大不同。这种情况下，液体中分子越过晶体-熔融物界面而占据晶体晶格中的准确位置，能量势垒 ΔU 就源自这个过程中分子的重新排列，也就是说，ΔU 来自晶体中的长程有序对于液体中的长程无序的替换。这是 ΔU 经常被辨认为黏性流的激活能的原因。后者对于不同物质有变化，金属为 1~6 kcal/mol（Grosse 1963），有机熔融物为 10 kcal/mol，而玻璃态熔融物（SiO_2、GeO_2）为 50 ~ 150 kcal/mol（Mackenzie 1960；Gutzow 1975；Oqui 1990）。另一方面，在熔融物当中没有传输困难，而且式（2.71）和式（2.72）中的浓度 C 应当被替换为单位体积 $1/v_1$ 中的原子数目。于是

$$\omega^* = 4\pi r^{*2} \frac{1}{v_1} \nu\lambda \exp\left(-\frac{\Delta U}{kT}\right) \tag{2.73}$$

且

$$J_0 = 4\pi r^{*2} \frac{\nu\lambda}{v_1^2} \exp\left(-\frac{\Delta U}{kT}\right) \Gamma \exp\left(-\frac{\Delta G^*}{kT}\right) \tag{2.74}$$

式中，过饱和由式（1.12）给出

$$\Delta\mu = \Delta h_m \frac{\Delta T}{T_m} = \Delta s_m \Delta T$$

那么，假设球形对称和各向同性的界面张力

$$\Delta G^* = \frac{16\pi\sigma^3 v_c^2 T_m^2}{3\Delta h_m^2 (\Delta T)^2} \tag{2.75}$$

$$\Gamma = \frac{(\Delta h_m \Delta T)^2}{8\pi v_c (\sigma^3 kT)^{1/2} T_m^2} \tag{2.76}$$

及

$$r^* = \frac{2\sigma v_c T_m}{\Delta h_m \Delta T} \tag{2.77}$$

对于预指数我们得到

$$K_1 = \frac{2\sigma^{1/2} v_c}{(kT)^{1/2}} \frac{\nu\lambda}{v_1^2} \exp\left(-\frac{\Delta U}{kT}\right). \tag{2.78}$$

因此，对于金属熔融物中的同质成核，例如 Ag（Turnbull 和 Sech 1950）的情况，$1/v_1 \cong 5\times10^{22}$，（$v_c \cong v_1$），$T \cong 1\,000$ K，$\sigma \cong 150$ erg/cm^2，$\nu \cong 2\times10^{13}$ s^{-1}，$\lambda \cong 3\times10^{-8}$ cm 且 $\Delta U/kT \cong 3$，得到 K_1 的典型值 1×10^{35}。

更严密地考虑式（2.74），可以发现，成核率不仅仅依赖于过冷却 $\Delta T = T_m - T$，还依赖于温度的绝对值。因此，成核率对于温度的依赖性应该有一个极大值，因为温度的减小导致过冷却的增大。对式（2.74）微分，非常容易发现 $T_{max} > T_m/3$（当 $\Delta G^* \gg \Delta U$ 时，$T_{max} = T_m/3$）。熔融物中成核率的这种行为，不是气体中成核的特征，这其中的物理原因在于两种过程的竞争，即熔融物（高黏度）

中对于输运过程的禁止和为了使成核发生而增大热力学推动力。在最大值的低温一侧，黏度变得如此大，以至于在结晶发生之前熔融物玻璃化了。上述行为由 Tamman(1933)对于甘油和胡椒碱的情况第一次在实验上建立。图 2.14 展示了锂的二硅酸盐熔融物在温度区间 425～527 ℃时成核率对于温度依赖的典型曲线(James 1974)。

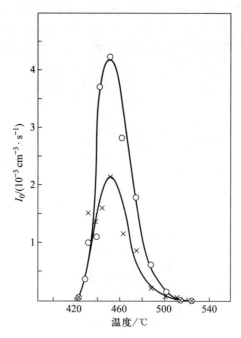

图 2.14　实验测得的锂的二硅酸盐熔融物中成核率对于温度的曲线。高温支由对于核形成的激活能决定。低温支由熔融物中的输运过程决定。[P. F. James, *Phys. Chem. Glasses* **15**，95(1974)。经 Society of Glass Technology 许可，由 P. F. James 提供]

　　实验上，确认熔融物中成核理论的主要困难在于熔融物的提纯，以避免在杂质颗粒上的异质成核。Turnbull 和 Sech (1950)[另见 Hollomon 和 Turnbull (1951)]应用如下方法测量了发生同质成核的临界过冷却。体态熔融物样品被在一个惰性基质中，分散为小液滴，从而比杂质颗粒要多。然后，测量的过冷却最大值被视为对于同质成核的那个值。他们测得的一系列 17 种金属的数据被汇总在表 2.1 中(Strickland-Constable 1968；Toschev 1973)。Chernov(1984) 给出了一个更新的表格，其中包括后来 Skripov 等(1973)、Powell 和 Hogan (1968)以及其他人的结果。Turnbull(1950)将实验结果与式(2.74)以及式(2.75)和式(2.76)关联了起来，并且发现相对过冷却最大值 $\Delta T_{max}/T_m$ 对于所有研究过的金属来说几乎为常数($\Delta T_{max}/T_m \cong 0.183$)。晶体-熔融物界面的克原子(gramatomic)表面能 σ_m 与熔化摩尔焓 Δh_m 的比值表现出同样的行为。克原子表面能定义为 $\sigma_m = \sigma N_A v_c^{2/3}$，其中 N_A 是阿伏伽德罗常量(每摩尔 6.02×10^{23} 个原子)，且 v_c 是晶体中一个建筑单元的体积。研究发现，对于大多数金属，比值 $\sigma_m / \Delta h_m \cong 0.5$。图 2.15 展示了 σ_m 对于 Δh_m 的曲线。可以看到，除 Ge、Bi 和 Sb 之外的大部分金属都在斜率为 0.46 的直线上。如果我们记得，熔化焓与由半晶体位置的分离功相联系，即它正比于每个键能量的 $Z/2$ 倍，上述结果马上变得清晰起来。另一方面，$v_c^{2/3}$ 代表了这样一个单元所占的面积。于是，σ_m 正比于分离两个最相邻原子所需的功(Stranski，Kaischew 和 Krastanov 1933)。

表 2.1 根据 Turnbull 和 Cech(1950)的金属同质成核。ΔT_{max} 是过冷却最大值，T_m 是熔点，$\Delta T_{max} / T_m$ 是相对于熔点的最大过冷却，σ 是固液界面的比表面能，σ_m 是摩尔表面能，Δh_m 是熔化摩尔焓

金属	ΔT_{max}	$\Delta T_{max} / T_m$	$\sigma / (\mathrm{erg/cm^2})$	$\sigma_m / (\mathrm{cal \cdot g \cdot atom^{-1}})$	$\sigma_m / \Delta h_m$
汞	58	0.247	24.4	296	0.530
镓	76	0.250	55.9	581	0.436
锡	105	0.208	54.5	720	0.418
铋	90	0.166	54.4	825	0.330
铅	80	0.133	33.3	479	0.386
锑	135	0.150	101	1 430	0.302
铝	130	0.140	93	932	0.364
锗	227	0.184	181	2 120	0.348
银	227	0.184	126	1 240	0.457
金	230	0.172	132	1 320	0.436
铜	236	0.174	177	1 360	0.439
锰	308	0.206	206	1 660	0.480
镍	319	0.185	255	1 860	0.444
钴	330	0.187	234	1 800	0.490
铁	295	0.164	204	1 580	0.445
钯	332	0.182	209	1 850	0.450
铂	370	0.181	240	2 140	0.455

在碱卤化物熔融物中(Buckle 和 Ubbelohde 1960，1961)，有机熔融物(Thomas 和 Staveley 1952；Nordwall 和 Staveley 1954)和聚合物(Koutsky 1966；Cormia，Price 和 Turnbull 1962)中的成核也得到了相似的结果。Jackson(1966)

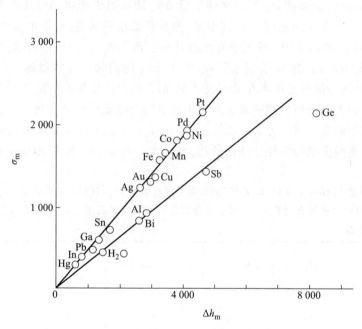

图 2.15 对于一系列金属的摩尔表面能 $\sigma_m = \sigma N_A v_c^{2/3}$ 与熔化摩尔焓 Δh_m 的依存关系。可以看到，对于大多数金属，比值 $\sigma_m / \Delta h_m = $ 常数 $\cong 0.5$ [根据 Turnbull(1950)]

综述了这些结果，Walton A G(1969)精密地分析了它们。

2.2.7 异质成核率

之前的小节中提到，实验上验证异质成核理论的一大主要困难是，成核会在反应容器壁、异质颗粒及离子上等优先发生。由于来自衬底的润湿，异质成核率应当明显地远大于同样条件下的同质成核率。同时，当沉积一种物质到异质衬底上时，某种意义上讲，后者绝不会是均匀的，因为总是存在一些有较高化学势的缺陷位置，例如螺旋位错的出现点、嵌入的异质原子等。对于晶体成核来说，这些缺陷比余下的部分更加活跃。另一方面，对于气体凝结的情况，通过后者在衬底表面上扩散至生长团簇周围的吸附原子的吸附频率通常远远大于气相中体扩散的(Pound，Simnad 和 Yang 1954；Hirth 和 Pound 1963)。当沉积从溶液和熔融物开始发生时，我们有相反的情况。

对于稳态凝结率有一般表达式(2.61)，由此我们首先探讨气态凝结的情况。原子由气相到达衬底表面，在经历一个量级为几个原子振动的热适应时期之后(Hirth 和 Pound 1963)，开始在表面移动。然后，它们彼此碰撞，产生不同尺寸的团簇，并因此导致临界核的出现。原子浓度 Z_1 此时由吸附原子浓度

n_s 确定。后者由吸附-脱附平衡决定，并且等于吸附流量（如下式）之积

$$\Re = \frac{P}{(2\pi mkT)^{1/2}} \tag{2.79}$$

并且平均停留时间

$$\tau_s = \frac{1}{\nu_1}\exp\left(\frac{E_{des}}{kT}\right) \tag{2.80}$$

即重蒸发之前流逝的时间。E_{des} 代表了脱附的激活能，而 $\nu_\perp$ 为吸附原子在垂直于表面方向上的振动频率。那么

$$n_s = \frac{P}{(2\pi mkT)^{1/2}}\frac{1}{\nu_\perp}\exp\left(\frac{E_{des}}{kT}\right) \tag{2.81}$$

沿衬底表面向着临界核的吸附原子的流量为

$$j_s = D_s\,\mathrm{grad}\;n_s \cong D_s\frac{n_s}{a} \tag{2.82}$$

式中

$$D_s = a^2\nu_= \exp\left(-\frac{E_{sd}}{kT}\right) \tag{2.83}$$

是表面扩散系数；E_{sd} 是表面扩散的激活能；$\nu_=$ 是吸附原子在平行于表面方向上的振动频率；a 是一个扩散跳跃的长度。

如果假设临界核的形状为半球形，则其周长为 $2\pi r^* \sin\theta$ 且 $\nu_\perp \cong \nu_= = \nu$，我们可以得到原子吸附到临界核的频率为

$$\omega^* = 2\pi r^* a\sin\theta\frac{P}{(2\pi mkT)^{1/2}}\exp\left(\frac{E_{des}-E_{sd}}{kT}\right) \tag{2.84}$$

最终，对于稳态成核率，我们有

$$J_0 = 2\pi r^* \sin\theta\frac{\Re^2 a}{\nu}\Gamma\exp\left(\frac{2E_{des}-E_{sd}}{kT}\right)\exp\left(-\frac{\Delta G^*}{kT}\right) \tag{2.85}$$

这个方程对于小液滴的成核有效。Zeldovich 因子 $\Gamma = \Delta\mu^2/8\pi v_1[\sigma^3\phi(\theta)kT]^{1/2}$ 现在包含了润湿函数 $\phi(\theta)$。对于晶体成核的情况，应用核周长 $4l^*$ 来替代 $2\pi r^*\sin\theta$，并且对于 ΔG^* 应当采用相应的表达式(2.18)。

在异质成核的情况下，对于核形成的功存在一个统计学贡献，它与核尺寸无关（Lothe 和 Pound 1962；另见 Sigsbee 1969），它导致了团簇和单个吸附原子在吸附位置密度 $N_0(\cong 1\times10^{15}\ \mathrm{cm}^{-2})$ 中的分布。我们假设团簇密度相对于吸附原子浓度可以忽略

$$\Delta G_{conf} \cong -kT\ln\left(\frac{N_0}{n_s}\right) \tag{2.86}$$

结果是吸附原子浓度 n_s 被吸附位置密度替代，并且可以得到如下成核率

的表达式：

$$J_0 = 2\pi r^* \sin\theta \, \Re \, a\Gamma N_0 \exp\left(\frac{E_{\mathrm{des}} - E_{\mathrm{sd}}}{kT}\right) \exp\left(-\frac{\Delta G^*}{kT}\right) \qquad (2.87)$$

在凝聚相中成核的情况下（溶液或熔融物），通过将吸附原子频率 ω^* 取为式（2.65）或式（2.67）给出的值，且将临界核表面积 $4\pi r^{*2}$ 替换为部分面积 $4\pi r^{*2}(1-\cos\theta)$，容易得到稳态速率的表达式。

2.2.8　二维成核速率

二维成核动力学可以用与三维相同的方式进行探讨。用 2.1 节中概述的过程，我们发现

$$\frac{\omega_2^- \omega_3^- \cdots \omega_n^-}{\omega_1^+ \omega_2^+ \cdots \omega_{n-1}^+} = \exp\left\{\frac{\Delta G_2^*}{kT}\left[2\left(\frac{n}{n^*}\right)^{1/2} - \frac{n}{n^*}\right]\right\}$$

将指数中的函数进行泰勒级数展开至二次方项，并且以一个范围为 $-\infty$ 到 $+\infty$ 的积分来替代式（2.53）中的和，我们得到

$$\sum_{n=1}^{N-1}\left(\frac{1}{\omega_n^+}\frac{\omega_2^-\omega_3^-\cdots\omega_n^-}{\omega_1^+\omega_2^+\cdots\omega_{n-1}^+}\right) \cong \frac{1}{\omega^*}\left(\frac{4\pi kT n^{*2}}{\Delta G_2^*}\right)^{1/2}\exp\left(\frac{\Delta G_2^*}{kT}\right)$$

于是表达式（2.64）导出下式，其中给出了 Zeldovich 因子

$$\Gamma = \left(\frac{\Delta G_2^*}{4\pi kT n^{*2}}\right)^{1/2} \qquad (2.88)$$

2.2.8.1　从气体开始的二维成核率

假如有一个单个原子吸附到临界核的外围，产生了一个拥有超过临界尺寸的团簇，则其吸附频率由下式给出：

$$\omega^* = 4l^* a \frac{P}{(2\pi mkT)^{1/2}}\exp\left(\frac{E_{\mathrm{des}} - E_{\mathrm{sd}}}{kT}\right)$$

而且对于成核率我们有

$$J_0(2D) = 4l^* a \, \Re \, \Gamma N_0 \exp\left(\frac{E_{\mathrm{des}} - E_{\mathrm{sd}}}{kT}\right)\exp\left(\frac{\Delta G_2^*}{kT}\right) \qquad (2.89)$$

式中，Γ、l^* 和 ΔG_2^* 由式（2.88）、式（2.34）和式（2.35）给出。分别给 l^* 和 ΔG_2^* 应用式（2.37）和式（2.38），相同的表达式［式（2.89）］对于在相同衬底上（$\Delta\sigma = 0$）的二维成核情况有效。其中，应当取表面自扩散的激活能和从相同衬底脱附激活能的相应值。

2.2.8.2　从溶液开始的二维成核率

对于晶体的溶液和熔融物生长，其通过形成并横向传播二维核进行，我们考虑这种生长时需要二维成核率的表达式。在第一种情况（溶液生长），溶质分子的到达流量（$\mathrm{cm}^{-2}\cdot\mathrm{s}^{-1}$）为 $a\nu C\exp(-\Delta U/kT)$［式（2.71）］，且每个分子位

置的到达分子频率为

$$j_+ = a^3 \nu C \exp\left(-\frac{\Delta U}{kT} \right) = \nu C v_c \exp\left(-\frac{\Delta U}{kT} \right) \tag{2.90}$$

沿着二维核周长的对于吸附分子的可用位置数量为 $2\pi r^*/a$，且

$$\omega^* = 2\pi \frac{r^*}{a} C v_c \nu \exp\left(-\frac{\Delta U}{kT} \right) \tag{2.91}$$

考虑到式（2.40）、式（2.41）、式（2.64）、式（2.88）和式（2.91），二维成核速率为

$$J_0(2D) = \nu C v_c \left(\frac{\Delta \mu}{kT} \right)^{1/2} \exp\left(-\frac{\Delta U}{kT} \right) N_0 \exp\left(-\frac{\pi \varkappa^2 a^2}{kT\Delta \mu} \right) \tag{2.92}$$

式中，$\Delta \mu$ 由式（1.10）给出。涉及的量的典型值为，$\nu \cong 1 \times 10^{13} \text{ s}^{-1}$，$Cv_c \cong 0.1$（10% 溶质浓度），$\Delta \mu / kT \cong 0.04$，$\Delta U = 10 \text{ kcal} \cdot \text{mol}^{-1}$，$N_0 = 1 \times 10^{15} \text{ cm}^{-2}$ 且 $T = 300 \text{ K}$，预指数因子值为 $K_1 \cong 1 \times 10^{19} \text{ cm}^{-2} \cdot \text{s}^{-1}$。

2.2.8.3 熔融物中的二维成核率

为了计算熔融物中的二维成核率，我们的第一项工作是找到吸附至临界核的建筑单元的吸附频率的表达式。越过相边界，从而合并入晶体晶格的原子的流量由下式给出：

$$j_+ = k_+ \exp\left(-\frac{\Delta U}{kT} \right) \tag{2.93}$$

对应的反流量为

$$j_- = k_- \exp\left(-\frac{\Delta h_m + \Delta U}{kT} \right) \tag{2.94}$$

式中，k_+ 和 k_- 是速率常数。

在相平衡时，$T = T_m$，两个流量相等，且

$$k_+ = k_- \exp\left(-\frac{\Delta h_m}{kT_m} \right) = k_- \exp\left(-\frac{\Delta s_m}{k} \right) \tag{2.95}$$

反速率常数可以用表面原子的振动频率 $k_- = \nu$ 求得，且

$$j_+ = \nu \exp\left(-\frac{\Delta s_m}{k} \right) \exp\left(-\frac{\Delta U}{kT} \right) \tag{2.96}$$

$$j_- = \nu \exp\left(-\frac{\Delta h_m + \Delta U}{kT} \right) \tag{2.97}$$

利用式（2.96），有

$$\omega^* = 2\pi \frac{r^*}{a} \nu \exp\left(-\frac{\Delta s_m}{k} \right) \exp\left(-\frac{\Delta U}{kT} \right) \tag{2.98}$$

且

$$J_0 = \nu N_0 \left(\frac{\Delta s_{\mathrm{m}} \Delta T}{kT} \right)^{1/2} \exp\left(-\frac{\Delta s_{\mathrm{m}}}{k} \right) \exp\left(-\frac{\Delta U}{kT} \right) \cdot$$

$$\exp\left(-\frac{\pi \varkappa^2 a^2}{\Delta s_{\mathrm{m}} \Delta T k T} \right) \tag{2.99}$$

对于二维核在 Si(111) 面上形成且温度比熔点温度($T_{\mathrm{m}} = 1\,685$ K)低 1 K 的情况，利用 $\nu = 3 \times 10^{13}\ \mathrm{s}^{-1}$，$\Delta s_{\mathrm{m}}/k = 3.6$，$\Delta U/kT = 3$，且 $N_0 \cong 1 \times 10^{15}\ \mathrm{cm}^{-2}$，对于预指数值的估计为 $K_1 = 2 \times 10^{22}\ \mathrm{cm}^{-2} \cdot \mathrm{s}^{-1}$。

2.2.9　成核的原子理论

对于异质成核的实验研究表明，组成临界核的原子的数量非常小(Robinson 和 Robins 1970, 1974; Paunov 和 Harsdorff 1974; Toschev 和 Markov 1969; Müller 等 1996)。它不超过几个原子，而且在某些活跃位置上成核的特定情况，这个数量为零。这在物理上意味着，吸附原子被非常强地绑定在活跃位置上，以至于活跃位置-原子的组合是一个稳定的结构。因此，唯像的热力学所用的量，例如比表面能、平衡形状，甚至聚集态(我们无法说 4 ~5 个原子的团簇究竟是固体或是液体，因为我们不知道其长程的秩序)等，无法被定义。所以，原子论方法得到了发展(Walton D 1962, 1969)，它还避免了使用这些量值。

为了理解原子论方法，我们应当建立经典理论的有效范围。为此，我们应该考虑新相的小颗粒的平衡，或者换言之，我们应该回到图 1.4 所展示的汤姆森-吉布斯方程式(1.19)。但是，在讨论热力学之前，我们来研究经典成核理论的有效动力学范围[Milchev(1991)]。为此，将对我们熟悉的 Si(001) 面上的二维核形成时这一情况的成核率作一个简单的估计。在 2.1.4 节中已经讨论过，由于 Si(001) 表面(2×1)重建的特征(具体细节见 3.2.4 节)，核应该被拉长。我们将计算第一个核在典型宽度值为 1 000 Å(倾斜角 0.1°)的平台上出现所流逝的时间。这个时间 τ 应该为在一个 1 000 Å×1 000 Å 的面积 S 上的成核频率的导数。后者(成核频率)定义为 $\Omega = J_0 S$，或者 $\tau = 1/\Omega$。成核率为 $J_0 = K_1 \exp(-\Delta G_2^*/kT)$，其中预指数 K_1 对于表面上的成核有典型值 $1 \times 10^{20}\ \mathrm{cm}^{-2} \cdot \mathrm{s}^{-1}$，并且如式(2.39)给出的，$\Delta G_2^* = n^* \Delta \mu$。我们计算高温时的过饱和，此时经典成核理论被预期为有效。沿用 1.2 节中同样的过程，我们得到在 1 200 K 时 $\Delta\mu = 0.23$ eV。现在假设 $n^* = 20$($\Delta G_2^*/kT = 46$，$kT = 0.1$ eV)，我们得到，为了记录一个成核事件，实验者平均来说要等 300 年。如 Dash(1977)指出的，虽然基于一个错误的方程式，"在一个理想平面上的成核特征时间大到天文数字"。取 $n^* = 10$ 或 $\Delta G_2^*/kT < 20$，可以得到一个合理的 τ 值，它在秒的量级。甚至对于相对较小的核，成核的发生也需要非常长的时间，这是因为成核率的

临界行为，如图 2.13 所示。实际中，在直到达到一个临界值 $\Delta\mu_c$ 之前，成核率都等于零，并且在超过临界值后尖锐地增大。我们进一步总结，在小的过饱和（大核）时，经典成核理论是有效的，但是成核率非常小，使得成核事件绝不会发生。

但是，可以看到，经典理论可以很好地、定性地描述相关现象。如果我们更加详细地考虑汤姆森-吉布斯方程式（1.19），原因就变得明朗起来。在汤姆森-吉布斯方程中，我们用颗粒中原子的数量来代替颗粒半径，可以得到

$$\frac{P_n}{P_\infty} = \exp\left(\frac{2\sigma b v_1^{2/3}}{kTn^{1/3}}\right)$$

式中，P_n 是包含 n 个原子或分子的团簇的平衡蒸气压；b 是球形液滴的几何因子，等于 $(4\pi/3)^{1/3}$。

可以立刻看到，方程式的左边（平衡蒸气压的比例）是一个连续的量，而右边是一个分子数量的分离函数。换言之，对每一个分子数量 n，蒸气压或化学势有一个固定值与之对应。

同时，也存在蒸气压的中间值，它们由不是整数的分子数量值与之对应。这一情形由图 2.16 展示出来（Milchev 和 Malinowski 1985）。蒸气压的值 P_2 对应两个原子的团簇，P_3 对应三个原子的团簇，等等。如果实际的蒸气压 $P = P_2$，在气相的平衡中（临界核）精确地有一对原子，并且三原子的团簇是稳定的，因为对于它来说气相是过饱和的，而且它可以进一步生长。如果 $P = P_3$，三原子团簇是临界核，并且四原子团簇稳定。但是，如果 $P_3 < P < P_2$，双原子变得不稳定，因为气相对于它来讲欠饱和，且它应该消逝。同时，三原子团簇仍然稳定，并且只要蒸气压高于 P_3，它将一直稳定。由此可知，与经典概念相反，在一个随团簇尺寸减小而增大的过饱和区间中，一个拥有固定尺寸的团簇是稳定的。团簇尺寸的增加导致了区间宽度的急剧减小，并且分离的依赖性可以近似为一条光滑曲线。换言之，经典方法变得适用。但是对于小团簇，虽然趋势仍然相同，但经典方法是一个非常粗糙的近似。因此，经典理论和原子论方法基本不同在于，一个单核的尺寸应当在一个温度或原子到达率范围内有效。

2.2.9.1 平衡态

我们首先计算和经典情况中一样的包含 n 个原子的平衡态浓度。考虑一个拥有体积 V 的容器，它包含拥有化学势 μ_c^∞ 的一种待沉积材料的晶体，拥有化学势 μ_v 的 n_v 个气体分子，一个在表面上有一层吸附层的衬底，其中吸附层包含了单原子及密度为 $N_n(n = 1, 2, 3, \cdots)$ 的 n 级团簇的种类。如果团簇很小，我们不能使用将热力学势分为体积部分和表面部分的方程式（2.2）。取而代之地，我们将应用 Stranski 和 Kaischew 介绍的原子论方法，它的优点在于避免了

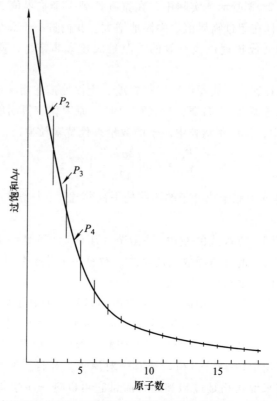

图 2.16 原子团簇的平衡蒸气压与团簇中原子数量的依赖关系。在由条形给出的过饱和的间隔中，给定尺寸的团簇是稳定的。经典的汤姆森-吉布斯方程由实线绘出。可以看到，它是对大团簇的一个很好的近似[根据 Milchev 和 Malinowski(1985)]

使用宏观量。对于这种方法(见 2.1.3 节)，包含了 n 个原子的团簇的吉布斯自由能 $G(n)$ 由下式表示，它取代了式(2.2)：

$$G(n) = n\mu_c^\infty + \Phi \tag{2.100}$$

式中，完全与式(2.2)相似，$\Phi = n\varphi_{1/2} - U_n$[见式(2.23)]代表能量的表面(非体积)部分。

将式(2.100)代入式(2.1)，并且解释式(2.23)，有

$$\Delta G(n) = G(n) - n\mu_v = n(\varphi_{1/2} - \Delta\mu) - U_n \tag{2.101}$$

式中，$\Delta\mu = \mu_v - \mu_c^\infty$。

简化起见，我们接受吸附层是二维理想气体(Stoyanov 1979)。后者意味着，团簇的任何级别 n 的群体也是一种理想气体。那样做的时候，我们暗中假设，N_0 个吸附位置中的 N_n 个团簇分布的结构熵没有计入被其他级别团簇占据的吸附位置。我们也暗中假设，一个包含 n 个原子的团簇仅仅占据一个吸附位

置。这个近似在 N_n 远小于吸附位置密度 $N_0(\approx 1 \times 10^{15} \text{ cm}^{-2})$ 时严格有效，它使得我们将自己仅仅限制在团簇的一级 n，而无需考虑团簇的整个群体。

n 级 N_n 团簇的热力学势为

$$\mathcal{G}(N_n) = N_n G(n) - kT\ln\left[\frac{N_0!}{(N_0 - N_n)!\, N_n!}\right]$$

式中，第二项给出了 N_0 个吸附位置中 N_n 团簇分布的结构熵。

那么，n 级团簇的一种二维理想气体的化学势为

$$\mu_n = \frac{\partial \mathcal{G}(N_n)}{\partial N_n} = G(n) - kT\ln\left(\frac{N_0}{N_n}\right) \qquad (2.102)$$

我们首先考虑系统中真正平衡的情况。在吸附层中的 n 级团簇的理想二维气体的化学势 μ_n 等于气体中 n 个原子的化学势 $n\mu_v$，而 $n\mu_v$ 转而等于在体晶中相同数量原子的化学势 $n\mu_c$。本书一开始就讨论过，化学势实际上是为了改变一个统一相中的颗粒数量所必须作的功。那么 μ_n 即为从吸附层移出或加入一整个 n 级团簇所需的功。在平衡时，这个功必须等同于从晶体蒸发出或合并入相同数目的 n 个原子。换句话说

$$\mu_n = n\mu_v = n\mu_c^{\infty}$$

使用上述等式并且重组式（2.102）可以得到 n-原子团簇的平衡浓度

$$\frac{N_n^e}{N_0} = \exp\left(-\frac{G(n) - n\mu_c^{\infty}}{kT}\right)$$

我们现在假设从平衡发生了偏移，即 $\mu_v > \mu_c^{\infty}$，但是成核率 $J_0 = 0$。平衡浓度 N_n^e 倾向于稳态浓度 Z_n，并且

$$\frac{Z_n}{N_0} = \exp\left(-\frac{G(n) - n\mu_v}{kT}\right)$$

用式（2.101）代入上述方程中的 $G(n) - n\mu_v$，有

$$\frac{Z_n}{N_0} = \exp\left(-\frac{n\varphi_{1/2} - n\Delta\mu - U_n}{kT}\right) \qquad (2.103)$$

如果对于单体密度取 $n = 1$，我们有

$$\frac{Z_1}{N_0} = \exp\left(-\frac{\varphi_{1/2} - \Delta\mu - U_1}{kT}\right)$$

或者，取 n 次幂

$$\left(\frac{Z_1}{N_0}\right)^n = \exp\left(-\frac{n\varphi_{1/2} - n\Delta\mu - nU_1}{kT}\right) \qquad (2.104)$$

将式（2.103）和式（2.104）相除，并且记得有 $U_n - nU_1$ 等于将团簇分离成单个原子所需的能量 E_n，我们得到包含 n 个原子的团簇的平衡密度的表达式

$$\frac{Z_n}{N_0} = \left(\frac{Z_1}{N_0}\right)^n \exp\left(\frac{E_n}{kT}\right) \qquad (2.105)$$

该式由 Derek Walton(1962)首次得到。

2.2.9.2 稳态成核率

当过饱和足够小时，n 很大，并且 $\Delta G(n)$ 的变化与图 2.1（给出 n 而不是 r）所示的经典情况很相似。当过饱和很大时，情况就不同了。如图 2.17a 所示，$\Delta G(n)$ 是 n 的离散函数，并且在某个值 $n = n^*$ 时表现出最大值。特别地，

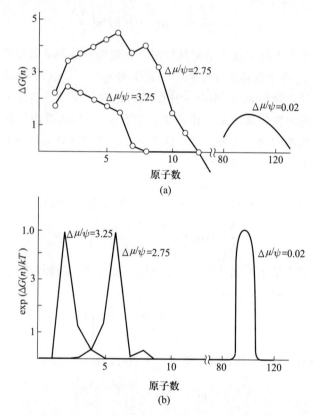

图 2.17　（a）以功 ψ 为单位的，打断第一相邻键造成的吉布斯自由能的变化 $\Delta G(n)/\psi$ 及（b）$\exp[\Delta G(n)/kT]$ 对于过饱和取不同值时的团簇中的原子数 n 的依存关系。在小的过饱和时（$\Delta\mu = 0.02\psi$），临界核中的原子数量很大（≈ 100），并且它可以在经典热力学的框架内进行描述。对应的曲线是流畅的，而且式（2.53）的和可以被积分代替。在极大的过饱和时（$\Delta\mu = 3.25\psi$ 和 $\Delta\mu = 2.75\psi$），临界核分别包含 2 和 6 个原子。$\Delta G(n)/\psi$ 和 $\exp[\Delta G(n)/kT]$ 的依存关系用虚线表示，并且 $\exp[\Delta G(n)/kT]$ 的积分不再可能了。反而，取 $\exp[\Delta G(n^*)/kT]$ 的值时，忽略所有剩余项的贡献。实际上，剩余项的贡献给出了非平衡的 Zeldovich 因子，它在这种特殊情况下接近整体值

当 $\Delta\mu/\psi = 3.25$ 时，拥有最大 ΔG 值的团簇包含两个原子，并且平衡蒸气压由一个平行键的断裂决定。三原子团簇的平衡蒸气压比原子对的平衡蒸气压要低，因为它由每个原子的两个键的断裂决定。因此，三原子比原子对更加稳定，从而它承担了临界核的角色。类似地，当 $\Delta\mu/\psi = 2.75$ 时，拥有最大 ΔG 值的团簇包含 6 个原子，并且平衡蒸气压由每个原子的两个键的断裂决定，而 7 个原子团簇的平衡蒸气压由每个原子三个键的断裂决定。

由上面的讨论可以得到，如果采用经典理论，当临界核的尺寸很小时，它的几何形状不再为常数。没有关于 n^* 的分析性表达式可以被推导出来，而且它的结构应当通过估计每种结构的结合能，由一个试错法过程决定。从而可得，例如（Stoyanov 1979），具有五重对称性的小团簇比通常的（111）取向的面心立方（fcc）晶格具有更低的势能。

为了计算成核的稳态速率，我们利用 Becker 和 Döring（Stoyanov 1973）推导出的一般方程式（2.53）。如前所展示的，式（2.53）的分母中的每一项代表依存关系 $\exp[\Delta G(n)/kT]$［式（2.58a）］中的一个点。对于足够大的 n，后者基本上是 n 的一个光滑的函数，它证明了用一个积分来代替总和是正确的（见 2.1 节；图 2.17b）。在 n 值较小时，这个过程是明显不适用的。图 2.17b 展示了两个不同的过饱和的值的归一化的 $\exp[\Delta G(n)/kT]$ 对于 n 的依存关系，即 $\exp[\Delta G(n^*)/kT]$。可以看到，如果忽略分母的和中的所有其他项，$\exp[\Delta G(n)/kT]$ 在 $n=n^*$ 处表现出一个尖峰。很明显，对应于临界尺寸的项在总和中占主要贡献。后者构成了对于成核的经典方法和原子论方法的主要区别。在前一种情况（经典方法）中，我们必须将很大数量的项进行累加（或者积分）；而在后一种情况（原子论方法）中，我们只需利用它们中的对应于临界核的一项，并且忽略所有其他项。

因此

$$\sum_{n=1}^{N-1} \left(\frac{1}{\omega_n^+} \frac{\omega_2^- \omega_3^- \cdots \omega_n^-}{\omega_1^+ \omega_2^+ \cdots \omega_{n-1}^+} \right) \cong \frac{1}{\omega^*} \gamma \exp\left(\frac{\Delta G^*}{kT} \right) \tag{2.106}$$

式中，$\Gamma = 1/\gamma$ 为 Zeldovich 因子，它解释了总和中剩下的较小的项，并且它在这种情况下与整体为同一数量级。同之前一样，$\omega_n^+ \cong \omega^* = $ 常数。

然后，对于式（2.22）取 $n=n^*$

$$\Delta G^* = -n^* \Delta\mu + \Phi$$

并且对于成核率我们得到

$$J_0 = \omega^* \Gamma n_s \exp\left(-\frac{\Phi}{kT} \right) \exp\left(\frac{\Delta\mu}{kT} n^* \right) \tag{2.107}$$

图 2.18 绘制了稳态成核率的对数随过饱和的变化。当实验数据覆盖多于一个过饱和间隔时，它显示为一条虚线。这很容易理解，因为我们记得临界核

在比较宽的过饱和间距中仍然为常数(Stoyanov 1979),而它的几何形状也是如此,从而它的"表面能"Φ 亦然。直线的斜率直接给出了临界核中的原子数目,这可以通过与实验数据比较来评估。图 2.19 展示了将汞电沉积在铂单晶球上时的成核率的实验数据(Toschev 和 Markov 1969),Milchev 及 Stoyanov(1976)用原子理论解释了上述实验数据。从曲线两个部分的斜率分别得到 $n^* = 6$ 和 10。通过银在高温下熔化盐中 $AgNO_3$ 溶液的铂单晶球上的电解成核,得到了相同的值($n^* = 2$ 和 5)(Toschev 等 1969)。

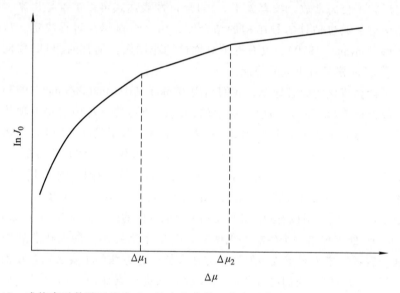

图 2.18 成核率对数随过饱和 $\Delta\mu$ 的变化曲线。在高过饱和时,变化表示为一条虚线,它反映了过饱和随团簇尺寸的真正变化。$\Delta\mu_1$ 和 $\Delta\mu_2$ 代表临界过饱和,此时临界核中原子的数量从一个整数值变化到另一个整数值。在小过饱和时,由于团簇稳定性间距的宽度减小(见图 2.16),虚线逐渐变为平滑曲线。因此,经典成核理论在小过饱和时表现为一个很好的近似[根据 Milchev 等(1974)]

表达式(2.107)没有明确地给出从气体开始的沉积中成核率随原子到达速率及温度的变化关系,从这个意义上讲,在这种特别情况下式(2.107)不适合用来解释实验数据。为此,我们必须推导对于特定情况下的生长和衰减频率,并把它们代入式(2.53)。

在毛细管方法中

$$\omega_n^+ = P_n D_s \operatorname{grad} n_s \cong P_n D_s \frac{n_s}{a} = \frac{P_n}{a} D_s n_s$$

式中,P_n 是团簇的周长,且 P_n/a 实际上是水平不饱和键的数量。

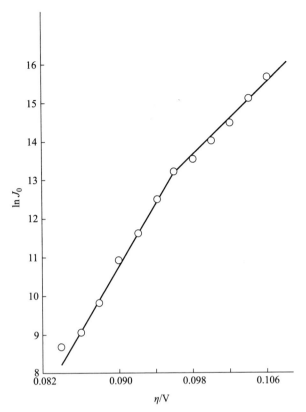

图 2.19 当汞在铂单晶上电化学成核时，成核率随过电位 η 变化的实验数据（Toschev 和 Markov 1969）。数据被绘制在"原子的"坐标系中，即 $\ln J_0$ 对 η。可以看到，临界核中的原子数量在大约 0.096 V 时发生变化。[A. Milchev 和 S. Stoyanov，*J. Electroanal. Chem.* **72**，33（1976）. 经 Elsevier Sequoia S. A. 许可，由 A. Milchev 提供]

在原子论方法中（Stoyanov 1973）

$$\omega_n^+ = \alpha_n D_s n_s \qquad (2.108)$$

式中，α_n 完全类似于毛细管模型（P_n/a），它给出了通过在尺寸为 n 的团簇上加上一个吸附原子，从而形成尺寸为 $n+1$ 团簇的方式的数量，或者换言之，一个拥有 n 个原子的团簇附近的吸附位置的数量。

衰减常数为

$$\omega_n^- = \beta_n \nu \exp\left(-\frac{E_n - E_{n-1} + E_{sd}}{kT}\right) \qquad (2.109)$$

式中，E_n 是将尺寸为 n 的团簇分解为单个原子所需的能量；差值 E_n-E_{n-1} 给出了一个原子从尺寸为 n 的团簇脱附的能量；E_{sd} 是表面扩散的激活能；β_n 是单个原子从尺寸为 n 的团簇脱附的方式的数量。在每个衰减过程 $n+1 \rightarrow n$ 和每个

生长过程 $n \to n+1$ 之间存在一对一的关系，因此有

$$\alpha_n = \beta_{n+1} \tag{2.110}$$

我们记得表面扩散系数的表达式，式（2.109）可以重写为如下的形式：

$$\omega_n^- = \beta_n D_s N_0 \exp\left(-\frac{E_n - E_{n-1}}{kT}\right) \tag{2.111}$$

式中，$N_0 \cong a^{-2}$ 是衬底表面上吸附位置的密度。

式（2.53）可以重写为如下的形式：

$$J_0 = \omega_1^+ n_s \left(1 + \frac{\omega_2^-}{\omega_2^+} + \frac{\omega_2^- \omega_3^-}{\omega_2^+ \omega_3^+} + \frac{\omega_2^- \omega_3^- \omega_4^-}{\omega_2^+ \omega_3^+ \omega_4^+} + \cdots\right)^{-1} \tag{2.112}$$

假设 $n^* = 1$（分母中所有的项均远小于整体并且 $E_1 = 0$），由式（2.108）可以得到

$$J_0 = \alpha_1 D_s n_s^2 = \alpha_1 \frac{\Re^2}{\nu N_0} \exp\left(\frac{2E_{des} - E_{sd}}{kT}\right) \tag{2.113}$$

对于 $n^* = 2$（$\omega_2^-/\omega_2^+ \gg 1$ 且 $\omega_2^-/\omega_2^+ \gg \omega_2^- \omega_3^-/\omega_2^+ \omega_3^+$）

$$J_0 = \alpha_2 D_s^2 n_s^3 \nu^{-1} \exp\left(\frac{E_2 + E_{sd}}{kT}\right)$$

或者

$$J_0 = \alpha_2 \frac{\Re^3}{\nu^2 N_0^2} \exp\left(\frac{3E_{des} - E_{sd}}{kT}\right) \exp\left(\frac{E_2}{kT}\right) \tag{2.114}$$

分别地，对于 $n^* = 6$

$$J_0 = \alpha_6 D_s^6 n_s^7 \nu^{-5} \exp\left(\frac{E_6 + 5E_{sd}}{kT}\right)$$

或者

$$J_0 = \alpha_6 \frac{\Re^7}{\nu^6 N_0^6} \exp\left(\frac{7E_{des} - E_{sd}}{kT}\right) \exp\left(\frac{E_6}{kT}\right) \tag{2.115}$$

于是在一般情况下

$$J_0 = \alpha^* D_s^{n^*} n_s^{n^*+1} \nu^{-(n^*-1)} \exp\left[\frac{E^* + (n^* - 1)E_{sd}}{kT}\right]$$

或者

$$J_0 = \alpha^* \Re\left(\frac{\Re}{\nu N_0}\right)^{n^*} \exp\left[\frac{E^* + (n^* + 1)E_{des} - E_{sd}}{kT}\right] \tag{2.116}$$

式中，$\alpha^* \equiv \alpha(n^*)$ 且 $E^* \equiv E(n^*)$。

式（2.116）也可以写为与吸附原子浓度有关的如下形式：

$$J_0 = \alpha^* D_s \frac{n_s^{n^*+1}}{N_0^{n^*-1}} \exp\left(\frac{E^*}{kT}\right) \tag{2.117}$$

这个方程将在第三章中讨论由气体开始的晶体二维成核生长时使用。

临界核尺寸可以原子的一个整数数量改变。例如，Müller 等（1996）曾以明确的证据报道过，当 Cu 在 Ni(001) 上成核时，临界核中有从 1 个到 3 个原子的转变。因此，单个核尺寸在一个温度区间中是有效的。接下来讨论后者（温度区间）的定义。例如，我们考虑在 Ag(111) 面上的成核。在极低的温度下，单个原子将为一个临界核。在某个温度 T_1 之上，临界核将是一对原子，而且一个包含三个原子的团簇（这三个原子每个都位于一个三角形的顶点）将会是一个稳定的结构，从而两个化学键对应于每个原子。在另外某个临界温度 $T_2>T_1$ 时，六原子团簇将为临界核，而且每个原子有三个键的七原子团簇将会是稳定的。我们可以容易地计算 T_2 和 T_1，并且确定二原子核的稳定区间。区间的左边限制 T_1 由条件 $\omega_2^-/\omega_2^+ = 1$ 确定

$$T_1 = \frac{E_2 + E_{\text{des}}}{k\ln\left(\dfrac{\beta_2 N_0 \nu}{\alpha_2 \Re}\right)}$$

用同样的方式，我们得到

$$T_2 = \frac{E_6 - E_2 + 4E_{\text{des}}}{k\ln\left(\dfrac{\beta_3 N_0^4 \nu^4}{\alpha_6 \Re^4}\right)}$$

于是，对于 Ag(111) 面，$\Delta H_e = 60\ 720$ kcal/mol，$E_2 = \psi = \Delta H_e/6 = 10\ 120$ kcal/mol，$E_6 = 9\psi$，$E_{\text{des}} = 3\psi$，$N_0 \cong 1\times10^{15}$ cm^{-2}，$\nu \cong 1\times10^{13}$ s^{-1}，$\Re = 1\times10^{14}$ cm^{-2} · s^{-1}，忽略对于 $\Delta T = T_2 - T_1$ 的系数 α_n 和 β_n，可以得到 160 K。这意味着，除非我们工作在一个临界温度附近的温度范围，在实验条件下总是运行着同一个临界尺寸。这正是图 2.19 展示的汞的电解成核的情况。

包含 0 个、1 个及 2 个原子的临界核在银的玻璃态碳上的电解成核中被发现（Milchev 1983）。0 个原子的临界核可以解释为，当在活跃位置上成核时，这些位置的对于吸附原子的键合能 $-E_0$ 足够地强，以至于原子在位置上的平均驻留时间长于两个连续原子到达该位置之间所流逝的平均时间。在这种情况下，吸附原子-活跃位置对被认为是一个稳定的团簇，因为它生长的可能性大于它衰亡的可能性。如果不是这种情况，吸附原子-活跃位置对不再是稳定的团簇，并且核可以随机地在无缺陷表面上形成。因此，无缺陷表面上的随机成核及活跃位置上的选择成核可以同时发生。取决于活跃位置的密度和它们的键合能，这种或者那种机制起主要作用。在活跃位置上成核的限制情况下，可以得到如下表达式（Stoyanov 1974）：

$$J_0 = \alpha_1 \frac{Z_0}{N_0} \frac{\Re^2}{\nu N_0} \exp\left(\frac{E_0 + 2E_{\text{des}} - E_{sd}}{kT}\right) \tag{2.118}$$

式中，Z_0 是活跃位置的密度。

可以看到，在 $n^* = 0$ 和 1 两种临界尺寸的情况下［式(2.113)］，成核率直接正比于原子到达速率的平方。在那种意义下，两种情况实际上不可分辨。实际上，式(2.118)中的预指数比式(2.113)中的预指数小 $Z_0/N_0 \cong 10^{-2} \sim 10^{-4}$，但是 $\exp(E_0/kT)$ 过度补偿了这个作用。

2.2.10 非稳态成核

我们可以假设，在"开启"过饱和之后的初始时刻，式(2.59)给出的同相涨落可以忽略，并且 $J_0 = 0$。于是，为了在系统中建立一个稳态的分子流，应当从初始时刻过去了一些时间，或者换言之，团簇浓度达到它们的稳态值 Z_n。这个问题的解决方案吸引了众多作者的注意(Zeldovich 1943；Kantrowitz 1951；Probstein 1951；Farley 1952；Wakeshima 1954；Collins 1955；Chakraverty 1966；Kashchiev 1969)，并且这个问题已经在不同的系统中被详细地用实验研究(Toschev 和 Markov 1968，1969；James 1974)并大量地回顾(Lyubov 和 Roitburd 1958；Toschev 和 Gutzow 1972；Toschev 1973)。我们将在这一节中展示瞬态问题如何被探讨，并且将对不同的过饱和(过冷却)系统评估非稳态作用。

如 2.2.1 节提到的，稳态由条件 $dZ_n(t)/dt = 0$ 决定。我们现在必须解决由式(2.51)给出的一般问题。换言之，由式(2.50)可推得，不同尺寸团簇的形成速率不再与时间依存情况相同。这至少是在"启动"过饱和后最初过程的情况。

我们提到，拥有一个临界尺寸的团簇的形成似乎是母相中密度涨落的结果。让我们更加严密地来思考这个过程。我们想象一个尺寸为 n 的团簇，n 小于临界尺寸 n^*。当一个单个原子加入到团簇中时，团簇的尺寸变为 $n+1$。当一个原子从团簇脱离时，后者的尺寸变为 $n-1$。原子的吸附和脱离是随机过程，而且因此团簇的尺寸也随机地增大或减小。换言之，团簇在尺寸轴上进行随机地来回行走，直到它达到临界尺寸的那一刻。然后，进一步的生长与热力学势的降落有关，并且丧失了它随机的特点。我们可以用下述由 Frenkel 和 Zeldovich(Frenkel 1955)开发的方法容易地证明这一点。

将 n 视为一个连续变量，Zeldovich 和 Frenkel 用如下的微分方程代替式(2.51)：

$$\frac{dZ(n, t)}{dt} = -\frac{dJ(n, t)}{dn} \qquad (2.119)$$

式中，n 现在不是一个指数，表示它不再是一个离散变量。

成核率 $J(n, t)$ 在连续的情况下被定义为［与式(2.50)比较］

$$J(n, t) = \omega^+(n-1)Z(n-1, t) - \omega^-(n)Z(n, t) \qquad (2.120)$$

在没有分子流通过系统时，详细的平衡表达式(2.54)现在为

$$\omega^+(n-1)N(n-1) = \omega^-(n)N(n)\qquad(2.121)$$

从式(2.120)和式(2.121)中消除衰减常数 $\omega^-(n)$，有

$$J(n,\,t) = \omega^+(n-1)N(n-1)\left(\frac{Z(n-1,\,t)}{N(n-1)} - \frac{Z(n,\,t)}{N(n)}\right)$$

或者

$$J(n,\,t) \cong -\omega^+(n)N(n)\frac{\mathrm{d}}{\mathrm{d}n}\left(\frac{Z(n,\,t)}{N(n)}\right)\qquad(2.122)$$

其中用到了近似 $\omega^+(n-1)N(n-1) \cong \omega^+(n)N(n)$。

联立式(2.119)和式(2.122)，有

$$\frac{\mathrm{d}Z(n,\,t)}{\mathrm{d}t} = \frac{\mathrm{d}}{\mathrm{d}n}\left[\omega^+(n)N(n)\frac{\mathrm{d}}{\mathrm{d}n}\left(\frac{Z(n,\,t)}{N(n)}\right)\right]\qquad(2.123)$$

回忆 n 级团簇的平衡分布式(2.59)，我们进行微分得到

$$\frac{\mathrm{d}Z(n,\,t)}{N(n)\mathrm{d}t} = \omega^+(n)\frac{\mathrm{d}^2}{\mathrm{d}n^2}\left(\frac{Z(n,\,t)}{N(n)}\right) +$$

$$\left(\frac{\mathrm{d}\omega^+(n)}{\mathrm{d}n} - \frac{\omega^+(n)}{kT}\frac{\mathrm{d}\Delta G(n)}{\mathrm{d}n}\right)\frac{\mathrm{d}}{\mathrm{d}n}\left(\frac{Z(n,\,t)}{N(n)}\right)$$

这个方程在 n 的整个从 1 到 N 的区间都有效。在临界尺寸附近，它被简化为

$$\frac{\mathrm{d}}{\mathrm{d}t}\left(\frac{Z(n,\,t)}{N(n)}\right) = \omega^+(n^*)\frac{\mathrm{d}^2}{\mathrm{d}n^2}\left(\frac{Z(n,\,t)}{N(n)}\right)\qquad(2.124)$$

如上面假设的，生长系数几乎为一个常数，$\omega^+(n) \cong \omega^+(n^*) =$ 常数，并且记得 $\Delta G(n)$ 在 $n = n^*$ 处有最大值，即 $[\mathrm{d}\Delta G(n)/\mathrm{d}n]_{n=n^*} = 0$。

可以看到，时间和尺寸对于稳态浓度 $Z(n,\,t)$ 的依赖由一个二阶偏微分方程支配。实际上，这就是我们熟悉的扩散方程，只是其中的扩散系数被替换为生长速率常数 $\omega^+(n^*)$，而且它反映了在临界区域 Δn^* 中生长过程的随机性的特点。我们因此可以将团簇的生长视为在尺寸为 n 的空间中的“扩散”。

甚至都不用解支配方程式(2.124)，通过考虑一个与朝向某边界的扩散过程的简单类比，我们就可以得出一些定性的结论。在初始时刻，“浓度”在系统中也处处是同一的，它等于没有团簇(无论任何尺寸)的同质环境相。一旦我们有了过饱和，其相当于出现了一个扩散梯度，在边界附近的“浓度”减小，并且我们有一个“浓度”轮廓，它随时间而改变，直到达到稳态。过饱和的媒质也发生同样的过程。聚集开始发生，并且给定级别 n 的团簇密度逐渐地随时间上升，直到它达到稳态值的时刻。这个图景由 Courtney(1962)直接确认了，他计算了团簇浓度对时间的依赖关系。

为了进一步前进，需要定义边界条件。Zeldovich 早些时间提到，Frenkel 也证明了，决定速率的是在临界尺寸附近的一个小区域的过程。Kashchiev (1969) 对此问题进行了详尽的数学分析，表明这是一个非常好的近似。于是可得，仅仅在这个区域 Δn^* 内，$Z(n, t)$ 和 $N(n)$ 才不同，也就是说，当 $n<n_1$ （见图 2.12），$Z(n, t)=N(n)$ 且 $n>n_r$ 时，在任何时间 t，$Z(n, t)=0$。所以，自然初始条件 $(t=0)$ 是，系统中的任何尺寸的团簇在过饱和"开启"的一开始就不存在。换言之，在初始时刻，只有单个分子（单体）存在于系统中。边界条件产生于 2.2.1 节中的假设（2）。在任何时刻，$N \gg n^*$ 级的团簇浓度均等于零，并且单体的稳态浓度等于平衡浓度。换言之

$$Z(1, 0) = N(1), \quad Z(n \geqslant 2, 0) = 0$$
$$Z(1, t) = N(1), \quad Z(N, t) = 0$$

受制于上述边界条件的式（2.124）的解为（Kaschchiev 1969）

$$\frac{Z(n, t)}{N(n)} = \frac{1}{2} - \frac{n - n^*}{\Delta n^*} - \frac{2}{\pi} \sum_{i=1}^{\infty} \frac{1}{i} \sin\left(i\pi \frac{n - n^*}{\Delta n^*} + \frac{i\pi}{2} \right) \exp\left(-i^2 \frac{\pi \omega^* t}{16 \Delta n^{*2}} \right)$$

马上可以看到，在稳态时 $(t \rightarrow \infty)$，和项消失，并且对于临界核，$n=n^*$，$Z(n^*) = N(n^*)/2$。

将上述解代入式（2.122）（后者取为临界核的形成率），有（Kashchiev 1969）

$$J(t) = J_0 \left[1 + 2 \sum_{i=1}^{\infty} (-1)^i \exp\left(-i^2 \frac{t}{\tau} \right) \right] \tag{2.125}$$

式中，参数

$$\tau = \frac{4(\Delta n^*)^2}{\pi \omega^*} \tag{2.126}$$

是所谓的感应周期。

我们记得，针对时间的核数量由下面的积分给出：

$$N(t) = \int_0^t J(t) \, dt \tag{2.127}$$

积分式（2.125），有（Kashchiev 1969）

$$N(t) = J_0 \tau \left[\frac{t}{\tau} + \frac{\pi^2}{6} - 2 \sum_{i=1}^{\infty} \frac{(-1)^i}{i^2} \exp\left(-i^2 \frac{t}{\tau} \right) \right] \tag{2.128}$$

式中，J_0 由任何之前章节推导出的表达式给出。由式（2.125）可知（图 2.20），稳态应当在一个约为 5τ 的周期后达到。

我们现在可以从不同的成核情况来评估感应周期 τ。在由气相形成球形核的情形中，通过式（2.126）、式（2.62）、式（2.63）和式（1.9），我们可以得到

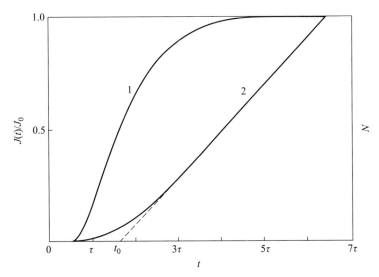

图 2.20　非稳态成核率 $J(t)$ 相对于稳态成核率 J_0 的值[曲线 1，式(2.125)]和核数量[曲线 2，式(2.128)]随时间的变化，时间单位为延迟 τ。可以看到，在大约 5τ 时达到了稳态。$N(t)$ 曲线的感应周期 t_0 可用 τ 表示为 $t_0 = \pi^2 \tau / 6 = 1.64\tau$

$$\tau = \frac{16}{\pi}\left(\frac{m}{kT}\right)^{1/2}\frac{\sigma}{P\left[\ln\left(\dfrac{P}{P_\infty}\right)\right]^2} \qquad (2.129)$$

然后，对于室温 $T = 300$ K 的水蒸气的同质成核，根据 $\sigma = 75.2$ erg/cm^2，$P_\infty \cong 20$ Torr[①] $= 2.66 \times 10^4$ dyn/cm^2[②]，$P/P_\infty = 4$，$m \cong 3 \times 10^{-23}$ g，可以得到 $\tau \cong 1 \times 10^{-8}$ s，也就是说，实际上感应周期是探测不到的。

当牵扯到凝聚相时，问题变得相当不同。将式(2.71)用于 ω^*，对于溶液中的成核可以得到

$$\tau = \frac{16}{\pi}\frac{\sigma}{kT\left[\ln\left(\dfrac{C}{C_\infty}\right)\right]^2 C\nu\lambda}\exp\left(\frac{\Delta U}{kT}\right) \qquad (2.130)$$

其中浓度必须用每立方厘米的分子数来表示。

对 τ 的评估表明，它随解溶激活能的不同值有数量级的变化。在任何情况下，感应周期的值都比从气态时的值大好几个数量级。因此，对于 BaSO$_4$ 在水溶液的成核(简化地假设为一个球形)，根据 $\sigma = 116$ erg/cm^2，$C = 1 \times 10^{-5}$ mol/L

---

①　1 Torr = 133.322 4 Pa，余同。

②　1 dyn = 10^{-5} N，余同。

$= 6 \times 10^{15}$ 个分子/cm^3，$C/C_\infty = 1\,000$，$\nu = 3 \times 10^{13}\ s^{-1}$，$a \cong 4 \times 10^{-8}\ cm$，而且 $\Delta U = 7\ kcal/mol$（$\Delta U/kT = 11.67$），可以得到 $\tau \cong 5 \times 10^{-3}\ s$。同时，对于 $PbSO_4$（$\sigma = 100$ erg/cm^2，$C = 8.5 \times 10^{16}\ cm^{-3}$，$C/C_\infty = 28$，$\Delta U = 14.5\ kcal/mol$），$\tau = 5 \times 10^2\ s$，也即感应周期要比 $BaSO_4$ 大 5 个数量级。

在熔融物中成核的情况用式（2.73），有

$$\tau = \frac{16}{\pi} \frac{\sigma k T v_c}{\Delta s_m^2 \Delta T^2 \nu a} \exp\left(\frac{\Delta U}{kT}\right) \tag{2.131}$$

对于简单金属熔融物中的同质成核，感应周期也可以被忽略。因此在 Ag 凝固时，根据 $\sigma = 150\ erg/cm^2$，$T = 1\,230\ K$，$\Delta T = 5\ K$，$v_c = 5 \times 10^{-22}\ cm^3$，$\Delta s_m = 2.19\ cal \cdot K^{-1} \cdot mol^{-1} = 1.52 \times 10^{-16}\ erg/K^1$，$\nu = 2 \times 10^{13}\ s^{-1}$，且 $\Delta U/kT \cong 2.5$，可以得到 $\tau \cong 2 \times 10^{-6}\ s$。同时，对于典型的玻璃状熔融物，例如 SiO_2 和 GeO_2（$\Delta U/kT \cong 30 \sim 40$），$\tau \cong 1 \times 10^5\ s$，也就是说，感应周期长达一天一夜。这意味着，相变过程可以在一个稳态成核率达到之前完成。换言之，整个的结晶过程在一个瞬态状态中发生。

数十分钟量级的感应时间已经在聚对苯二甲酸癸二醇酯（PDT）的成核中观察到（Sharples 1962）。当格雷厄姆（Graham）玻璃（$NaPO_3$）在人为引进的金或铱颗粒上结晶时，Toschev 和 Gutzow（1972）发现在 300 ℃ 时的感应周期分别长达 10 h 和 5 h。而且，感应时间是一个强烈依赖于时间的函数。James（1974）发现，在锂的二硅酸盐熔融物的结晶中，感应周期从 425 ℃ 时的 51 h 变化到 489 ℃ 时的 7 min，也就是说，在一个 64 ℃ 的温度区间中有大于两个数量级的变化。从相关数据中可以估计出，黏性流的激活能的值为 105 kacal/mol，或者换言之，$\Delta U/kT \cong 72$。

由式（2.126）和式（2.84）可以很容易地得到，从气相开始的异质成核的感应周期 τ 的表达式为

$$\tau = 17\left(\frac{m}{k^3 T^3}\right)^{1/2} \frac{\phi(\theta)}{\sin\theta} \frac{\sigma^2 v_1}{aP\left[\ln\left(\dfrac{P}{P_\infty}\right)\right]^3} \exp\left(-\frac{E_{des} - E_{sd}}{kT}\right) \tag{2.132}$$

将式（2.132）与式（2.129）比较，得到

$$\frac{\tau(het)}{\tau(hom)} \cong \frac{\pi}{2} \frac{r^*}{a} \frac{\phi(\theta)}{\sin\theta} \exp\left(-\frac{E_{des} - E_{sd}}{kT}\right)$$

除了极大的润湿角这一例外情况，预指数与整体同一量级，而且比值 τ(het)/τ(hom) 主要由脱附和表面扩散的激活能决定。我们可以总结，在异质成核中感应时间甚至比同质成核时还要更小（Brune 等 1994；Bott 等 1996）。但是，当生长晶体的表面被一个单分子层的表面活性物质覆盖时，情况又有不同。很显然，这层物质代表了一个屏障，它抑制了建筑单元向生长位置的输

运。因此，应当出现可测量的感应周期。因此，Hwang 等(1998)在最近报道了，当将 Ge 沉积在被 Pb 预先覆盖的 Si(111)表面时，在亚单原子层状态内，取决于原子到达速率，感应时间大约在秒和分钟的量级(图 2.21)。

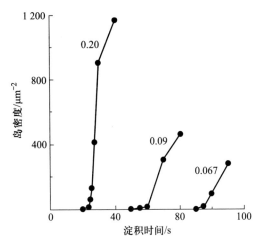

图 2.21　当将 Ge 气相沉积到被 Pb 预先覆盖的 Si(111)上时的一系列依赖于时间的核数量的曲线。可以看到数量级为数十秒的感应周期。为了表达清楚，在原始数据中的平台被省略了。在每个曲线上，原子到达速率(每分钟的双层数)用数字标出。[数据来自 I. S. Hwang，T. C. Chang and T. T. Tsong，*Phys. Rev. Lett.* **80**，4229(1998)。由 Tien T. Tsong 许可和提供]

我们记得 Zeldovich 因子与润湿函数 $\varphi(\theta)$ 的方根成反比，可以发现对于凝聚相(溶液或熔融物)成核的情况，在凝聚相中异质成核的感应周期 τ 应当由式(2.130)或式(2.131)给出，但是要乘以 $\varphi(\theta)/(1-\cos\theta)=(1-\cos\theta)(2+\cos\theta)/4$。这个函数在 $\theta=120°$ 时有最大值 0.562 5。因此，由这个函数，$\tau(\text{het})$ 将再次小于 $\tau(\text{hom})$。

在异质成核的理论中，直接的对于非稳态效应的检测需要测量第一个核出现的时间，或是在恒定过饱和时核数量对时间的依赖关系。对于金属核在一个异质金属衬底上的电解质成核的情况，精确的对于不同时间的核数量的测量已经实现，并且结果也与方程式(2.128)作了比较(Toschev 和 Markov 1969)。为了将成核过程从核生长过程分离出来，使用了所谓的"双脉冲静势技术(double-pulse potentiostatic technique)"。将 Π 形的电脉冲(图 2.22)加在一个浸在金属离子电解溶液中的、包含两个电极的电解电池上。持续时间 t 的第一个脉冲的高度是对于过电压 $\eta=E-E_0$[式(1.13)]的测量。第二个脉冲的高度足够低(实际上比临界过饱和还要低)，使得在足够长的时间里面没有核可以形成。在第一次脉冲期间形成的核在第二次脉冲期间长大为可见的尺寸，并且由显微镜计数。一个铂金单晶球被封在玻璃毛细管内，被当作阴极使用，同时阳极则是金属片或者金属线（在这个特殊情况中是一个汞池），该金属的离子出现在溶液中。图 2.23 展示了一副典型的形成在铂金单晶球上的汞微液滴的图像。可以看到，它们优先形成于球的（111）极附近。

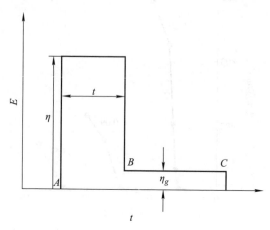

图 2.22　用于研究核数量随时间变化的双脉冲技术，被用来研究金属在一个异质金属衬底上的电化学成核。核在高度为 η 的第一个脉冲 AB 期间形成。它们在高度为 η_g 的第二个脉冲 BC 期间长到显微镜下可见的尺寸。第二个脉冲的高度比发生一个速率可测量的成核所需的临界过电压要小。然后，由大量测量所得的形成于第一次脉冲期间的核数量的平均值被绘制为在一恒定脉冲高度的脉冲时间 t 的函数［S. Toschev and I. Markov, *Ber. Bunsenges. Phys. Chem.* **73**，184（1969）］

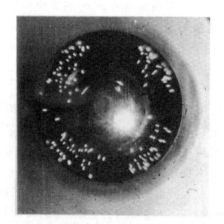

图 2.23　展示汞微液滴（亮点）的一幅图，电极安置在一个铂金单晶球上。每一个小液滴从电极的镜面光滑表面上反射，并且看起来像一个长条。在电极中间附近的大亮点是灯的反射。核优先在球（111）极附近形成［S. Toschev and I. Markov. *Ber. Bunsenges. Phys. Chem.* **73**，184（1969）］

图 2.24 展示了当电沉积汞核时，在不同过电压下（由曲线上的数字标出），一系列核数量随时间的变化。非稳态理论（图 2.20）所需要的瞬态行为被清楚地展示出来。观察到了数量级为毫秒的感应周期。式（2.128）的有效性在图 2.25 中被检测。可以看到，数据点在无量纲坐标 $F(x)=N/J_0\tau$ 和 $x=t/\tau$ 中，下落到接近 $N(t)$ 的理论曲线

$$F(x) = x - \frac{1}{6}\pi^2 - 2\sum_{n=1}^{\infty} \frac{(-1)^n}{n^2}\exp(-n^2 x) \qquad (2.133)$$

图 2.24 中曲线线性部分的斜率在对数坐标 J_0 对 $1/\eta^2$ 中给出了一条直线（图 2.26），因此定性地确定了毛细管模型[式（2.69）]的有效性。从直线的斜率可以得到过电压，而组成临界核的原子数量评估为该过电压的函数，在这种特殊情况下，获得的值为 3~8。显然，由于异质成核的毛细管模型使用了比表面能等唯象的量，所以它无法用于极高过饱和过程的定量描述。正因如此，图 2.24 中的数据用成核的原子论模型来解释（图 2.19）。

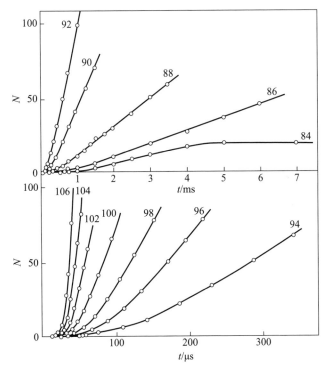

图 2.24　不同过电压下（在图中以 mV 单位标注在曲线上），汞在铂金单晶球上电化学成核时一系列核数量对应于时间的曲线。成核过程的瞬态行为被清晰地展示出来。在 $\eta=0.084$ mV 时得到的曲线显示了一个饱和，这是由于非成核区域的重叠[S. Toschev and I. Markov, *Ber. Bunsenges*, *Phys. Chem.* **73**, 184(1969)]

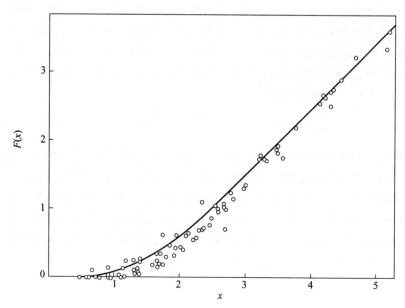

图 2.25　在无量纲坐标系 $F(x)=N/J_0\tau$ 和 $x=t/\tau$ 中，绘制由图 2.24 得到的核数量对于时间的曲线。实线代表理论曲线 [式(2.133)] [S. Toschev and I. Markov, *Ber. Bunsenges. Phys. Chem.* **73**, 184(1969)]

2.2.11　大量结晶及饱和核密度

上面提到，在研究熔融物和溶液中的成核动力学时，主要问题是杂质颗粒的出现，它激发了由于润湿产生的过程。然而，除此之外，杂质颗粒的存在还导致了另一种现象。非常合理地，可以假设颗粒对于晶体成核(或者不同的润湿角或黏附力)拥有不同的活性，或者换言之，不同的临界过饱和，根据式(2.70)，其中润湿函数 $\phi(\theta)$ 应当进入异质成核的情况。于是，活跃颗粒只有在系统中的过饱和高于它们的临界过饱和时才参与过程。在这种情况下，形成的核数量将等于颗粒数量，而颗粒的临界过饱和低于系统中实际的值。在核数量达到常数时，即可以说观察到了饱和现象。由于颗粒拥有不同的临界过饱和，当下系统中过饱和的增长将导致囊括有更高临界过饱和的新的颗粒，并且饱和核密度将生长。这个过程将一直持续，直到过饱和超过同质成核的临界过饱和的时刻。然后，大量的同质形成的核将出现。这种饱和行为在聚对苯二甲酸丙二醇酯成核的情况下被清晰地建立起来(Sharples 1962)。作者用异质有限数量颗粒的催化作用以及熔融物中不同的活动来解释这个现象。

同样的图景也适用于异质衬底上的成核。衬底表面的拥有不同临界过饱

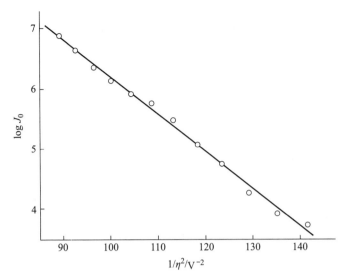

图 2.26　汞在铂金单晶球上电解成核时，稳态速率的对数对于经典 3D 成核理论所需的过电压的平方的导数的曲线。速率实际上表现了图 2.24 中所示的 $N(t)$ 曲线的线性部分的斜率。直线定性地展示了经典成核理论的有效性，尽管在临界核中的原子数量约为 8 [S. Toschev and I. Markov, *Ber. Bunsenges. Phys. Chem.* **73**, 184(1969)]

的缺陷位置在这种特殊情况下充当了异质颗粒的角色(Robins 和 Rhodin 1964; Kaischew 和 Mutaftschiev 1965)。

　　简化地假设缺陷位置有相等活性(或临界过饱和)，核数量对于时间依赖关系的表达式可以容易地推导出来(Robins 和 Rhodin 1964)。我们将缺陷位置密度记为 $N_d(\mathrm{cm}^{-2})$，将每个活跃位置的成核频率记为 $J_0'(\mathrm{s}^{-1})$。于是，数量为 N 的核随时间的变化由下式给出：

$$\frac{\mathrm{d}N}{\mathrm{d}t} = J_0'(N_d - N) \qquad (2.134)$$

式中，$N_d - N$ 是自由活跃位置的数量，其上核还没有形成。

　　将式(2.134)用初始条件 $N(t=0)=0$ 积分，有

$$N = N_d[1 - \exp(-J_0't)] \qquad (2.135)$$

　　可以看到，当 $t \to \infty$，$N \to N_d =$ 常数。实际中，在 $t > 5/J_0'$ 时达到饱和，其中 $1/J_0'$ 是过程的时间常数。

　　这个方程可以容易地对于拥有不同临界过饱和的活跃位置的情况一般化，得到(Kaischew 和 Mutaftschiev 1965)

$$N = \int_0^{\Delta\mu} N_d(\Delta\mu_c)\{1 - \exp[-J_0'(\Delta\mu_c)t]\}\mathrm{d}\Delta\mu_c \qquad (2.136)$$

式中，$N_d(\Delta\mu_c)$ 和 $J_0'(\Delta\mu_c)$ 此时为活性函数或者临界过饱和 $\Delta\mu_c$。显然，式（2.136）对于三维系统（熔融物）及二维系统（表面）的成核同样适用。这种处理的主要问题在于，$N_d(\Delta\mu_c)$ 和 $J_0'(\Delta\mu_c)$ 的分布通常是未知的。

然而，对于饱和现象有其他的解释。因此，如果熔融物的热传导较低，生长中的微晶和它们邻近处的温度由于积累结晶潜藏的热而升高。结果，有较高温度的区域或降低的过冷却区域在生长中的微晶的周围出现了，在生长微晶中，成核基本是被禁止的。当这些区域覆盖或者填充整个熔融物的体积时［"热流控制"、"软碰撞"（Christian 1981；Spaepen 和 Turnbull 1982）］，成核过程停止，并且核密度达到饱和。然后，新核不再形成，而且已有的核生长完全凝固为熔融物。在高热传导熔融物中，有降低的过冷却区域可以被减少至生长微晶本身［"有限界面生长"、"硬碰撞"（Christian 1981；Spaepen 和 Turnbull 1982）］。但最终结果应当定性地为相同的。

在衬底上沉积时我们有相似的图景。假设吸附原子的表面扩散这一过程决定了团簇由气相的生长速率，我们不得不考虑如下事实，即在生长中的核的附近吸附原子浓度减小了，并且系统是局部欠饱和（locally undersaturated）的。结果，拥有减小的甚至为零的成核速率的区域出现了，它与团簇一起生长（Lewis 和 Campbell 1967；Halpern 1969；Stowell 1970；Markov 1971）。Sigsbee 和 Pound（1967）［另见 Sigsbee（1969）］创造了名词"成核排除地带（nucleation exclusion zones）"。成核排除（又称"耗尽"或"裸露"）地带在台阶附近区域更容易被观察到。Voigtänder 等（1995）发现，一些表面活性成分（表面活性剂）（例如铟等三组元素）增大 Si(111) 表面的耗尽区域的宽度，而 V 族元素（As、Sb）使它们变得更窄。当耗尽区域重叠并且覆盖整个衬底表面时，成核停止，并且达到饱和核密度。饱和现象在许多情况下都被观察到，例如金在无定形碳薄膜上的沉积（Paunov 和 Harsdorff 1974）以及低温下金在 KCl 和 NaF 裂开表面上的沉积（Robinson 和 Robins 1970）等。

在相同的系统中（Au/KCl(100)、Au/NaF(100)），高温下 Robins 和 Donohoe（1972）观察到峰值而不是平台的出现。他们解释说，这是由于微晶的合并在更高温度下成为主宰。注意到头两个原因，即缺陷位置的出现和成核排除地带，导致饱和的出现，而合并则导致显著的峰值。

成核排除地带可以容易地在惰性衬底上的金属电解成核时看到。这种情况下，新相的生长中颗粒周围的过饱和的减小主要是由于欧姆降，尤其是在电解质的浓缩溶液中的，但是朝向生长颗粒的体扩散也参与其中，尤其是在稀溶液中时。一个如图 2.27 所示的三脉冲列（Markov，Boynov 和 Toschev 1973；Markov 和 Toschev 1975）被加在一个单元上，该单元由一个铂金单晶半球形阴极和一个将被沉积的金属阳极构成，二者都浸泡在电解溶液中。第一个脉冲制造了一个单个核，它在第二个脉冲时生长为可见的尺寸。第三个脉冲足够高，保证了金属完全覆盖铂金球，除了一个在初始颗粒附近的"禁止"区域，那里实际的过电位不足以引起成核，这样就使得成核排除地带可视化了。这种现象的典型图像如图 2.28 所示，它显示了汞和银的电沉积的情况。

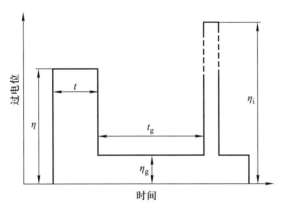

图 2.27　用于可视化和研究金属电沉积中的成核排除地带的脉冲序列。选择第一个脉冲的高度和持续时间，使得只有一个核形成。这个核在第二个脉冲器件生长到预先决定的尺寸。选择第三个脉冲的高度，使得除初始小液滴或小晶体周边区域之外的整个衬底表面都被金属核覆盖。在第四个脉冲期间，用于勾勒成核排除地带轮廓的金属涂层生长到在显微镜下变为可见。成核排除地带的尺寸以及初始微晶于是以第二和第三个脉冲的持续时间和高度为函数来测量。[I. Markov，A. Boynov 和 S. Toschev，*Electrochim*，*Acta* **18**，377(1973)。经 Pergamon Press 有限公司许可]

对于与系统尺寸无关的成核排除地带的重叠的数学探讨，通常来说，或者基于 Avrami(1939，1940，1941)的几何方法，或者基于由 Kolmogorov(1937)发展的概率形式。[该问题也被 Johnson 和 Mehl(1939)独立地讨论过。一个决定性的分析由 Belen'kii(1980)给出。]如图 2.29 所示，问题被简化为计算同时被两个或更多圆形(或球形)区域覆盖的阴影面积(或体积)。它可以用几何学来解决(Avrami 1939，1940，1941)，但是众所周知，同时被几个区域覆盖的面积正好等于在所有区域中同时找到任意点的概率。这正是为什么概率方法更为简单，而且它使得普遍化很容易，从而解释在活跃位置上的成核。我们将给出 Kolmogorov 方程的详细推导，因为我们需要进一步用它来探讨晶体二维生长和外延薄膜。

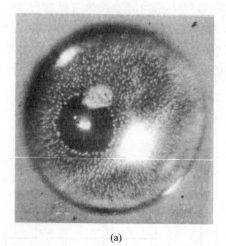

(a)

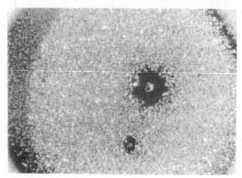

(b)

图 2.28 (a)汞小液滴和(b)银微晶周围的成核排除地带。很清楚地看到，这些区域与微晶一起成长。[(a) I. Markov，A. Boynov and S. Toschev，*Electrochim. Acta* **18**，377(1973). 经 Pergamon Press 有限公司许可，(b)由 A. Milchev 提供。]

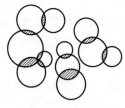

图 2.29 Avrami(1939)和 Kolmogorov(1937)的数学方法的示意图。被圆圈填充的那部分体积代表了成核排除地带，为了计算这部分体积，我们必须减去同时被两个或多个圆圈覆盖的阴影区域。这或者可以用几何学方法来做(Avrami)，或者用概率原理来做(Kolmogorov)。很明显，被阴影部分覆盖的体积或表面的那部分等于找到同时在两个或多个圆圈内的任意点的概率

接着上面的讨论，我们必须首先计算样品上被成核排除地带（软碰撞时）或微晶（硬碰撞时）覆盖的表面面积（或体积）所占的比例。然后，我们利用结果来计算饱和核密度。我们强调，在时间 t 内凝固的体积的那部分的依存关系是一个所谓的"大量结晶"问题，它有其自身的重要性，尤其是在合金的凝固中（Christian 1981；Chernov 1984）。这意味着，我们实际同时解决两个问题，一个是大量结晶，另一个是饱和核密度。

我们考虑一个体积为 V 的过饱和相，它足够大，可以与将被生长的微晶进行比较。核在空间上和时间上随机地形成，其平均速率为 J_0 = 常数。一个体积为 V' 的成核排除地带出现了，并且蔓延至每一个生长中的核附近。区域的生长速率 $v(\mathbf{n}, t)$ 是方向 $\mathbf{n}$ 和时间 t 的函数，并且可以用下式表示：

$$v(\mathbf{n}, t) = c(\mathbf{n}) k(t) \tag{2.137}$$

式中，假设无论在任何方向上，生长速率 $v(\mathbf{n}, t)$ 都与生长 $k(t)$ 有同一法则。

我们引入如下量：

$$c^3 = \frac{1}{4\pi} \int_{\Sigma} c^3(\mathbf{n}) \, \mathrm{d}\sigma$$

它相对于方向的一个平均值的意义，并且积分沿着以坐标系原点为中心的球体表面 Σ 进行。于是，当 $t > t'$ 时，在时刻 t' 时形成的核附近的生长区域的体积为

$$V'(t', t) = \frac{4\pi}{3} c^3 \left(\int_{t'}^{t} k(\tau - t') \, \mathrm{d}\tau \right)^3 \tag{2.138}$$

以时间为函数的核密度 N 由下式给出：

$$\frac{\mathrm{d}N}{\mathrm{d}t} = J_0 \Theta(t) \tag{2.139}$$

式中，$\Theta(t)$ 是被成核排除地带覆盖的系统体积的那部分。用初始条件 $N(t=0) = 0$ 积分式（2.139），可以得到

$$N = J_0 \int_0^t \Theta(\tau) \, \mathrm{d}\tau \tag{2.140}$$

如果我们假设式（2.137）代表微晶自身的而不是成核排除地带（硬碰撞或者界面限制生长）的生长低谷，Θ 的量将给出样品中未被微晶覆盖的体积（或面积）。于是有

$$\xi = \frac{V_c(t)}{V} = 1 - \Theta \tag{2.141}$$

式中，$V_c(t)$ 是在 t 时刻的结晶的体积，它代表了样品凝固对时间的依赖关系，或者大量结晶的动力学。

$\Theta(t)$ 部分等于在时刻 t 时任意选择的一点 P 在成核排除地带之外的概率（图 2.30）。对于点 P，其在时刻 t 时处于成核排除地带之内的充要条件是，一个核在时刻 $t' < t$ 时在另外一个邻近点 P' 处形成，而 P' 点距 P 点的距离小于

$$r = c \int_{t'}^{t} k(\tau - t') \, d\tau$$

或者换言之，点 P 必须在由式（2.138）给出的体积 V' 中。

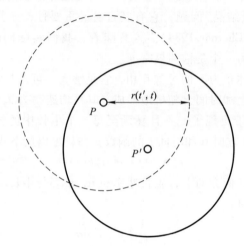

图 2.30 为了计算在一个成核排除地带或一个结晶体积中找到任意选择的一点 P 的概率的示意图。对于 P 点在 t 时刻时处于成核排除地带的充分必要条件是，有一个核在 $t' < t$ 时刻在 P' 点形成，而 P' 点离 P 点距离小于 $r(t', t)$，也就是说，P' 位于图中由虚线勾勒出的体积内。于是，点 P 将位于由实线勾勒出的成核排除地带

取二阶的无穷小及更高阶的精确度，至少一个核在时间间隔 $\Delta t'$、在一个体积 V' 中的概率为

$$J_0 V'(t', t) \Delta t'$$

一个核不会在时间间隔 $\Delta t'$、体积 V' 内形成的概率为

$$1 - J_0 V'(t', t) \Delta t'$$

在过程开始算起的时刻 t 时，点 P 处于成核排除地带之外的概率为

$$\Theta(t) = \prod_{i=1}^{s} \left[1 - J_0 V'(t_i) \Delta t' \right] \tag{2.142}$$

式中，$t = s \Delta t'$ 且 $t_i = i \Delta t'$。对式（2.142）取对数，有

$$\ln \Theta(t) = \sum_{i=1}^{s} \ln \left[1 - J_0 V'(t_i) \Delta t' \right] \cong - \sum_{i=1}^{s} J_0 V'(t_i) \Delta t'$$

$$\cong - J_0 \int_0^t V'(t') \, dt'$$

于是，体积 V 的未被成核排除地带覆盖的部分为

$$\Theta(t) = \exp\left(- J_0 \int_0^t V'(t') \, dt' \right)$$

而且

$$N = J_0 \int_0^t \exp\left(- J_0 \int_0^\tau V'(t')\,dt' \right) d\tau \qquad (2.143)$$

式中，$V'(t')$ 由式（2.138）给出。

由条件 $t \to \infty$ 得到的饱和核密度 N_s 为

$$N_s = J_0 \int_0^\infty \exp\left(- J_0 \int_0^\tau V'(t')\,dt' \right) d\tau \qquad (2.144)$$

假设一个恒定的生长速率 $k(t) = 1$（温度在结晶过程中不发生变化）

$$V' = \frac{4}{3}\pi c^3 (t - t')^3$$

而且（Kolmogorov 1937）

$$N(t) = J_0 \int_0^t \exp\left(- \frac{\pi}{3} J_0 c^3 t^4 \right) dt$$

在 $t \to \infty$ 条件下，对于饱和核密度我们得到

$$N_s = 0.9 \left(\frac{J_0}{c} \right)^{3/4}$$

在时间 t，熔融物被生长的微晶覆盖的部分 ξ（c 是微晶的生长速率，"硬碰撞"）由下式给出：

$$\xi = 1 - \exp\left(- J_0 \int_0^t V'(t')\,dt' \right) = 1 - \exp\left(- \frac{\pi}{3} J_0 c^3 t^4 \right) \qquad (2.145)$$

当成核过程在结晶刚开始之后的一个很短的时间间隔当中发生时，这使得数量为 N_s 的核在初始时刻 $t = 0$ 时形成了，对于这一特殊情况，我们有一个较小的积分，并且代替上述方程，我们得到

$$\xi = 1 - \exp(- N_s V'(t')) = 1 - \exp\left(- \frac{4}{3}\pi N_s c^3 t^3 \right) \qquad (2.146)$$

对于在表面成核的情况，我们有一个二维的系统，而且体积 V'［式（2.138）］必须由成核排除地带的面积代替

$$S'(t', t) = \pi c^2 \left(\int_{t'}^t k(\tau - t')\,d\tau \right)^2 \qquad (2.147)$$

然后，我们可以用同样的方式考虑一个晶体面被水平生长的二维核的覆盖。二维岛本身将会承担成核排除地带的角色，而且在时刻 t，当生长速率恒定 $k(t) = 1$ 时，表面覆盖由下式给出：

$$\xi = \frac{S_c}{S} = 1 - \exp\left(- \frac{\pi}{3} J_0 c^2 t^3 \right) \qquad (2.148)$$

式中，c 是二维核的生长速率；S 是晶面的表面面积。

式（2.145）、式（2.146）和式（2.148）代表了凝固动力学的不同情况。Christian（1981）进行了系统维度（相转变在其中发生）、成核机制、核生长机

制、生长微晶的形状等影响的详细分析。一般表达式可以写为如下形式：

$$\xi = 1 - \exp(-kt^n) \qquad (2.149)$$

式中，指数 n 随着上面提到的因素可以取不同的值。因此，时间指数 n 的值可以给出关于结晶过程动力学的有价值的信息，并且 n 值可以从所谓的对数-对数曲线的斜率中得出，该曲线由实验 $\xi(t)$ 曲线在 $\ln[\ln(1-\xi)]$ 对 $\ln(t)$ 的坐标系下的线性化得到。因此，对于无定形态的 $CoSi_2$ 薄膜结晶的情况所得到的 $n = 4$ 这一值，表示成核过程以一个恒定速率随机地在无定形膜的体内发生（渐进成核）（Liang 等 1994）。换言之，在凝固开始时的瞬时成核[式(2.146)]被排除了，而且无论膜厚多么小，成核过程总是三维的。同样也得出结论，微晶生长速率为常数（$k(t) = 1$），这是界面限制生长和球粒"硬碰撞"的象征。

成核排除地带的活跃位置通常同时影响成核动力学。一个一般的解可以由上述同样的步骤来获得。简化起见，我们考虑拥有稳态成核率的成核中心的相同活动的情况。

核在数量为 N_d 的活跃中心上以频率 $J_0(\mathrm{s}^{-1})$ 形成。为了解决这个问题，我们必须找到 t 时刻时自由活跃中心所占的部分。我们考虑释放那些中心，在其上核还没有形成，并且它们没有被成核排除地带俘获。后者意味着，一个核还没有在其上形成的中心可以被一个源于生长在邻近区域的核的区域所覆盖。然后，在这个邻近区域的过饱和可以变得比它的临界过饱和要更低，并且核不能再在其上形成了。从那个意义上讲，中心可以被去活化。

现在，至少一个核在体积 V'[式(2.138)]内、时间间隔 $\Delta t'$ 中形成的概率由下式给出：

$$J_0 N_d [V'(t')] \Delta t'$$

式中

$$N_d [V'(t')] = 1 + (N_d - 1)\frac{V'(t')}{V}$$

是体积 $V'(t')$ 中的活跃位置的平均数量。这个方程解释了如下事实：在体积 $V'(t')$ 内，有一个拥有整数概率（P 中心）的中心和拥有概率为 $V'(t')/V$ 的剩余的 N_d-1 个中心。于是，在其上还没有核形成的、没有被成核排除地带覆盖（$N_d \gg 1$）的自由中心所占的部分 $\Theta(t)$ 将是

$$\Theta(t) = \exp\left(-J_0 t - J_0 N_d \int_0^t \frac{V'(t')}{V} \mathrm{d}t'\right) \qquad (2.150)$$

直到时刻 t 时形成的数量为 N 的核对于时间的依赖关系由定义方程给出

$$N(t) = J_0 N_d \int_0^t \Theta(\tau) \mathrm{d}\tau$$

或

$$N(t) = J_0 N_{\mathrm{d}} \int_0^t \exp\left(- J_0 \tau - J_0 N_{\mathrm{d}} \int_0^\tau \frac{V'(t')}{V} \mathrm{d}t' \right) \mathrm{d}\tau \qquad (2.151)$$

可以马上看到，当区域生长速率 $c = 0$，即 $V'(t') = 0$ 时，式 (2.151) 变为式 (2.135)。在另一个极端情况下，即当活跃中心的数量足够大或者成核排除地带的生长速率足够高，以至于指数项中的第二项远大于 $J_0 t$ 时，Kolmogorov 方程式 (2.143) 起因于式 (2.151)。这个结果的物理意义为，活跃中心的大部分被成核排除地带去活性，并且后者统治了成核动力学。对于时间依赖的成核和中心的活动分布的一般化很容易进行，有兴趣的读者可以参考原始的论文 (Markov 和 Kashchiev 1972a，1972b，1973)。

在本章的最后，我们简要探讨在薄膜生长中的核密度的问题，尤其是核密度随比例 D/F 的缩小，其中 D 为跳跃频率 $D = \nu \exp(-E_{\mathrm{sd}}/kT)$，$F$ 为原子到达速率，其值由测量单位时间的单分子层的数量得到。我们的探讨基于 1966 年 Zinsmeister (1966，1968，1969，1971) 介绍的、并且由许多研究者 (Venables 1973，1979；Venables 等 1984；Stoyanov 和 Kashchiev 1981) 进一步阐述的速率方程方法。对于该理论更加近期的发展，读者可以参考 Bales 和 Chrzan (1994)；Bales 和 Zangwill (1997)；Ratsch 等 (1994)；Amar，Family 和 Lam (1994)；Amar 和 Family (1995，1996，1997) 的论文以及其中的参考文献。

我们假设临界核包含一个原子，原子对是稳定的，或者换言之，我们接受聚集过程是不可逆的。原子到达晶体表面，在其上扩散，并且遇到彼此以产生稳定的和固定的二聚体。后者通过单个原子的附着进一步生长，单个原子通过击打加入团簇。这意味着，不存在任何源于动力学的势垒来禁止团簇生长或是核的形成，而且生长在一个扩散区域发生 (见 3.2.1.1 节)。固定的或扩散的团簇的合并被排除了。于是，我们可以写出最简单的下述形式的关于速率的方程组：

$$\frac{\mathrm{d}n_1}{\mathrm{d}t} = F - 2Dn_1^2 - Dn_1 N \qquad (2.152\mathrm{a})$$

$$\frac{\mathrm{d}N}{\mathrm{d}t} = Dn_1^2 \qquad (2.152\mathrm{b})$$

式中，n_1 是单个原子的密度，并且

$$N = \sum_{i=2}^{\infty} n_i \qquad (2.153)$$

是稳定团簇的密度。这两个密度都用表面吸附位置的密度 N_0 为单位表达。在式 (2.152a) 右手边的第二项和第三项解释了分别由于稳定二聚体形成和更大团簇生长导致的单个原子的消失。在第二项前面的数字 2 解释了两个单个原子被消耗来产生一个原子对的事实。式 (2.152b) 仅仅代表了由式 (2.113) 给出的成

核率。

在沉积的最开始，大部分单个原子被二聚体的形成消耗了。随着沉积的进行，稳定团簇的密度增加，并且到达表面的原子优先地加入稳定团簇，而不是彼此相遇来产生新的稳定二聚体。几乎达到一个饱和，并且成核项 $2Dn_1^2$ 相对于生长项 Dn_1N 变得可以忽略地小。假设在这个阶段达到了一个稳定态（$dn_1/dt=0$），单体密度为 $n_1=F/D_sN$。将后者代入式（2.152b）并且进行积分，结果为

$$N \propto \left(\frac{D}{F}\right)^{-1/3} \theta^{1/3} \qquad (2.154)$$

式中，$\theta=Ft$ 是沉积材料的量。

上述结果可以很容易地推广到临界核的任意尺寸，i^*。换言之，我们接受了一个可逆的成核过程。代替式（2.152a），我们利用式（2.117）并写（Venables 等 1984）

$$\frac{dn_1}{dt} = F - (i^* + 1) Dn_1^{i^*+1} - Dn_1N \qquad (2.155a)$$

$$\frac{dN}{dt} = \omega^* Dn_1^{i^*+1} \qquad (2.155b)$$

式中，$\omega^* = \alpha^* \exp(E^*/kT)$［式（2.117）］。式（2.155a）中的第二项再次给出了消耗掉的用于产生有 i^*+1 个原子的稳定团簇的原子的数量，并且式（2.155b）再次是成核率，如一般方程式（2.117）给出的那样。注意，在这种情况下 N 再次由式（2.153）给出，但是求和却是从 i^*+1 进行的。当吸附原子浓度达到一个稳态时，在沉积的某个阶段忽略成核项，我们进行上述相同的步骤。将 $n_1=F/DN$ 代入式（2.155b），进行积分得

$$N \propto \left(\frac{D}{F}\right)^{-x} \theta^{1/(i^*+2)} \qquad (2.156)$$

式中

$$\chi = \frac{i^*}{i^* + 2} \qquad (2.157)$$

是缩放指数。

Kandel（1997）假设，存在一个阻碍单个原子并入任何尺寸团簇的势垒，放松了对于沉积扩散区域的条件。生长在一个动力学区域内进行，这意味着结晶速率由原子对于团簇的吸附来控制，而不是在晶体表面上扩散来控制（见 3.2.1.1 节）。这导致了同之前一样［式（2.156），具体的表达式将会在 3.2.5.2 节推导］的 N 的缩小行为，但是缩放指数为

$$\chi = \frac{2i^*}{i^* + 3} \qquad (2.158)$$

缩放指数［式(2.157)］随 i^* 从 1/3 到 1 变化，而式(2.158)在 $i^* > 2$ 时已经有比整数大的值。因此，我们可以通过判断 χ 小于或大于整数来分辨生长是在扩散区域还是动力学区域。缩放指数［式(2.158)］的例子已经在表面活性剂调整的外延生长中被报道，如 Si 在 Sn 预先覆盖的 Si(111)之上的同质外延(Iwanari 和 Takayanagi 1992)，Ge 在 Pb 预先覆盖的 Si(111)表面上的外延(Hwang 等 1998)。在后面一篇论文中，值 $\chi = 1.76$ 在 $\ln N$ 对 $\ln F$ 的曲线中得到。在相同的 $\ln N$-$\ln F$ 曲线中，已经得到了洁净条件下 Si(111)同质外延生长时的值 $\chi = 0.85$(Voigtländer 等 1995)。可以总结，成核过程或者在一个 $i^* = 6$ 的扩散区域发生，或者在一个 $i^* = 2$ 的动力学区域发生。如果考虑到相对低的生长温度(<700 K)以及 Si 是一个非常强的键合的材料，后者看起来更加合理。一个二原子核可以被认为包含一个较低半层中的原子和一个属于上半层的原子，这两个原子由一个第一相邻键连接。稳定核的第三个原子再一次属于较低半层，并且通过两个第一相邻键与上面的原子以及下面的双层连接。因此，为了使一个原子从稳定团簇脱附，必须同时打断两个第一相邻键，并且要用掉蒸发 Si 的潜伏热量量级的能量——4.2 eV(Hultgren 等 1973)。

正如本节开始时提到的，生长中微晶的合并也可以导致核密度的限制。读者可以参考大量的综述文章和专著(Stoyanov 和 Kashchiev 1981；Lewis 和 Anderson 1978)以及其中的参考文献。

2.2.12　Ostwald 的台阶法则

很久以前就发现，当新相有一些(至少两个)修正，其中一个是热力学稳定且另一个是亚稳的，一个或更多个亚稳相的形成常常(但不是总是)最先被观察到。一个典型的例子是沸石(zeolite)的结晶［见 Barrer(1988)的综述］。当第一个结晶的沸石在生长温度下被留在反应容器中并与溶液保持接触一段时间，它似乎不稳定。一段时间之后，它溶解入母溶液，并且一个新的更加稳定类型的沸石以损失第一个为代价结晶了。第二种类型也可以溶解，而第三种类型的沸石成核并且生长。因此，例如第一种沸石［八面沸石(faujasite)，气孔尺寸为 7.4 Å］被更稠密的针沸石(mazzite，ZSM-4，气孔尺寸为 5.8 Å)代替。在约 100 ℃时，在大约 20 h 的结晶时间之后，八面沸石表现出一个最大的产量。针沸石在八面沸石达到最大值时第一次出现，并且在又过了 40 h 之后达到最大产量(Rollmann 1979)。如果第一个沸石被从母溶液中隔离开来，它通常保持很长一段时间的稳定，这表示转变通过在母相中的溶解和结晶发生。对无定形的 Si-Ti 合金在 500 ℃下进行退火时，它的结晶表现出类似的像是台阶的行为(Wang 和 Chen 1992)。Ti_5Si_3、Ti_5Si_4、TiSi 和 $TiSi_2$ 连续地成核和生长。在足够长的退火之后，只出现热力学上最为稳定的相 $TiSi_2$ 和 TiSi。

Wilhelm Ostwald(1897)最先汇编了已有的观察报告，并且给出了其著名的经验法则，根据此法则，热力学亚稳相应当首先成核。然后在晚一些的阶段，亚稳相应当转变为在给定条件下(温度和压强)热力学稳定的相。因此，新稳定相的形成应当包含连续的台阶，即从一相到另一相，热力学稳定性越来越高。这个现象的第一个理论解释称之为 Ostwald 的台阶法则，由 Stranski 和 Totomanow(1933)以稳态成核率的形式给出。他们展示了，只要系统还没有被转化到远低于转变点，亚稳相应当常常拥有更高的成核率。我们将在此重复他们探讨的更多详细内容。

　　简化起见，我们考虑图 1.1 中给出的相图。我们知道，液体可以被过冷却到相当低的温度而不发生可见的结晶。这意味着，当系统过饱和(过冷却)到低于三相点时，即沿着线段 AA' 或 AA''，原则上液相可以从气相成核且生长。液相将为亚稳的，并且应该在之后的阶段凝固。我们现在必须比较亚稳的液体小液滴与稳定的微晶的成核稳态速率。这个考虑对于任何包括多于一个新相的结晶过程都是有效的。我们将简化地假设预指数因子 K_1 [见式(2.68)]是相等的。记得式(2.68)，对于成核率的比例有

$$\ln\left(\frac{J_{0m}}{J_{0s}}\right) = \frac{b_s \sigma_s^3 v_s^2}{kT\Delta\mu_s^2} - \frac{b_m \sigma_m^3 v_m^2}{kT\Delta\mu_m^2}$$

式中，下角标 s 和 m 分别指稳定相和亚稳相；b_s 和 b_m 是几何因子。于是亚稳相的成核速率将会更高，或者换言之，当右手边的第一项大于第二项时，Ostwald 台阶法则将是有效的。

　　稳定相通常更加致密，所以 $v_s < v_m$。另一方面，更加致密的相比不致密的相拥有更高的比表面能，即 $\sigma_s > \sigma_m$，因为表面上的不饱和悬挂键的密度更高。靠近三相点，或者靠近任何一个转变点，在这些点处平衡蒸气压(或溶解度)相等，也即，$P_{0s} = P_{0m}$(或者 $C_{0s} = C_{0m}$)，过饱和 $\Delta\mu_s = kT\ln(P/P_{0s})$ 和 $\Delta\mu_m = kT\ln(P/P_{0m})$ 相等。将表面能的三次幂和分子体积的二次幂考虑在内，可以预期，比表面能将过度补偿分子体积和几何因子的影响，并且

$$b_s \sigma_s^3 v_s^2 > b_m \sigma_m^3 v_m^2 \qquad (2.159)$$

它将是满足 Ostwald 台阶法则的充分必要条件。

　　远离转变点时的情况变得更加复杂。在图 2.31 中可以看到，亚稳相的平衡蒸气压 P_{0m} 会比稳定相的平衡蒸气压 P_{0s} 要大。然后在系统中同一压强下，$\Delta\mu_s > \Delta\mu_m$。然后，为了满足 Ostwald 的台阶法则，式(2.159)应当由下式替换：

$$\left(\frac{\Delta\mu_s}{\Delta\mu_m}\right)^2 < \frac{b_s}{b_m}\left(\frac{\sigma_s}{\sigma_m}\right)^3\left(\frac{v_s}{v_m}\right)^2 \qquad (2.160)$$

其中

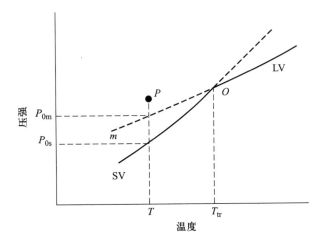

图 2.31 图 1.1 中所示相图的靠近三相点 O 的部分。实线 SV 和 LV 分别代表固-气和液-气平衡。虚线 m 是 LV 线在晶相稳定区域的延长，并且给出了气相和亚稳液相的平衡。可以看到，亚稳液相的平衡蒸气压 P_{0m} 高于稳定晶相的平衡蒸气压 P_{0s}。于是有，在任何温度 $T<T_{tr}$ 时，相对于稳定相的过饱和 $\Delta\mu_s = kT\ln(P/P_{0s})$ 都将高于相对于亚稳相的过饱和 $\Delta\mu_m = kT\ln(P/P_{0m})$

$$\frac{\Delta\mu_s}{\Delta\mu_m} = \frac{\ln\left(\dfrac{P}{P_{0s}}\right)}{\ln\left(\dfrac{P}{P_{0m}}\right)} = \frac{\ln\left(\dfrac{P}{P_{0m}}\right) + \ln\left(\dfrac{P_{0m}}{P_{0s}}\right)}{\ln\left(\dfrac{P}{P_{0m}}\right)} > 1 \qquad (2.161)$$

比值 $\Delta\mu_s/\Delta\mu_m$ 始终大于整数，因为根据定义，P_{0m} 始终高于 P_{0s}。

式 (2.160) 的物理意义马上可以从图 2.32 中看出，其中绘制了对应的核形成的功相对于系统中实际蒸气压的曲线。亚稳相在更高蒸气压 P_{0m} 时开始成核，并且初始时亚稳相的核形成功大于稳定相的核形成功。高于某临界压强 P_{cr} 时，两条曲线彼此相交，并且热力学上亚稳相的成核变得更为有利。当气压比 P_{cr} 低、却高于 P_{0m} 时，$\Delta\mu_m$ 变得非常小，并且比值 $\Delta\mu_s/\Delta\mu_m$ 可以变大。式 (2.160) 中的标记改变了，并且稳定相将首先成核。在非常小的气压下使得 $P_{0s}<P<P_{0m}$，只有稳定相将成核。

应用式 (2.159) 和式 (2.160) 的主要障碍是缺乏比表面能，尤其是处于凝聚相界面的比表面能的知识。在熔融物中的成核，我们可以使用 Turnbull (1950) 的发现来克服这个障碍。Turnbull 发现，与化学键拥有同样性质的材料的摩尔表面能 $\sigma_{mol} = \sigma N_A v_c^{2/3}$ 成比例于对应的熔化焓 (Jackson 1966)（见图 2.15 和表 2.1）。我们可以假设比例常数对于不同相是同一个，并且核有同一形状，

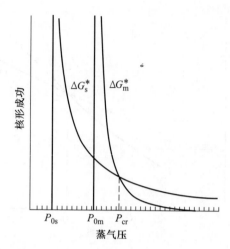

图 2.32 稳定相（$\Delta G_{\mathrm{s}}^{*}$）及亚稳相（$\Delta G_{\mathrm{m}}^{*}$）核形成功相对于气压的曲线。$P_{0\mathrm{s}}$ 和 $P_{0\mathrm{m}}$ 代表对应的平衡蒸气压。两条曲线在某临界气压 P_{cr} 处相交，超过 P_{cr} 时，$\Delta G_{\mathrm{m}}^{*}<\Delta G_{\mathrm{s}}^{*}$。预期亚稳相的成核在 $P>P_{\mathrm{cr}}$ 时发生

即 $b_{\mathrm{s}}=b_{\mathrm{m}}$。回忆式（1.12），式（2.160）变为

$$\frac{(1-T/T_{\mathrm{s}})^{2}}{(1-T/T_{\mathrm{m}})^{2}}<\frac{\Delta h_{\mathrm{s}}}{\Delta h_{\mathrm{m}}} \tag{2.162}$$

当两相的熔化点 T_{m} 和 T_{s} 几乎相同的时候，如果对应的熔化焓 Δh_{m} 和 Δh_{s} 遵守如下不等式，则可以观察到 Ostwald 台阶法则：

$$\Delta h_{\mathrm{m}}<\Delta h_{\mathrm{s}} \tag{2.163}$$

该式从式（2.159）得来。

当必须考虑成核中的瞬时效应时，问题变得更加复杂。那样做的必要性源自如下事实：如果亚稳相的成核感应周期远长于稳定相的感应周期，虽然亚稳相的稳态成核速率可以更高，但是亚稳相将不会结晶。如上所示，瞬时效应在从溶液和熔融物的成核中起到相当重要的作用。同时，在从气相的成核中，可以忽略瞬时效应。当考虑这个问题时，我们将主要沿用 Gutzow 和 Toschev（1968）的探讨。

我们将用下角标 s 和 m 来标记稳定相和亚稳相的感应周期。由式（2.130）和式（2.131）可以看到，τ 正比于几何因子 b 和比表面能 σ，并且反比于过饱和的平方。于是条件 $\tau_{\mathrm{m}}<\tau_{\mathrm{s}}$ 导致

$$1<\left(\frac{\Delta\mu_{\mathrm{s}}}{\Delta\mu_{\mathrm{m}}}\right)^{2}<\frac{b_{\mathrm{s}}}{b_{\mathrm{m}}}\frac{\sigma_{\mathrm{s}}}{\sigma_{\mathrm{m}}} \tag{2.164}$$

然后，结合式（2.160）和式（2.164），可以得出如下 4 种可能情况：

（1）$J_{0m}>J_{0s}$且 $\tau_m<\tau_s$（图 2.33a）。

$$1<\left(\frac{\Delta\mu_s}{\Delta\mu_m}\right)^2<\frac{b_s}{b_m}\frac{\sigma_s}{\sigma_m}<\frac{b_s}{b_m}\left(\frac{\sigma_s}{\sigma_m}\right)^3\left(\frac{v_s}{v_m}\right)^2 \tag{2.165}$$

当比表面能比值的立方过度补偿了分子体积比值的平方时，上式成立。亚稳相将以更高的速率首先成核。

（2）$J_{0m}>J_{0s}$且 $\tau_m>\tau_s$（图 2.33b）。

$$1<\frac{b_s}{b_m}\frac{\sigma_s}{\sigma_m}<\left(\frac{\Delta\mu_s}{\Delta\mu_m}\right)^2<\frac{b_s}{b_m}\left(\frac{\sigma_s}{\sigma_m}\right)^3\left(\frac{v_s}{v_m}\right)^2 \tag{2.166}$$

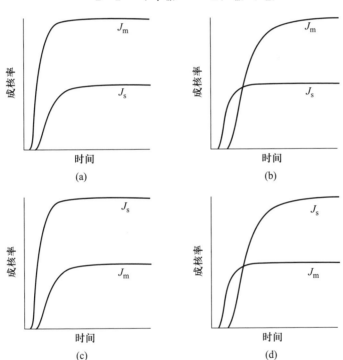

图 2.33 稳定相和亚稳相的成核速率 J_s 和 J_m 随时间变化的 4 种可能情况：（a）$J_{0m}>J_{0s}$，$\tau_m<\tau_s$，（b）$J_{0m}>J_{0s}$，$\tau_m>\tau_s$，（c）$J_{0m}<J_{0s}$，$\tau_m>\tau_s$，（d）$J_{0m}<J_{0s}$，$\tau_m<\tau_s$。τ_m 和 τ_s 分别代表亚稳相和稳定相的感应周期［根据 Gutzow 和 Toschew（1968）］

亚稳相将在更晚的阶段成核，但拥有更高的速率。

（3）$J_{0m}<J_{0s}$且 $\tau_m>\tau_s$（图 2.33c）。

$$1<\frac{b_s}{b_m}\frac{\sigma_s}{\sigma_m}<\frac{b_s}{b_m}\left(\frac{\sigma_s}{\sigma_m}\right)^3\left(\frac{v_s}{v_m}\right)^2<\left(\frac{\Delta\mu_s}{\Delta\mu_m}\right)^2 \tag{2.167}$$

稳定相将首先成核，并且它的成核速率将会更大。将不会观察到 Ostwald

台阶法则。

（4）$J_{0m} < J_{0s}$ 且 $\tau_m < \tau_s$（图 2.33c）。

$$1 < \frac{b_s}{b_m}\left(\frac{\sigma_s}{\sigma_m}\right)^3\left(\frac{v_s}{v_m}\right)^2 < \left(\frac{\Delta\mu_s}{\Delta\mu_m}\right)^2 < \frac{b_s}{b_m}\frac{\sigma_s}{\sigma_m} \tag{2.168}$$

亚稳相将首先成核，但是它的成核速率将会更低。这种情况的发生需要化学键的一个剧烈的变化，并且这应当是很少见的情况。

迄今展示的理论分析导致如下结论：当过饱和比值 $\Delta\mu_m / \Delta\mu_s$ 的平方更小时，通常热力学上更不稳定的相的结晶更加主要。如果我们记得式（2.161），则过饱和比值 $\Delta\mu_m / \Delta\mu_s$ 的平方更小意味着当结晶发生在转变温度附近且/或在非常高的过饱和时，Ostwald 台阶法则将会起作用。当低于转变温度，则导致从情况（1）向情况（3）逐渐地转化。

第三章
晶体生长

　　当建筑单元(原子或分子)的化学势变得和晶体化学势相等时，我们可以说它们变为了晶体的一部分。第一章讨论过，晶体化学势等于绝对零度时将建筑单元从半晶体或扭结位置脱附所需的功(取负号)。换言之，当原子或分子附着在扭结位置，或者甚至更强位置(图 1.15 中的位置 1 和 2)时，它们变为晶体的一部分。在任何其他位置，它们与晶体表面的连接比在扭结位置的原子更弱，并且它们的平衡蒸气压以及化学势将会区别于体晶的化学势。从这个意义上讲，原子在晶体表面或是沿着台阶的吸附不能被看作晶体生长。当晶体与一个过饱和环境相接触时，也就是说，当过饱和环境相的化学势大于晶体的化学势时，所有这些均有效。在平衡时，吸附层的化学势将等于晶体和母相的化学势。

　　晶体生长的机制清楚地由晶体表面的结构决定。S 和 K 表面提供了它们生长的足够的扭结位置。在温度高于粗糙化温度时，无需克服能量势垒，F 表面也可以生长。低于粗糙化温度时，F 表面是光滑的，而它们的生长需要二维核的形成或者螺旋位错的出现，以保证拥有扭结位置的台阶。这一章里，我们首先探讨粗糙表面的生长，或者所谓的生长的"垂直机制(normal mechanism)"。然后，分别讨论无缺陷的晶体表面通过二维核的形成及水平传播的生长，以及包含螺旋位错的 F 表面的"螺旋生长(spiral growth)"。所有情况下，将会探讨从熔融物、溶液和气体生长的不同特性。

3.1 粗糙晶体面的垂直生长

这一章中我们考虑粗糙面的生长，而不去区分它们粗糙的成因。后者是由于表面的结晶学方向或者在足够高温度时的熵效应。在任何情况下，当抬升一个建筑单元越过晶体和环境相(气体、熔融物或溶液)之间的相边界时，其能量变化的形状示意图如图 3.1 所示。边界左手边处的最低能量状态代表了建筑单元合并入一个扭结位置的能量，而右手边的直线给出了单元在环境相中的平均能量值。两个水平之间的差别给出了对应相变(升华、溶解或熔化)的焓。如前面的章节中讨论的，相边界处高度为 ΔU 的势垒在不同的媒质中可以有不同的性质。因此，在从气体的生长中，势垒可以归因于之前的化学反应，例如在 Si 的化学气相沉积(chemical vapor deposition，CVD)中硅烷(SiH_4)的高温分解，或是在 GaAs 的金属有机化学气相沉积(metal-organic chemical vapor deposition，MOCVD)中砷化氢(AsH_3)的高温分解。更为复杂的分子应当克服一个能量势垒，以便占据正确的取向，也就是说，我们有一个空间特征的势垒。在溶液和熔融物的生长当中，如第二章中讨论的，能量势垒 ΔU 可以分别被确定为

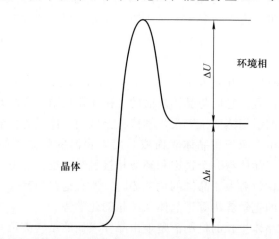

图 3.1 穿过环境相与晶体界面的建筑单元用于热激发转移的自由能变化的示意图。较低状态对应半晶体位置的建筑单元。Δh 是对应的焓的转变(升华、溶解或熔化)。ΔU 是建筑单元合并入半晶体位置时的运动势垒，其中半晶体位置在溶液生长中与之前的化学反应、退溶有关，或者与熔融物生长中的黏性流有关

退溶和黏性流的能量。

关于粗糙化温度的实验证据表明，当金属晶体与其气相接触时，它们直到熔点时仍旧是有小平面的。在石墨上的圆形金微晶表面上，直到 1 303 K（T_m = 1 337 K）Heyraud 和 Metois（1980）还观察到（111）和（001）小平面。他们（Metois 和 Heyraud 1982；Heyraud 和 Metois 1983）还发现，当温度升高时，石墨上 Pb 微晶表面的（111）和（100）小平面尺寸上逐渐缩小，但是在 300 ℃ 时仍然存在（T_m（Pb）= 327.5 ℃）。Pavlovska 等（1989）研究了小 Pb 晶体（10～20 μm）的平衡形状，并且发现最紧密堆积的且是一个 S 面的（111）面在低于熔化温度（40 K）时消失了（Frenken 和 van der Veen 1985）。锡（Zhdanov 1976）、锌（Heyer，Nietruch 和 Stranski 1971）和铜（Stock 和 Menzel 1978，1980）如果与它们的气体接触，直到对应的熔化温度时都不表现出粗糙化转变。相反地，难熔金属，例如 Ta[T_m = 3 269 K，Vanselow 和 Li（1993）]和 Rh[T_m = 2 239 K，Vanselow 和 Li（1994）]在 700～900 K 温度上显示了很显著的粗糙化和生长速率的急剧增长。在熔点以下的很显著的粗糙化转变通常出现于有机晶体，例如二苯基（dyphenyl）（Nenow 和 Dukova 1968；Pavlovska 和 Nenow 1971a，1971b；Nenow，Pavlovska 和 Karl 1984）、萘（naphthalene）（Pavlovska 和 Nenow 1972）、四溴甲烷（carbon tetrabromide）（Pavlovska 和 Nenow）以及金刚烷（adamantane）（Pavlovska 1979）。可参见 Nenow（1984）的综述文章。我们可以总结，在实际中重要的、与它们气体紧密接触且有更强原子间键的晶体应当在到达熔点前是小平面化的，而且应该以螺旋或是二维凝结的机制从气体生长，而有机晶体应该在高温下以垂直机制生长，或在较低温度下以螺旋机制生长。我们首先考虑从熔融物生长的垂直机制。

生长速率与原子的净流量成比例

$$R = a\left(\frac{a}{\delta}\right)^2 (j_+ - j_-) \tag{3.1}$$

式中，δ 是扭结位置的平均距离；$(a/\delta)^2$ 是建筑单元到达晶体表面并找到一个扭结位置的几何概率；j_+ 和 j_- 分别是生长每个位置的建筑单元吸附至或脱附自生长表面的流量，它们由式（2.96）和式（2.97）给出。将式（2.96）和式（2.97）代入式（3.1）有

$$R = a\nu\left(\frac{a}{\delta}\right)^2 \exp\left(-\frac{\Delta s_m}{k}\right) \exp\left(-\frac{\Delta U}{kT}\right) \left\{ 1 - \exp\left[-\frac{\Delta h_m}{k}\left(\frac{1}{T} - \frac{1}{T_m}\right) \right] \right\}$$

方括号中的项精确地等于 $\Delta\mu/kT$[见式（1.12）]并且

$$R = a\nu\left(\frac{a}{\delta}\right)^2 \exp\left(-\frac{\Delta s_m}{k}\right) \exp\left(-\frac{\Delta U}{kT}\right) \left[1 - \exp\left(-\frac{\Delta\mu}{kT}\right) \right]$$

粗糙表面可以在任何高于零的过饱和时生长。对于小的过饱和（$\Delta\mu \ll kT$），

将指数展开为至线性项的泰勒级数，生长速率变得正比于后者

$$R = \beta_{\mathrm{m}} \Delta T \tag{3.2}$$

式中

$$\beta_{\mathrm{m}} = a\nu \frac{\Delta s_{\mathrm{m}}}{kT} \left(\frac{a}{\delta}\right)^2 \exp\left(-\frac{\Delta s_{\mathrm{m}}}{k}\right) \exp\left(-\frac{\Delta U}{kT}\right) \tag{3.3}$$

这被称为熔融物中结晶的运动系数(kinetic coefficient)(Chernov 1984)。可以看到，后者取决于相变的熵、能量势垒 ΔU 以及粗糙程度，而粗糙程度由找到一个扭结位置的概率$(a/\delta)^2$来解释。当平均扭结距离 δ 趋于无限大时，运动系数及生长速率都趋于零，因此它反映了原子级平滑的晶体表面无法通过垂直机制生长这一简单事实。与式(3.2)和式(3.3)相似的表达式由 Wilson(1900)和 Frenkel(1932)推导出。

可以看到，当过饱和的值很小时，粗糙晶体表面的生长速率对于过饱和的依赖性是线性的。换言之，粗糙晶体表面的行为与液体表面相同。原子级平滑的晶面需要台阶的形成来保证沿其上的二维核的形成。然后，扭结距离 δ 将取决于台阶密度，并且因此取决于二维核的形成速率，或者它取决于生长螺旋中两个连续圈的距离。下面将会展示，后者也是通过二维核半径的过饱和的函数，因为二维核半径是过饱和的一个非线性函数。随后，在除了粗糙表面的所有其他情况下，生长速率将为过饱和的一个非线性函数。

从熔融物垂直生长的理论被扩展至包括小圆形微晶生长的情况(Machlin 1953)。这个推导完全与由 Burton，Cabrera 和 Frank(1951)给出的对于二维岛水平生长的推导(见 3.2.1.1 节)相同。结果[见 Christian(1981)]为

$$R(r) = R\left(1 - \frac{r^*}{r}\right)$$

式中，r^* 是临界核的半径；R 由式(3.2)给出。显然，这个方程在结晶过程的初始阶段有效，那时生长晶体颗粒的半径与临界核的半径可比。但是，需要重点指出，根据上述方程，较小的微晶比较大的微晶生长得更慢。此外，这个方程规定了尺寸等于临界核的微晶的生长速率等于零。换言之，这样一个微晶与母相处于平衡。

对于硅从其熔融物的生长，其 $\Delta s_{\mathrm{m}}/k = 3.5$，$T_{\mathrm{m}} = 1\,685\,K$，$a \cong 3 \times 10^{-8}\,\mathrm{cm}$，$\delta = 3a$，$\nu = 1 \times 10^{13}\,\mathrm{s}^{-1}$，并且 $\Delta U/RT_{\mathrm{m}} \cong 3$，运动系数的值 $\beta \cong 0.1\,\mathrm{cm} \cdot \mathrm{s}^{-1} \cdot \mathrm{K}^{-1}$。同时，对于 Ag 的生长，其 $\Delta s_{\mathrm{m}}/k = 1.2$，且 $\Delta U/RT_{\mathrm{m}} \cong 1$，$\beta \cong 10\,\mathrm{cm} \cdot \mathrm{s}^{-1} \cdot \mathrm{K}^{-1}$。

在从溶液生长的情况，生长流量由下式给出：

$$j_+ = \nu C v_{\mathrm{c}} \exp\left(-\frac{\Delta U}{kT}\right) \tag{3.4}$$

式中，C 是处于晶体-溶液界面的溶质的浓度，单位是每立方厘米的分子数；

v_c 是晶相中一个建筑单元的体积。因此，乘积 Cv_c 是在一个扭结位置附近找到一个原子的概率。

流量的导数为

$$j_- = \nu(1 - Cv_c)\exp\left(-\frac{\Delta h_d + \Delta U}{kT}\right) \qquad (3.5)$$

式中，$1 - Cv_c$ 是扭结位置附近空间从一个溶质颗粒释放的概率，而 Δh_d 是溶解焓。

在平衡 $C = C_0$（C_0 是温度 T 时的平衡浓度）时，两个流量相等，并且

$$\exp\left(-\frac{\Delta h_d}{kT}\right) = \frac{C_0 v_c}{1 - C_0 v_c} \qquad (3.6)$$

利用这个关系式以及式（3.1），式（3.4）和式（3.5），得到生长速率的表达式

$$R = \beta_s v_c(C - C_0) \qquad (3.7)$$

式中

$$\beta_s = \frac{a\nu}{C_0 v_c}\left(\frac{a}{\delta}\right)^2\exp\left(-\frac{\Delta h_d + \Delta U}{kT}\right) \qquad (3.8)$$

是溶液中结晶的运动系数。

通过式（3.6）用 C_0 替换 Δh_d，得到了稀溶液（$C_0 v_c \ll 1$）中的 β_s：

$$\beta_s \cong a\nu\left(\frac{a}{\delta}\right)^2\exp\left(-\frac{\Delta U}{kT}\right) \qquad (3.9)$$

对于溶液中的垂直生长，一个经典的例子为 α 石英（SiO_2）的水热生长（Laudise 1959，1970）。晶体材料如蓝宝石（Al_2O_3）（Laudise 和 Ballman 1958）、ZnO 和 ZnS（Kolb 和 Laudise 1966；Laudise 和 Ballman 1960）、钇-铁石榴石（$Y_3Fe_5O_{12}$）（Kolb，Wood，Spencer 和 Laudise 1967）以及许多其他的材料（Demianetz 和 Lobachov 1984）也同样成功地用这种方法生长了。

在高温高压下，生长在热压罐中进行。待生长的材料的小块被倾倒进一个热压罐的较低的部分，在其中它溶解到溶液之中。单晶种子在热压罐中的较高生长区域悬挂在一条惰性材料导线上。热压罐上部生长区域的一部分（通常约为 80%）被填充了 NaOH、KOH 或 K_2CO_3 的碱性溶液，这增进了晶体的溶解度。然后，热压罐被垂直地放下到一个炉子中，相对于生长发生的热压罐的较高部分，炉子把较低部分加热到更高的温度。溶解和生长区域通常被一个打孔的金属圆盘分开，以便使温度梯度局部化。随着加热过程，溶液填充到热压罐的整个体积。当较低和较高部分的温度分别在 400 ℃和 350 ℃时，压强通常增长到 2 000 atm。在较低部分的材料溶解进溶剂中，并且通过对流传送到较高部分。在较高温度时，较低部分的溶液达到饱和，而在较低温度时，较高部分

的溶液达到饱和。因此，过饱和由在较高温度和较低温度时材料的溶解度 C_0 和 C 的差决定。在这些情况下晶体以大约每天 1~2 mm 的速率生长。有兴趣的读者可以在 Demianetz，Kuznetzov 和 Lobachove（1984）的论文中找到更多细节。

对于 α 石英生长的情况，Laudise（1959）发现生长速率与温度差 ΔT 成正比，而 ΔT 依次与浓度差 $\Delta C = C - C_0$ 成比例。在生长温度为 347 ℃ 和 $\Delta T = 50$ ℃ 时，测量到一个高达 2.5 mm/d 的生长速率。直线 $R/\Delta T$ 的斜率对于温度倒数的 Arrhenius 曲线表现为一条直线，其斜率被激活能 ΔU 确定。因此，数值 20 kcal/mol 在 α 石英的（0001）面生长中被找到。发现 α 石英在 400 ℃ 和 347 ℃ 的溶解度为每 100 g 溶剂 2.43 g 和 2.28 g，或者 1.43×10^{20} 个分子/cm^3 和 1.35×10^{20} 个分子/cm^3。然后，对于过饱和，由 $\Delta C/C_0$ 得到 0.059。记得一个分子的体积为 $v_c \cong 6 \times 10^{-23}$ cm^3，所以有近似 $C_0 v_c = 8.6 \times 10^{-3} \ll 1$，而且式（3.9）是合理的。于是，当 $\delta \cong 3a$ 时，有 $\nu = 1 \times 10^{13}$ s^{-1} 和 $a \cong 4 \times 10^{-8}$ cm，$\delta \cong 5 \times 10^{-3}$ cm/s 和 $R = 2.5 \times 10^{-6}$ cm/s 或 2.1 mm/d，与测量值吻合得很好。

最后，我们将要推导对于气相生长中垂直生长速率的表达式。从气相到生长晶体的每个扭结的正原子流量为

$$j_+ = \frac{P}{\sqrt{2\pi mkT}} a^2 \exp\left(-\frac{\Delta U}{kT}\right) \tag{3.10}$$

式中，$P/\sqrt{2\pi mkT}$ 是每个单元面积上的原子流量；a^2 是一个扭结的面积。

反流量由下式给出：

$$j_- = \nu \exp\left(-\frac{\Delta h_s + \Delta U}{kT}\right) \tag{3.11}$$

在平衡（$j_+ = j_-$）中，$P = P_\infty$ 且

$$\frac{P_\infty}{\sqrt{2\pi mkT}} a^2 = \nu \exp\left(-\frac{\Delta h_s}{kT}\right) \tag{3.12}$$

于是

$$j_- = \frac{P_\infty}{\sqrt{2\pi mkT}} a^2 \exp\left(-\frac{\Delta U}{kT}\right)$$

并且

$$R = \beta_v \frac{P - P_\infty}{P_\infty} \tag{3.13}$$

式中

$$\beta_v = a\nu \left(\frac{a}{\delta}\right)^2 \exp\left(-\frac{\Delta h_s + \Delta U}{kT}\right)$$

$$= \left(\frac{a}{\delta}\right)^2 \frac{P_\infty a^3}{\sqrt{2\pi m k T}} \exp\left(-\frac{\Delta U}{kT}\right) \tag{3.14}$$

是气体中的运动系数。式(3.13)和式(3.14)早在 19 世纪末(Hertz 1882)和 20 世纪初(Knudsen 1909)时就被推导出来[不包括运动势垒 ΔU 和粗糙度 $(a/\delta)^2$]。对于二苯基,有 $\delta = 3a$, $a^3 = 2.17 \times 10^{-22}$ cm^3, $m = 2.56 \times 10^{-22}$ g, $\Delta U/kT \cong 1$ 当 $T = 68$ ℃ ($T_m = 69$ ℃)时,$\beta_v = 1.333 \times 10^{-3}$ cm/s。然后,当 P_∞ ($T_m = 68$ ℃) $\cong 1$ Torr = 1 333 dyne/cm^2 且 $P = 1\ 343$ dyn/cm^2 时,$\Delta P/P_\infty = 0.007\ 5$ 且 $R = 0.1$ μm/s。

比较式(3.3),式(3.9)和式(3.14),可以得出结论:在所有情况下,运动系数与表面粗糙度 $(a/\delta)^2$(根据找到一个扭结的概率)和一个建筑单元合并入晶体晶格的激活能的指数 ΔU 成比例。然后,后者可以从运动系数对于温度导数的 Arrhenius 曲线得出,如同在 α 石英的水热生长中已经做过的那样。而且,对于从溶液和气体的生长,生长速率为微米每秒的量级,而从熔融物的生长速率则高出好几个数量级。Rosenberger(1982)[另见 Christian(1981)]进行了更为详尽的原子级粗糙晶体表面生长的垂直机制的理论模型的分析。

3.2 平坦表面的层状生长

当晶体表面为原子级光滑时,它的生长速率,或者换言之,它对于其自身的水平移动速度,由两个独立的过程决定:① 台阶的形成;② 这些台阶的水平移动。这两个过程中的一个可以决定整个生长速率。对于无缺陷的晶体表面的情况,生长速率由二维成核的频率决定。后者是一个能量激活的过程,而且为了使生长开始,应该克服一个临界过饱和。当螺旋位错出现时,它们表现为一个非零的台阶源,并且生长过程不再被台阶形成所限制。然后,生长速率被台阶水平移动的速率决定,而这个速率则取决于台阶的高度和结构、表面扩散速率、台阶与彼此的相互作用、与晶体缺陷的遭遇、杂质原子等。

在一般情况下,晶体表面的任何小部分都能被看作一个邻位面,它包含一连串的拥有任意高度的、被平行于最近奇异面的光滑平台分开的平行台阶。当生长速率被二维成核决定时,金字塔生长就形成了,生长过程中,在一个二维核上形成另一个二维核(图 3.2)。这些金字塔的侧面可以被看作邻位面。在出现螺旋位错时,生长中也形成了拥有邻位侧面的小丘(图 3.9d)。当单晶晶圆通过切割和磨光体单晶来准备时,它们绝不会被完美地平行于奇异面切割,因此它们实际上提供了进一步由于几何原因生长的邻位面。

对于方向与奇异面或者平台表面的方向垂直的晶面 R,它的层状生长速率取决于台阶推进的速率 v 和台阶密度 p

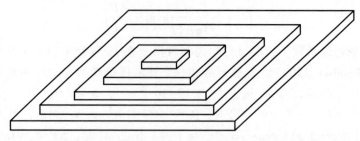

图 3.2　金字塔生长，它包含一个摞着一个生长的二维核。这种金字塔的侧面实际上表现为一个邻位面。邻位面的斜率由二维成核的速率以及台阶的传播决定

$$R = pv \qquad (3.15)$$

式中，$p = h/\lambda = \tan\theta$ 是邻位面的斜率，由台阶高度 h 和台阶间隔 λ 的比值给出（图 3.3）。面 V 平行于其自身的生长速率将由 $V = R\cos\theta$ 给出，其中 θ 是晶体表面的特别部分与奇异面的夹角。

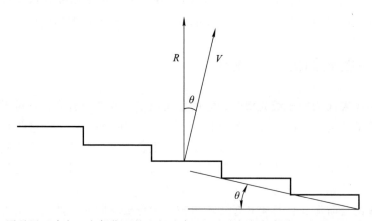

图 3.3　图示用于确定一个邻位面的生长速率 R，这个倾斜的邻位面与最近的奇异面的法线的夹角为 θ。量值 $V = R\cos\theta$ 是邻位面平行于其自身的生长速率

　　注意到角 θ，进而台阶密度通常取决于台阶源和生长动力学，也就是说，它们取决于过饱和。在二维成核生长的情况，台阶距离（图 3.2）取决于二维成核的速率。过饱和越高（更小的比边缘能），则二维成核率将越高。然后，二维核在一个更早的时刻在底下一层的二维岛上就形成了，并且台阶间隔更小。对于螺旋生长，同样的论述也正确。在螺旋生长中，台阶距离正比于二维核的半径，而二维核半径又反比于过饱和。下一节将会展示，台阶推进的速率 v 也是台阶密度 p 的一个函数，并且我们要做的第一项工作，就是找到 v 在从气体、溶液或熔融物中在任何特殊情况下的表达式。

3.2.1 台阶推进速率

一般地，晶体表面上的台阶高度可以从一个原子直径（单原子台阶）到几个原子直径（多原子台阶）变化，而且最终变化到几百和几千原子直径（宏台阶）。实际上后者表现为平台甚至于小晶面，它们通常很容易看到。来自单原子台阶的宏台阶的形成可以容易地被解释，因为我们知道台阶越高则它推进的速率越低。后者是因为，多原子台阶需要更高的原子流量来保持与单原子台阶相同的运动速率。两个单原子台阶可以彼此相遇，一方面是由于过饱和的局部涨落或者杂质原子的浓度变化，另一方面是由于遇到了晶格瑕疵。无论由于什么原因，如果这种事情发生了，一个双台阶将会形成，它的推进速率将会小于单原子台阶的推进速率，因为它需要两倍高的原子流量来实现与单原子台阶相同的移动速率。然后，一个第三单原子台阶将会赶上双台阶，从而形成一个三倍高台阶。此过程持续进行，直到一个宏台阶形成。因此，初始光滑的晶面（或邻位面）可以在给定条件下分裂成丘陵（hills）和山谷（valleys）。这些过程通常通过晶体生长运动学理论描述为运动学波和冲击波的形式（Frank 1958b；Cabrera 和 Vermilyea 1958，Chernov 1961）。

另一方面，宏台阶可以在特定条件下转变为单原子台阶，从这个意义上讲，宏台阶是耗散结构（Chernov 1961；Bennema 和 Gilmer 1973）。

一般地，宏台阶总是在晶面上出现。由于其推进速率较小，它们对于整体生长速率的贡献应该不是很大。这也是我们从单原子台阶推进速率来开始探讨的原因。同原子级粗糙表面的垂直生长情况一样，我们将分别考虑从不同环境相——气体、溶液和熔融物的生长。

3.2.1.1 从气相的生长

3.2.1.1.1 晶面上的基本过程

考虑一个邻位晶面（由于连续二维成核而形成的一个生长小丘或一个金字塔的邻位侧面，见图 3.2 和图 3.9），它在低于粗糙化温度时与其自身的气体接触。我们假设台阶都是单原子高度的。迄今为止，我们对于台阶的起源——二维成核或螺旋位错不感兴趣。生长的整个过程包括下面单独的基本过程（图3.4）：① 从气体的原子吸附到台阶之间的平台上，这给出了众多的吸附原子；② 吸附原子向台阶的表面扩散；③ 吸附原子合并入沿着台阶的扭结，这导致了台阶的推进，并且因此导致了晶体沿着垂直其表面的生长。整个蒸发过程包含相同的基本步骤，但是以相反的顺序进行。我们忽略从气相的原子在台阶上的直接碰撞。容易展示，和在从气体的异质成核一样，从气相直接到达台阶的原子流量远小于在平台上扩散至台阶的原子流量。［耦合的体积和表面扩散问题已经由 Gilmer，Ghez 和 Cabrera（1971）探讨过］。

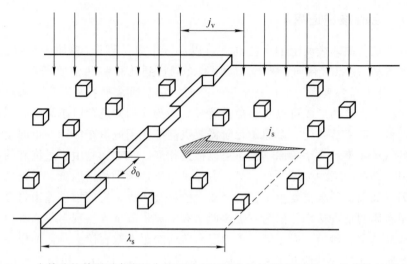

图 3.4　一个单独的单原子高度的台阶通过表面扩散生长的示意图。j_v 是从体（bulk）气相朝向晶体表面的原子流量，j_s 是扩散至台阶的吸附原子的流量，而 δ_0 是任何扭结之间的平均间隔。λ_s 是被表面之上、在它们寿命 τ_s 内的吸附原子覆盖的平均距离

在拥有气相的晶体的平衡情况下，原子吸附流量 $P_\infty / (2\pi mkT)^{1/2}$ 和脱附流量 n_s/τ_s 相等，所以吸附原子浓度 n_s 为它的平衡值

$$n_{se} = \frac{P_\infty}{\sqrt{2\pi mkT}}\tau_s \qquad (3.16)$$

式中，P_∞ 是无限大晶体的平衡蒸气压；m 是原子质量；τ_s 是原子在被重新蒸发之前在晶体表面上停留的平均时间，τ_s 由下式给出：

$$\tau_s = \frac{1}{\nu_\perp}\exp\left(\frac{E_{des}}{kT}\right) \qquad (3.17)$$

式中，$\nu_\perp$ 是吸附原子垂直于表面的振动频率；E_{des} 是一个吸附原子从晶体表面脱附的激活能。

对于 n_{se}，将式（1.58）中的 P_∞ 和式（3.17）中的 τ_s 代入式（3.16），我们得到

$$n_{se} = N_0\exp\left(-\frac{\varphi_{1/2} - E_{des}}{kT}\right) \qquad (3.18)$$

式中，N_0 合并了式（1.58）中的熵因子，但是对于单晶它的量级为数值 $N_0 \cong 1/a^2$ 每晶面上吸附位置的单位面积（$\approx 1 \times 10^{15}\ \mathrm{cm}^{-2}$），其中 a 是吸附位置的平均距离；差值 $\varphi_{1/2} - E_{des}$ 给出了将一个原子从一个扭结位置传送到平坦表面之上的能量。换言之，式（3.18）也表达了扭结-吸附层平衡，因为在平衡状态，从吸

附层到或者来自扭结的流量相等。

吸附原子在它们在平面上的寿命之内可以覆盖的平均距离是

$$\lambda_s = \sqrt{D_s \tau_s} \qquad (3.19)$$

式中，D_s 是表面扩散系数

$$D_s = a^2 \nu = \exp\left(-\frac{E_{sd}}{kT}\right) \qquad (3.20)$$

这里，E_{sd} 是表面扩散的激活能，而 $\nu_=$ 是吸附原子平行于晶体表面的振动频率。假设 $\nu_\perp = \nu_= = \nu$，有

$$\lambda_s = a \exp\left(\frac{E_{des} - E_{sd}}{2kT}\right) \qquad (3.21)$$

脱附能 E_{des} 总是大于扩散能势垒 E_{sd} [对于面心立方晶体的(111)面，$E_{des} = 3\psi$，且对于其(100)面，$E_{des} = 4\psi$，而 $E_{des} < \psi$]。于是，$\lambda_s \gg a$。为了评估 λ_s，相对于 E_{des}，我们忽略 E_{sd}。考虑 Ag 在 1 000 K 的情形($\psi/kT = 5$)，我们得到 $\lambda_s(111) = 2 \times 10^3 a$，并且 $\lambda_s(100) = 2 \times 10^4 a$。我们看到，$\lambda_s$ 远大于同样条件下的扭结之间的平均距离 $\delta_0 = 7a$。对于 Si 的(111)面，在熔化温度下，$\lambda_s = 2 \times 10^2 a \gg \delta_0 = 3.5a$。如同看到的，表面堆积得越紧密，$\lambda_s$ 越小，并且平衡吸附原子浓度 n_{se} 就越小。因此，对于 Ag，$n_{se}(100) = 2 \times 10^{-4} N_0$，但是 $n_{se}(111) = 2 \times 10^{-7} N_0$。

3.2.1.1.2 一个台阶的运动系数

对于一个单个台阶，我们将进行与一个粗糙晶面相同的探讨。回到图 3.1，与之前相同，我们用一个在扭结位置的原子的能量来确定左手边的能量等级。这次，上面右手边的能量等级被确定为一个吸附在晶面平滑部分的原子的能量。于是两个等级之差 $\Delta h = \Delta W = \varphi_{1/2} - E_{des}$ 给出了将一个原子从一个扭结位置传送到平坦表面上所需的能量。能量势垒 ΔU 和之前的含义相同。

朝向一个台阶的、与一个扭结位置关联的吸附原子的流量(s^{-1})是

$$j_+ = \nu n_{st} a^2 \exp\left(-\frac{\Delta U}{kT}\right) \qquad (3.22)$$

式中，n_{st} 是台阶附近的吸附原子浓度；a^2 是一个扭结位置的面积。

离开扭结位置、将要被吸附至平台之上的原子流量为

$$j_- = \nu \exp\left(-\frac{\Delta W + \Delta U}{kT}\right) \qquad (3.23)$$

在平衡时($j_+ = j_-$)，吸附原子浓度达到由式(3.18)给出的平衡值 n_{se}。
台阶推进的速率由下式给出：

$$v_\infty = a \frac{a}{\delta_0}(j_+ - j_-) \qquad (3.24)$$

式中，a/δ_0 是找到一个扭结位置的概率；δ_0 是由式（1.75）定义的扭结间隔。

为了得到 v_∞，将从式（3.22）和式（3.23）得到的 j_+ 和 j_- 代入式（3.24），有

$$v_\infty = 2a^2\beta_{st}(n_{st} - n_{se}) \tag{3.25}$$

式中，因子 2 代表从较低和较高平台的原子的到达，而且

$$\beta_{st} = a\nu \frac{a}{\delta_0}\exp\left(-\frac{\Delta U}{kT}\right) \tag{3.26}$$

是台阶的运动系数或者结晶速率，这完全类似于晶面的运动系数［式（3.14）］。

我们将扩散速率定义为平均距离 λ_s 除以平均驻留时间 τ_s：

$$\frac{\lambda_s}{\tau_s} = \frac{D_s}{\lambda_s} = a\nu\exp\left(-\frac{E_{des} + E_{sd}}{2kT}\right) \tag{3.27}$$

明显地，当扩散速率远低于台阶的运动系数时

$$\frac{D_s}{\lambda_s} \ll \beta_{st} \tag{3.28}$$

这等价于 $E_{des}+E_{sd}>2\Delta U+2\omega$，台阶推进的速率将被表面扩散过程决定。换言之，表面扩散是速率控制的过程。我们说，晶体在扩散机制（diffusion regime）中生长。如果不是这种情况，也就是说，当

$$\frac{D_s}{\lambda_s} \gg \beta_{st} \tag{3.29}$$

或者当 $E_{des}+E_{sd}<2\Delta U+2\omega$ 时，当建筑单元合并入扭结位置时参与的过程决定了台阶推进的速率，并且晶面在运动机制（kinetic regime）下生长。

3.2.1.1.3　一个单台阶的推进速率

我们考虑晶面的一部分，它包含一个被限制在两个无限宽平台的单个单原子台阶（图 3.4）。蒸气压是 $P>P_\infty$，并且过饱和由下式给出：

$$\sigma = \frac{\Delta\mu}{kT} = \ln\left(\frac{P}{P_\infty}\right) \approx \frac{P}{P_\infty} - 1 = \alpha - 1 \tag{3.30}$$

对于稍微大于 P_∞ 的 $P(\alpha=P/P_\infty)$。

与压强为 P 的气相处于平衡的吸附原子的数量为

$$n_s = \frac{P\tau_s}{\sqrt{2\pi mkT}} = \alpha n_{se} \tag{3.31}$$

在吸附层中的过饱和被定义为

$$\sigma_s = \frac{n_s}{n_{se}} - 1 = \alpha_s - 1 \tag{3.32}$$

式中，$\alpha_s=n_s/n_{se}$。

注意，σ_s 是一个垂直于台阶的距离 y 的函数（图 3.4），而 σ 在整个表面上为常数。

在表面上向着台阶扩散的原子流量是

$$j_s = -D_s \frac{dn_s}{dy} = -D_s n_{se} \frac{d\alpha_s}{dy}$$

我们引入势函数 $\Psi = \sigma - \sigma_s = \alpha - \alpha_s$。于是表面流量为

$$j_s = D_s n_{se} \frac{d\Psi}{dy}$$

或者，以一个更加一般的形式表示

$$j_s = D_s n_{se} \mathrm{grad}\,\Psi \qquad (3.33)$$

从气相到达晶体表面之上的净原子流量是

$$j_v = \frac{P}{\sqrt{2\pi mkT}} - \frac{n_s}{\tau_s} = \frac{n_{se}}{\tau_s}\Psi \qquad (3.34)$$

假设台阶的运动在扩散问题中可以被忽略（理由将在下面给出），Ψ 的连续性方程为

$$\mathrm{div} j_s = j_v \qquad (3.35)$$

它在单向扩散的情况中等价于

$$\frac{dj_s(y)}{dy} = j_v$$

后者正是在距离台阶给定距离 y 上的吸附原子的浓度拥有一个与时间无关（稳态）的值的条件。换言之，若一个台阶的宽度为从 y 到 $y+dy$，流入和流出平行于该台阶的一个条状区域的表面流量之差必须为从气相的到达原子所补偿。

然后

$$D_s n_{se} \mathrm{div}(\mathrm{grad}\,\Psi) = \frac{n_{se}}{\tau_s}\Psi$$

后者可以写为一般形式（Burton，Cabrera 和 Frank 1951）

$$\lambda_s^2 \Delta\Psi = \Psi \qquad (3.36)$$

式中，符号 Δ 表示拉普拉斯算符

$$\Delta = \frac{d^2}{dx^2} + \frac{d^2}{dy^2} + \frac{d^2}{dz^2} \qquad (3.37)$$

式 (3.36) 是支配方程，它必须在对于不同对称性和物理条件的各种初始和边界条件下进行求解。

当处理一个孤立台阶的推进速率问题时，一些物理可能性应该被考虑：

（1）吸附原子在它们在晶体表面上的驻留时间 τ_s 中所覆盖的平均路径 λ_s 远大于平均扭结间距 δ_0。物理上，这意味着台阶充当了吸附原子的一个连续的陷阱。主宰方程式 (3.36) 于是可以简化为一个线性扩散方程（见图 3.4）

$$\lambda_s^2 \frac{d^2 \Psi}{dy^2} = \Psi \tag{3.38}$$

（2）吸附原子在它们在晶体表面上的驻留时间 τ_s 中所覆盖的平均路径 λ_s 小于平均扭结间距 δ_0。吸附原子直接扩散至孤立扭结。扩散问题被在极坐标系下求解，因为扩散场的形状是一个圆形。可以得到一个 Bessel 函数形式的方程（Burton，Cabrera 和 Frank 1951）。

（3）吸附原子在它们在晶体表面上的驻留时间 τ_s 中所覆盖的平均路径 λ_s 再次小于平均扭结间距 δ_0，但是，吸附原子在晶体表面上扩散来加入台阶的边缘，然后沿着台阶边缘扩散，以致合并入扭结（Burton，Carbrera 和 Frank 1951）。

第一章中已经展示过，在远未达到临界温度时，台阶是粗糙的，而且实际上条件 $\lambda_s \gg \delta_0$ 总是满足的。由此，情况（1）是最为可能的情形。对于剩下的情况，读者可以参考原始的论文（Burton，Cabrera 和 Frank 1951）以及 Bennema 和 Gilmer（1973）的综述文章来获得更多的细节。

我们首先求解线性扩散至一个单个孤立的笔直台阶这一特殊情况［式（3.38）］。为了找到一个主宰方程式（3.36）的解，我们必须指定边界条件。在离台阶一个足够大的距离，吸附层不受台阶出现的影响，并且 $n_s = \alpha n_{se}$［式（3.31）］。然后，$\sigma = \sigma_s$，并且 $\Psi = 0$。在台阶的邻近区域（$y \to 0$），吸附原子的浓度由原子吸附至和脱附自扭结位置的过程决定。如果激活能 ΔU 是可以忽略的，运动系数将足够大，并且式（3.28）将被满足。然后，扭结和吸附层之间的原子交换将会足够迅速，并且台阶邻近区域的原子浓度将等于平衡浓度 n_{se}。于是，$\sigma_s = 0$，并且 $\Psi = \sigma$。在相反的情况，即 ΔU 相当大，台阶的运动系数将会很小，并且式（3.29）将有效。

在一般情况下，在 $y = 0$ 时

$$\sigma_s = \sigma_{st} = \frac{n_{st} - n_{se}}{n_{se}} \tag{3.39}$$

然后，$\Psi = \sigma - \sigma_{st} = \chi\sigma$，其中（Bennema 和 Gilmer 1973）

$$\chi = \frac{\sigma - \sigma_{st}}{\sigma} \tag{3.40}$$

由此

$$\sigma_{st} = \sigma(1 - \chi)$$

式（3.25）变为

$$v_\infty = 2a^2 \beta_{st} n_{se} \sigma(1 - \chi) \tag{3.41a}$$

服从下面边界条件

$$y = 0, \qquad \Psi = \chi\sigma,$$
$$y \to \pm\infty, \qquad \Psi = 0$$

的方程式(3.38)的解为

$$\Psi = \chi\sigma\exp\left(\pm\frac{y}{\lambda_s}\right) \qquad (3.42)$$

式中，符号"+"和"-"分别指 $y<0$ 和 $y>0$。

于是，单个台阶的推进速率

$$v_\infty = \frac{j_s(y=0)}{N_0}$$

为

$$v_\infty = 2\chi\sigma a^2 n_{se}\frac{D_s}{\lambda_s} = 2\chi\sigma\lambda_s\nu\exp\left(-\frac{\varphi_{1/2}}{kT}\right) \qquad (3.43)$$

式(3.41a)的推导基于一个假设，即 n_{st} 是台阶邻近区域的吸附原子浓度。我们没有指出浓度偏离它的平衡值的原因。然后，我们可以通过使式(3.41a)和式(3.43)相等来确定参数 χ，可以得到

$$\chi = \left(1+\frac{D_s}{\lambda_s\beta_{st}}\right)^{-1} \qquad (3.44)$$

可以看到，未知参数 χ 只取决于扩散速率 D_s/λ_s 和结晶速率 β_{st} 的比值。

最后，对于单个台阶的推进速率，我们得到

$$v_\infty = 2\sigma\lambda_s\nu\exp\left(-\frac{\varphi_{1/2}}{kT}\right)\left(1+\frac{D_s}{\lambda_s\beta_{st}}\right)^{-1} \qquad (3.45)$$

应用式(3.28)，导致如下表达式：

$$v_\infty = 2\sigma\lambda_s\nu\exp\left(-\frac{\varphi_{1/2}}{kT}\right) \qquad (3.46)$$

上式在单纯扩散机制下对于台阶推进有效。式(3.29)导致 $\chi\to0$ 时的方程式(3.41a)

$$v_\infty = 2a^2\beta_{st}n_{se}\sigma \qquad (3.41b)$$

它描述了台阶在运动机制下的行为，并且其中台阶周围的原子浓度仅仅由在台阶边缘参与的过程决定。这种情况下，没有扩散梯度存在，并且吸附原子浓度保持值 n_s，且 n_s 由除台阶附近一个窄条之外的整个晶体表面决定。但是可以看到，在两种情况下，孤立台阶的推进速率都是过饱和 σ 的一个线性函数。

当求解扩散问题时，如果在表面上的一个吸附原子的平均运动速度 $v_{diff} = \lambda_s/\tau_s$ 远大于台阶的推进速率 $v_\infty = 2\sigma D_s n_{se}a^2/\lambda_s$，台阶的运动显然可以被忽略。比值 $v_\infty/v_{diff} = 2\sigma n_{se}/N_0$ 显然小于整数，因为过饱和 $\sigma<1$，并且平衡吸附原子浓度 n_{se} 通常是吸附位置 N_0 密度的一小部分(Bennema 和 Gilmer 1973)。

3.2.1.1.4 一系列平行台阶的推进速率

我们考虑如图 3.5 所示的一系列平行且等距的台阶，其中 y_0 是台阶的间

隔。我们再一次假设 $\lambda_s \gg \delta_0$。显然，吸附原子浓度在台阶之间的中部时有其最大值，从而$(\mathrm{d}n_s/\mathrm{d}y)_{y=0}=0$（距离 y 从台阶之间的中点处测量），或者$(\mathrm{d}\Psi/\mathrm{d}y)_{y=0}=0$。台阶邻近区域的浓度再次等于 n_{st}，并且 $\Psi(y\to\pm y_0/2)=\chi\sigma$。于是式（3.38）的解为

$$\Psi = \chi\sigma \frac{\cosh\left(\dfrac{y}{\lambda_s}\right)}{\cosh\left(\dfrac{y_0}{2\lambda_s}\right)} \qquad (3.47)$$

并且对于 v_∞ 我们有

$$v_\infty = 2\chi\sigma a^2 n_{se} \frac{D_s}{\lambda_s}\tanh\left(\frac{y_0}{2\lambda_s}\right)$$

$$= 2\chi\sigma\lambda_s \nu\exp\left(\frac{-\varphi_{1/2}}{kT}\right)\tanh\left(\frac{y_0}{2\lambda_s}\right) \qquad (3.48)$$

当 $y_0\to\infty$ 时上式简化为式（3.43）。

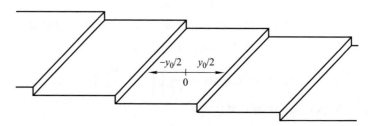

图 3.5 一系列平行等距的台阶，它们之间的间距为 y_0。为了求解扩散问题，简便地从台阶之间的中点处测量距离

　　记得在运动机制时，平台上在台阶之间的吸附原子浓度不受台阶出现的影响，并且台阶之间并不通过扩散场相互作用，我们可以进行和上面相同的运算来找到 χ 的一个表达式。取式（3.41a）和式（3.48）相等，有

$$\chi = \left[1 + \frac{D_s}{\lambda_s\beta_{st}}\tanh\left(\frac{y_0}{2\lambda_s}\right)\right]^{-1}$$

并且

$$v_\infty = 2\sigma\nu\lambda_s\exp\left(-\frac{\varphi_{1/2}}{kT}\right)\frac{\tanh\left(\dfrac{y_0}{2\lambda_s}\right)}{1 + \dfrac{D_s}{\lambda_s\beta_{st}}\tanh\left(\dfrac{y_0}{2\lambda_s}\right)} \qquad (3.49)$$

可以马上看到，式（3.28）导致了一个对于生长的单纯扩散机制有效的表

达式

$$v_\infty = 2\sigma\lambda_s \nu \exp\left(-\frac{\varphi_{1/2}}{kT}\right)\tanh\left(\frac{y_0}{2\lambda_s}\right) \qquad (3.50)$$

而式（3.29）对于台阶推进的运动机制再一次导致式（3.41a）。

双曲线正切函数 $\tanh(x)$ 一开始随着它的幅角 x 线性地增大，而且当 x 足够大时（$x>2$）它渐渐地趋向整数。所以，如果台阶距离 y_0 足够大，大于晶体表面上吸附原子的平均自由路径 λ_s，$\tanh(y_0/2\lambda_s) \to 1$，并且在平台中间部分的、远离台阶的吸附原子浓度将不受台阶出现的影响，也就是说，它将等于 $n_s = P\tau_s/\sqrt{2\pi mkT}$。扩散场将不会重叠，台阶将不会彼此相互作用，而且台阶推进速率将会等于孤立台阶的推进速率。式（3.49）简化为式（3.45），并且式（3.50）简化为式（3.46）。在另外一个极端 $y_0/2\lambda_s \to 0$（当 $y_0/2\lambda_s < 0.1$ 时就足够小了），双曲线正切函数可以被近似为它的幅角，而且式（3.50）变为 $v_\infty = \nu\sigma y_0 \cdot \exp(-\varphi_{1/2}/kT)$。如同在下一章中将要展示的，台阶间距 y_0 反比于过饱和，并且 $v_\infty = $ 常数。这在物理上意味着扩散场的重叠如此之强，以至于在平台上台阶之间的吸附原子浓度实际上等于平衡吸附原子浓度 n_{se}，并且扩散梯度变为等于零。台阶在非常接近平衡的条件下运动，并且它们的推进速率不再取决于过饱和。

3.2.1.1.5　弯曲台阶的推进速率

我们考虑半径为 ρ 的圆形二维团簇的水平生长速率。它的形状由对于不同方向的速率的差值决定。如果速率与方向无关，则形状将是圆形的。

朝着弯曲台阶的原子流量现在将由下式给出：

$$j_+ = \frac{2\pi\rho}{\delta_0}\nu n_{st} a^2 \exp\left(-\frac{\Delta U}{kT}\right) \qquad (3.51)$$

式中，$2\pi\rho/\delta_0$ 是在岛周围的扭结数量。

为了找到反流量，我们应该记得，拥有母相的小二维岛的平衡不是由从半晶体位置的分离功决定的，而是决定于平均分离功 $\overline{\varphi}_2$［式（1.65）］。然后，用于将一个原子从一个扭结位置沿着二维岛的边缘传送到平台上的吸附层的功将由下式给出：

$$\Delta W(\rho) = \overline{\varphi}_2 - E_{des} = \varphi_{1/2} - \frac{\varkappa a^2}{\rho} - E_{des} = \Delta W - \frac{\varkappa a^2}{\rho} \qquad (3.52)$$

式中，$\varkappa$ 是台阶的比边缘能［式（1.67）］。实际上式（3.52）反映了增强的有限尺寸的团簇的化学势，或者换言之，汤姆森-吉布斯效应［见式（1.66b）］。

反流量为

$$j_- = \frac{2\pi\rho}{\delta_0}\nu \exp\left(-\frac{\Delta W(\rho) + \Delta U}{kT}\right) \qquad (3.53)$$

在平衡时，两个流量相等，$n_{st} = n_{se}(\rho)$，并且得到对于二维情况的汤姆森-吉布斯方程

$$n_{se}(\rho) = N_0 \exp\left(-\frac{\Delta W(\rho)}{kT}\right) = n_{se} \exp\left(\frac{\varkappa a^2}{\rho kT}\right) \qquad (3.54)$$

式中，n_{se} 由式（3.18）给出。

假设二维岛足够大（低过饱和），从该岛的上平面的净流量与从圆形台阶周围晶面的净流量应当相等。然后，台阶推进的径向速率将为

$$v(\rho) = 2\frac{j_+ - j_-}{2\pi\rho N_0}$$

并且

$$v(\rho) = 2a^2\beta_{st}\left[n_{st} - n_{se}(\rho)\right] \qquad (3.55)$$

式中，运动系数 β_{st} 再一次由式（3.26）给出。可以看到，当 $\rho \to \infty$ 时，式（3.55）简化为式（3.25）。记得 $n_{se}(\rho) > n_{se}$，接着有，在相同条件下，弯曲台阶的推进速度小于直台阶的推进速率。

差值 $n_{st} - n_{se}(\rho)$ 可以被重组为如下形式：

$$n_{st} - n_{se}(\rho) = n_{se}\left[\left(\frac{n_{st}}{n_{se}} - 1\right) - \left(\frac{n_{se}(\rho)}{n_{se}} - 1\right)\right] = n_{se}\left[\sigma_{st} - \sigma(\rho)\right]$$

$$= n_{se}\{[\sigma - \sigma(\rho)] - [\sigma - \sigma_{st}]\} = n_{se}\sigma\left(1 - \frac{\sigma(\rho)}{\sigma} - \chi\right)$$

临界半径 ρ_c 被汤姆森-吉布斯方程式（1.66b）定义为

$$\sigma = \frac{\varkappa a^2}{kT\rho_c} \qquad (3.56)$$

由式（3.54）和式（3.56）有

$$\frac{\sigma(\rho)}{\sigma} = \frac{\rho_c}{\rho}$$

最终

$$v(\rho) = 2a^2\beta_{st}n_{se}\sigma\left(1 - \frac{\rho_c}{\rho} - \chi\right) \qquad (3.57)$$

在极坐标系下的扩散方程式（3.36）为

$$\frac{d^2\Psi(r)}{dr^2} + \frac{1}{r}\frac{d\Psi(r)}{dr} = \frac{\Psi(r)}{\lambda_s^2} \qquad (3.58)$$

式中，$\Psi(r) = \sigma - \sigma_s(r)$，并且服从于边界条件 $\Psi(r \to \infty) = 0$，$[d\Psi(r)/dr]_{r=0} = 0$，且 $\Psi(r=\rho) \equiv \Psi(\rho) = \sigma - \sigma_{st}(\rho) = \chi\sigma (\sigma_{st}(\rho) = n_{st}/n_{se} - 1)$。式（3.58）的解是

$$\Psi(r) = \Psi(\rho)\frac{I_0\left(\dfrac{r}{\lambda_s}\right)}{I_0\left(\dfrac{\rho}{\lambda_s}\right)}, \qquad r < \rho \tag{3.59a}$$

$$\Psi(r) = \Psi(\rho)\frac{K_0\left(\dfrac{r}{\lambda_s}\right)}{K_0\left(\dfrac{\rho}{\lambda_s}\right)}, \qquad r > \rho \tag{3.59b}$$

式中，$I_0(x)$ 和 $K_0(x)$ 是有虚部幅角的第一类和第二类的贝塞尔函数。

朝向团簇边缘的原子流量是

$$j_s(\rho) = 2\pi\rho D_s n_{se}\left(\frac{\mathrm{d}\Psi}{\mathrm{d}r}\right)_{r=\rho} = 4\pi\rho n_{se}\frac{D_s}{\lambda_s}\Psi(\rho) \tag{3.60}$$

式中，方程 $I_0'(x) = I_1(x)$，$K_0'(x) = -K_1(x)$，$I_1(x)K_0(x) + I_0(x)K_1(x) = 1/x$，而且当 $x>1$ 时使用了近似 $I_0(x)K_0(x) = 1/2x$。

于是，一个弯曲台阶推进的径向速率为

$$v(\rho) = \frac{j_s(\rho)}{2\pi\rho N_0} = 2a^2 n_s \chi\sigma\frac{D_s}{\lambda_s} \tag{3.61}$$

由式（3.57）和式（3.61）我们得到

$$\chi = \left(1 - \frac{\rho_c}{\rho}\right)\left(1 + \frac{D_s}{\lambda_s\beta_{st}}\right)^{-1}$$

和

$$v(\rho) = 2\sigma\lambda_s\nu\exp\left(-\frac{\varphi_{1/2}}{kT}\right)\left(1 - \frac{\rho_c}{\rho}\right)\left(1 + \frac{D_s}{\lambda_s\beta_{st}}\right)^{-1}$$

或

$$v(\rho) = v_\infty\left(1 - \frac{\rho_c}{\rho}\right) \tag{3.62}$$

式中，v_∞ 是一个笔直台阶的推进速率，由式（3.45）给出。

最后，在一个有趣的情况中，即同心圆团簇的生长，若其边缘彼此的间距为 y_0，推进速率将由下式给出［见式（3.49）］：

$$v(\rho) = 2\sigma\lambda_s\nu\exp\left(-\frac{\varphi_{1/2}}{kT}\right)\frac{\tanh\left(\dfrac{y_0}{2\lambda_s}\right)}{1 + \dfrac{D_s}{\lambda_s\beta_{st}}\tanh\left(\dfrac{y_0}{2\lambda_s}\right)}\left(1 - \frac{\rho_c}{\rho}\right) \tag{3.63}$$

这是对于单原子台阶推进速率的一般表达式。所有限定的情况，无论是对于弯曲还是笔直的台阶或者是一系列台阶，无论是扩散或是运动的生长状态，都可以从上式推导出来。

3.2.1.2　从溶液的生长

在从溶液的生长中，建筑单元的补给主要通过在溶液体内的扩散发生（Burton，Cabrera 和 Frank 1951；Chernov 1961），尽管有证据表明，生长单元至少也部分地通过表面扩散到达生长位置（Bennema 1974；Vekilov 等 1992；Zhang 和 Nancollas 1991）。通过表面扩散生长的问题同从气体生长时的相似，在下面的讲述中，我们将只考虑体扩散。台阶同时通过表面和体扩散进行传播的问题已经由 Van der Eerden（1982，1983）探讨过。

溶液通常是被搅动的。如果溶液是静止的，在生长中晶体的附近，溶液的耗尽将使得对流增大。因此，在所有情况中，溶液相对于生长晶体运动。当一个液体切向地向一个平面表面运动，液体的速率朝向表面减小，并且一个不动的界面层在表面的附近区域形成了，如图 3.6 所示（Schlichting 1968）。该层通常称作停滞层（stagnant layer）。停滞层的厚度取决于液体的速度 ϑ、它的黏度 η 和密度 ρ，以及根据如下近似方程的距离晶体表面主导边缘的距离 x：

$$d \cong 5\left(\frac{x\eta}{\vartheta\rho}\right)^{1/2}$$

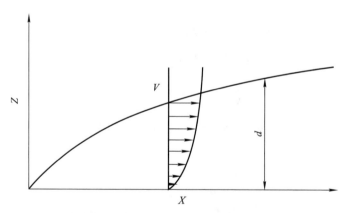

图 3.6　在一个切向运动的液体中，晶体表面上的停滞边界层的图解。箭头给出了当逼近晶体表面时液体速率降低的效果。停滞层的厚度 d 取决于距离晶体表面主导边缘的距离 x

对于涉及的参数值，水溶液在室温下的典型值为，$\eta = 1 \times 10^{-2}$ g · cm^{-1} · s^{-1}，$\rho = 1$ g/cm^3，$\vartheta = 40$ cm/s，$x = 0.1$ cm，$d \cong 0.25$ mm。上面提到的方程仅仅给出了一个定性的表示，因为在被搅动的溶液中或是围绕旋转晶体的真实情况可以非常不同。停滞边界层的概念也被非常广泛地应用于描述化学气相沉积（CVD）时反应器里发生的过程（Carra 1988）。

通常总是假设说，在一个停滞层内，向晶体表面的生长物质的传输通过扩散发生，而在该层的上边界处溶质的浓度保持常数，并且等于体浓度 C_∞。再一次假设台阶的移动速率足够小于扩散速率，边界层的溶质浓度由拉普拉斯方程 $\Delta C = 0$ 描述，其中 Δ 是拉普拉斯算符。当考虑由生长单元合并入沿台阶的扭结位置引起的单台阶的运动时，平均扭结间隔显然远小于边界层的厚度。然后，台阶对于生长单元来说充当了一个线性的槽，而且扩散场的形状为一个轴向沿着台阶的半圆柱(图3.7)。因此，可很方便地在圆柱坐标系下表达拉普拉斯方程：

$$\frac{\mathrm{d}^2 C}{\mathrm{d}r^2} + \frac{1}{r}\frac{\mathrm{d}C}{\mathrm{d}r} = 0$$

式中，r 是矢量半径。当我们考虑一个拥有等距台阶的邻位晶体面的生长时，我们不得不将扩散场的重叠计入考虑，如图3.8所示(Chernov 1961)。我们将像上面已经做过的那样分别地探讨这两种情况。

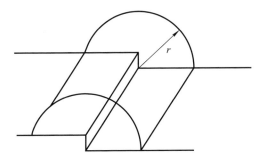

图3.7　一个孤立台阶附近的圆柱状对称性的体扩散场。从台阶的距离由半径矢量 r 描述

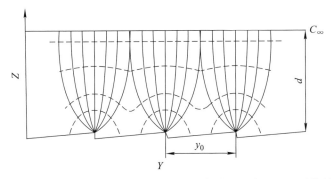

图3.8　一系列沿 y 方向的、平均间距为 y_0 的平行台阶的示意图。通过体扩散的建筑单元的传输沿着图中实线发生。虚线代表了拥有相等溶质浓度的虚线。远离台阶在停滞层上边界 d 处，溶质浓度 C_∞ 等于体溶液中的溶质浓度[根据 Chernov(1961)]

3.2.1.2.1 一个单台阶的推进速率

我们考虑这个较为简单的情况，以便说明所用的方法。一个拉普拉斯方程的溶液是函数（Carslaw 和 Jaeger 1960）

$$C(r) = A\ln(r) + B \tag{3.64}$$

它可以通过检查核实，并且其中 A 和 B 是常数。后者可以从边界条件中找到

$$r = \frac{a}{\pi}, \quad C = C_{st} \tag{3.65a}$$

$$r = d, \quad C = C_{\infty} \tag{3.65b}$$

式中，C_{st} 和 C_{∞} 分别是台阶附近和停滞层或体溶液里上边界的浓度。

式（3.65a）意味着我们用一个半径为 $r = a/\pi$ 的半圆柱表面来近似高度为 a 的台阶。式（3.65b），如同它写出的那样，意味着浓度在半径为 $r = d$ 的半圆柱表面的值为 C_{∞}。因为在附近没有别的台阶，也因此对于溶质物质没有别的下沉槽，这个条件是如下假设的直接后果：假设传输由体积扩散发生，向着生长位置。换言之，不存在去向表面其他部分的原子流，而且远离台阶的浓度为常数，其值在所有方向上等于 C_{∞}。

然后对于台阶附近的浓度轮廓，我们得到

$$C(r) = C_{\infty} - (C_{\infty} - C_{st}) \frac{\ln\left(\dfrac{r}{d}\right)}{\ln\left(\dfrac{a}{\pi d}\right)} \tag{3.66}$$

台阶推进的速率是

$$v_{\infty} = v_c D \left(\frac{dC}{dr}\right)_{r=a/\pi} = \frac{\pi v_c D C_0}{a\ln\left(\pi\dfrac{d}{a}\right)} \chi\sigma \tag{3.67}$$

式中，v_c 是晶体中一个生长单元的体积；D 是体扩散系数；C_0 是溶质在给定温度的平衡浓度。与之前情形完全类似，$\sigma = C_{\infty}/C_0 - 1$ 是过饱和，$\sigma_{st} = C_{st}/C_0 - 1$，$\chi = (\sigma - \sigma_{st})/\sigma$ 以及 $C_{\infty} - C_{st} = \chi C_0 \sigma$。

另一方面

$$v_{\infty} = \beta_{st} v_c (C_{st} - C_0) = \beta_{st} C_0 v_c \sigma_{st} = \beta_{st} C_0 v_c \sigma(1 - \chi) \tag{3.68}$$

式中

$$\beta_{st} = a\nu \frac{a}{\delta_0} \exp\left(-\frac{\Delta U}{kT}\right)$$

是台阶的运动系数，完全与晶体表面的情况相似[式（3.9）]。可以看到，唯一的不同是找到一个扭结位置的概率的维度。

令式（3.67）等于式（3.68），得到

$$\chi = \frac{a\beta_{st}\ln\left(\pi\dfrac{d}{a}\right)}{\pi D + a\beta_{st}\ln\left(\pi\dfrac{d}{a}\right)}$$

和

$$v_\infty = \frac{\beta_{st} C_0 v_c \sigma}{1 + \dfrac{a\beta_{st}}{\pi D}\ln\left(\pi\dfrac{d}{a}\right)} \tag{3.69}$$

同之前一样，当扩散速率，$\pi D/a$，足够大于结晶速率 β_{st} 时，后者控制了台阶推进的速率。后者在运动机制下由下式给出：

$$v_\infty = \beta_{st} C_0 v_c \sigma \tag{3.70}$$

在另一个极端，即扩散机制（$\pi D/a \ll \beta_{st}$）

$$v_\infty = \frac{\pi D C_0 v_c}{a\ln\left(\pi\dfrac{d}{a}\right)}\sigma \tag{3.71}$$

并且同气体生长的情况一样，v_∞ 是过饱和的一个线性函数。

3.2.1.2.2　在一系列台阶中的一个台阶的推进速率

Chernov(1961)第一次解决了这个问题。对拉普拉斯方程 $\Delta C = 0$（关于坐标系的方向见图 3.8）取如下边界条件：

$$y = 0 \text{ 和 } z = d, \quad C = C_\infty \tag{3.72a}$$

$$y = 0 \text{ 和 } z = \frac{a}{\pi}, \quad C = C_{st} \tag{3.72b}$$

得到

$$C = A\ln\left[\sin^2\left(\frac{\pi}{y_0}y\right) + \sinh^2\left(\frac{\pi}{y_0}z\right)\right]^{1/2} + B \tag{3.73}$$

式中，A 和 B 为常数，有

$$A = \frac{C_\infty - C_{st}}{\ln\left[\sinh\left(\dfrac{\pi d}{y_0}\right)\right] - \ln\left[\sinh\left(\dfrac{a}{y_0}\right)\right]}$$

$$\cong \frac{C_\infty - C_{st}}{\ln\left[\dfrac{y_0}{a}\sinh\left(\dfrac{\pi d}{y_0}\right)\right]} \tag{3.74}$$

$$B = C_\infty + A\ln\left[\sinh\left(\frac{\pi d}{y_0}\right)\right] \tag{3.75}$$

其中用到了近似 $\sinh(a/y_0) \cong a/y_0 \, (a/y_0 \ll 1)$。

式(3.73)中的函数 $\sin(\pi y/y_0)$ 反映了由于等距台阶的序列的 C 中的周期。双曲正弦 $\sinh(\pi z/y_0)$ 导致了 C 在垂直于生长表面方向上的依赖性。马上可以看到式(3.73)在 $y=0$ 和台阶之间距离较大时简化为式(3.64)，以至于 $\sinh(\pi z/y_0) \cong \pi z/y_0$。边界条件[式(3.72a)]，$C=C_\infty$ 在任何 y 值对于 $z=d$ 严格有效。如 Chernov(1961)讨论的，当 $\pi d \gg y_0$ 时，对于 z 值，浓度不再依赖于 y，并且条件 $C(0,d)=C_\infty$ 变得等价于 $C(d)=C_\infty$。在相反的情况下，$\pi d \ll y_0$，我们实际上有分开很远的台阶，并且对于单台阶的解是有效的。

为了计算台阶推进的速率，我们必须找到浓度梯度 $\mathrm{d}C/\mathrm{d}r$。后者由下式给出：

$$\frac{\mathrm{d}C}{\mathrm{d}r} = \frac{\mathrm{d}C}{\mathrm{d}z}\frac{\mathrm{d}z}{\mathrm{d}r} + \frac{\mathrm{d}C}{\mathrm{d}y}\frac{\mathrm{d}y}{\mathrm{d}r}$$

式中，$\mathrm{d}z/\mathrm{d}r = r/z$；$\mathrm{d}y/\mathrm{d}r = r/y$；$r=(y^2+z^2)^{1/2}$。利用式(3.67)以及上述关系，我们发现 $(\mathrm{d}C/\mathrm{d}r)_{r=a/\pi} = \pi A/a$，并且

$$v_\infty = \frac{\pi v_c D C_0 \chi \sigma}{a \ln\left[\dfrac{y_0}{a}\sinh\left(\dfrac{\pi d}{y_0}\right)\right]}$$

令式(3.68)与上式相等，得到

$$\chi = \frac{a\beta_{st}\ln\left[\dfrac{y_0}{a}\sinh\left(\dfrac{\pi d}{y_0}\right)\right]}{\pi D + a\beta_{st}\ln\left[\dfrac{y_0}{a}\sinh\left(\dfrac{\pi d}{y_0}\right)\right]}$$

而且最后

$$v_\infty = \frac{\beta_{st}C_0 v_c \sigma}{1 + \dfrac{a\beta_{st}}{\pi D}\ln\left[\dfrac{y_0}{a}\sinh\left(\dfrac{\pi d}{y_0}\right)\right]} \tag{3.76}$$

马上看到，条件 $\pi d/y_0 \ll 1$ 将方程式(3.76)简化为式(3.69)，而式(3.69)对于单个孤立的台阶有效。

对于扩散和运动机制，相应的限制条件容易得到。在扩散机制的情况下 $(\pi D/a \ll \beta_{st})$

$$v_\infty = \frac{\pi D C_0 v_c \sigma}{a \ln\left[\dfrac{y_0}{a}\sinh\left(\dfrac{\pi d}{y_0}\right)\right]} \tag{3.77}$$

而在运动机制下 $(\pi D/a \gg \beta_{st})$，得到方程式(3.70)。

式(3.77)分母中函数的倒数定性地与双曲正切线有相同的行为。在一个系列中的一个台阶的推进速率在扩散机制下是过饱和的一个线性函数，但仅当

台阶间距 y_0 足够大，并大于边界层的厚度时，即实际上台阶是孤立的。在另外一个极端 $\pi d \gg y_0$，双曲正弦 $\sinh(x)$ 可以像从其块体生长的情况那样，由 $\exp(x)/2$ 和 $v_\infty \cong DC_0 v_c \sigma y_0 / ad =$ 常数$(y_0 \cong 1/\sigma)$ 近似。

我们考虑一个例子，即 $NH_4H_2PO_4$(ADP)晶体的棱柱面在室温时从一个水溶液的生长(Chernov 1989)。由 $a \cong 4 \times 10^{-8}$ cm，$\nu \cong 1 \times 10^{13}$ s^{-1}，$\delta_0 \cong 4a$，$D \cong 1 \times 10^{-6}$ cm^2/s 及 $\Delta U \cong 10$ kcal/mol，有 $\beta_{st} \cong 4 \times 10^{-3}$ cm/s，$a\beta_{st}/\pi D \cong 5 \times 10^{-5} \ll 1$(对数的贡献不大于一个数量级)并且生长在运动机制继续进行。过饱和浓度 $C_0 \cong 3.5$ mol/L，$C_0 v_c \cong 0.2$，而且由 $\sigma = 0.03$，则 $v_\infty \cong 2.4 \times 10^{-5}$ cm/s，与实验测得的数值 3×10^{-5} cm/s 符合得很好。读者可以在 Chernov(1989)优秀的综述论文和其中引用的原创论文(Chernov 等 1986；Kuznetsov，Chernov 和 Zakharov 1986；Smol'sky，Malkin 和 Chernov 1986)中找到更多详细内容。

另一个有趣的例子是 $Ba(NO_3)_2$ 晶体(111)面的生长(Maiwa，Tsukamoto 和 Sunagawa 1990)。实验测得的台阶推进的速率在溶液流有高速率(40 cm/s)时线性地依赖于过饱和，而在低速率(5 cm/s)时对过饱和的依赖则是非线性的。假设在高流率时 $\pi d/y_0 \ll 1$，台阶推进的速率将由方程式(3.69)给出，它是过饱和的线性函数。在低流率时 $\pi d/y_0 \gg 1$，并且双曲正弦可以近似为一个指数，因此在方程式(3.76)的分母中产生了一个过饱和的线性项。方程式(3.76)的分母在小过饱和时导致 v_∞ 对于 σ 一个明显的非线性依赖，如同在实验中观察到的，$\sigma = 0$ 处的 v_∞ 近似地等于 $\beta_{st} C_0 v_c$。

3.2.1.3　从熔融物的生长

第一章中曾经提到，大部分金属的熔化熵 $\Delta s_m/k$(玻尔兹曼常量形式)都有一个约为 1.2 的平均值，而且它们的表面在接近熔点时被预期是粗糙的，根据是最简单的 Jackson 标准。半导体的 $\Delta s_m/k$ 值通常更大——从 Si 3.6 和 Ge 的 3.7 到 InP 5.7、InSb 7.4、InAs 的 7.6 以及 GaAs 的 8.5 等。以至于上述二元化合物表面被期望为光滑的，并且通过层状机制生长。对于基本的半导体，很难对它们的表面的结构作出有足够精确性的预测。

通常来讲，从简单的单组分熔融物的生长与从溶液的生长类似(Chernov 1961，1984)。当一个建筑单元合并入一个生长位置，一个结晶热被释放出来，并且局部温度变高。和之前一样，假设平均扭结间距 δ_0 足够小，台阶将充当一个热量的线性源。台阶附近的过冷却将会降低，正如台阶附近的溶液的过饱和一样。然后，一个处于台阶附近的半圆柱空间之内的温度梯度出现了。支配凝聚相中的热传导的数学方程和扩散方程完全一致(Carslaw 和 Jaeger 1960)，而且我们必须像对于溶液生长那样精确地求解相同的数学问题(Chernov 1961，1984)。结晶热可以通过熔融物，或者更典型的，通过晶体被拿走，因为晶体的热传导通常高于液体的热传导。例如，固体铝和液体铝在熔化点的热传导分别为 0.51 和 0.21 cal/cm·s·K。在第一种情况，当热量通过一个搅动的熔融物被拿走，我们可精确地得到和搅动的溶液中生长相同的主宰方程的解，并且边界层的厚度拥有和之前一样的物理意义。在第二种情况，可以替代性地采取单晶晶圆的厚度。显然，可以得到与之前小节中相同的表达式，其中过饱和 $\sigma = (C_\infty - C_0)/C_0$ 应当被替换为过冷却 $\sigma = (T_m - T_\infty)/T_m$，扩散系数 D 被替换为温度传导系数 $\varkappa_T = k_T/C_p\rho$（$cm^2/s$）[$k_T$ 是热传导的系数，C_p 是比热容（cal/g·K）及 ρ（g/cm^3）是密度]。在溶液中的运动系数为 β_{st}，替代地，我们在熔融物中取台阶的运动系数

$$\beta_{st}^T = a\nu \frac{\Delta s_m}{kT} \frac{a}{\delta_0} \exp\left(-\frac{\Delta s_m}{k}\right) \exp\left(-\frac{\Delta U}{kT}\right) \tag{3.78}$$

乘以特征温度 $T_q = \Delta H_m/C_p^{liq}$，它由结晶（或熔化）热与液体的分子热容的比值给出。由于 C_p^{liq} 是使一摩尔熔融物温度升高一度的热量，ΔH_m 是结晶过程导致的引入熔融物的每摩尔的热量，则 T_q 是当结晶热没有从系统中拿走时、熔融物在此之前一直继续加热的温度。对于金属熔融物，它的值为几百度（Ag 是 445 K），但是对于半导体来说就大了许多（Si 是 1 860 K，GaA 是 1 490 K）。

于是台阶推进速率的表达式为

$$v_\infty = \frac{\beta_{st}^T T_m \sigma}{1 + \frac{a\beta_{st}^T T_q}{\pi \varkappa_T} \ln\left[\frac{y_0}{a}\sinh\left(\frac{\pi d}{y_0}\right)\right]} \tag{3.79}$$

这个表达式对于通过熔融物和晶体拿走结晶热这两种情况都适用。我们必须记得在第一种情况下，温度传导系数 $\varkappa_T$ 有对于液体的值，反之亦然。对于 Si 在 $\Delta T = T_m - T = 1$ K 时生长的情况，$k_T = 0.356$ cal/cm·s·K，$C_p^{sol} = 5.455$ cal/g-atom·K = 0.194 cal/g·K，$C_p^{liq} = 6.5$ cal/g-atom·K，$\rho = 2.328$ g/cm^3，$\Delta H_m = 12\ 082$ cal/mol，并且 $\varkappa_T = 0.787$ cm^2/s，$T_q = 1\ 860$ K。当 $\Delta U \cong 5\ 000$ cal/mol，$\delta_0 = 3.5a$ 并且 $\Delta s_m/k = 3.6$ 时，$\beta_{st}^T = 3.7$ cm/s·K 且 $a\beta_{st}^T T_q/\pi \varkappa_T \cong 1 \times 10^{-4} \ll 1$，也就是说，生长在运动机制下继续进行。对于台阶的推进速率，我们得到 $v_\infty = \beta_{st}^T \Delta T = 3.7$ cm/s。由于更高的熔化熵，GaAs 的值要小两个数量级（$v_\infty \cong 0.1$ cm/s，$\varkappa_T = 0.267$ cm^2/s，$T_q = 1\ 490$ K，$\beta_{st}^T \cong 0.1$ cm/s·K）。将上面的值与溶液中生长适用的值进行比较，我们可以看到它们大约要高 5 个数量级。后者的出现一方面是因为与（稀）溶液相比，熔融物中有更好的生长单元的供给，另一方面是因为熔融物中更小的结晶势垒 $\Delta U/kT$。

3.2.2　F 面的螺旋生长

第一章中讨论过，螺旋位错提供了晶体表面上的不消失的台阶。一个生长

小丘形成了(图3.9),为了计算晶体表面的生长速率,我们必须为小丘侧面台阶密度 p 找到一个表达式,或者换言之,找到螺旋上两个连续转弯的距离 y_0 的表达式。

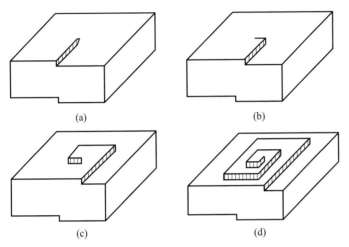

图 3.9　从(a)到(d)显示了在一个单个螺旋位错的"露头"点(emergency point)附近形成一个生长金字塔的连续的阶段。如图 3.2 所示,这种金字塔的侧面实际上代表了邻位平面。它们的斜率与过饱和成比例

3.2.2.1　生长螺旋的形状

　　简单起见,我们首先考虑某单个螺旋位错附近的一个生长小丘的形成(图 3.10)。我们假设螺旋是多边的,是一个正方形,并且在所有方向上的台阶的推进速度 v_∞ 都相同。在初始时刻(图 3.10a),位错提供了一个单台阶,其右边有一个较低的平台。原子向着台阶扩散(在晶体表面或在溶液体内),并且加入沿其上的扭结位置。结果,台阶向右运动,并且一个新的台阶出现了,它垂直于第一个的台阶(图 3.10b)。只要第二个台阶在给定过饱和下比临界二维核的边长 $l_2 = 2\rho_c$ 短,它就不动,因为一个小于临界核的二维团簇是热力学上不利的,而且衰退的趋势要大于生长的趋势(台阶"不知道"自己究竟是属于一个二维核或是一个生长螺旋)。一旦达到了尺寸 $2\rho_c$,第二个台阶开始以速度 v_∞ 生长,而且第三个台阶出现了,它平行于第一个台阶(图 3.10c)。这个第三个台阶将在它的长度大于 $2\rho_c$ 时开始生长。在那个时刻,第二个台阶的长度将会等于 $2\rho_c$。然后,第四个台阶将会出现,等等。继续沿着这个过程,我们达到了图 3.10e 中的情景,并且可以看到,生长螺旋的两个连续转弯的距离等于 $8\rho_c$。显然,这个讨论过于简单,并且只给出了一个在生长中发生的真实过程的指示。但是,它正确地反映了两个重要事实:① 原子一个单个位错的台阶

间距与给定过饱和下的临界二维核的尺寸（半径）成比例；② 从螺旋位错的露头点出来的台阶的长度总是等于 $2\rho_c$。如果我们假设生长是各向同性的，螺旋将会是圆形的。然后，上述结论②意味着在螺旋位错露头点的台阶的曲率半径总是等于临界核的半径 ρ_c。

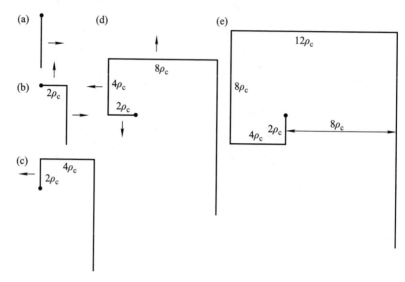

图 3.10　从（a）到（e）为一个生长螺旋形成的连续的阶段。（a）展示了一个源自位错露头的单台阶，标记为一个黑点。箭头显示了台阶推进的方向。在初始台阶生长的过程中，一个新的台阶形成了，如图（b）所示。当这个台阶的长度超过 $2\rho_c$，第二个台阶开始生长，并且一个新的台阶形成，如图（c）。从（e）中可以看到，生长螺旋的两个连续的转弯与临界二维核的半径成比例。从露头点出来的台阶的曲率半径总是等于二维核的半径。这些实际上是阿基米德螺旋的性质

为了螺旋形状进而为台阶间距找到一个更为准确的表达式，我们将沿用 Burton，Cabrera 和 Frank（1951）的方法。

曲率半径 ρ 在极坐标系（极角 φ 和半径矢量 r）由下式给出：

$$\rho = \frac{(r^2 + r'^2)^{3/2}}{r^2 + 2r'^2 - rr''} \tag{3.80}$$

式中，$r' = \mathrm{d}r/\mathrm{d}\varphi$ 且 $r'' = \mathrm{d}^2 r/\mathrm{d}\varphi^2$。

我们进一步考虑一个如图 3.11 所示的中心在点 O 处的螺旋。在半径矢量 r 方向上的推进速率 $v(r)$ 是

$$v(r) = \frac{\mathrm{d}r}{\mathrm{d}t} = \frac{\mathrm{d}r}{\mathrm{d}\varphi}\frac{\mathrm{d}\varphi}{\mathrm{d}t} = \omega r' \tag{3.81}$$

式中，$\omega = \mathrm{d}\varphi/\mathrm{d}t$ 是螺旋卷绕的角速度。

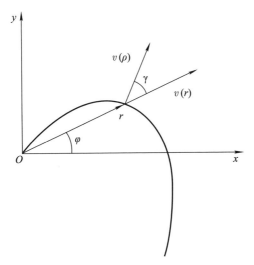

图 3.11 一个螺旋位错露头点周围的生长螺旋的示意图。$v(r)$ 和 $v(\rho)$ 分别是沿半径矢量和垂直于台阶方向上的台阶推进速率。γ 表示了它们之间的夹角

在一个半径矢量的方向上的推进速率 $v(r)$ 与在垂直于台阶方向上的推进速率 $v(\rho)$ 有关，其中

$$v(\rho) = v(r)\cos\gamma = \frac{v(r)r}{(r^2 + r'^2)^{1/2}} = \frac{rr'\omega}{(r^2 + r'^2)^{1/2}} \tag{3.82}$$

将式（3.80）和式（3.82）代入式（3.62），得到方程

$$v_\infty \left[1 - \rho_c \frac{r^2 + 2r'^2 - rr''}{(r^2 + r'^2)^{3/2}} \right] = \frac{\omega rr'}{(r^2 + r'^2)^{1/2}} \tag{3.83}$$

它的解 $r = r(\varphi)$ 将给出螺旋的形状。

为了简化这个表达式，我们考虑小的 r 情形，也就是说在螺旋中心附近。我们忽略所有包含 r^2 和 r 的项，并且积分余下的微分方程 $r' = 2\rho_c$。结果可以得到针对最简单螺旋的著名的阿基米德螺旋的方程

$$r = 2\rho_c\varphi \tag{3.84}$$

我们来更加详细地来考虑这个方程式。将 $r' = 2\rho_c$ 和 $r'' = 0$ 代入式（3.80），发现阿基米德螺旋的曲率半径由下式给出：

$$\rho = \rho_c \frac{(1 + x^2)^{3/2}}{1 + \frac{1}{2}x^2}$$

式中，$x = r/2\rho_c$。马上看到，在螺旋中心（$x = 0$），曲率半径等于二维核的半径，在远离螺旋中心时（$x \to \infty$），它线性地趋于无限大。为了便于比较，对数螺旋

$[r = a \exp(m\varphi)]$ 的曲率半径 $\rho = r(1+m^2)^{1/2}$ 对于 $r \to \infty$ 时趋于无限大，但是在螺旋中心等于零。

另一方面，式(3.62)中针对台阶推进速率的乘数

$$1 - \frac{\rho_c}{\rho} = 1 - \frac{1 + \frac{1}{2}x^2}{(1 + x^2)^{3/2}}$$

在螺旋中心等于零，并且在远离螺旋中心渐进地趋于整数。由此，台阶的推进速率将从螺旋中心位置的等于零到远离螺旋中心时的笔直台阶推进速率变化。因此，螺旋的第一个转弯将比那些更远的弯（快运动）运动得更慢（慢运动）。

两个连续的单螺旋转弯之间或两个连续的台阶之间的距离 Λ 为

$$\Lambda = r(\varphi + 2\pi) - r(\varphi) = 2\rho_c[(\varphi + 2\pi) - \varphi] = 4\pi\rho_c \quad (3.85)$$

Cabrera 和 Levine(1956)基于一个对于螺旋形状 $r = r(\varphi)$ 更好的近似，进行了更加详细的分析，然后得到了如下表达式：

$$\Lambda = 19\rho_c = \frac{19 \varkappa a^2}{kT\sigma} \quad (3.86)$$

我们下面将继续使用上式。于是有，台阶之间的距离与过饱和成反比，并且过饱和的增加使得生长圆锥（或金字塔）的斜率 $p = a/\Lambda$ 变得更陡峭，反之亦然。注意到 $p = \tan\theta$，其中 θ 是相对于对应奇异面的倾斜角，因此 p 等于台阶密度。

对于给定晶面，其上只存在一个螺旋位错的可能性通常小于存在许多甚至成群位错的可能性。两个相邻的位错通常可以有相同或相反的符号。这意味着，它们可以两个同时地顺时针（或逆时针）旋转，或是其中一个顺时针旋转而另一个逆时针旋转。如果它们有相反的符号，并且距离比 $2\rho_c$ 更远，将造成图 3.12a 所示的环（Frank 1949a）。当位错有相同符号时，问题更为复杂。存在两种不同的情况。第一种是位错间距 l 小于 $2\rho_c$，第二种是 l 大于 $2\rho_c$。现在，想象一组 n 个位错沿晶界排成一条直线。令 L 代表它的长度，则位错间距 $l = L/n$。为了清楚起见，图 3.12b 和 c 显示了只包含距离为 AB 的两个位错的位错群的一部分（晶界）。条件 $l \gg 2\rho_c$ 等价于 $L \gg \Lambda$ 其中 Λ 是由一个单位错决定的台阶间距，由式(3.86)给出。第二个条件 $l \ll 2\rho_c$ 等价于 $L \ll \Lambda$（图 3.12c）。在图中可以看到，真正的台阶之间的间距 y_0 当 $L \gg \Lambda$ 或 $L \ll \Lambda$ 时分别等于 $l = L/n$（图 3.12b）或 Λ/n（图 3.12c）。在通常情况下（Burton，Cabrera 和 Frank 1951；Bennema 和 Gilmer 1973；Chernov 1989）

$$y_0 = \frac{\Lambda}{\mathbf{n}} \quad (3.87)$$

式中

$$\mathbf{n} = n\left(1 + \frac{L}{\Lambda}\right)^{-1}$$

是所谓的位错源的"强度"。于是有，当 $L \gg \Lambda$ 时，台阶间距简单地等于位错之间的距离 $l = L/n$，并且不取决于过饱和。在第二个限制条件中，台阶之间的距离取决于过饱和，但是比 $19\rho_c$ 小 n 倍。当源中的位错没有排成一条直线，而是聚集在一个空间区域内时，L 代表这个区域的周长（Chernov 1989）。

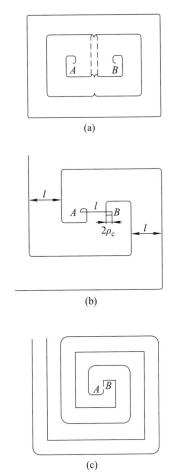

图 3.12　由于成对位错产生的生长螺旋的形状。（a）当露头点之间的距离 AB 大于临界二维核的半径时，由于相反符号的位错产生的闭合环。（b）由于相同符号的位错对且两个位错被距离 $l = AB \gg 2\rho_c$ 分开而产生的螺旋的形状。台阶间距等于距离 l，并且不取决于过饱和。（c）由于相同符号的位错对而两个位错被距离 $l = AB \ll 2\rho_c$ 分开而产生的螺旋的形状。台阶的间距是源自一个单位错的距离 Λ 的 50%，并且反比于过饱和［根据 Burton，Cabrera 和 Frank（1951）］

3.2.2.2 从气相的生长

垂直于表面的生长速率由式(3.15)给出，即 $R = pv_\infty = av_\infty/y_0$，其中 v_∞/y_0 是厚度为 a 的、在一个平行于奇异晶面的方向上通过其上任何一点的台阶流量。我们首先假设晶面完全被一个单位错(或者由一群位错，$L \ll \Lambda$ 且 $y_0 = \Lambda/n$)形成的生长金字塔覆盖。将式(3.50)、式(3.86)和式(3.87)代入式(3.15) (生长扩散区域并且远离螺旋中心)，对于 R 得到

$$R = C \frac{\sigma^2}{\sigma_c} \tanh\left(\frac{\sigma_c}{\sigma}\right) \tag{3.88}$$

式中

$$\sigma_c = \frac{19 \varkappa a^2}{2nkT\lambda_s} \tag{3.89}$$

是特征过饱和，并且

$$C = a\nu\exp\left(-\frac{\varphi_{1/2}}{kT}\right) \tag{3.90}$$

是一个速率常数。

我们更加严密地来研究式(3.88)。式(3.89)中包含的典型参数值为：$\varkappa \cong 3\times10^{-5}$ erg/cm，$a \cong 3\times10^{-8}$ cm，$T = 1\,000$ K，$n = 1$，并且 $\lambda_s = 2\times10^3 a$，$\sigma_c = 3\times10^{-2}$。但是，晶体的生长在过饱和 σ 低至 1×10^{-4} 时也能被观察到。显然，有两种不同的限制情况。在小过饱和时，例如 $\sigma_c/\sigma \gg 1$，$\tanh(\sigma_c/\sigma) \to 1$，并且 R 遵守由 Burton，Cabrera 和 Frank(1951)提出的著名的抛物线法则

$$R = C \frac{\sigma^2}{\sigma_c} \tag{3.91}$$

在过饱和足够高，高于 σ_c 时，$\tanh(x \to 0) = x$，并且 R 遵守线性法则

$$R = C\sigma \tag{3.92}$$

R 对于 σ 的依存关系在图 3.13 中显示。可以看到，在达到特征过饱和 σ_c 之前抛物线法则一直有效。超过 σ_c 后，一个线性关系逐渐建立起来。对于后者，条件是 $\sigma \gg \sigma_c$ 或 $\lambda_s \gg y_0/2$。物理上，这意味着粗糙台阶(因此平面上扭结)的密度如此之高，以至于每个吸附原子都在成功地再蒸发之前合并入生长位置。因此，同在粗糙 F 表面上垂直生长的情形一样，R 正比于 σ。在另一个极端情况($\lambda_s \ll y_0/2$)，相邻台阶的扩散场不相互重叠，并且很大一部分的吸附原子在加入生长位置之前重新蒸发。v_∞ 和台阶密度 $1/y_0$ 相对于 σ 的比例导致了抛物线法则[式(3.91)]。

我们现在来讨论当 $L \gg \Lambda(l \gg 2\rho_c)$ 并且 $y_0 = l = L/n$ (图 3.12b)不依赖于过饱和时的情况。代替抛物线法则，对于生长速率 R 有一个线性法则

$$R = C'\sigma \tag{3.93}$$

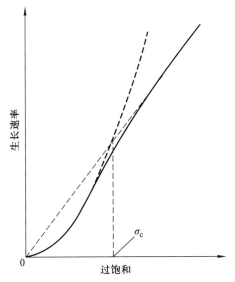

图 3.13 螺旋生长速率对于过饱和的曲线。对于小于特征值 σ_c 的过饱和，生长遵守 Burton，Cabrera 和 Frank（1951）的抛物线法则。超过 σ_c 之后生长速率是过饱和的一个线性函数［根据 Burton，Cabrera 和 Frank（1951）］

式中

$$C' = C\frac{2\lambda_s}{l}\tanh\left(\frac{l}{2\lambda_s}\right) \tag{3.94}$$

这是所谓的"第二线性法则"（Bennema 和 Gilmer 1973）。它来自源中的位错间距与临界二维核之间的特殊的相互关系。台阶之间的距离进而金字塔的斜率不再依赖于过饱和。有两种不同的限制情况：① $l \ll 2\lambda_s$，$\tanh(x) \cong x$，并且 $C' = C$；② $l \gg 2\lambda_s$，$\tanh(l/2\lambda_s) \cong 1$，并且 $C' = 2\lambda_s C/l \ll C$。因此，生长速率对于过饱和的线性依赖关系应该作为一个粗糙表面垂直生长的特征被观察到。

另一方面，生长速率对于过饱和的一个抛物线关系（第二抛物线法则）（Bennema 和 Gilmer 1973）可以在生长的运动机制条件下被观察到。然后，台阶推进的速度由式（3.41b）给出，$v_\infty = 2a^2\beta_{st} n_{se}\sigma$，将此式与式（3.15）、式（3.86）和式（3.87）联立得

$$R = C''\sigma^2 \tag{3.95}$$

式中

$$C'' = \frac{2nkTa}{19\varkappa}n_{se}\beta_{st} \tag{3.96}$$

有趣的是，可以比较常数 C 和 C'' 来区分扩散和运动机制。比值 $C''/(C/$

σ_c)由下式给出：

$$\frac{C''}{C/\sigma_c} = \frac{a}{\lambda_s}\frac{a}{\delta_0}\frac{n_{se}}{N_0}\exp\left(\frac{\varphi_{1/2} - \Delta U}{kT}\right)$$

考虑到式（3.21）、式（3.18）和式（1.75），上述方程变为

$$\frac{C''}{C/\sigma_c} = \exp\left(\frac{E_{des} + E_{sd} - 2\Delta U - 2\omega}{2kT}\right)$$

式中，ω 是在台阶边缘制造一个扭结所需的功。可以看到，比值 $C''/(C/\sigma_c)$ 取决于脱附和结晶激活能的相互关系。显然，当 $E_{des}+E_{sd}>2\Delta U+2\omega$ 时，$C''\gg C/\sigma_c$，反之亦然。但是，为了推导式（3.95），我们假设了一个生长的运动机制，即式（3.29），它等价于 $E_{des}+E_{sd}<2\Delta U+2\omega$。于是，$C''\ll C/\sigma_c$ 和第二抛物线法则依赖关系将会在特征过饱和时穿过线性 BCF 法则的直线

$$\sigma''_c \cong \sigma_c\exp\left(-\frac{E_{des} + E_{sd} - 2\Delta U - 2\omega}{2kT}\right)$$

它远大于 σ_c。也有可能发生的是，在实验的过饱和间隔中，第二抛物线 $R = C''\sigma^2$ 不会穿过 BCF 线性依赖的直线。

下面介绍背应力效应。

由式（3.86）可得，过饱和越高，台阶间隔距离 Λ 越小。后者接下来又导致生长的线性法则［式（3.92）］。Cabrera 和 Coleman（1963）讨论了这个问题，并且发现 Cabrera 和 Levine（1956）的分析低估了尤其是在生长螺旋中心的台阶间隔距离。因为螺旋的第一个转弯引起的扩散场，螺旋中心"将会看到"一个小于 σ 的过饱和。过饱和越高，第一个转弯的半径应当越小，并且它对于中心吸附原子的浓度的影响应当越强，而这个影响接下来导致了螺旋第一个转弯的半径增大。因此，我们应当观察到一个反馈效应，它在文献中被称为"背应力（back stress）"效应（Cabrera 和 Coleman 1963）。原则上，我们应当不仅仅在螺旋中心位置观察到背应力效应，因为每个台阶都处在更高过饱和的相邻台阶的扩散场的影响之下。

为了评估它，我们将螺旋的第一个弯近似为一个半径为 Λ_0 的一个圆形台阶（图3.14）。中心处的过饱和可以容易地从式（3.59b）中得到。在条件 $r=0$ 时，贝塞尔函数 $I_0(0)=1$，并且中心处的过饱和 σ_{s0} 为

$$\sigma_{s0} = \sigma\left[1 - I_0^{-1}\left(\frac{\Lambda_0}{\lambda_s}\right)\right] \tag{3.97}$$

$I_0(x)$ 总是大于整数，并且螺旋中心的过饱和 σ_{s0} 将总是小于 σ。我们给式（3.97）两边都乘以 Λ_0/λ_s，并且考虑到当 $n=1$ 时（基本台阶）的 $\sigma_{s0}\Lambda_0/\lambda_s = \sigma_c$［式（3.89）］，将式（3.97）重写为如下形式：

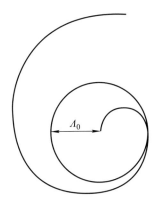

图 3.14 为评估"背应力效应"的示意图。螺旋中心被近似为一个半径为 Λ_0 的圆形[根据 Cabrera 和 Coleman(1963)]

$$\frac{\sigma}{\sigma_c} = \frac{1}{\dfrac{\Lambda_0}{2\lambda_s}\left[1 - I_0^{-1}\left(\dfrac{\Lambda_0}{\lambda_s}\right)\right]} \tag{3.98}$$

然后我们将式(3.98)的左边列表显示,并且构造一条 Λ_0/λ_s 对于 σ/σ_c 的曲线(图 3.15 中的曲线 1)。可以看到,螺旋中心的台阶间隔距离总是大于式(3.86)预测的值[曲线 2,$\Lambda = 19\rho_c$ 或者 $\Lambda_0/\lambda_s = 2/(\sigma/\sigma_c)$]。

在一个更有趣的有高过饱和的区域[Λ_0/λ_s 为小数值($\Lambda_0/\lambda_s \to 0$)],贝塞尔函数的倒数 $I_0^{-1}(x)$ 可以被抛物线近似

$$I_0^{-1}(x) \cong 1 - \frac{1}{4}x^2$$

它导致了(Cabrera 和 Coleman 1963)

$$\frac{\Lambda_0}{\lambda_s} \cong 2\left(\frac{\sigma_c}{\sigma}\right)^{1/3} \tag{3.99}$$

我们可以总结,随着增加的过饱和,台阶间隔距离的减小远远慢于简单抛物线法则 $\Lambda \sim 1/\sigma$ 所需要的。实际上,台阶间距不再取决于过饱和,而通过平均自由程 λ_s 取决于温度。但是更为重要的是,生长金字塔的斜率 p 绝不能变得太过陡峭,并且生长中的表面将会在宏观上保持为差不多平滑。因为对于 $R(\sigma)$ 依赖性,背应力效应导致了一个比式(3.89)所需的从抛物线到线性生长法则更为平缓的转变。

我们可以总结,当晶体表面上的台阶源是由于螺旋位错的出现时,我们可以观察到生长速率对于过饱和的一个抛物线以及一个线性的依赖性。在扩散机制下,在小过饱和时应该可以观察到一个抛物线依赖性,它在高过饱和时逐渐

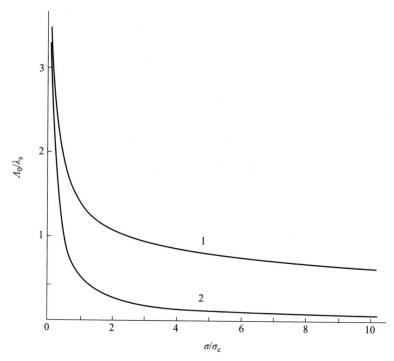

图 3.15　当考虑到背应力效应(曲线 1)时，以 λ_s 为单位的台阶间隔对于以 σ_c 为单位的过饱和 σ 的依赖关系。为了比较，也显示了式(3.86)给出的依赖关系(曲线 2)

地过渡到线性的。后者是因为每个台阶附近的扩散场非常强地相互重叠。背应力效应使得从抛物线到线性依赖性的过渡更为平缓。当台阶源的长度或者周长由于单个位错而远小于台阶间距时，应当从一开始也能观察到线性依赖关系。在这种情况下，只要位错间距大于吸附原子的平均自由程(相反情况时等于它)，比例常数应当比小于扩散场重叠引起的那个比例。在生长运动机制时的情况，应当观察到生长速率对于过饱和的抛物线依赖性，而速率常数远小于在扩散机制中的速率常数。

3.2.2.3　溶液中的生长

联立式(3.15)、式(3.86)和式(3.76)，得到一个对于在扩散机制的生长速率的表达式

$$R = C\,\frac{\sigma^2}{\sigma_c}\,\frac{1}{\ln\!\left[\dfrac{d}{\pi a}\dfrac{\sigma_c}{\sigma}\sinh\!\left(\dfrac{\sigma}{\sigma_c}\right)\right]} \tag{3.100}$$

式中

$$\sigma_c = \frac{19\varkappa a^2}{\pi nkTd} \qquad (3.101)$$

是特征过饱和，并且

$$C = \frac{DC_0 v_c}{d} \qquad (3.102)$$

是速率常数。

条件 $\sigma \ll \sigma_c [\sinh(\sigma/\sigma_c) \cong \sigma/\sigma_c]$ 导致了抛物线依赖关系

$$R = C \frac{\sigma^2}{\sigma_c} \frac{1}{\ln\left(\dfrac{d}{\pi a}\right)} \qquad (3.103)$$

当 $\sigma \gg \sigma_c$ 时，抛物线正弦函数转变为 $\exp(\sigma/\sigma_c)/2$，并且对于 σ/σ_c 忽略 $\ln(d\sigma_c/2\pi a\sigma)$，即得到线性依赖关系

$$R = C\sigma \qquad (3.104)$$

与从气相生长的情况一样。

在生长的运动机制中 $(a\beta_{st}/\pi D \ll 1)$，可以得到第二抛物线法则

$$R = C''\sigma^2 \qquad (3.105)$$

式中

$$C'' = \frac{nkT}{19\varkappa a}\beta_{st}C_0 v_c \qquad (3.106)$$

考虑到式(3.101)、式(3.102)和式(3.103)，我们发现 $C''/[C/\sigma_c \ln(d/\pi a)] = (a\beta_{st}/\pi D)\ln(d/\pi a \ll 1[\ln(d/\pi a) \cong 10]$，即在生长运动机制下，第二抛物线法则的速率常数又一次小于在扩散机制下的速率常数。

最后，当 $L \gg \Lambda$，$y_0 = L/n = l$ 并且 $p = an/L$ 时，我们得到生长的第二线性法则

$$R = C'\sigma \qquad (3.107)$$

式中

$$C' = \frac{a}{l} \frac{\beta_{st}C_0 v_c}{1 + \dfrac{\alpha\beta_{st}}{\pi D}\ln\left[\dfrac{l}{a}\sinh\left(\dfrac{\pi d}{l}\right)\right]} \qquad (3.108)$$

我们再次考虑室温下水溶液中的 ADP 晶体生长的例子(Chernov 1989)。我们可以估计临界核的半径为 ρ_c，进而从独立地测量无螺旋位错的完美晶体表面的生长速率而得出的台阶间隔也为 ρ_c。如下一章将会展示的，这种测量可以使我们评估核形成的功以及所有与之有关的参数，因为生长速率被二维成核限制。因此，实验结果的解释给出了比边缘能的值 $\varkappa \cong 5.5 \times 10^{-7}$ erg/cm。于是当 $\sigma = 0.03$ 时，有 $\rho_c \cong 0.95 \times 10^{-6}$ cm，$y_0 = \Lambda = 18 \times 10^{-6}$ cm $(n=1)$ 且 $p \cong 2.6 \times 10^{-3}$。

用在之前章节中对于 $\sigma = 0.03$ 所计算出的值 $v_\infty = 2.4 \times 10^{-5}$ cm/s，得到 R 的值为 6.24×10^{-8} cm/s。后者同实验测得的值 5.8×10^{-8} cm/s 符合得很好。

3.2.2.4 从熔融物的生长

从熔融物的生长速率同在溶液中一样的方程。我们假设台阶间距再一次由式 (3.86) 给出。在 3.2.1.3 节，我们评估了 Si 和 GaAs 在过冷却 $\Delta T = 1$ K 时台阶推进的速率分别为 3.7 cm/s 和 0.1 cm/s。为了评估斜率 p，我们需要比边缘能的数据。这可以从比表面能的数据估计出来。但是，这种关于半导体物质的晶体-熔融物边界的数据在文献中很罕见。人们相信它们大约为几百 erg/cm^2 [对于 Ge，181 erg/cm^2 (Turnbull 1950) 和 251 erg/cm^2 (Skripov, Koverda 和 Butorin 1975)]。对于 Si 和 GaAs 均取值 200 erg/cm^2，我们得到在 $\Delta T = 1$ K 时，$y_0(\text{Si}) = 1.52 \times 10^{-4}$ cm，$y_0(\text{GaAs}) = 1.44 \times 10^{-4}$ cm，$p(\text{Si}) = 2 \times 10^{-4}$ 及 $p(\text{GaAs}) = 2.8 \times 10^{-4}$ cm。于是，对于生长速率 $R = pv_\infty$，对于 Si 和 GaAs，可以分别得到值 7.4×10^{-4} cm/s 和 2.8×10^{-4} cm/s。可以看到，它们分别比溶液中生长的值高 3~5 个数量级。

3.2.3 从二维成核中的生长

微电子学需要生长无缺陷的 Si、Ge、GaAs、CdTe 等晶体，而这使得发展更为详尽的通过形成及水平传播二维核的生长理论变得非常必要。历史上，Gibbs(1928) 在一百多年前就奠定了第一个晶体生长理论的基础。他在其著名的著作中 [另见 Frank(1958a)] 指出，如果新的分子层不能建立，那么给定晶面的连续生长是不可能的。一个新层的建立，在新层刚刚形成，或是紧接着新层刚刚形成的时候是尤其困难的。但是，对于晶体表面生长发生所需的吉布斯 (Gibbs) 自由能的改变，在不同的晶面上并不是同一个。有可能的是，它对于有更小表面能的表面更大。因此，甚至无需提到名词"核"，吉布斯就给出了通过二维核的形成和水平传播的生长完美晶体的概念。他甚至给出了有关于晶体表面的表面结构相对于二维成核率效果的提示。

我们将首先考虑逐层生长 (layer-by-layer growth)，或者换言之，即下一个原子平面在之前一个完成之后才成核的生长。然后，我们将考虑当下一个原子平面在之前一个完成之前就成核的生长。这是所谓的多层生长 (multilayer growth)，即两个或更多的单层同时生长。我们将首先考虑更为简单的情况，即恒定成核率和恒定二维岛传播速率 (恒定台阶推进速率)，然后我们将令成核率和台阶推进速率通过下方的二维岛的尺寸的改变而随时间变化。实际上，后者在从气相的生长或在分子束外延生长中发生。所有上述的情况中我们将沿用同一个方法，这个方法只考虑最简单的情况，即恒定二维成核及台阶推进速率的逐层生长，来进行概述。

3.2.3.1 成核和台阶推进的恒定速率

3.2.3.1.1 逐层生长

考虑一个尺寸为 L 的完美的无缺陷的晶体表面（图 3.16）（Chernov 1984）。在给定过饱和下，二维岛以速率 $J_0 =$ 常数（$cm^{-2} \cdot s^{-1}$）形成。我们首先定义在面积为 L^2 上的二维成核的频率（s^{-1}）

$$\tilde{J}_0 = J_0 L^2 \tag{3.109}$$

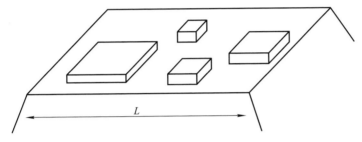

图 3.16　线性尺寸为 L 的晶体表面，上面有正在生长的二维岛

如果水平生长速率或者台阶推进速率是 $v =$ 常数（cm/s），于是表面被一个单层完全覆盖的时间将为

$$T = \frac{L}{v}$$

在这个时间间隔中形成的核的数量是成核频率和完全覆盖表面时间之积，或者

$$N = \tilde{J}_0 T = J_0 L^2 \frac{L}{v} = J_0 \frac{L^3}{v} \tag{3.110}$$

可以区别两种不同的情况。在第一种情况中，$N < 1$，它等价于 $L < (v/J_0)^{1/3}$。这意味着，每一个随后的核都将在以先前的核为起始的单层对于晶面的完全覆盖后形成。因此，我们将会观察到逐层生长。因此，晶面生长将会是一个连续形成并水平传播二维核的周期性过程（见图 3.21）。晶面的生长速率将由二维成核率决定，并且由下式给出：

$$R = \tilde{J}_0 a = J_0 L^2 a \tag{3.111}$$

式中，a 是源于核的台阶高度，并且在从气体、溶液或者熔融物的特别情况下，J_0 分别由式（2.89）、式（2.92）或式（2.99）给出。

考虑到 v 线性地依赖于过饱和，而成核率随过饱和指数地增长，可以从式（3.110）总结出，逐层生长应当在足够低过饱和时被观察到。除此之外，晶面越小，逐层生长将越显著。考虑到之前章节中对于 J_0 和 v 的估计［式（2.92）和式（3.76）］，我们发现，为了在一层之后生长一层，在溶液中生长的晶体面的

线性尺寸应该在 $\sigma = 0.01$ 时小于 2×10^{-4} cm，或者在 $\sigma = 0.02$ 时小于 2×10^{-6} cm，或者在 $\sigma = 0.03$ 时小于 4×10^{-7} cm 等。

根据式(3.111)，生长速率 R 对于过饱和的依赖示于图 3.17（曲线 1）。可以看到，为了可见的生长发生，如下的临界过饱和应当被克服：

$$\sigma_c = \frac{\pi \varkappa^2 a^2}{(kT)^2 \ln\left(\dfrac{K_1 L^2 a}{R_c}\right)} \tag{3.112}$$

在上述方程中，K_1 是式(2.89)[或式(2.92)]中的预指数项；R_c 差不多是任意选择的生长速率的临界值。例如，在一个 ADP 晶体的棱柱面室温下水溶液的生长中（表面能 11.8 erg/cm^2 及 $a = 8 \times 10^{-8}$ cm）(Chernov 1989)，其 $\varkappa \cong 11.8$ erg/cm$^2 \times 8 \times 10^{-8}$ cm $\cong 1 \times 10^{-6}$ erg/cm^1，$K_1 \cong 1 \times 10^{19}$ cm^{-2}/s，$R_c \cong 1 \times 10^{-9}$ cm/s，及 $L = 1 \times 10^{-4}$ cm，$\sigma_c = \Delta\mu_c/kT \cong 0.38$ 或者 $C/C_0 \cong 1.5$。因此，对于 ADP 晶体的棱柱面的逐层生长，要使其发生，需要一个高达 50% 的临界过饱和。

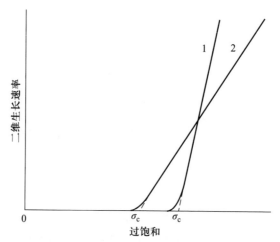

图 3.17　在逐层生长(曲线 1)和多层生长(曲线 2)的情况下，过饱和对于二维生长速率的依赖关系

3.2.3.1.2　多层生长

在另外一个极端 $L > (v/J_0)^{1/3}$ $(N > 1)$，新核将在单分子层完成之前在生长的单分子层之上形成，并且导致图 3.18 给出的情形。一些单分子层同时生长。这种情况的理论分析更加复杂(Chernov 和 Lyubov 1963；Nielsen 1964；Hillig 1966)。这里将根据 Chernov(1984) 给出一个近似的探讨。

考虑一个晶面，其上有一个单分子层岛以速率 v 生长。在一个特定时刻，当岛的尺寸达到一个水平尺寸 l，一个二维核在其上出现。在岛上的成核频率

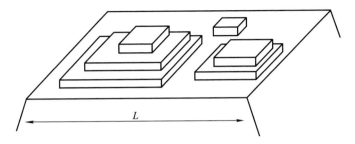

图 3.18　一个尺寸为 L，通过二维成核的多层生长的示意图

现在为 $\tilde{J}_0 = J_0 l^2$，并且从第一个岛成核的时刻到第二个岛成核的时刻所流逝的时间为 $l/v \cong 1/\tilde{J}_0$。于是我们发现，当一个新二维核如果在顶部形成，较低二维岛的平均尺寸是

$$l \cong \frac{v}{\tilde{J}_0} \tag{3.113}$$

因此，第二层成核的临界岛尺寸更大，较大的是岛生长速率而较小的是成核频率。晚些将会展示，这个量在分子束外延生长中充当了一个重要的角色，并且我们将在考虑 Ehrlich-Schwoebel 势垒对于生长形态的影响时，对这个问题进行更加详细的探讨。

考虑到 $\tilde{J}_0 = J_0 l^2$ [式 (3.113)] 变为 $l = (v/J_0)^{1/3}$。晶面的生长速率与 $J_0 l^2 a$ 成比例，或者

$$R \cong J_0 l^2 a = a(J_0 v^2)^{1/3} \tag{3.114}$$

回忆起式 (2.89)、式 (2.92) 和式 (2.99) 中对于二维成核速率的预指数因子与过饱和的平方根成比例，而且台阶推进速率是后者的一个线性函数，我们发现

$$R = \text{const}(\Delta\mu)^{5/6}\exp\left(-\frac{\Delta G^*}{3kT}\right) \tag{3.115}$$

式中的常数等于 $[K'_1(\beta_{st}C_0 v_c)^2]^{1/3}$（$K'_1 = K_1/\sqrt{\sigma}$）（在从溶液生长的特别情况）。生长速率不再依赖于晶体尺寸，但是仍然应当克服一个临界过饱和来使生长发生。显然，这个临界过饱和应当小于基于逐层生长计算出的过饱和（图 3.17，曲线 2）。考虑到之前计算的值，$v = 2.4 \times 10^{-5}$ cm/s，$K_1 = 1 \times 10^{19}$ cm^{-2} · s^{-1} 而且 $R_c \cong 1 \times 10^{-9}$ cm/s，我们发现一个约为 8.6% 的临界过饱和，而不是 50%。与实验（Chernov 1989）相比较，这个值仍然被过分估计了，但是给出了正确的趋势。

可以总结，刚开始，完美晶体由逐层生长机制生长到临界尺寸，它由条件

$N=1$ 或 $L=(v/J_0)^{1/3}$ 决定。超过这个尺寸，逐层生长逐渐过渡到多层生长机制。足够大的晶面通过多层生长机制和包含数个同时生长的单分子层的生长前沿来进行生长。这个问题与分子束外延生长时高能电子衍射中反射束的强度振荡紧密相关，这里将会作稍微详细些的讨论。

我们将第一个单分子层的表面覆盖标记为 Θ_1。生长速率为 $R_1=a\,d\Theta_1/dt$，从式(2.148)我们发现第一个单分子层完成的时间遵循时间法则

$$R_1 = \pi a J_0 v^2 t^2 \exp\left(-\frac{\pi}{3}J_0 v^2 t^3\right) \tag{3.116a}$$

它在图 3.19 中示意出来(曲线 1)。可以看到，第一个单分子层的沉积速率在短时间内呈抛物线生长，然后在 $t_m = (2/\pi J_0 v^2)^{1/3}$ 处表现为一个最大值，在那之后，在较长时间里，直到完成这一层生长都呈指数减小。

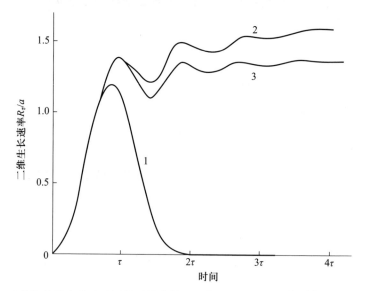

图 3.19　二维生长速率对于时间的函数曲线，用特征时间 $\tau=(J_0 v^2)^{-1/3}$ 来表示。曲线 1 给出了逐层生长。曲线 2 代表了多层生长，用 Borovinski 和 Tzindergosen(1968)的平均场近似计算得出。曲线 3 是 Gilmer(1980)的蒙特卡罗模拟结果[根据 Gilmer(1980)]

用表面覆盖 Θ_1 来表示生长速率[式(3.116a)]非常有用。利用式(2.148)有

$$R_1 = a(9\pi J_0 v^2)^{1/3}(1-\Theta_1)\left[-\ln(1-\Theta_1)\right]^{2/3} \tag{3.116b}$$

生长速率在 $\Theta_m = 1-\exp(-2/3) = 0.4866$ 出表现出一个极大值。可以看到，当假设恒定生长速率 v 和成核率 J_0 时，这个极大值轻微地移到 $\Theta_m = 1/2$ 的左边。

实际上式(3.116a)描述了当每一层都由一些同时生长的核开始时(多核逐层生长,见图3.23),逐层生长随着时间的行为。然后,极大值 $R_m = 1.19a \cdot (J_0 v^2)^{1/3}$ 给出了生长振荡的幅值。多核多层生长的理论探讨远为复杂,而且直到现在为止也没有被解析求解。这也是为什么分离单分子层和生长前沿的时间演变通常由蒙特卡罗方法进行数值研究(Gilmer 1980a,1980b)。

再一次基于 Kolmogorov(1937)和 Avrami(1939,1940,1941)的方法进行分析。回忆式(2.147),第一层的表面覆盖 Θ_1 现在为

$$\Theta_1 = 1 - \exp\left[- \pi J_0 c^2 \int_0^t \left(\int_{t'}^t k(\tau - t') d\tau \right)^2 dt' \right]$$

假设 $k(t) = 1$,导致式(2.148)和式(3.116a)。对于每一个随后的单分子层,上述表达式不再有效,因为每一个新层的二维核的形成依赖于之前层的表面覆盖范围,或者更精确地说,依赖于在二维核之下下面一层中正好有一块结晶的部分的概率。代替地,我们写出如下表达式:

$$\Theta_n = 1 - \exp\left[- \pi J_0 c^2 \int_0^t p_{n-1}(t') \left(\int_{t'}^t k(\tau - t') d\tau \right)^2 dt' \right] \qquad (3.117a)$$

式中,$p_{n-1}(t')$ 是在第 n 层的二维核形成时的 t' 时刻,第 n 层在其之下的第 $n-1$ 层找到一个结晶部分的概率。显然,对于 $n=1$ 的第一单分子层,$p_{n-1}(t') = 1$。

在一个更为普遍的情况下,即当成核率是时间依赖时,后者(时间)进入积分,而式(3.117a)变为

$$\Theta_n = 1 - \exp\left[- \pi c^2 \int_0^t J(t') p_{n-1}(t') \left(\int_{t'}^t k(\tau - t') d\tau \right)^2 dt' \right] \qquad (3.117b)$$

式(3.117b)的微分给出了在计算生长速率时常用的表达式

$$\frac{d\Theta_n}{dt} = \left[1 - \Theta_n(t) \right] \int_0^t J(t') p_{n-1}(t') 2\pi \rho_n(t') v_n(t') dt' \qquad (3.117c)$$

式中,$v_n(t', t) = d\rho_n(t', t)/dt$ 是第 n 层的二维岛的生长速率。

为了找到式(3.117a)的解,必须确定概率 $p_{n-1}(t')$,并且这是主要问题。为了解决这一问题,Borovinski 和 Tzindergosen(1968)使用了平均场近似方法,其中假设概率 $p_{n-1}(t')$ 等于前一单分子层的表面覆盖范围,也就是说 $p_{n-1}(t') = \Theta_{n-1}(t')$,并且计算对于 Θ_n 的递推方程组。首先,将 Θ_1 的表达式代入对于 Θ_2 的方程式(3.117c),用数值计算来解式(3.117c),然后将结果代入对于 Θ_3 的方程,等等。Θ_n 的一组 S 形的曲线从零变到整数,并且得到一组钟形曲线 $R_n/a = d\Theta_n/dt$。进行积分,直到一个到达一个稳态速率的时刻,使得每条曲线相对于之前曲线的移动保持为常数(图3.20),也就是说

$$\Theta_{n+1}(t) = \Theta_n(t - T) \qquad (3.118)$$

式中,T 是周期,或者是结晶前沿向前推进一个单分子层的时间。数值计算已经显示,$T = 0.63(J_0 v^2)^{-1/3}$。生长的稳态速率于是由下式给出:

$$R = \frac{a}{T} = 1.59a\left(J_0 v^2\right)^{1/3} \tag{3.119}$$

直到一个常数，它都与式(3.114)相符合。

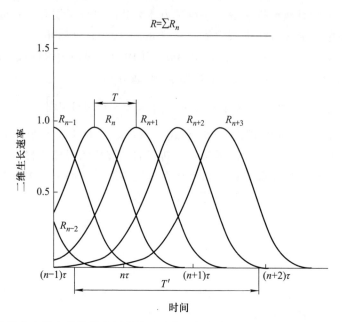

图 3.20　在稳态多层生长的分离的单分子层的生长速率随时间的变化，$R_n = a\mathrm{d}\Theta_n/\mathrm{d}t$。曲线移动了一个周期 T。一个单分子层在一个时间间隔 T' 中完成。总体生长速率 $R = \sum R_n$ 也由直线显示[根据 Borovinski 和 Tzindergosen(1968)]

　　一个非常重要的问题是同时所生长的单分子层的数量，或者换言之，结晶前沿的厚度。数值计算已经显示一条给出稳态时 Θ_n 的对于时间依赖关系的 S 形状的曲线在时间间隔 $T' = 2.6\left(J_0 v^2\right)^{-1/3}$ 中从 0.001 到 0.999 的变化(或者图 3.20 中的钟形曲线的宽度也是如此)。同时生长的单分子层的数量于是由 $T'/T \cong 4$ 给出。注意到，生长前沿的厚度不依赖于成核率和研究模型中的台阶推进。

　　图 3.20 也显示了钟形曲线的和

$$R = \sum_{n=1}^{\infty} R_n = a \sum_{n=1}^{\infty} \mathrm{d}\Theta_n \mathrm{d}t \tag{3.120}$$

它代表了晶面生长的总和。

　　图 3.20 给出了稳态，也即从生长开始流逝了足够的时间之后。在过程刚开始时，生长速率显示一些振荡(或者一系列的极大和极小值)，这是由于生长前沿变厚而逐渐地衰减(图 3.19 曲线 2)。在足够长时间，$R(t)$ 的值趋向于

一个时间依赖的值，它由式(3.120)给出。

使用蒙特卡罗方法的数值计算(Gilmer 1980 a, b)(图3.19，曲线3)已经显示，Borovinski 和 Tzindergosen 使用的平均场近似(图3.19，曲线2)过分估计了生长速率。这是对于概率 $p_{n-1}(t)$ 使用不同近似的原因(Armstrong 和 Harrison 1969)，它给出了相同的定性的行为，却是对于稳态生长速率不同的渐近值(Gilmer 1980)。

3.2.3.2 依赖于时间的成核率及台阶推进速率

分子束外延(MBE)(Chang 和 Ludeke 1975；Ploog 1986)是一种详细研究晶体生长的基本过程的有力的技术，它具有别的方法无法实现的优势。此外，在生长过程中，可以容易地利用例如反射高能电子衍射(RHEED)或低能电子衍射(LEED)等表面分析工具进行原位(in situ)测量，并且可以容易地收集关于生长机制的详细信息。这是我们将更加详细地讨论 MBE 生长的原因。值得指出，MBE 生长仅仅代表一个在较高温度下通过二维成核或台阶流动(step flow)的晶体生长。也正是因为如此，我们将在这一章而不是第四章来讨论它。

我们在上面已经展示，基本假定 J_0=常数和 v=常数导致了一些，实际上不多于整体生长速率的4个或5个振荡(图3.19)。后者符合满足上述假设的 Ag 从水溶液的电解质生长的实验观察。但是，这并不是 MBE 生长的情形。在一系列的材料中，例如 Si、Ge、GaAs(Wood 1981；Harris, Joyce 和 Dobson 1981；Neave 等 1983；Van Hove 等 1983)，都报道过生长过程中强 RHEED 强度的振荡。在沿[100]方位角的 $Al_xGa_{1-x}As(100)$ 面($x=0.41$)生长中，报道过镜面反射束的700个振荡(Sakamoto 等 1985b，1990)，也有在沿[110]方位角的 Si(100) 的生长中2 200个镜面反射束振荡的报道(图3.21)(Sakamoto 等 1986a，1987)。

对于振荡的真正本质的破译使得我们积累了更多的关于晶体生长过程的知识。已经证明，振荡的一个周期恰好是一个完整的单分子层生长的时间 T，因此我们可以精确地测量生长速率。另一方面，我们可以使用振荡来更加精确地调控外延层或是超晶格。显然，如果当 RHEED 强度为最大值时中断一种材料的沉积来沉积另外一种材料，那么获得一个锐利界面的可能性将大许多。这就是通常熟知的"锁相外延(phase-locked epitaxy)"(Sakamoto 等 1985b)。

另外一个使用 RHEED 强度振荡的例子是关于三元合金的组分进而它与下面二元合金之间的自然失配的测量(Sakamoto 等 1985b；Chang 等 1991)。例如，如果生长一个 $Al_xGa_{1-x}As/GaAs(100)$ 的超晶格(Sakamoto 等 1985b)，Al 源挡板的开和关导致了生长速率的增高和降低，从而引起振荡频率的升高或降低(图3.22)。测量振荡频率 $\mathcal{F}(GaAs)$ 和 $\mathcal{F}(Al_xGa_{1-x}As)$，可以通过它们的关系计

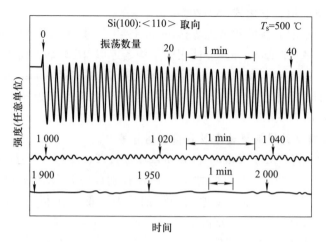

图 3.21 500 ℃ 时沿 < 110 > 方位角的 Si(001) 上的 RHEED 强度振荡。[T. Sakamoto, N. J. Kawai, T. Nakagawa, K. Ohta, T. Kojima 和 G. Hashiguchi, *Surf. Sci.* **174**, 65 (1986)。经 Elsevier Science Publishers B. V. 许可, 由 T. Sakamoto 提供]

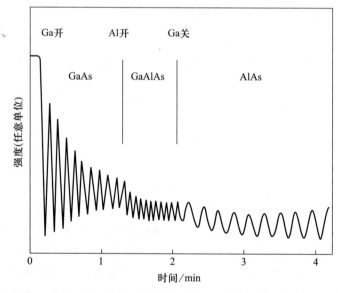

图 3.22 在 GaAs、Al$_x$Ga$_{1-x}$As 和 AlAs 的连续生长中, 沿 GaAs(001)衬底的<100>方位角观察到的镜面束的 RHEED 强度振荡 [T. Sakamoto, H. Funabashi, K. Ohta, T. Nakagawa, N. G. Kawai, T. Kojima 和 Y. Bando, *Superlatt. Microstruct.* **1**, 347(1985)。经 Academic Press Ltd. 许可, 由 T. Sakamoto 提供]

算出摩尔分数 x[Sakamoto 等 1985b]

$$x = \frac{\mathcal{F}(\mathrm{Al}_x\mathrm{Ga}_{1-x}\mathrm{As}) - \mathcal{F}(\mathrm{GaAs})}{\mathcal{F}(\mathrm{Al}_x\mathrm{Ga}_{1-x}\mathrm{As})}$$

然后自然失配 f 可以容易地通过 Vegard(1921)定律估计出来。根据 Vegard 定律，主晶晶格常数的相对改变(增大或减小)在一个确定间隔内和溶质原子的浓度成正比。换言之

$$f = x\frac{a_0(\mathrm{AlAs}) - a_0(\mathrm{GaAs})}{a_0(\mathrm{GaAs})}$$

在这一节里，我们将考虑一个无缺陷的晶体面在一个更加现实的情况下通过二维成核的生长，此时 J_0 和 v 通过二维岛上的吸附原子浓度依赖于下面的二维岛的尺寸。首先，我们将考虑多核逐层生长(图 3.23)和两层单分子层的同时生长(图 3.24)。然后，我们将把模型推广到任意数量的同时生长的单分子层，并且研究总台阶密度对于生长前沿厚度的依赖关系。生长表面的各向异性对于生长模式的影响，将会通过讨论 Si(001)面的生长这个例子来进行。在这一节的末尾，将会简要讨论原子合并入生长或下降台阶的不对称性，这是由于抑制层间传输的 Ehrlich-Schwoebel 势垒的存在而引起的。也将讨论这个不对称性对于晶体生长机制和生长平面形貌的影响。

3.2.3.2.1　多核逐层生长

我们进行如下假设。首先，我们考虑完全凝结(complete condensation)或者不存在再蒸发(re-evaporation)。这意味着所有沉积的材料都加入了生长中的二维岛。实际上这是半导体薄膜和大多数金属生长的通常情况，因为高的键合能。其次，我们假设第一层单分子层的成核在沉积刚开始时在一个很短(实际上可忽略)的时间周期里发生[这是所谓的瞬时成核(instantaneous nucleation)]。换言之，N_s 核在每一个单层生长的初始时刻 $t = 0$ 时形成(Toschev，Stoyanov 和 Milchev 1972)。在完全覆盖一个晶面之后，N_s 核再一次在一个很短的时间间隔内形成，以此类推。考虑这个问题时我们沿用了 Stoyanov(1988)给出的探讨。

在进行详细讨论之前，一个要点需要澄清。如上讨论，任何从逐层生长的偏离(图 3.23)，即向同时生长两层、三层单分子层等的转变，都将导致 RHEED 强度振荡的幅度随时间的减小。两个参数在生长过程中随时间周期性地变化。第一个参数是每个单分子层的生长速率 $R_n = a\mathrm{d}\Theta_n/\mathrm{d}t$(图 3.20)，第二个参数是总体台阶密度。总体生长速率是单独单分子层的生长速率的总和[见式(3.120)和图 3.20]，并且也应当随时间周期性地变化。这一节中将会展示，每个单层的生长速率正比于台阶密度，并且比例常数正好是单独二维岛的推进速率 v。在上面考虑的模型中，推进速率 v 被假设为常数，因此台阶密度和每

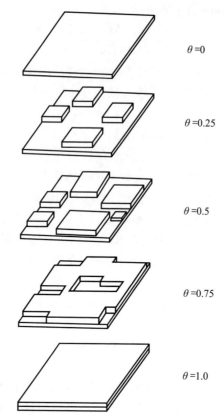

图 3.23　通过多核逐层生长的晶面生长的不同阶段。在沉积一个单分子层之后，晶面恢复到其初始状态

一个单层的生长速率 R_n 振荡在同一相。当多余 4 或 5 层同时生长时，生长速率停止可见的振荡。一个更加详尽的生长模型应当考虑吸附原子在源于不同水平二维岛的台阶之间的表面扩散，以及取决于岛尺寸，进而也取决于时间的台阶推进速率。然后，总体台阶密度和单独单分子层的生长速率停止在一相振荡。第二个作出的重要假设是，吸附原子的再蒸发是可忽略的。这意味着，在一个恒定的沉积速率，总体生长速率应当是常数，也即，它不会不顾单独单层生长速率的振荡而振荡。但是，总体台阶密度振荡并且振荡的幅度是生长前沿厚度的一个减小函数。于是有，MBE 生长中的 RHEED 强度的振荡仅仅是由于总台阶密度的振荡，而不是因为表面覆盖或是生长速率的振荡。

用瞬时成核的假设，第一单层的表面覆盖 Θ_1 由下式给出（见第二章）：

$$\Theta_1 = 1 - \exp\left[-\pi N_s \left(\int_0^t v(t')\,\mathrm{d}t' \right)^2 \right] \tag{3.121}$$

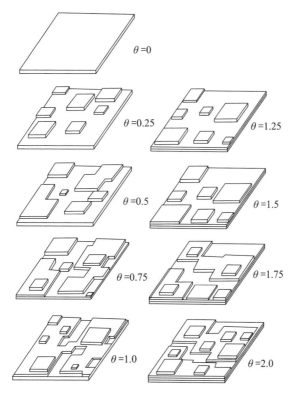

图 3.24　通过双层生长的一个晶面生长的不同阶段。这种情况下晶面从不恢复到其初始状态。反而，交错存在较高和较低的总台阶密度的状态

于是，第一单层的生长速率 $R_1 = a\mathrm{d}\Theta_1/\mathrm{d}t$ 为

$$R_1 = 2av(t) \sqrt{\pi N_s}(1 - \Theta_1) \sqrt{- \ln(1 - \Theta_1)} \tag{3.122}$$

总体台阶密度为（见图 3.25）

$$L = \frac{1}{v(t)} \frac{\mathrm{d}\Theta_1}{\mathrm{d}t} = \frac{R_1}{av(t)} \tag{3.123a}$$

式（3.123a）给出了上面讨论的台阶密度和生长速率之间的比例。可以看到，如果台阶推进速率 v 与时间无关，L 和 R_1 都应该有相同的时间行为。

将式（3.122）代入式（3.123a），有

$$L = 2\sqrt{\pi N_s}(1 - \Theta_1) \sqrt{- \ln(1 - \Theta_1)} \tag{3.123b}$$

台阶密度在一个确定的表面覆盖的值 $\Theta_{\max} = 1-\exp(-0.5) = 0.393$ 时表现出一个极大值 $L_{\max} = (2\pi N_s/\mathrm{e})^{1/2}$。当 $\Theta_1 = 0.5$ 时，相比于恒定成核率和台阶传播的情况，极大值向左移动很多。可以看到，台阶密度的变化被减小到核的数量 N_s。

图 3.25 为了通过表面覆盖 $\Theta(t)$ 来决定台阶密度 $L(t)$。$\Theta(t)$ 随时间的变化由阴影部分表示

我们考虑一个 N_s 有规律间隔的二维岛系统，而且在时刻 t，表面覆盖度为

$$\Theta_1 = \pi\rho_1^2 N_s = \frac{\Re\, t}{N_0},\tag{3.124}$$

式中，$N_0(\mathrm{cm}^{-2})$ 是一个单层的密度，并且 $\Re(\mathrm{cm}^{-2}\cdot\mathrm{s}^{-1})$ 是原子的到达速率。上述方程式意味着，所有从气相到达的原子都加入了二维岛，或者换言之，直到 t 时刻，所有沉积的材料都在生长的二维岛中相等地分布。

进一步，我们将沿用 Chernov(1984) 以及 Borovinski 和 Tzindergosen(1968) 发展的相同的方法。与在一个水平尺寸 L 的晶面上的成核频率 $J_0 L^2$ 相似[见式 (3.109)]，在一个半径为 $\rho_1(t)$ 的生长岛的表面的成核频率是

$$\tilde{J}_0(\rho_1) = \int_0^{\rho_1} J_0(r)\,2\pi r\mathrm{d}r\tag{3.125}$$

在上面的方程式中，$J_0(r) = J_0[n_s(r)]$ 是成核率，现在，通过在后者(生长岛)表面上的吸附原子浓度 $n_s(r)$ 的尺寸依赖性，成核率是一个时间的函数。

生长的二维岛表面的吸附原子浓度可以通过求解极坐标系下的扩散问题得到[式(3.58)]，在完全凝结的情况下有

$$\frac{\mathrm{d}^2 n_s}{\mathrm{d}r^2} + \frac{1}{r}\frac{\mathrm{d}n_s}{\mathrm{d}r} + \frac{\Re}{D_s} = 0\tag{3.126}$$

这个方程式与式(3.58)唯一的不同就是没有脱附流 n_s/τ_s。其解为

$$n_s = A - \frac{\Re}{4D_s}r^2\tag{3.127}$$

式中，常数 A 应当由如下边界条件决定：

$$n_s(r = \rho_1) = n_{se}\tag{3.128}$$

它意味着岛边缘和吸附层之间原子的交换足够快，并且在岛边缘附近的吸附原子的浓度有其平衡值 n_{se}。换言之，生长在扩散机制下继续进行。

问题的解是

$$n_s(r) = n_{se} + \frac{\Re}{4D_s}(\rho_1^2 - r^2) \tag{3.129}$$

可以马上看到，吸附原子浓度在岛中心处有其最大值 $n_s(r=0)=n_{s,\max}=n_{se}+\Re\rho_1^2/4D_s$，并且岛越大，吸附原子浓度将越高。显然，在岛中心的成核更加有可能。此外，向岛边缘的原子流 $j_s=-2\pi\rho_1 D_s(\mathrm{d}n_s/\mathrm{d}r)_{r=\rho_1}=\pi\Re\rho_1^2$ 也随岛尺寸增大，生长速率也是如此。于是有，成核率和台阶推进速率随着岛尺寸的增加而增大。

在高温下，平衡吸附原子浓度 n_{se} 增大，而式(3.129)的第二项减小[见式(3.20)]。考虑到 $\Re\cong1\times10^{13}\sim1\times10^{14}\ \mathrm{cm}^{-2}\cdot\mathrm{s}^{-1}$，$\nu\cong3\times10^{13}\ \mathrm{s}^{-1}$ 及 $\rho_1\cong1\times10^{-6}\sim1\times10^{-5}\ \mathrm{cm}$，我们发现在足够高的温度时，$n_{se}$ 变得远远大于 $\Re\rho_1^2/4D_s$，并且 $n_{s,\max}\to n_{se}$。后者意味着高温时过饱和趋向于零。在低温时，与 $\Re\rho_1^2/4D_s$ 和 $n_s\cong\Re/4D_s(\rho_1^2-r^2)$ 相比，我们可以忽略 n_{se}。考虑式(3.18)，我们有，对于 $\mathrm{Si}(\varphi_{1/2}-E_{\mathrm{des}}\cong1.8\ \mathrm{eV})$，$n_{se}$ 可以在整个感兴趣的温度区间内(300~800 ℃)被忽略。这对于许多其他材料都有效。

以吸附原子浓度为函数的成核率为[见式(2.117)]

$$J_0 = a^* D_s \frac{n_s^{n^*+1}}{N_0^{n^*-1}}\exp\left(\frac{E^*}{kT}\right) \tag{3.130}$$

将式(3.129)代入式(3.130)(忽略 n_{se})，并且将式(3.130)代入式(3.125)，积分后得出成核频率 $\tilde{J}_0$

$$\tilde{J}_0(\rho_1) = A\rho_1^{2(n^*+2)} \tag{3.131a}$$

式中，A 联合了独立于岛尺寸的所有的量

$$A = \frac{\pi a^*}{n^*+2}D_s N_0^2\left(\frac{\Re}{4D_s N_0}\right)^{n^*+1}\exp\left(\frac{E^*}{kT}\right) \tag{3.131b}$$

对于逐层生长的情况，完全类似于式(3.110)的情况，有

$$N = \int_0^T \tilde{J}_0(\rho_1)\,\mathrm{d}t = 1 \tag{3.132}$$

式中，积分给出了在一个单层的沉积时间 $T=N_0/\Re$ 之内能够在生长的岛上形成的核的数量。换言之，这个条件阐述了，第二个单层的一个核将会精确地在第一个完成的那一时刻形成。

然后，我们将由式(3.124)得来的 ρ_1^2 代入式(3.131a)和式(3.132)，积分并且重组结果以后得到

$$N_s = \frac{1}{4\pi}C^* N_0\left(\frac{D}{F}\right)^{-\chi}\exp\left[\frac{E^*}{(n^*+2)kT}\right]$$

$$= \frac{1}{4\pi}C^* N_0\left(\frac{\nu}{F}\right)^{-\chi}\exp\left[\frac{E^*+n^* E_{\mathrm{sd}}}{(n^*+2)kT}\right] \tag{3.133}$$

式中，$D = D_s N_0 = \nu \exp(-E_{sd}/kT)$ 是跳跃频率；$F = \Re/N_0$ 是原子到达速率，其单位是每单位时间的单层数量，并且

$$C^* = \left[\frac{4\pi\alpha^*}{(n^* + 2)(n^* + 3)} \right]^{1/(n^* + 2)}$$

是 n^* 的整数级的一个很弱的函数，且 $\chi = n^*/(n^*+2)$。

我们刚刚得到了使得属于第一单层的二维岛出现的核密度表达式。实际上，我们得到了方程式（2.156），其缩放指数为式（2.157）（见 2.2.11 节）。这之所以成为可能，多亏了完美晶面的完全凝结条件［式（3.124）］和逐层生长［式（3.132）］。第二个条件需要一个生长的扩散机制（原子快速地合并入岛），这是缩放指数［式（2.157）］的一个必要条件。我们来评估 N_s。当 Si（001）在 $T = 600$ K（高过饱和）生长时，$n^* = 1$，$E^* = 0$，$E_{sd} \cong 0.67$ eV，$\Re = 1 \times 10^{13}$ cm$^{-2} \cdot$ s^{-1}，$\nu = 1 \times 10^{13}$ s^{-1}，$\alpha^* = 4$，并且 $N_0 = 6.78 \times 10^{14}$ cm^{-2}。于是，$N_s \cong 7.4 \times 10^{10}$ cm^{-2}。在更高温度 $T = 1\,200$ K（低过饱和）的情况下，$n^* = 3$。我们假设，包含 4 个正方形（两个平行的二聚体）原子的团簇稳定，并且生长的概率大于衰退的概率。于是，核表现为一个包含三个原子的团簇，这三个原子位于一个直角三角形（一个二聚体加上一个孤立的原子，它位于形成第二个二聚体的位置）的顶点上。我们强调二聚体之间的键是第二最近键，并且我们可以假设 $\psi_2 \cong E_{bond}/10$。我们对于通常的第一相邻键和二聚体键分别取值 $E_{bond} \approx 1.9$ eV 和 $E_{dimer} \approx 1.7$ eV（Ratsch 和 Zangwill 1993）。于是，$E^* = E_{dimer} + E_{bond}/10 \approx 1.89$ eV，且 $\alpha^* = 8$。然后，$N_s \cong 1.6 \times 10^8$ cm^{-2}。因此，过饱和的减小导致了临界核尺寸的增加，它进一步导致了饱和核密度的急剧减小，在一些特殊情况，可以达到大约三个数量级。

极大台阶密度为（极小台阶密度等于零）

$$L_{max} = \frac{1}{\sqrt{2e}} C^* N_0^{1/(n^*+2)} \left(\frac{\Re}{\nu} \right)^{\chi/2} \exp\left[\frac{E^* + n^* E_{sd}}{2(n^* + 2)kT} \right] \tag{3.134}$$

在高（$n^* = 1$）和低（$n^* = 3$）过饱和时，对于 Si（001）可以得到极大台阶密度的值分别为 4×10^5 cm^{-1} 和 2×10^4 cm^{-1}。于是，在连续的二维成核和水平传播周期性过程中，台阶密度振荡的幅度将随着过饱和的减小（温度升高）而减小。显然，在过高的温度时（过低的过饱和），RHEED 强度的振荡应该消失，因为二维成核过程被抑制了。可以预期，在过低的温度或者过高的过饱和时有相同的情况，但是源于不同的原因。台阶密度变得非常高，而且台阶间距太小。换言之，晶体表面将表现为粗糙的，虽然温度低于热力学粗糙（见第一章）的临界温度。如同在第一章结束时讨论的，这种现象被称为动力学粗糙。这导致的结果是，台阶密度振荡，进而 RHEED 强度振荡将消失，这是因为，由于动力学的原因，台阶实际上不再被探测到。

3.2.3.2.2 两个单层的同时生长

在考虑这个情况时（Stoyanov 和 Michailov 1988），我们沿用上面描述的相同的过程。我们再一次考虑完全凝结和瞬时成核的情况。后者现在意味着，在第 n 个单层的二维岛完全覆盖晶面之前，第 $n+1$ 个单层的二维核在一个很短的时间周期（如同一个脉冲）形成于第 n 个单层的岛之上。然后，晶面的生长由拥有两个单层高度的金字塔的同时生长来实现。我们进一步假设，使得第 n 个和 $n+1$ 个单层的岛出现的二维核的数量相等，或者换言之，生长以 N_s 双层金字塔的同时生长继续进行（图 3.26）。这个模式被无限制地保持，并且每一个从它的偏离将导致进一步的生长前沿厚度的增大，进而导致台阶密度振荡的进一步衰减。

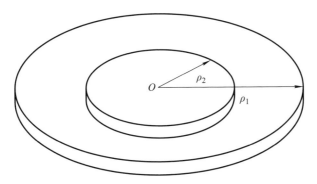

图 3.26 生长的双层金字塔。ρ_1 和 ρ_2 分别代表下层和上层的二维岛

利用式（3.123a），可以得出每一个单层的台阶密度

$$L_n(t) = \frac{1}{v_n(t)} \frac{\mathrm{d}\Theta_n}{\mathrm{d}t} = 2\sqrt{\pi N_s}(1 - \Theta_n)\sqrt{-\ln(1 - \Theta_n(t))} \qquad (3.135)$$

于是，总体台阶密度为

$$L(t) = 2\sqrt{\pi N_s} \sum_n (1 - \Theta_n)\sqrt{-\ln(1 - \Theta_n(t))} \qquad (3.136)$$

注意到在这种情况下，台阶前沿的速率 $v_n(t)$ 和表面覆盖度 $\Theta_n(t)$（$n=1$，2）不独立，但是通过扩散场相互联系。于是，我们下一个任务是再一次求解扩散问题，并且找到双层金字塔的密度。

在上部的岛之上（$r<\rho_2$）的吸附原子浓度的解［见式（3.129）］为

$$n_s(r) = n_{se} + \frac{\Re}{4D_s}(\rho_2^2 - r^2) \qquad (3.137)$$

在平台上（$\rho_2<r<\rho_1$）的吸附原子的浓度由下式给出：

$$n_s(r) = A - \frac{\Re}{4D_s}r^2 + B\ln r \qquad (3.138a)$$

式中，A 和 B 是常数，它们由边界条件 $n_s(\rho_1) = n_s(\rho_2) = n_{se}$ 决定。解为

$$n_s(r) = n_{se} + \frac{\Re}{4D_s}(\rho_1^2 - r^2) - \frac{\Re}{4D_s}(\rho_1^2 - \rho_2^2)\frac{\ln\left(\dfrac{r}{\rho_1}\right)}{\ln\left(\dfrac{\rho_2}{\rho_1}\right)} \qquad (3.138b)$$

在完成的第 $n-1$ 层表面上，扩散至更低的岛边缘的吸附原子流量为

$$j_1 = \frac{\Re}{N_s}(1 - \pi\rho_1^2 N_s) \qquad (3.139)$$

在上述方程中，假设从气相到达没有被生长金字塔覆盖的面积 $1-\pi\rho_1^2 N_s$ 上的原子相等地分布在生长金字塔之中。

相应地，扩散至相同边缘但在平台上的吸附原子流量为

$$j_2 = -2\pi\rho_1 D_s\left(\frac{dn_s(r)}{dr}\right)_{r=\rho_1}$$

于是，生长速率 v_1 为

$$v_1 = \frac{d\rho_1}{dt} = \frac{1}{2\pi\rho_1 N_0}(j_1 + j_2)$$

或者

$$\frac{d\rho_1}{dt} = \frac{\Re}{2\pi\rho_1 N_0 N_s}\left[1 - \pi N_s\frac{\rho_1^2 - \rho_2^2}{2\ln\left(\dfrac{\rho_1}{\rho_2}\right)}\right]$$

对于上部的岛用相同的方法得到

$$\frac{d\rho_2}{dt} = \frac{\Re}{2\rho_2 N_0}\frac{\rho_1^2 - \rho_2^2}{2\ln\left(\dfrac{\rho_1}{\rho_2}\right)}$$

现在我们必须对台阶推进速率求解一组包含了两个非线性微分方程的方程组。台阶推进速率可以写为表面覆盖的形式

$$\Theta_n = \pi\rho_n^2 N_s \quad (n = 1, 2) \qquad (3.140)$$

它是一个无量纲时间 $\theta = \Re\, t/N_0$ 的函数，而这实际上是沉积的单分子层的数量，有如下的形式：

$$\frac{d\Theta_1}{d\theta} = 1 - \frac{\Theta_1 - \Theta_2}{\ln\left(\dfrac{\Theta_1}{\Theta_2}\right)} \qquad (3.141a)$$

$$\frac{d\Theta_2}{d\theta} = \frac{\Theta_1 - \Theta_2}{\ln\left(\dfrac{\Theta_1}{\Theta_2}\right)} \qquad (3.141b)$$

可以看到，整体生长速率 $R = \sum R_n = a \sum \mathrm{d}\Theta_n / \mathrm{d}t = \Re\, a / N_0$ 不随时间改变。这是缺乏再蒸发或完全凝结的直接后果。

如果通过假设 $\ln(\Theta_1 / \Theta_2) = $ 常数 $= 2$ 来使得方程线性化，则可以得到式（3.141a）的一个解析解。于是，满足边界条件 $\Theta_2(\theta = 0) = 0$ 和 $\Theta_1(\theta = 1) = 1$ 的式（3.141a）的解是（Kamke 1959）

$$\Theta_1 = 1 + \frac{1}{2}\theta - \frac{\mathrm{e}}{2(\mathrm{e}+1)}(1 + \mathrm{e}^{-\theta}) \tag{3.142a}$$

$$\Theta_2 = \frac{1}{2}\theta - \frac{\mathrm{e}}{2(\mathrm{e}+1)}(1 - \mathrm{e}^{-\theta}) \tag{3.142b}$$

式中，$\mathrm{e} = 2.71828$ 是自然对数的底。

可以看到，当 $\theta = 0$，$\Theta_1 = 1/(\mathrm{e}+1) = 0.27$，并且 $\Theta_2 = 0$；而当 $\theta = 1$，$\Theta_1 = 1$，且 $\Theta_2 = 1/(\mathrm{e}+1) = 0.27$。换言之，方程的解反映了包含两个单层的生长前沿内部本质的周期性。

将式（3.142a）代入式（3.136）得到周期性曲线，其幅值 $L_{\max} = 0.23 \times (4\pi N_s)^{1/2}$（Stoyanov 和 Michailov 1988）。所以，我们下一个任务是找出生长金字塔的数量 N_s，并且严格地遵循在之前的小节中使用的过程。将式（3.137）（忽略 n_{se}）代入成核率的表达式（3.130），再将（3.130）代入式（3.125）中，可以得到在上部岛之上的成核频率。积分给出了一个完全等价于式（3.131a）的表达式，唯一的例外是 ρ_1 被 ρ_2 替换了

$$\tilde{J} = A\rho_2^{2(n^*+2)} \tag{3.143}$$

式中，A 由式（3.131b）给出

由式（3.140）和式（3.142b）我们有

$$\rho_2^2 = \frac{1}{2\pi N_s}\left[\theta - \frac{\mathrm{e}}{\mathrm{e}+1}(1 - \mathrm{e}^{-\theta})\right] \tag{3.144}$$

将式（3.144）代入式（3.143）且将式（3.143）代入式（3.132），并且进行积分，重新组合结果后得到

$$N_s = \frac{1}{8\pi}C^* N_0\left(\frac{\nu}{F}\right)^{-\chi}\exp\left[\frac{E^* + n^* E_{\mathrm{sd}}}{(n^*+2)kT}\right] \tag{3.145}$$

式中，$C^* = [4\pi\alpha^* \mathcal{J}^* / (n^*+2)]^{1/(n^*+2)}$，并且定义积分

$$\mathcal{J}^* = \int_0^1\left(\theta - \frac{\mathrm{e}}{\mathrm{e}+1}(1 - \mathrm{e}^{-\theta})\right)^{n^*+2}\mathrm{d}\theta$$

仅仅是在临界核 n^* 中原子数量的函数，并且当 $n^* = 1, 2, 3, 6$ 时分别等于 0.03、0.0125、0.0056 和 0.00056。

我们现在可以估计当生长前沿从一个单分子层增长到两个时台阶密度振荡幅值的减小值。生长前沿从一个增加到两个单层，取决于对应的式（3.145）给

出的双层金字塔数量以及式(3.133)给出的单层二维岛的数量。岛密度的平方根比例对于临界核中的原子数量 n^* 不是非常敏感，并且约等于 0.5。此外，由于当单层同时生长时，表面绝不会达到没有台阶的状态，所以幅值的减小也大约等于 0.5，因此总台阶密度幅值的整体减小大约为 0.2~0.25。显然，当生长前沿厚度发生进一步生长时，应当期待幅值进一步的减小。

3.2.3.2.3　任意数量单层的同时生长

我们现在考虑 $N>2$（N 是整数）个单层同时生长的问题。这意味着第 N 个单层的二维岛的瞬时成核精确地在第零个单层的完成时刻发生。我们进一步假设第 $N+1$ 个单层的成核在第一个单层的二维岛发生严重的合并之前就已经发生。然后，如图 3.2 所示，将会形成一个摞着一个且每个都包含 N 个二维岛的生长 N_s 金字塔。这个模型是 Cohen 等（1989）[另见 Kariotis 和 Lagally（1989）]提出的"出生-死亡模型"的一个变化。

和上面一样，我们解决相同的扩散问题。在第 N 个单层岛之上的吸附原子浓度由式(3.137)给出，其中 ρ_2 被 ρ_N 替换。平台上的吸附原子浓度由式(3.138b)给出，其中 ρ_1 和 ρ_2 分别由 ρ_n 和 ρ_{n+1} 代替。然后，取代式(3.141a)，我们得到

$$\frac{\mathrm{d}\Theta_1}{\mathrm{d}\theta} = 1 - \frac{\Theta_1 - \Theta_2}{\ln\left(\dfrac{\Theta_1}{\Theta_2}\right)}$$

$$\frac{\mathrm{d}\Theta_n}{\mathrm{d}\theta} = \frac{\Theta_{n-1} - \Theta_n}{\ln\left(\dfrac{\Theta_{n-1}}{\Theta_n}\right)} - \frac{\Theta_n - \Theta_{n+1}}{\ln\left(\dfrac{\Theta_n}{\Theta_{n+1}}\right)}$$

$$\frac{\mathrm{d}\Theta_N}{\mathrm{d}\theta} = \frac{\Theta_{N-1} - \Theta_N}{\ln\left(\dfrac{\Theta_{N-1}}{\Theta_N}\right)} \tag{3.146}$$

如上，整体生长速率 $R = \sum R_n = \Re\, a/N_0 = 常数$。

系统[式(3.146)]的一个卓越特性是，表面覆盖只依赖于单层数量而不涉及任何其他参数。这意味着，满足稳态边界条件 $\Theta_n(\theta=0) = \Theta_{n+1}(\theta=1)$ 的系统的解是唯一的。图 3.27 展示了式(3.146)对于 $N=2$ 和 $N=3$ 的简化形式的解。对于 $N=2$ 和 $N=4$ 的解用展开的形式示于图 3.28。可以看到，它们表现为 S 形曲线，拐点位于第二和第一单层表面覆盖之间。接着有，随着生长前沿厚度 N 的增加，单独单层的生长速率 $R_n = a\mathrm{d}\Theta_n/\mathrm{d}\theta$ 将会变得越来越不对称，并且其极大值也向 $\theta=0.5$ 右边移动得越来越多。换言之，图 3.28 所示的曲线的微分所得到的钟形曲线将拥有一个在极大值之后的向下分支，并且它比极大值之前的向上分支更为陡峭。

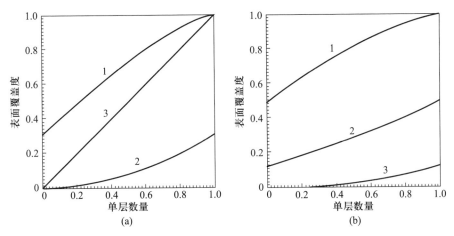

图 3.27 以在(a)双层和(b)三层生长中的单独单层表面覆盖的未展开形式表示的稳态随时间的变化。在(a)中,曲线 1 和 2 分别对应于第一和第二单层,并且直线 3 给出了逐层生长的情况。在(b)中,第一、第二和第三个单层的表面覆盖分别由曲线 1、2 和 3 给出。曲线由方程式(3.146)所示的系统的数值解得到

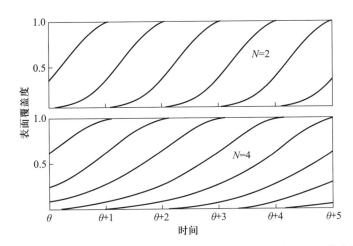

图 3.28 在双层($N=2$)和四层($N=4$)生长中的单独单层表面覆盖的展开形式的稳态随时间的变化。曲线由式(3.146)所示的系统的数值解得到

　　总体台阶密度由式(3.136)给出,并且以 $2\sqrt{\pi N_s}$(N 从 1 变化到 6)形式展示于图 3.29。曲线显然是不对称的,而且极大值向 0.5 左边移动。

　　利用如上[式(3.125)和式(3.132)]相同的方法,我们可以计算在生长厚度 N 不同取值时的生长金字塔的数量 N_s,以及总体台阶密度的时间变化的幅

值。图 3.30 展示了对于 N 从 1 到 6 变化时，其总体台阶密度的时间变化幅值相对于 $N=1$ 时的情况。可以看到，总体台阶密度在同时生长的单层 N 从 1 变到 4 时减小了一个数量级，当 $N=6$ 时为原来的 $1/20$。

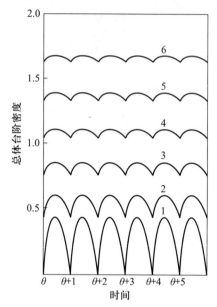

图 3.29　在不同生长前沿厚度（标注在图中每条曲线上）时，总体台阶密度单元$(4\pi N_s)^{1/2}$随时间的变化。可以看到，曲线为明显非对称的。幅值随生长前沿厚度的增大而减小。在逐层生长的情况($N=1$)，台阶密度从零到最大密度变化，因此反映出晶面在沉积了一个单层之后又恢复到它初始（光滑）状态的事实。在多层生长的情况下，台阶密度的变化从未达到零。这意味着晶体表面再也没有变得光滑

我们可以得到如下的最为重要的结论：

（1）总体台阶密度的振荡形状仅取决于表面覆盖。在这个意义上它是唯一的。

（2）总体台阶密度振荡的幅值是高度和生长金字塔密度的函数。对于逐层生长这一极端情况，台阶式的和完全平滑的表面交替出现（图 3.23），并且幅值拥有其最大值。同时，生长的晶面数量的增长导致较高和较低台阶密度状态的交替出现（见图 3.24），因此减小了整体的幅值。此外，生长金字塔的密度是生长前沿厚度的一个减小函数（较高金字塔密度必须显著地小于较低金字塔的密度），这引起台阶密度幅值的额外减小。

（3）由于生长金字塔密度减小引起的幅值的减小仅仅是在特定温度下临界核的尺寸 n^*。

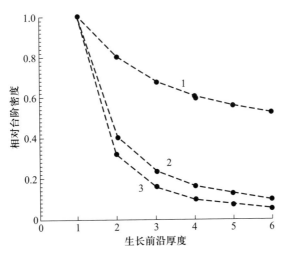

图 3.30　总体台阶密度幅值 L_{max} 对于生长前沿厚度的依赖性：相对于逐层生长中的台阶密度的 L_{max}（曲线 3）；相对于逐层生长中以 $(4\pi N_s/e)^{1/2}$ 为单位的台阶密度的 L_{max}（曲线 2）；以及生长金字塔密度的平方根 $(4\pi N_s/e)^{1/2}$ 对于生长前沿厚度的依赖性（曲线 1）

（4）台阶密度振荡的幅值对于原子到达速率并不十分敏感，因为指数 $\chi/2 = n^*/2(n^*+2)$ 比整数小。

（5）温度的减小导致生长金字塔数量 N_s 的急剧增大以及晶面的动力学粗糙。后者进而导致了振荡的消失。

（6）温度的升高导致过饱和的减小。成核被抑制，并且生长金字塔密度进而台阶密度可以变为小于表面分析工具的分辨率能力。这导致台阶密度振荡只能在一个有限的温度区间内被观察到，这一点定性地与实验观察相符（Neave 等 1985）。

注意，临界核尺寸取决于温度，但是在相当大的温度区间内保持为常数（见 2.2.9 节）。温度越低，恒定核尺寸区间就越宽。这符合 Neave 等（1983）的论述，即振荡的衰减对于温度不敏感。但是，值得指出，在温度足够高时，凝结可以变得不完全。换言之，沉积的材料的重大部分可以在合并入生长位置之前再蒸发。

3.2.4　表面各向异性的影响——Si(001) 邻位面的生长

如果假设生长晶面是各向同性的，可以得到上面概述的模型的简化形式，它在温度足够高时导致岛的圆形形状（图 3.26）以及它们附近扩散场的相应的形状。这个模型很好地描述了具有有心力（central force）的材料的生长，如金属。但是，对于具有金刚石晶格的材料，如 GaAs 和 Si 的生长，这个模型并不能很好地描述。这类晶体的(001)表面表现出严重的各向异性，进而强烈地影响了控制生长过程的参数，即连续台阶的高度和粗糙度以及表面扩散。这一节所讨论的问题阐明了在用理论解释真实实验观察时所遇到的困难。

例如，我们考虑 Si 的邻位面，它通过在 $[\bar{1}10]$ 方位角方向上相对于 <100> 方向进行一个轻微的倾斜。于是，适应宏观倾斜的单原子台阶被指向沿 $[110]$ 方位角方向，并且高度为 $a_0/4$，其中 $a_0 = 5.430\ 7$ Å 是硅的晶格常数（图 3.31a）。悬挂键在较高平台的未重建表面上的投影被指向沿相同的 $[\bar{1}10]$ 方向，而那些在较低平台上的悬挂键投影沿垂直的 $[110]$ 方向。换言之，假设晶体表面保持它的体结构，悬挂键的投影将在每下一个平台上旋转 90°。这意味着连续的台阶将会平行或者垂直于悬挂键在较高平台的投影。

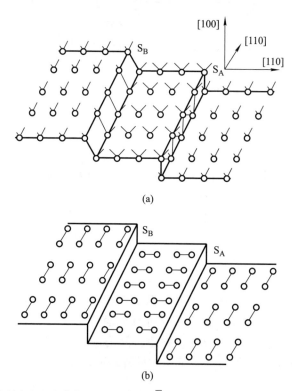

(a)

(b)

图 3.31　(a) 块材和(b)重建的 Si(001)朝向 <$\bar{1}$10>方向倾斜的邻位面。在(a)中可以清楚地看到悬挂键投影的 90°旋转。二聚体也在每个相邻平台上旋转 90°。平台被单层台阶分开，根据 Chadi(1987)的记号法将它们标记为 S_A 和 S_B。台阶的结构也同样由于化学键的旋转而交替。台阶高度是 $a_0/4 = 1.36$ Å，其中 $a_0 = 5.430\ 7$ Å 是 Si 的体晶格常数

这是当(100)表面是非重建的情形，即它保持了其体结构。后者的特征为

每个表面上的原子有两个悬挂键，并且表面能很高。为了减小表面自由能，两个相邻原子的悬挂键彼此互相作用，因此形成了 π 键（Levine 1973）。结果，表面上每个原子只有一个键保持非饱和。π 键合的原子比晶格几何所需移动得更近（体 1×1 间距是 $a = a_0/\sqrt{2} = 3.84$ Å），因此形成了"二聚体（dimers）"（图 3.32），它进而被间隔得比垂直原子间距 a 更宽。二聚体形成行，它们在每一个相邻平台上旋转 90°（图 3.31b）。后者引起了强烈的蔓延至晶体表面下很深的弹性形变。导致了所谓的 2×1 及 1×2 重建的表面。它们在每个相邻的平台交替，并且也可以说，1×2 和 2×1 畴交替。这样的一个表面经常被称为非原始的。值得指出，对于 Si(111)面也提出了一个 π 键合链的模型（Pandey 1981）。

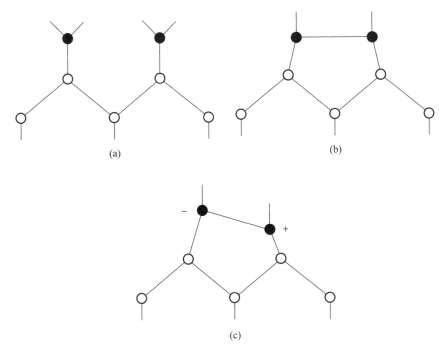

图 3.32　一个二聚体的侧视图。(a)显示了体结构。(b)显示了一个对称的(非屈曲的)二聚体。(c)显示了一个非对称的(屈曲的)二聚体。屈曲引起了一个局部的从"下"到"上"原子的电荷传递，并且二聚体的键是部分离子化的

3.2.4.1　二聚体结构

　　Chadi(1979)总结，当组成二聚体的原子位于同一个平行于表面的平面时（所谓的对称二聚体，图 3.32b），二聚体是不稳定的。当二聚体原子在除了向彼此进行面内(in-plane)唯一外还沿着垂直于表面方向唯一时，可以达到最低能量状态。因此，一个原子向上位移而另一个向下位移（图 3.32c）。这种"屈

曲的(buckled)"二聚体称为不对称的。对称二聚体之间的键是共价的，而不对称二聚体中的键是部分共价且部分离子的。不对称二聚体的形成导致了一个从其中的"下"原子到"上"原子的电荷传递(Chadi 1979)。Pauling 和 Herman (1983)作出了关于二聚体几何学的相同的结论[另见 Lin，Miller 和 Chiang (1991)]。

在扫描隧道显微镜(STM)的帮助下，Tromp，Hamers 和 Demuth(1985)[另见 Hamers，Tromp 和 Demuth(1986)]观察到，对称的和不对称的二聚体同时存在于 Si(100)上。他们发现，Si 的(100)表面有很多缺陷，尤其是缺位或者缺失的二聚体，进而引起了额外的弹性应变。远离缺陷，只有对称的(非屈曲的)二聚体被观察到，而在缺陷附近，一般说来，不对称的(屈曲的)二聚体被观察到。结论是，缺位型缺陷稳定了二聚体的非对称性，并且通常可以在大缺陷位置观察到锯齿形的图案。这些锯齿形的结构被解释为不对称二聚体的行列，其中屈曲的方向从一行到另一行交替。从来没有探测到过二聚体在同一个方向上屈曲的行列。而且，屈曲(或是不对称)的程度不总是与理论预测的相同。当从一个无缺陷的区域到一个包含大缺陷的区域时，观察到从对称的到不对称的二聚体的逐渐的过渡。有趣地，可以指出，属于台阶边缘上行列的二聚体总是强烈屈曲的。如果想要了解更多细节，读者可以参考 Griffith 和 Kochanski(1990)的非常好的综述论文。

3.2.4.2 台阶的结构和能量

在邻位(100)平面上的连续的台阶将平行或者垂直于二聚体行。使用 Chadi(1987)建议的标记法，平行于较高平台的二聚体行的(或垂直于二聚体键的)单原子台阶被标注为 S_A(单个 A)台阶，而那些在上部台阶并垂直于二聚体行(平行于二聚体键)的被标注为 S_B(单个 B)台阶(图 3.31b)。对应的拥有 2×1 和 1×2 重建的表面的较高平台被分别标记为 A 型和 B 型平台(图 3.31b)。我们将单独讨论这两种类型的台阶。

两个 S_A 台阶通过劈开虚构的最上层两行二聚体之间的晶格平面产生(平行于二聚体行)，并且移动一个半平面离另一个足够远(图 3.33)。非常重要地，必须指出这个过程中强的第一邻位键没有被打断，这意味着额外的悬挂键没有被创造。接着有，这种台阶的边缘能应当非常小。为了产生两个 S_B 台阶，我们以一个垂直于两个相邻二聚体的二聚体行的方向劈开最上面的晶格平面，并且将这两个半平面移开。为了那样做，我们对于每个原子都打断一个处于最上层原子和其下层原子之间的第一相邻 σ 键(图 3.34a)。然后，每个下层的原子都产生了一个额外的悬挂键，并且 S_B 台阶的比边缘能应当远大于 S_A 台阶的比边缘能(图 3.34b)。这样，一个台阶被称为一个非键合的 S_B 台阶。在台阶边缘的悬挂键可以与属于较低一层相邻平行行的原子的悬挂键相互作用。结果，为了减小台阶能量，对于每个原子都形成一个附加的 π 键。图 3.34c 显示了这个所谓的再键合的 S_B 台阶（Chadi 1987）。Chadi(1987) 的计算分别给出了如下对于 S_A 和再键合 S_B 台阶的比边缘能的值：$\varkappa_{S_A} = 0.01$ eV/atom $= 4.16 \times 10^{-7}$ erg/cm

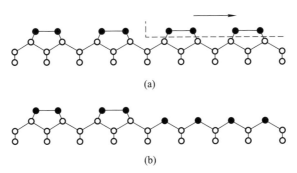

图 3.33　一个 S_A 台阶形成的虚构过程的图示。首先，我们劈开在两个二聚体行之间的最上层原子平面，并且移动（向无限远）右手边半平面至右边，如（a）中所示。两个 S_A 台阶形成了（第二个没显示），如图（b）。在较低的 B 型台阶上的二聚体形成了，并且指向图中平面的垂直方向。形成二聚体的原子由实心圆表示

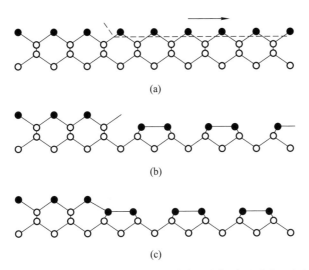

图 3.34　一个 S_B 台阶形成的虚构过程的图示。首先，我们劈开垂直于（a）中所示的二聚体行的最上层原子平面，并且移动（向无限远）右手边半平面至右边。两个 S_B 台阶形成了（第二个没显示），如图（b）和（c）。在（b）中属于位于台阶边缘的原子的键不参加二聚体形成。结果导致了非键合的 S_B 台阶。在（c）中，属于位于台阶边缘原子的键参加二聚体形成，并且导致再键合的 S_B 台阶

和 $\varkappa_{S_B} = 0.15$ eV/atom $= 6.24 \times 10^{-7}$ erg/cm，这些与上述讨论定性地符合得很好。显然，非键合 S_B 台阶的边缘能（图 3.34b）应当大于再键合的 S_B 台阶的边缘能。注意，由于没有形成额外的悬挂键，所以 S_A 台阶不能发生再键合。

Hamers，Tromp 和 Demuth(1986)借助于扫描隧道显微镜研究了单原子台阶。上面提到，形成上部 S_A 台阶边缘的二聚体行是强烈屈曲的。在一个沿着 S_A 台阶的扭结位置的邻近区域观察到了一个有趣的图像。在扭结之前，组成上部边缘之上行的二聚体是非常强地不对称的。在扭结之后，相同的行被从边缘隔开了 $2a = 7.68$ Å 的距离，并且二聚体不再屈曲了。此外，再键合和非键合 S_B 台阶的同时存在建立起来，虽然最小能量考虑（Chadi 1987）表明非键合台阶是能量上不利的。Hamers 等（1986）的实验观察定性地与理论上的对于台阶化的 Si(100)平面的电子状态的计算结论符合得很好（Yamaguchi 和 Fujima 1991）。

对于单原子台阶的比边缘自由能的计算，一个直接的结果就是一个拥有单层高度的二维岛将被两个 S_A 和两个 S_B 台阶环绕。因为 $\varkappa_{S_A} < \varkappa_{S_B}$，根据吉布斯-居里-武尔夫定理，岛的平衡形状将会被沿着二聚体拉长（见第一章）。

由 LEED 测量发现，对于高度定向变异的 Si(100)表面的情况（$6° \leqslant \theta \leqslant 10°$），宏观的倾斜在所有情况下都被有双倍高度 $a_0/2$ 的台阶调节（Henzler 和 Clabes 1974；Kaplan 1980）。值得指出，清洁的过程包括了在 1 100 ℃下退火 2 min 和 950 ℃下退火 30 min(Kaplan 1980)。在较小的倾斜角（$2° \leqslant \theta \leqslant 4°$）的情况下，双台阶在 1 000 ℃下退火 85 min 后被观察到（Sakamoto 等 1985a）。甚至于非常好的定向的表面（$\theta < 5°$）（Sakamoto 和 Hashiguchi 1986），在高温下进行了足够长的退火之后，显示了双台阶。图 3.35 展示了按照 Chadi(1987)标记法的双层高台阶 D_A 和 D_B。可以看到，只有一种平台，或者 A 型或者 B 型，在这些情况下存在。双层台阶也可以被再键合。我们可以想象，D_A 台阶是由于一个 S_A 台阶赶上了一个 S_B 台阶形成的。然后，π 键在处于较低边缘的原子与属于较低平台的相邻原子之间形成。在相反的情况下，当一个 S_B 台阶在一个 S_A 台阶之上时，将导致一个 D_B 台阶。再键合发生在相邻原子和中间的晶格平面之间。有一系列的论文都计算了再键合的双台阶的能量（Aspnes 和 Ihm 1986；Chadi 1987）。如下值被估算出来：$\varkappa_{D_A} = 0.54$ eV/$a = 2.25 \times 10^{-5}$ erg/cm 和 $\varkappa_{D_B} = 0.05$ eV/$a = 2.08 \times 10^{-6}$ erg/cm(Chadi 1987)。

为了找到台阶的平衡结构，我们应当像从前一样估计扭结形成对应的功。为了这个目标，我们沿用上面用于估计比台阶能的相似的过程。那样做的话，我们必须记得，我们必须保存二聚体的完整性。我们首先考虑一个完全平滑的 S_A 台阶（图 3.36a 和 b）。我们打断一个在两个相邻二聚体的键，并且移开原子的两个半行来形成两个单扭结。马上可以看到，我们使用了一个完全等于形成

一个长度为 $2a$ 的 S_B 台阶的功。然后，在 S_A 台阶上形成一个单扭结的功为 $\omega_A = 2a\,\varkappa_{S_B}/2 = a\,\varkappa_{S_B}$。在 S_B 台阶上应用相同的过程（图 3.36c 和 d），我们发现 $\omega_B = a\,\varkappa_{S_A}$。接着，对于有着较低比边缘能的扭结，形成功较大，反之亦然（Van Loenen 等 1990）。这进而导致了如下结论，即比起 S_B 台阶，S_A 台阶将在远远更高的温度下保持光滑。然后，光滑和粗糙台阶将在一个非原始的 Si(001) 平面上交替出现（图 3.37）。非常多的 STM 研究确认了这一结论［例如，见 Swartzentruber 等（1990）］。

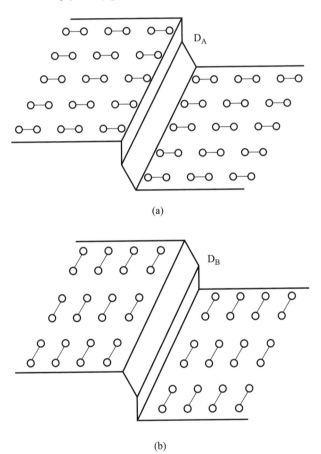

(a)

(b)

图 3.35 （a）D_A（双 A）和 D_B（双 B）台阶的示意图。双台阶可以被认为是包含两个摞起来的单台阶。在 D_A 台阶的情况下，S_A 在 S_B 之上，反之亦然

换言之，无论扭结是在 S_A 或 S_B 台阶上，扭结的一个边缘代表了 S_A 台阶的一部分，而另一个边缘代表了 S_B 台阶的一部分。因此非常明显，一个单个原子从扭结位置的脱附不再是一个可重复的步骤。为了恢复初始状态，我们必

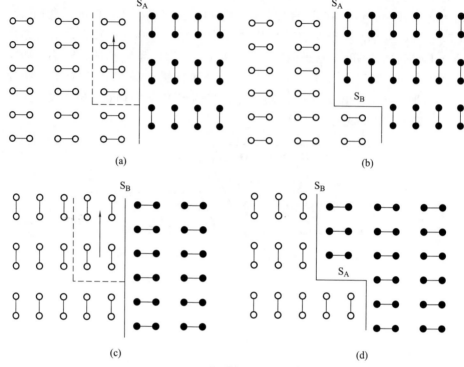

(a)　　　　　　　　　　　　　　　(b)

(c)　　　　　　　　　　　　　　　(d)

图3.36 （a）和（b）分别为了确定沿着 S_A 和 S_B 台阶的扭结 ω_A 和 ω_B 形成的功。较低平台的原子由实心圆表示。想象在（a）中我们在一个 S_A 台阶的边缘劈开二聚体行，并且将上边半行移开至无穷远，如箭头所示。结果形成了两个扭结，其中一个如（b）中所示。实际上，一个长度为 $2a$ 的 S_B 台阶的一部分形成了，其中 $a = 3.84$ Å 是 Si(001)上 1×1 原子间距。对于一个 S_B 台阶的相同情况如（c）和（d）所示。在后者情况下，一个长度为 $2a$ 的 S_A 台阶的一部分形成了。因此，扭结的侧台阶总是等于 $2a$，为了允许二聚体在较低平台上形成。比较（b）和（d），可以发现，虽然台阶不同，沿 S_A 和 S_B 台阶的扭结是等价的。考虑到 0 K 时将一个原子从一个扭结位置分开的功等于体晶的化学势取负号，这就很明显了

须分离包含两个二聚体的 4 个原子。据此，无论台阶类型如何，从一个单扭结蒸发一个包含两个二聚体的复合体所耗费的功始终相同。也就是说，这个取了负号的功（每个原子）等于第一章中所展示的绝对零度时 Si 晶体的化学势。而且，这导致结论说，每个扭结都应当有一个 $2a$ 倍数的长度，因为台阶必须在较低平台终结，并且后者有一个垂直于台阶的 $2a$ 的周期性。同样的原因，两个扭结之间的距离应当是 $2a$ 的整数倍。这些讨论都由对 S_A 和 S_B 台阶的 STM 观察结果确认（Swartzentruber 等 1990）。这些作者也展示了，中等温度时 S_B 台阶上的非常粗糙的扭结通常拥有大于 $2a$ 的长度（但是总是 $2a$ 的倍数）。这意

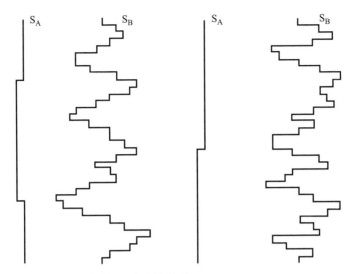

图 3.37　交替的光滑 S_A 和粗糙 S_B 台阶的行列

味着，应当应用一个大于整体的扭结量的统计学。

现在我们可以计算沿着 S_A 和 S_B 台阶的扭结密度，用来说明上述的讨论。为了这个目的，我们沿用 Burton，Cabrera 和 Frank（1951）的理想气体近似（非相互作用扭结），虽然有结果表明，存在一个相当大的扭结-扭结相互作用（Zhang，Lu 和 Metiu 1991c）。

与式（1.72）相似，有任意长度 r 的所有的扭结的和为

$$n_0 + \sum_{r=1}^{2L} n_{+r} + \sum_{r=1}^{2L} n_{-r} = n = \frac{1}{2a} \tag{3.147}$$

式中，n_{+r} 和 n_{-r} 是长度为 r 的正扭结和负扭结的数量；n_0 是光滑部分的数量。现在求和，从 $r=1$ 到 $r=2L$ 进行，其中 $2L$ 是同一类型的 A 或 B 的、以 $2a$ 为单位的两个台阶之间的平均距离。

式（1.74）现在变为

$$\sum_{r=1}^{2L} rn_{+r} - \sum_{r=1}^{2L} rn_{-r} = \frac{\varphi}{a} \tag{3.148}$$

式中，φ 是台阶方向和<110>方位角之间的角度。

和从前一样［见式（1.73）］

$$\frac{n_+}{n_0} \frac{n_-}{n_0} = \eta^2 \tag{3.149}$$

式中，$n_{\pm} \equiv n_{\pm 1}$，并且

$$\eta \equiv \eta_{A, B} = \exp\left(-\frac{\omega_{A, B}}{kT} \right) \tag{3.150}$$

Burton，Cabrera 和 Frank（1951，Appendix C）展示了如下数量为 r 的多扭结与数量为 $r=1$ 的单扭结之间的热力学关系：

$$\frac{n_{\pm r}}{n_0} = \left(\frac{n_\pm}{n_0}\right)^r \tag{3.151}$$

如果考虑到，为了形成一个数量为 r 的扭结，一个数量为 $r-1$ 的扭结必须在那之前形成，那么后者很容易理解。换言之，形成一个数量为 r 的扭结的概率 P_r，是形成数量为 $r-1$ 扭结的概率 P_{r-1} 与形成一个单个扭结的概率 P_1 之积，即 $P_r = P_{r-1} P_1$。然后，通过归纳法（$P_{r-2} = P_{r-1} P_1$ 等）$P_r = P_1^r$。

任何数量的扭结之间的平均间距 δ_0 现在由下式给出［与式（1.75）比较］：

$$\delta_0 = \left(\sum_{r=1}^{2L} n_{+r} + \sum_{r=1}^{2L} n_{-r}\right)^{-1} \tag{3.152}$$

通过用 $\varphi = 0$ 将几何学的系列相加来求解式（3.147）～式（3.151）得

$$\delta_0(A, B) \cong a\left(1 + \frac{1}{\eta}\right) = a\left[1 + \exp\left(\frac{\omega_{A, B}}{kT}\right)\right] \tag{3.153}$$

这是一个对于足够宽平台（$L>10a$）很好的近似。Van Loenen 等（1990）对于生长过程的蒙特卡罗模拟中 $T = 750$ K 时的平均扭结间距取了如下数值：$\omega_A = 0.5$ eV 和 $\omega_B = 0.05$ eV，使用这些值我们得到：$\delta_0(A) \cong 2.3 \times 10^3 a$ 及 $\delta_0(B) \cong 2a$。Chadi（1987）估计的值 $\omega_A = 0.15$ eV 和 $\omega_B = 0.01$ eV 给出了较小的 $\delta_0(A) \cong 12a$ 和相同的 $\delta_0(B) \cong 2a$。在任何情况下 $\delta_0(A)$ 都大于 $\delta_0(B)$。但是，值得指出，式（3.153）是一个近似，因为其中使用了理想气体模型（非相互作用扭结）。更加详细的包括扭结-扭结相互作用的计算给出了更加现实的结果（Zhang，Lu 和 Metiu 1991c）。

用与第一章中相同的方法，但是对于 S_B 台阶的吉布斯自由能求解式（3.147）～式（3.151），我们得到

$$G_{SB} = \varkappa_{SB} - nkT\ln\left(\frac{1 + \eta_B - 2\eta_B^{2L+1}}{1 - \eta_B}\right) \tag{3.154a}$$

式中，$\varkappa_{SB}$ 是笔直台阶的能量。

S_A 台阶的吉布斯自由能通过将指数 B 替换为 A 得到。在台阶离得很远这一极端情况下（$L \to \infty$），式（3.154）变为 Burton，Cabrera 和 Frank（1951）推导出的如下方程：

$$G_{SB} = \varkappa_{SB} - nkT\ln\left(\frac{1 + \eta_B}{1 - \eta_B}\right) \tag{3.154b}$$

3.2.4.3 邻位 Si（100）表面的基态

关于 Si（100）邻位平面的最低能态的问题至关重要，因为 Si（100）被用作 GaAs 和其他 III - V 族化合物外延薄膜的衬底。而 III - V 族化合物对于潜在的器

件应用(Shaw 1989)极为重要。显然，拥有单高度台阶的表面必定导致Ⅲ-Ⅴ外延层中的反向边界(antiphase boundaries)(Kroemer 1986)。

可以看到，S_A 台阶拥有最低的边缘能。但是，它们不可避免地导致 S_B 台阶的存在，并且总体能量为 $\varkappa_{S_A} + \varkappa_{S_B} = 0.16$ eV/$a = 6.66 \times 10^{-6}$ erg/cm。这个值是一个 D_B 台阶能量的三倍高，但是不足 D_A 台阶能量的 1/3。结论是，在一个邻位 Si(001) 表面上 D_B 台阶是热力学有利的，并且在一个足够长时间及高温下的退火后，一个单畴的 1×2 的重建总是占统治地位的(Chadi 1987)。这样一个平面通常称为原始(primitive)平面。

如图 3.31b 中所示，拥有 2×1 和 1×2 重建的平台在一个非原始平面上交替出现。由于二聚体原子向彼此的位移，这样一个重建的表面在平行于二聚体键方向有张应力 $\sigma_=$，而在垂直方向有压应力 $\sigma_\perp$。总体应力 $\Delta\sigma = \sigma_= - \sigma_\perp$ 是拉伸的。应力在相邻平台上旋转 90°，所以张应力和压应力在 Si(100) 邻位平面上交替出现，交替周期由平台宽度给出。Marchenko(1981) 第一次指出，在一个拥有交替应力畴的表面上(如同镶木地板的表面)，应力弛豫降低了表面能。因应变弛豫而降低的表面能被发现对数地依赖于台阶间的距离(Marchenko 1981；Alerhand 等 1988)。显然，在拥有双高度台阶的表面上(图 3.35)，所有二聚体将晶体朝同一个方向应变，表面应力不改变它的符号，并且不存在应变弛豫。于是，单高度(SH)和双高度(DH)台阶化的表面之间的吉布斯自由能的差异由下式给出(Alerhand 等 1990)：

$$\Delta G = L^{-1}\left[\frac{1}{2}\left(G_{S_A} + G_{S_B} - G_{D_B}\right) - \lambda_\sigma \ln\left(\frac{L}{\pi a}\right)\right] \tag{3.155}$$

式中，$\lambda_\sigma = \Delta\sigma^2(1-\nu)/2\pi G$ (每个单位长度的能量)源于应力的各向异性，$\Delta\sigma$，并且取决于体硅的剪切模量 G 和泊松比 ν (Marchenko 1981；Alerhand 等 1988)。

如上面讨论的，扭结形成功对于 S_A 台阶高而对于 S_B 台阶低。对于双倍高度台阶也同样是这样的。D_B 拥有高能量激发，也即 $\omega_{D_B} = a\varkappa_{D_A}$，而且我们可以用完美笔直台阶 $\varkappa_{S_A}$ 和 $\varkappa_{D_B}$ 的边缘能来近似 G_{S_A} 和 G_{D_B}。我们必须仅仅对 G_{S_B} 取完整表达式(3.154a)。

然后，在理想气体近似中[简要起见，忽略式(3.154a)中的 $2\eta_B^{2L+1}$ 项]，式(3.155)变为

$$\Delta G \cong L^{-1}\left[\frac{1}{2}\left(\varkappa_{S_A} + \varkappa_{S_B} - \varkappa_{D_B}\right) - \frac{kT}{2a}\ln\left(\frac{1+\eta_B}{1-\eta_B}\right) - \lambda_\sigma \ln\left(\frac{L}{\pi a}\right)\right]$$

$\Delta G = 0$ 的条件决定了从非原始(SH 台阶化)到原始(DH 台阶化)表面的一阶相变。一个临界平台宽度 L_c[或者一个临界倾斜角 $\theta_c = \arctan(h/L_c)$；$h = a_0/4 = 1.36$ Å 是单台阶高度]可以被确定，这表明在 $L < L_c(\theta > \theta_c)$ 时原始平面将

会是能量上有利的，而在 $L > L_c (\theta < \theta_c)$ 时，非原始平面有利。于是 L_c 由下式给出：

$$L_c = \pi a \exp\left[\frac{\varkappa_{S_A} + \varkappa_{S_B} - \varkappa_{D_B}}{2\lambda_\sigma} - \frac{kT}{2a\lambda_\sigma} \ln\left(\frac{1 + \eta_B}{1 - \eta_B} \right) \right] \tag{3.156}$$

图 3.38 绘制了 θ_c 相对于温度的曲线，其中 $\varkappa_{S_A} + \varkappa_{S_B} - \varkappa_{D_B} = 110$ meV/a，$\lambda_\sigma = 11.5$ meV/a，且 $\omega_B = 10$ meV。可以看到，在低温下，式(3.156)的右手边的熵的项趋于零，并且 $L_c \to L_{c0} = 1\,440$ Å 或者 $\theta_c \to \theta_{c0} \cong 0.05°$。通常，原始表面在高倾斜角时是基态，反之亦然，单高度台阶化的表面在低倾斜角时能量上有利。式(3.156)过分估计了 Alerhand 等(1990)得到的结果。更加详细的研究考虑到了应变弛豫对于台阶粗糙度(Alerhand 等 1990)、扭结的角落能(Poon 等 1990)等的影响。特别地，更加详细的对于比边缘能的评估(Poon 等 1990)给出了 θ_{c0} 一个远远更高的数值，约为 1°。Pehlke 和 Tersoff(1991a)发现，在基态时 B 型平台比 A 型平台要窄。对邻位 Si(001)表面的平衡结构问题感兴趣的读者可以参考最初的论文(De Miguel 等 1991；Barbier 和 Lapujoulade 1991；Barbier 等 1991；Pehlke 和 Tersoff 1991b)。

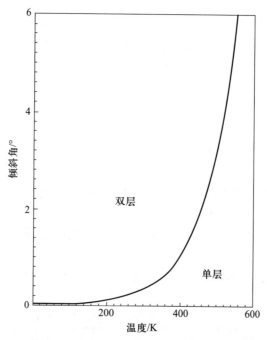

图 3.38　一个邻位 Si(001)表面的相图，它表明双层(DL)和单层(SL)台阶化表面的稳定区域[根据 Alerhand 等(1990)]

3.2.4.4　表面扩散系数的各向异性

　　表面扩散的各向异性直接来自晶体表面本身的各向异性（Stoyanov 1989）。第一个出现的问题在于，重建的表面上吸附位置的定位，以及当吸附原子在二聚体之上或其附近出现时对于其产生的影响。然后，一个能量表面应当被建立，并且表面扩散的最低能量路径应当被确定。Brocks，Kelly 和 Car（1991a，b）发现，一个吸附原子最深的极小值位于沿着属于相同行的两个相邻二聚体之间的二聚体行的位置（图 3.39 中的 M 点）。这个位置是有利的，因为吸附原子和最近二聚体原子之间的键拥有相同长度 $a_0\sqrt{3}/4 = 2.35$ Å，这是体硅中最近相邻原子的间距。B 位置连接了两个位于相邻行中的二聚体，虽然看起来非常有利，但是需要太长的 2.49 Å 的键，并且二聚体的键也应当被拉伸。因此，在 B 位的一个吸附原子的能量为 1.0 eV，高于在最深极小值的 M 的能量。H 位位于两个同一行的邻近的二聚体之间，它的能量是 0.25 eV，高于 M 位的能量，而刚好处于二聚体之上的 D 位的能量为 0.6 eV，高于绝对最小值 M 的能量。因此，发现一个在平行于二聚体行方向上的最低能量路径是 D—H—M，并且表面扩散的激活能是 0.6 eV。在垂直于二聚体行方向上的表面扩散的激活能大于 1.0 eV。因此可以总结，快速扩散的方向平行于二聚体行。Miyazaki，Hiramoto 和 Okazaki（1991）发现，吸附在二聚体（D 位）之上的一个原子引起了二聚体的小变形，而吸附在 B 位的原子引起了二聚体的断裂。它们达到如 Brocks，Kelly 和 Car（1991a，b）提出的关于快速扩散方向的相同的结论。沿着平行于二聚体行的路径 D—H—D 的激活能被发现为 0.6 eV，而沿着垂直方向 D—B—D 的激活能稍微大一点（1.7 eV）。使用一个 Stillinger-Weber 原子间势（Stillinger 和 Weber 1987），Zhang，Lu 和 Metiu（1991a，b）（另见 Lu，Zhang 和 Metiu 1991）发现了对于表面扩散的甚至更小的激活能：当吸附原子在二聚体上沿着二聚体行扩散时约为 0.3 eV，当吸附原子在二聚体边上扩散时为 0.7 eV，以及当吸附原子沿着二聚体行之间的山谷扩散时为 0.9 eV。同时，相同的作者们发现了在垂直于二聚体行的方向上的一个高于 1.0 eV 的激活能。接着有，一个吸附到二聚体弦上的吸附原子可以迅速地移动到弦的末端，并且增加它的长度（Zhang，Lu 和 Metiu 1991b）。他们也发现以二聚体为实体的扩散可能性很小。Ashu，Matthai 和 Shen（1991）发现了对于在平行和垂直于二聚体行的方向上的表面扩散的激活能的值分别为 0.2 eV 和 2.8 eV。基于对饱和岛密度的 STM 测量，Mo 等（1991）得出了快速扩散激活能和预指数因子的值分别为 (0.67 ± 0.08) eV 和 1×10^{-3} cm²/s。Roland 和 Gilmer（1991，1992a）在他们的研究中利用了 Stillinger-Weber 势，发现了和上面数值符合得非常好的结果。此外，他们发现，衬底原子和吸附原子之间的交换甚至在低温下就发生了。这个现象给表面扩散作出了额外的贡献。

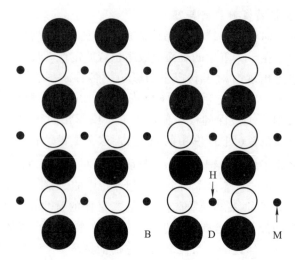

图 3.39 Si 原子在 Si(001)上的快速和慢速表面扩散方向的图示。展示了一个(2×1)重建的 Si(001)表面的最上面三层的俯视图。大实心圆表示最上层原子，中等尺寸的空心圆表示第二层原子，而小实心圆代表第三层原子。标记为 B、D、M 及 H 的点在正文中作了解释 [根据 Brocks，Kelly 和 Car(1991)]

　　一般的结论是，无论由于不同计算方法的量上的不同，在重建的 Si(100) 2×1 表面上的表面扩散是高度各向异性的，并且快速扩散的方向平行于二聚体行。虽然激活能的值在不同的研究中从 0.2 eV 到约 0.7 eV 之间变化，但是它表明甚至在室温下都可以发生相当大程度的表面扩散。更为重要的是，应当存在一个临界温度，在其之下只有在一个方向上的表面扩散会发生，而在其之上时，在垂直于二聚体行的方向上的扩散可以变得重要。

3.2.4.5　一维成核理论

　　从上面可以直到，粗糙(S_B)和光滑(S_A)台阶在一个邻位双畴 Si(001)表面交替出现。通过将生长单元直接合并入扭结位置的 S_B 台阶推进和粗糙晶面的垂直生长完全近似。S_A 台阶的生长更为复杂。它需要形成先驱性的扭结。因为有足够大密度的扭结的热激发形成是禁止的，所以显然牵扯到另外一种机制。与在光滑无缺陷晶体表面上的二维核的形成相似，我们可以考虑代表有限原子行的一维原子核的形成。因此，每一行将产生两个扭结。一维成核理论被许多作者探讨过(Voronkov 1970；Frank 1974，Zhang 和 Nancollas 1990)。

　　我们来试着从热力学上来探讨一维核形成的问题，与我们之前在三维和二维核情况所做的完全一样。为了这个目的，我们将使用 Stranski 和 Kaischew (1934)建议的原子论方法。

　　我们首先考虑拥有立方平衡形状的 Kossel 晶体的三维核的形成。核包含 $N=$

n^3 个原子，其中 n 是核边缘的原子数量。核形成的功由式（2.22）给出，$\Delta G_3^* = N\bar{\varphi}_3 - U_N$，其中 $\bar{\varphi}_3 = 3\psi - 2\psi/n$ 是平均分离功[式（1.60）]。核的平衡蒸气压强由式（1.62）定义，$\Delta\mu = \varphi_{1/2} - \bar{\varphi}_3 = 2\psi/n$。将 $\bar{\varphi}_3$ 代入式（2.22），并且考虑到对于吉布斯自由能 $U_N = 3n^3\psi - 3n^2\psi$，我们得到 $\Delta G_3^* = n^2\psi$。用汤姆森-吉布斯方程式（1.62b）替代 n，用表面能 σ 的定义式（1.63）替代 ψ，我们得到 ΔG_3^* 的其较为熟悉的表达式（2.10）。

对于拥有正方形的二维核应用相同的过程，我们相应地得到 $\Delta\mu = \psi/n$，并且 $\Delta G_2^* = n\psi$，其中 n 现在是正方核边缘的原子数量。再次使用边缘能的定义和二维情况的汤姆森-吉布斯方程，我们得到了熟悉的方程式（2.38）。

我们现在考虑在台阶边缘的一行 n 个原子（图 3.40）。平均分离功现在由末端原子的脱附计算，并且精确地等于从一个扭结位置的分离功，即 $\bar{\varphi}_1 = 3\psi = \varphi_{1/2}$。于是，$\Delta\mu = \varphi_{1/2} - \bar{\varphi}_1 = 0$，也即，不论原子行的长度如何，它拥有和体晶相同的化学势。势能为 $U_N = 3n\psi - \psi$，并且对于吉布斯自由能我们得到 $\Delta G_1^* = \psi$。上述计算的结果被总结在表 3.1 中。可以看到，吉布斯自由能不取决于核尺寸，我们不能够在热力学上来定义这行原子的临界尺寸。但是，如上面提到的作者们提到的，一个一维核可以在动力学上很好地定义。接下来，我们将要根据 Voronkov 的方法（1970）讨论一维成核的台阶推进。

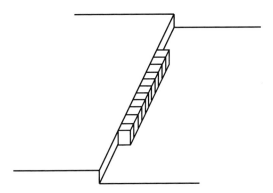

图 3.40　在 Kossel 晶体表面的单台阶边缘的一维核的示意图

我们假设吸附到行末尾的原子直接来自平台，考虑如图 3.40 中所示的原子行的生长和分解。我们排除沿台阶边缘的原子的扩散。原子向扭结的扩散足够快，并且台阶在一个运动机制内推进。然后，一个恒定的吸附原子浓度 n_{st} 或一个恒定过饱和 $\sigma = n_{st}/n_{se} - 1$ 存在于台阶的邻近区域附近。我们用 $\omega^+ dt$ 和 $\omega^- dt$ 来标记吸附原子在一个时间间隔 dt 中吸附至和脱附自一个扭结位置的概率。对应的频率 ω^+ 和 ω^- 为

表 3.1 Kossel 晶体的三维、二维和一维核形成及过饱和的吉布斯自由能。n 代表拥有立方形状的三维核、拥有正方形的二维核和一维原子行的边缘的原子数量。ψ 代表打断第一相邻原子之间键所需的功

核的维度	ΔG^*	$\Delta\mu$
三维	$n^2\psi$	$2\dfrac{\psi}{n}$
二维	$n\psi$	$\dfrac{\psi}{n}$
一维	ψ	0

$$\omega^- = \nu\exp\left(\frac{\Delta W + \Delta U}{kT}\right) \tag{3.157}$$

$$\omega^+ = \nu\frac{n_{\mathrm{st}}}{N_0}\exp\left(-\frac{\Delta U}{kT}\right) \tag{3.158}$$

式中，$\Delta W = \varphi_{1/2} - E_{\mathrm{des}}$ 是将一个原子从扭结位置传送至附近平台的表面上的功 [式(3.18)]。

考虑到 $\sigma = n_{\mathrm{st}}/n_{\mathrm{se}} - 1$，并且 $n_{\mathrm{se}}/N_0 = \exp(-\Delta W/kT)$ [式(3.18)]，式(3.158)可以被写为如下形式：

$$\omega^+ = \omega^-(1 + \sigma) \tag{3.159}$$

可以看到，在平衡时 ($\sigma = 0$)，$\omega^+ = \omega^-$，并且 $n_{\mathrm{st}} = n_{\mathrm{se}}$。

扭结在给定的恒定位置附近进行来来回回的随机行走，其扩散系数为

$$D = a^2\omega^- \tag{3.160}$$

当不在平衡时 ($\sigma \neq 0$)，$\omega^+ > \omega^-$，并且扭结推进速率为

$$v_{\mathrm{k}} = a(\omega^+ - \omega^-) = a\omega^-\sigma \tag{3.161}$$

在小的过饱和下，原子的吸附和脱附概率很接近。扭结可以同时进行向后的随机行走 (行的分解) 和以速率 v_{k} 的向前的稳定推进。随机行走的方向与推进的方向相反。然后，在一个时间 t，n_{b} 个原子将从扭结脱附，并且 n_{f} 个原子将加入扭结。然后，扭结将向后移动一个距离

$$l = a(n_{\mathrm{b}} - n_{\mathrm{f}}) \cong 2\sqrt{Dt} - v_{\mathrm{k}}t$$

可以看到，扭结向后的移动在某个时间 $t_{\max} = D/v_{\mathrm{k}}^2$ 显示了一个极大值。该极大值，或者说扭结向后的最大可能移动值为

$$l_{\max} = \frac{D}{v_{\mathrm{k}}} = \frac{a}{\sigma} \tag{3.162}$$

令平均扭结距离为

$$\delta_0 = a\left[\,1 + \frac{1}{2}\exp\!\left(\frac{\omega}{kT}\right)\right]$$

如式(1.75)给出的那样（Burton，Cabrera 和 Frank 1951）。如果 $a/\sigma \gg \delta_0$，扭结遇到一个有相反符号的相邻扭结并与之湮灭的概率非常大。如果这发生了，那么原子行将会消失。换言之，小于 a/σ 的原子行将拥有较大的消亡趋势而不是继续生长。

但是，如果系统离平衡足够远以至于过饱和足够大 $a/\sigma \ll \delta_0$ 或者

$$\sigma \gg a\rho_0 \tag{3.163}$$

式中，$\rho_0 = 1/\delta_0$ 是平衡扭结密度，稳定生长将压倒随机行走。长于 a/σ 的一个原子行最有可能的是不消失，而是以一个稳态速率 v_k 生长。因此，它也就是充当一维核临界尺寸的量 a/σ。一维核临界尺寸仅仅基于动力学考虑来定义。

接着有，当满足不等式(3.163)时，台阶的推进将通过一维核的形成和生长来进行。因此，这个不等式给出了一维成核生长机制有效性的下限。显然，应当存在一个上限。完全与原子级平滑和无缺陷晶面的生长相似，上限将由台阶动力学粗糙的条件来定义。对于台阶推进的特殊情况，动力学粗糙由每个吸附在台阶边缘的原子停留在那里一个足够长时间的条件来确定。于是，每个吸附的原子将产生两个扭结。

我们用 ω_a^+ 和 ω_a^- 来标记原子吸附和脱附的频率。吸附频率 ω_a^+ 应当几乎等于吸附至扭结位置的频率 ω^+。脱附频率 ω_a^- 应当远大于 ω^-，因为比起扭结位置的原子，吸附原子与台阶的结合更加松散。如果过饱和不大，一个吸附在台阶的原子脱附的概率将大于在它任何一边吸附一个新的原子的概率。换言之，当脱附频率和原子吸附至扭结位置的频率的二倍可以比较时，即 $\omega_a^- \cong 2\omega^+$，台阶将会是动力学粗糙的，并且一维成核机制将不再有效。相反的情况，或者台阶仍然光滑的条件，显然是 $\omega_a^- \gg 2\omega^+$，或者

$$\frac{2\omega^+}{\omega_a^-} \ll 1 \tag{3.164}$$

不等式(3.164)可以通过平衡扭结密度和使用吸附-脱附平衡条件的过饱和来表达。我们将吸附在台阶的原子的平衡密度标记为 $\rho_{a,0}$。精细平衡的条件为 $\omega_{a,0}^+/a = \omega_a^- \rho_{a,0}$，或者

$$\frac{\omega_{a,0}^+}{\omega_a^-} = a\rho_{a,0}$$

每个吸附的原子创造两个扭结，一个为正，一个为负。然后，找到一个吸附原子的概率，即 $a\rho_{a,0}$ 将等于同时找到一个正扭结的概率 $a\rho_0^+$ 和一个负扭结的概率 $a\rho_0^-$。忽略可能的扭结之间能量相互作用，上述结果导致 $a\rho_{a,0} = (a\rho_0^+) \cdot (a\rho_0^-)$。考虑到 $\rho_0 = \rho_0^+ + \rho_0^-$ 且 $\rho_0^+ = \rho_0^-$，我们得到 $\rho_{a,0} = a(\rho_0/2)^2$。于是

$$\frac{\omega_{a,0}^{+}}{\omega_{a}^{-}} = \left(\frac{a\rho_0}{2}\right)^2 \tag{3.165}$$

从式(3.164)和式(3.165)中排除 ω_a^-，并且考虑到 $\omega^+ \cong \omega_a^+ = \omega_{a,0}^+(1+\sigma)$，式(3.164)变为

$$\sigma \ll \frac{1}{(a\rho_0)^2} \tag{3.166}$$

因此，式(3.163)和式(3.166)给出了单台阶推进的一维成核机制有效性的下限和上限。显然，如果 $a\rho_0 \ll 1$，如同正在研究的情况，这个生长机制将在过饱和的一个非常宽的区间内有效。特别地，对于 $T = 600$ K 时 Si(001)邻位面上的 S_A 台阶的情况，$\delta_A = 870a$。然后，$a\rho_0 = 1.15 \times 10^{-3}$，并且通过一维成核的台阶的推进将在低至 1.15×10^{-3} 高至 7.6×10^5 的过饱和之间发生。

我们现在可以利用第二章中描述的 Becker 和 Döring(1935)的经典方法来计算一维核形成的稳态速率。在这种特殊情况下，2.2.1 节中的方程将如下所示：

$$J_0 = \omega_a^+ \frac{1}{a} - \omega_a^- \rho_a \tag{3.167a}$$

$$J_0 = 2\omega^+ \rho_a - 2\omega^- \rho_2 \tag{3.167b}$$

$$\vdots$$

$$J_0 = 2\omega^+ \rho_{n-1} - 2\omega^- \rho_n \tag{3.167c}$$

第一个方程式与所有其他的都不同。所以，我们将从求解第二个方程式(3.167b)开始。因为我们将确定吸附原子密度 ρ_a，并且将它代入第一个方程式(3.167a)来获得 J_0 的表达式。

表达式(2.53)现在为［由前面的式(3.167b)］

$$J_0 = 2\omega^+ \rho_a \left[1 + \sum_{k=1}^{n}\left(\frac{\omega^-}{\omega^+}\right)^k\right]^{-1}$$

分母中的和表示一个几何级数的和，并且容易求出。上限应当大于临界核 $1/\sigma$ 中的原子数量。比例 $\omega^-/\omega^+ = 1/(1+\sigma)$［式(3.159)］总是小于整数，因为 $\sigma > 0$。在大的过饱和下，临界尺寸 $1/\sigma$ 很小，并且上限 n 应当是一个小的数值，反之亦然。同时，在大的过饱和下，和中的项比在小过饱和下更快，从而，如果在大的和小的过饱和情况下将上限延伸到无限大，我们将不会犯大的错误。然后，分母中的和等于 $1/\sigma$，且 $J_0 = 2\omega^+ \rho_a \sigma/(1+\sigma) = 2\omega^- \sigma\rho_a = 2(\omega^+ - \omega^-)\rho_a$，或者

$$\rho_a = \frac{J_0}{2(\omega^+ - \omega^-)}$$

如果假设 $\rho_n = \rho_{n-1} = \rho_a =$ 常数（Voronkov 1970），这个结果可以立刻由式（3.167c）得到，也就是说团簇密度不依赖于团簇尺寸，这和本节开始时给出的从热力学的探讨相同。

将 ρ_a 代入式（3.167a），得到 J_0 为（Voronkov 1970）

$$J_0 = \frac{\omega_a^+}{a} \frac{2(\omega^+ - \omega^-)}{\omega_a^- + 2(\omega^+ - \omega^-)} \tag{3.168}$$

考虑到 $\omega_a^- \gg 2\omega^+$［式（3.164）］，这个表达式可以很容易地简化，并且因此 $\omega_a^- \gg 2(\omega^+ - \omega^-)$。将从式（3.165）得到的 $\omega_a^+ = \omega_{a,0}^+(1 + \sigma)$，$\omega_{a,0}^+ = \omega_a^-(a\rho_0/2)^2$ 和从式（3.161）得到的 $\omega^+ - \omega^- = \omega^- \sigma$ 代入式（3.168），得到

$$J_0 = \frac{1}{2} a\omega^- \rho_0^2 \sigma(1 + \sigma) \tag{3.169}$$

最后，利用式（3.157）和 $\rho_0 = 1/\delta_0$，有

$$J_0 = 2\frac{\nu}{a}\sigma(1 + \sigma)\exp\left(-\frac{\varphi_{1/2} - E_{des} + 2\omega + \Delta U}{kT}\right) \tag{3.170}$$

可以看到，当过饱和远远小于整数时，一维成核的稳态速率是过饱和的线性函数，但是当 $\sigma \gg 1$ 时，随过饱和抛物线性地增大。然后在低温时，例如 $T = 600$ K，当 $\nu = 3 \times 10^{13}$ s^{-1}，$a = 3.84 \times 10^{-8}$ cm，$\sigma \cong 1 \times 10^3$，$\varphi_{1/2} = 4.33$ eV，$E_{des} = 2.99$ eV（Roland 和 Gilmer 1991，1992a），$\omega_A = 0.5$ eV 和 $\Delta U = 0.2$ eV，稳态一维成核率为 7×10^5 $\text{cm}^{-1} \cdot \text{s}^{-1}$。当 $T = 1\ 000$ K 时，$\sigma \cong 1 \times 10^3$ 及 $J_0 \cong 2 \times 10^5$ $\text{cm}^{-1} \cdot \text{s}^{-1}$。

3.2.4.6 通过一维成核的台阶推进速率

与通过形成和水平扩张二维核来生长光滑和无缺陷晶体的情况一样，我们将分别考虑无限长台阶和有限长度的台阶的推进。我们将严格地遵循相同的方法。

对于无限长台阶的情况，我们假设一个长度为 l 的行形成了。然后，紧挨着这一行的一个新的原子行的一维成核频率是 $\tilde{J}_0 = J_0 l$。从第一行成核到第二行成核所流逝的时间为 l/v_k。后者近似地与成核频率成反比，或者 $l/v_k \cong 1/J_0 l$。于是，$l = (v_k/J_0)^{1/2}$。台阶推进速率由 $v = J_0 la$ 或者下式给出（Voronkov 1970；Frank 1974）：

$$v = a(J_0 v_k)^{1/2} \tag{3.171}$$

利用对于 J_0 和 v_k 的表达式，式（3.169）和式（3.161），对于 v 有

$$v = a^2 \rho_0 \omega^- \sigma(1 + \sigma)^{1/2} \tag{3.172}$$

或者

$$v = 2a\nu\sigma\sqrt{1 + \sigma}\exp\left(-\frac{\varphi_{1/2} - E_{des} + \omega + \Delta U}{kT}\right) \tag{3.173}$$

另一方面，$v = a\rho v_k = a^2 \rho \omega^- \sigma$，其中 ρ 是远离平衡条件时真实的扭结密度。将这个表达式与式(3.172)比较，得出扭结密度

$$\rho = \rho_0 \sqrt{1 + \sigma} \qquad (3.174)$$

接着有，在高温下（小的过饱和），这时热激发扭结的平衡密度很大，扭结密度接近于平衡时的值，也即，一维成核对于扭结形成的贡献可以忽略。而在低温时一维成核对于扭结形成的贡献十分重要。

有限长度的台阶的传播完全和有限晶面的逐层生长相似。一个有限长度为 l 的台阶在逐行（row-by-row）模式的推进将由下式给出：

$$v = J_0 la \qquad (3.175)$$

式(3.175)在探讨一个 Si(001) 表面通过二维岛形成的生长时尤为重要。正如上面提到的，二维岛被有限长度的两个光滑 S_A 边缘和两个粗糙 S_B 边缘环绕。

3.2.4.7　通过台阶流动的 Si(001) 邻位面的生长

沿着上面的讨论，一个双畴的邻位 Si(001)2×1 表面的生长的特征有两个基本的性质：首先是台阶的非等价性，其次是表面扩散的各向异性。第一个性质的结果是，轮替的台阶通常将以不同的速率传播并且赶上彼此来形成更高的台阶。第二个因素导致了如下结论，即 B 型平台上的原子将主要地沿垂直于台阶的方向扩散，而在 A 型平台上吸附原子将沿平行于台阶的方向扩散。所以，台阶的传播实际上只以在 B 型平台上扩散至其中的原子为代价。在 A 型台阶上的原子在足够高温时将不会参加生长过程。如果温度足够低，A 型平台上的吸附原子将引发二维成核和生长。因此，S_A 台阶将以在较低平台上扩散至其中的原子为代价，而 S_B 台阶将以在它们的较高平台上扩散的原子为代价进行推进。除此之外，Roland 和 Gilmer（1991）发现，吸附原子从上面的 A 型台阶吸附至 S_A 台阶的可能性要小于从 B 型台阶吸附至 S_A 台阶的可能性。对于再键合的 S_B 台阶，相反的情况是正确的。注意到在较低温度下，二维成核将在平台上发生，并且生长将会以二维成核机制进行。应该存在一个从台阶流动生长到二维成核生长的转变的临界温度（Myers-Beaghton 和 Vvedensky 1990）。Si(001) 邻位面生长的问题被很多作者详细地研究过（Vvedensky 等 1990a，b；Wilby 等 1989），有兴趣的读者可以参考这些论文。Wilby 等（1991）进行了用视频动画来使结果可视化的蒙特卡罗模拟。我们将在这一节中沿用 Stoyanov（1990）给出的分析，探讨为避免在 A 型平台上的二维成核的 Si(001) 在高温时的生长。

我们考虑一个双畴（非原始）的邻位 Si(001) 表面，其上 S_A 和 S_B 交替出现（见图3.37）。初始的台阶间距标记为 λ。坐标系的起点位于一个 B 型平台的中点，所以 S_A 和 S_B 台阶分别位于 $x = -\lambda/2$ 和 $x = \lambda/2$。

S_B 台阶是粗糙的，并且以如下速率传播：

$$v_B = a^2 \beta_B n_{se} \sigma_B \qquad (3.176a)$$

S_A 台阶是光滑的，并且通过一维成核来传播，其速率为

$$v_A = a^2 \beta_A \sigma_A \sqrt{1 + \sigma_A} \cong a^2 \beta_A \sigma_A \qquad (3.176b)$$

在上面的方程式里，$\beta_{A,B}$ 和 $\sigma_{A,B} = n_{A,B}/n_{se} - 1$ 是对应的在台阶附近的运动系数和过饱和。$n_{A,B}$ 是对应的吸附原子浓度。

在完全凝结的情况（再蒸发被强烈地禁止），在 B 型台阶之上的扩散被如下的扩散方程支配：

$$\frac{d^2 n_s(x)}{dx^2} + \frac{\Re}{D_s} = 0 \qquad (3.177)$$

应用边界条件 $x = -\lambda/2$，$n_s = n_A$ 和 $x = \lambda/2$，$n_s = n_B$，方程的解为

$$n_s(x) = \frac{\Re}{2D_s}\left(\frac{\lambda^2}{4} - x^2\right) + \frac{x}{\lambda}(n_B - n_A) + \frac{1}{2}(n_B + n_A) \qquad (3.178)$$

考虑到对于生长速率有 $v_{A,B} = a^2 D_s (dn_s/dx)_{x=\pm\lambda/2}$，我们得到

$$v_A = \frac{\Re \lambda}{2N_0} - \frac{D_s n_{se}}{\lambda N_0}(\sigma_A - \sigma_B) \qquad (3.179a)$$

$$v_B = \frac{\Re \lambda}{2N_0} + \frac{D_s n_{se}}{\lambda N_0}(\sigma_A - \sigma_B) \qquad (3.179b)$$

将式(3.176a)与式(3.179a)以及式(3.176b)与式(3.179b)比较，我们得到 σ_A 和 σ_B，进而对于 v_A 和 v_B 我们得到

$$v_A = \frac{\Re \lambda}{2N_0} \frac{M_A(2 + M_B)}{M} \qquad (3.180a)$$

$$v_B = \frac{\Re \lambda}{2N_0} \frac{M_B(2 + M_A)}{M} \qquad (3.180b)$$

式中，$M_{A,B} = \beta_{A,B}\lambda/D_s$；$M = M_A + M_B + M_A M_B$。

台阶速率的比是

$$\frac{v_A}{v_B} = \left(\frac{\rho_{A,0}}{\rho_{B,0}} + \frac{\beta_A \lambda}{2D_s}\right)\left(1 + \frac{\beta_A \lambda}{2D_s}\right)^{-1} \qquad (3.181)$$

于是有，速率比取决于结晶速率 β_A 和扩散速率 D_s/λ 的比值。当 $\beta_A \gg D_s/\lambda$ 时，两个台阶都将以相同速率在一个扩散机制下传播。过饱和 σ_A 和 σ_B 将相等，并且 $v_A = v_B = \Re \lambda/2N_0$。结果，Si(001)邻位面将以单高度台阶生长。在相反的情况下，当 $\beta_A \ll D_s/\lambda$ 时，涉及传播速率，因为对应的热激发扭结的平衡密度 $\rho_{A,0}/\rho_{B,0} \ll 1$。$S_B$ 台阶的生长速率远大于 S_A 台阶的生长速率。然后，前者将会追上后者，并且 D_B 台阶将会形成。Roland 和 Gilmer(1992b)用式(3.171)

详细地以台阶流动探讨了 Si(001)邻位面的生长，并且发现 S_B 台阶总是以比 S_A 台阶高的速率进行传播。

现在我们试着用单高度和双高度台阶来定义生长条件。比值 $\beta_A\lambda/2D_s$ 为

$$\frac{\beta_A\lambda}{2D_s} = \frac{\lambda}{a}\exp\left(\frac{E_{sd} - \omega_A - \Delta U}{kT}\right) \tag{3.182}$$

式中，$\lambda/a = \sqrt{2}/4\tan\theta \gg 1$，$\theta$ 是倾斜角。

当 $E_{sd} - \omega_A - \Delta U > 0$ 时，由于 $\lambda \gg a$，对于生长的并且因此单高度台阶的扩散机制的条件，$\beta_A\lambda/2D_s \gg 1$ 将总是被满足。只有在相反的情况下，即 $E_{sd} - \omega_A - \Delta U < 0$ 时，一个从单高度台阶向双高度台阶的转变才被观察到。

可以从条件 $\beta_A\lambda/2D_s = 1$ 来定义一个从单台阶到双台阶转变的临界温度

$$T_{tr} = -\frac{E_{sd} - \omega_A - \Delta U}{k\ln\left(\dfrac{4\tan\theta}{\sqrt{2}}\right)} \tag{3.183}$$

如上面讨论的，计算所得的在平行于二聚体行的方向上的表面扩散的激活能在区间 0.3~0.65 eV 之间变动。对于 ω_A，估计值为 0.15 eV（Chadi 1987），但 Van Loenen 等（1990）则取了一个更高的值 0.5 eV。考虑到重复的台阶由包含 4 个原子的建筑单元的吸附和脱附组成，运动势垒 ΔU 应当与单个原子吸附至扭结位置有关。一个 0.2~0.4 eV 之间的值似乎是合理的。因此，差值 $E_{sd} - \omega_A - \Delta U$ 可以在 -0.6 eV 和 +0.3 eV 之间变化。一个 -0.1eV 的值似乎是合理的。图 3.41 绘制了临界温度 T_{tr} 随倾斜角 θ 的变化。可以看到，高温时应当观察到单台阶。低温时，由于 S_A 台阶生长的运动机制，双台阶应当被观察到。注意到，这个结果是基于动力学探讨的，它显然应当被视作 Alerhand 等（1990）对于平衡讨论的补充（图 3.38）。沿用同样的方法，但是对于 SA 台阶的推进速率使用式（3.175），如同之前的章节中所做的那样（Markov 1992），我们可以研究 Si(001)上的台阶密度的动态演变。

3.2.5 Ehrlich-Schwoebel 势垒和它的后果

当考虑一个单分子层台阶的传播时，我们接受，原子吸附至来自上面的或是下面的平台的台阶的概率是同一个。换言之，我们接受，禁止原子吸附至台阶并且导致生长的运动机制的势垒（如果有的话）从台阶的两侧将是同一个。对于图 3.4 大略一瞥就可以看到，甚至从几何学的角度这都应当是不正确的。如果我们将越过台阶的扩散与距离台阶很远的平台上的扩散作比较，原因就变得很清楚。

一般来说，一个原子在平台上扩散有两种机制（见图 3.42）。首先是我们熟悉的跳跃机制，其中原子通过一个处于两个相邻原子的鞍点。接近鞍点时，

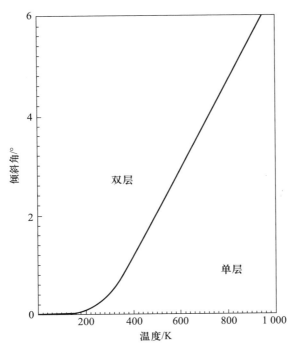

图 3.41　Si(001)邻位平面的 $\theta-T$ 图，它展示了生长过程中形成双层(DL)和单层(SL)台阶化表面的区域。S_A 台阶通过一维成核机制生长

原子拉伸与其留在身后的原子(图 3.42a 中的原子 1 和 2)之间的一个或两个键(取决于表面对称性)。越过鞍点之后，原子被在它之前的原子 3 和 4 吸引。因此，势垒的最大值是当原子精确地在鞍点之上时。在最后阶段，与原子 1 和 2 的键断裂，但是与 3 和 4 的键形成。Bassett 和 Webber(1978)发现，除了这个传统的表面扩散的观点之外，在面心立方(110)上的吸附原子进行一个交叉通道扩散，而不是一个沿着通道的扩散。(面心立方(110)表面包含原子的平行行列。在一行的原子是第一相邻的，而相邻行之间的距离等于晶格常数，它比第一相邻距离大 $\sqrt{2}$ 倍。因此，在 $\langle1\bar{1}0\rangle$ 方向的通道在相邻行之间形成)。在面心立方(100)表面上的原子可以沿 $\langle100\rangle$ 方向的对角线移动或"棋盘"式移动(Kellog 和 Feibelman 1990；Chen 和 Tsong 1990)，如图 3.42b 中所示。吸附的原子与一个嵌在最上层原子平面的原子交换位置。以这种方式移动时，原子"遵循一个化学基本法则——键断裂的最小化"(Feibelman 1993)。

　　现在，我们考虑当一个在面心立方(100)表面上的原子通过跳跃机制接近一个上升台阶时(图 3.43 中标记为 A 的原子)的情况。越过鞍点后，吸引原子

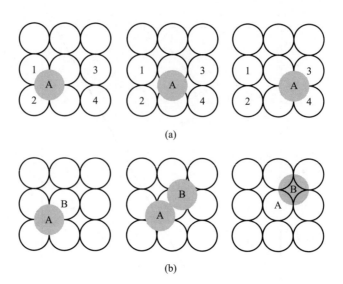

图 3.42 抓拍图示：（a）一个简单跳跃扩散和（b）协调一致的替换或位置交换扩散。在第二种情况中吸附原子在〈100〉方向进行一个对角线或者"棋盘"跳跃［根据 Feibelman（1993）］

的，将不仅有如在平台扩散的情况中那样的较低原子面上的前面的原子 3 或 4，还有属于上面原子面的原子，它主要通过标记为数字 5 的最近的原子来形成台阶。于是，由于在上升台阶处的原子增进的协调性，一个加入来自较低平台的台阶的原子所克服的势垒应当比原子对于平台扩散的势垒要小。相反，从上面平台靠近台阶的原子 B 将不被超过鞍点的原子吸引。因此，与台阶扩散相比，由于在下降台阶处减小的协调性，原子 B 应当越过一个更大势垒。由此得出，上升台阶应当吸引吸附原子，而通过滚下的方式下降的原子应当被台阶排斥。

Ehrlich 和 Hudda（1966）第一个发现了下降台阶的反射性质，他们使用了场离子显微（field-ion microscopy，FIM）技术，这是由 Erwin Müller 在 20 世纪 50 年代早期发明的一种对于表面研究强大的技术［另见 Müller（1965）；Tsong（1990，1993）；Ehrlich［1995］；Kellogg（1994）］。这个方法基于"发光棒效应"。显微镜系统包含一个将要被研究的金属针（通常为难熔金属，如 W、Mo、Ir），它有一个指向在真空管内荧光屏的尖锐的单晶针尖。在排气之后，管内被充满惰性气体。在针尖和屏幕之间加高压。结果惰性气体被正向电离，并且电离在电场最高的针尖的突出部（单晶面的边缘和吸附在其上的单个原子）优先。离子被电场加速，沿直线飞向屏幕，所以在那里可以得到一副原子级分辨率的针尖的图像。在照过照片之后，屏幕上的电场被降低，并且惰性气体被泵

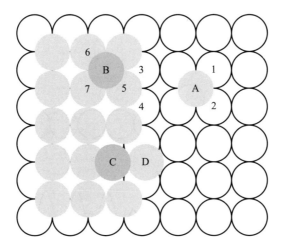

图 3.43　原子加入一个台阶的不同路径的图示：扩散至一个上升台阶的标记为 A 的原子；越过一个下降台阶的跳跃的标记为 B 的原子；以及一个标记为 C 的原子，它"推出"原子 D，以便占据 D 的位置

浦排出。温度在一段短时间内升高，以便使得原子能够扩散。然后，再一次升高温度，在管内充满气体，并且重复整个过程。

　　Schwoebel 马上抓住了 Ehrlich 和 Hudda 发现的重要性，并且在同年发表了一篇论文，其中展示了，在台阶处的不对称吸附-脱附动力学应当导致生长平面的不同形貌和成群台阶的出现，并且它们由更宽的平台分开（Schwoebel 和 Shipsey 1966；Schwoebel 1969）。在他们第一篇论文中，Schwoebel 和 Shipsey 走得更远，他们想象原子合并入拥有不同能量特征的下降台阶的其他机制。因此，他们假设，一个在较高平台的原子可以将嵌入台阶的一个原子推开，以便占据它的位置，这和平台上的位置互换扩散完全类似。这个事件需要至少两个原子的关联动作（在图 3.43 中标记为 C 和 D）。

　　因此，一个靠近台阶的原子应当取一个如图 3.44a 中所示的电势。在下降台阶处额外的势垒，E_{ES}，就是文献中著名的 Ehrlich-Schwoebel（ES）势垒。对于 Re、Ir 和 W 在 W(110)上的详细测量给出了 E_{ES} 值，它们在 0.15 eV 到 0.2 eV 之间变化（Wang 和 Tsong 1982）。上升台阶的短程吸引行为在实验上的建立要晚得多（Wang 和 Ehrlich 1993a，1993b）。推出机制（图 3.43）由 Wang 和 Ehrlich（1991）在 Ir(111) 的情况中观察到。他们发现，在上一个台阶边缘的电势谷的原子被陷在那里更长的时间，并且当温度升高时不返回，反而加入了下降的台阶。因此，原子取图 3.44b 中所示的电势。后来使用相同技术的 Pt(111) 的研究表明，电势的形状甚至比图 3.44 中所示的更为复杂（Gölzhäuser 和 Ehrlich 1996）。Kyuno 和 Ehrlich（1977）详细研究了当一个原子加入一个下降台阶时所能取的电势的可能的形状，以及它们对于晶体生长的影响。我们将限于探讨图 3.44a 中所示的最简单的电势形状。

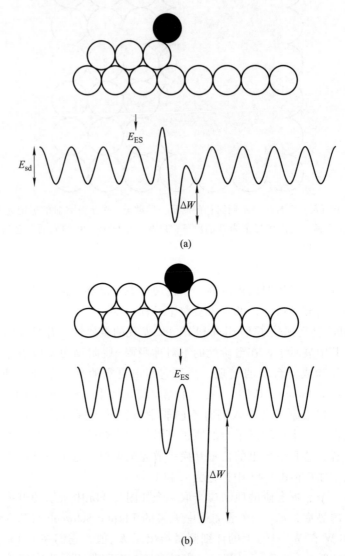

图 3.44　对于朝向上升和下降台阶运动的原子的势的图示。（a）为对于加入下降台阶的原子的 Ehrlich-Schwoebel 势垒和上升台阶的吸引行为的经典图景，（b）为根据 Wang 和 Ehrlich(1991，1993)的观察得出的一个通过推出机制合并入下降台阶的原子所取的势的图景

　　在台阶流动生长和二维成核生长中，ES 势垒对于生长形貌都有一个决定性的影响。在一种情况下，ES 势垒改变表面(台阶间距)和台阶自身的结构，

后者是我们知道的 Bales-Zangwill 不稳定性(Bales 和 Zangwill 1990)。在第二种情况下，ES 势垒剧烈地改变第一层岛的成核，并且因此影响了从逐层到多层生长的转变，或者换言之，导致了二维岛一个摞一个的堆或塔的形成，这个现象由 Villain(1991)首次预测到。因此，ES 势垒阻碍了从预先存在的台阶处台阶群的形成，从而稳定了生长的邻位平面，但是它阻碍堆的形成，使得生长奇异面不稳定。这就是为什么众多论文致力于确定 ES 势垒，包括从实验数据(Meyer 等 1995；Šmilauer 和 Haris 1995；Bromann 等 1995；Markov 1996；Krug, Politi 和 Michely 2000；Gerlach 等 2001)和众多的对不同材料的理论研究，例如 Al(111)(Stumpf 和 Scheffler 1994)、Cu(100)(Tian 和 Rahman 1993)、Pt(111)和 Ag(111)(Li 和 DePristo 1994)、Pt(111)(Jakobsen 等 1995；Villarba 和 Jónsson 1994；Liu 和 Metiu 1996)、Si(111)(Kodiyalam, Khor 和 Das Sarma 1996)，等等。与对于层间传输的 ES 势垒相似，我们可以想象岛角落势垒(Jakobsen 等 1995；Ramana Murty 和 Cooper 1999；Zhong 等 2001)，它在亚单分子层同质外延中确定二维岛的形貌。我们将不再次讨论这个问题。有兴趣的读者可以参考原始的论文。

我们想要提醒读者的是，Ehrlich-Schwoebel 势垒对于晶体生长的不同方面都有影响，所有有关这个主题的理论问题都还在紧锣密鼓地研究当中。所以，这一章中的大部分材料应当更多地被视为当前的发展状况，而不是已经固定下来并证明的事实。

3.2.5.1　Ehrlich-Schwoebel 对于台阶流动的作用

3.2.5.1.1　台阶的皱褶和去皱褶

我们首先简要研究在台阶流动生长的情况下，即通过传播预存在的台阶的生长，ES 势垒的作用。已经确凿地确认，ES 势垒导致等距台阶行列的稳定性或不稳定性，它使得台阶皱褶形成，并且随之生成的是远比从斜切角所期望的宽得多的平台(Schwoebel 和 Shipsey 1966；Bennema 和 Gilmer 1973)。在生长过程中，ES 势垒使台阶行列稳定，且使得台阶等距。相反，在蒸发过程中，ES 势垒导致形成一群由更宽平台分开的更紧密的台阶，并且因此使得表面不稳定(Bennema 和 Gilmer 1973)。这种行为从定性推理上可以被期待。

如果一个生长中的台阶由于某种原因滞后于它的正常(等距)位置(见图 3.45a 中上部的图)，它之前的下游区面积的长度增加，而台阶之后的下游区面积的长度减小(箭头展示了台阶推进的方向)。较宽的前平台对于整体原子流量贡献更多，而且过补偿了来自上平台的原子损失(考虑到来自较低平台的原子随着打击加入台阶)。结果，台阶的速度增加直到前和后平台变得等宽(图 3.45a 中下部的图)。

在蒸发时相反的情况发生(图 3.45b)。现在是上平台在正在向左运动的台

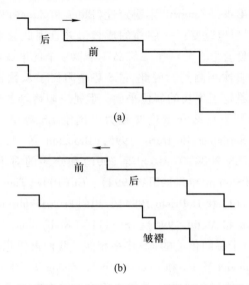

图 3.45　在(a)生长和(b)蒸发过程中平台的演化。箭头显示了台阶运动的方向。如果生长过程中台阶由于某种原因滞后了，前平台将变得更宽(上部的图)。更宽的平台对于总原子流贡献更多，并且过补偿了来自后平台的材料损失。因此一段时间之后，两个平台将变得等宽(下部的图)。如果再蒸发过程中(b)台阶滞后，是上面的平台变得更宽。台阶向较低窄平台发射原子要容易得多。朝向上面平台的原子流不能补偿总流量，所以台阶滞后得更多。一个包含两个台阶的皱褶在宽台阶后面形成了

阶之前。如果台阶滞后了，上平台变得更宽，且后面的较低平台变得更窄。台阶更容易向较低的窄平台发射原子，并且总蒸发流减小。由于额外的层间传输的势垒，后者不能由向上平台的发射补偿，台阶进一步减小它的速率，并且滞后得更多。这种情况继续，一直到一个时刻，此时后平台变得如此窄，以至于两个相邻台阶之间的排斥补偿了 ES 势垒。结果，在一个足够长的退火之后，可以达到一个稳态速率，平面分解为与运动学波相似的台阶皱褶(Sato 和 Uwaha 1995)（见 3.3 节)。换言之，宽平台和台阶皱褶(窄得多的平台区域)将会交替出现。

　　上面这些在实验研究表面时起到重要的作用。如同在 1.4.4 节中讨论的，平台宽度首先取决于斜切角度。但是，在沉积之前的晶体表面预处理可以剧烈地改变情况，甚至都不需要杂质原子的出现。预处理通常包括反复的离子(Ar^+、Ne^+)溅射和退火循环，以及接着的靠近熔融点温度的延长的退火。所有这些都导致材料从晶体表面更为增强的蒸发。因此，在沉积之前的 Ag(111)晶体预处理中，有 2 μm 的材料从晶体表面蒸发(Elliott 等 1996)。接着，在预处理之后，宽的(在皱褶之间)和窄的(在台阶皱褶之内)平台将共存。平台越

窄，在其上形成二维核所需的温度就越低。因此我们可以预期，在较高温度下，二维成核将在宽平台上而不会在窄平台上发生。在远远更低的温度下，成核应当在窄平台上发生。因此，在某个中等温度区间内，可以预期，台阶流动生长和二维成核生长将会混合。为了避免这个作用，以及为了在一个拥有相等宽度平台的轮廓分明的表面上工作，在预处理之后应当沉积一个足够厚的缓冲层。

3.2.5.1.2 Bales-Zangwill 不稳定性

如同在 Burton，Cabrera 和 Frank（见 3.2.1 节）理论中展示的那样，在温度高于绝对零度时的任意温度下，台阶总是粗糙的。他们也假设扭结随机地沿台阶分布。因此，台阶通常保持一个恒定形状，无论粗糙程度，它们总被认为是笔直的。如果我们接受原子吸附至台阶两侧的概率是相等的，这也确实是实际情况。Bales 和 Zangwill（1990）在实验结果中注意到，在某些情况下台阶粗糙度不是随机的，而是表现出波浪状的特征（Sunagawa 和 Bennema 1982）。为了解释后者，Bales 和 Zangwill 发展了一个包括在台阶处不对称吸附动力学的模型。在此，我们将仅展示作者给出的定性推理。对定量结果有兴趣的读者可以参考上面引用的原始论文［另见 Bales 和 Zangwill（1993）］以及 Pimpinelli 和 Villain（1998）的著作，其中详尽地探讨了这个问题。

我们知道，台阶的传播与加入来自上平台与下平台的台阶的原子流量的净总和成比例

$$v = v_{up} + v_{down}$$

式中，局部速率 v_{up} 和 v_{down} 与对应的来自台阶两侧的吸附原子浓度的梯度成比例［见式（3.33）］

$$v_{up, down} \propto \mp D_s \left(\frac{dn_s}{dy} \right)_{up, down}$$

（在式（3.25）中我们假设两个速率相等，这导致了一个为 2 的因子）。

现在假设，由于某种原因，在通常为笔直的台阶上形成了一些与凹陷交替出现的凸起。结果将会是一个波浪台阶。我们可以用一个有小振幅的正弦曲线来表示这样的台阶，如图 3.46 中的粗线所示。我们寻找凸起（标记为 A）幅度变得更大或者等于零的条件。首先考虑原子在台阶两边的吸附是完全对称的情形（不存在 ES 势垒）（图 3.46a）。假设台阶和吸附层之间的原子交换很快（生长的扩散机制），来解主方程式（3.38）。结果由细线表示的等浓度线来表示。它们有相同的正弦曲线的形状，但是在距离台阶足够远的距离上有趋于零的幅度。在凸起之前和凹陷（标记为 B）之后，线条变得更加密集。对应地，它们在凹陷之前和凸起之后较不密集。物理上，这意味着较低平台上的朝向凸起的原子流量（$\propto$ grad n_s）大于朝向凹陷的原子流量，如图 3.47

所示。注意到，来自较低平台侧面的凸起在从较高平台的角度看时实际上是一个凹陷。于是，来自较高平台的凸起的原子流量将比来自较低平台的原子流量要小。

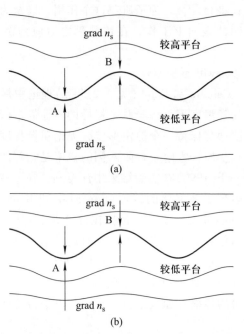

图 3.46　一个波浪状台阶的俯视图，由粗线表示。细线表示了等浓度的轮廓。箭头给出了与吸附原子浓度梯度 grad n_s 成比例的原子流量，A 表示对于凸起的，B 表示对于凹陷的。箭头的长度反映了流量的强度。在(a)中，来自上部和下部平台的吸附原子的吸附概率相等，并且对于凸起和凹陷的总速率是同一个。在(b)中，由于对于层间传输的 Ehrlich-Schwoebel 势垒，来自较高平台的流量要更小。因此，凸起推进的总速率要大于凹陷推进的总速率

　　接着有，凸起的局部速率 v_{down} 将比凹陷的局部速率要大，对于 v_{up}，反之亦然。因此，朝向来自较低平台的凹陷部分 B 的较小的流量将会完全被在较高平台上的较大的流量补偿，反之亦然(图 3.46a)。结果总速率将会为常数，并且台阶形状将不变，或者，至少凸起的幅度将不会生长。

　　现在假设，由于下降台阶处存在 ES 势垒(图 3.46b)，来自较高平台的局部速率 v_{up} 的运动系数小于 v_{down} 的运动系数。来自较高平台的流量将不会补偿在凹陷 B 之前的较小的流量。因此，凸起将会加速向前行进，而凹陷将更加地滞后。笔直台阶因此将对于小干扰变得不稳定。

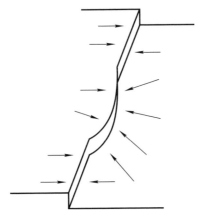

图 3.47　一个在笔直台阶上的凸起。箭头表示了吸附原子运动的方向。一部分当没有凸起时本应加入台阶笔直部分的原子现在向凸起运动

如作者们指出的，凸起不能无限制地生长，因为凸起增加了长度，并且进而增大了台阶的总能量。一个原子热力学的光滑作用将会发生。考虑到台阶是曲线化的，光滑化将自然地基于汤姆森－吉布斯作用。假设在上升台阶（扩散机制）存在快速吸附－脱附动力学，在台阶附近的吸附原子浓度将由式（3.54）给出

$$n_{se}(\rho) = n_{se}\exp\left(\frac{\varkappa a^2 \kappa}{kT}\right)$$

式中，$\kappa = 1/\rho$ 为凸起的曲率。

在凸起之前的吸附原子浓度将是最大的，而在凹陷之前将是最小的。平行于台阶扩散至凹陷部分之前区域的原子将开始，并且它们的推进将会加速。同时，在凸起之前的浓度将会减小，并且它们的生长将会延迟。这导致凸起的光滑化。如果没有 Ehrlich-Schwoebel 势垒，凸起将会消失。

3.2.5.2　对于二维成核的 Ehrlich-Schwoebel 作用

3.2.5.2.1　第二层成核

我们考虑如下情况，当晶体表面包含足够宽的平台而且温度足够低，以至于吸附原子的扩散很小，则它们不能到达预存在的台阶。那么，它们彼此碰撞，并且引起二维核。只要它们很小，它们就通过合并那些倾向于在它们之间扩散的原子而生长。随着岛尺寸的增大，越来越多的从气相的原子开始落到岛的表面上。在平台上位于岛平面的原子可以达到岛的边缘，并且吸附在它们上，或者彼此相遇从而引起第二层的核。因此，两个平行的过程——第一个单层岛的生长和它们之上的成核——导致了一个对于第二层成核的临界岛尺寸 Λ

的共存。如果表面覆盖 $\pi\Lambda^2 N_s \geqslant 1$，第一个单层的岛将结合，并且在第二层成核发生之前就完全覆盖生长的表面。这将会导致图 3.21 所示的逐层生长和反射束强度的振荡。在相反情况下，$\pi\Lambda^2 N_s < 1$，生长平面将分解为生长的多层金字塔（堆，"婚礼蛋糕"）（见图 3.48），并且反射束强度单调地减小至零，没有任何振荡。这种行为在一系列的面心立方（111）表面的生长的情况下都被观察到，例如 Cu（111）（Wulfhekel 等 1996；van der Vegt 等 1995；Camarero 等 1998）、Ag（111）（van der Vegt 等 1993）。

图 3.48　在 Pt(111) 上沉积了 37 个 Pt 单分子层后在表面上出现的堆的典型 STM 图片。[J. Krug, P. Politi and T. Michely, *Phys. Rev.* **B61**, 14037(2000). 美国物理学会 2002 版权所有，由 Thomas Michely 提供]

对于第二层成核的临界岛尺寸的概念最初由 Chernov（1977）引入，后来 Stoyanov 和 Markov（1982）用它来解释在扩散机制的异质外延生长中的二维–三维转变。用 3.2.3.1 节中一样的方式来定义 Λ，但是将式（3.113）写成一个积分方式

$$\int_0^\Lambda \frac{\tilde{J}_0(\rho)}{v(\rho)} \mathrm{d}\rho = 1 \tag{3.184}$$

式中

$$v(\rho) = \frac{\mathrm{d}\rho}{\mathrm{d}t} = \frac{\Re}{2\pi\rho N_s N_0} \tag{3.185}$$

是在较高平面上的成核发生之前，完全凝结的情况下第一单层岛的生长速率。通过对式（3.124）积分得到式（3.185）。

$\tilde{J}_0$ 是和之前的定义一样的岛的较高平面上的成核频率［见式（3.125）］：

$$\tilde{J}_0(\rho) = 2\pi\int_0^\rho J_0(r, \rho) r\mathrm{d}r \tag{3.186}$$

式中，$J_0(r, \rho)$ 是由原子理论［式（2.117）］给出的成核速率，它通过吸附原子浓度 n_s 取决于岛的半径 ρ。后者由式（3.127）给出，其中积分常数 A 应当由如下边界条件决定：

$$j = - D_s \left(\frac{dn_s(r)}{dr} \right)_{r = \rho} \tag{3.187}$$

式中，$j=j_+-j_-$ 是朝向围绕着岛的下降台阶的净原子流量，j_+ 和 j_- 是吸附和脱附流量。

考虑到图 3.44，从岛的较高平面流向下降台阶的原子流量为（Schwoebel 1969）

$$j_+ = a\nu n_{st} \exp\left(- \frac{E_{sd} + E_{ES}}{kT} \right)$$

式中，$n_{st}=n_s(r=\rho)$ 同之前一样，是下降台阶附近区域的吸附原子浓度；ν 是尝试频率。

从沿着台阶的扭结位置流向岛表面的相反原子流量为

$$j_- = a\nu n_k \exp\left(- \frac{\Delta W + E_{sd} + E_{ES}}{kT} \right)$$

式中，n_k 是可以从台阶脱附的原子的浓度（可假定，在扭结位置的原子）；$\Delta W = \varphi_{1/2} - E_{des}$ 是一个原子从扭结位置传送到平坦表面所需的能量［见式（3.18）］。

于是，总流量 j 为

$$j = a\nu (n_{st} - n_{se}) \exp\left(- \frac{E_{sd}}{kT} \right) \frac{1}{S} \tag{3.188}$$

式中，$n_{se}=n_k \exp(-\Delta W/kT)$ 是平衡吸附原子浓度［见式（3.18）］；$S = \exp(E_{ES}/kT)$。

联立式（3.187）和式（3.188），并且考虑到 $n_{st} = A - \Re \rho^2 /4D_s$，导出（Tersoff 等 1994）

$$n_s = n_{se} + \frac{\Re}{4D_s}(\rho^2 + 2\rho aS - r^2) \tag{3.189}$$

从上面得到，在 ES 势垒可忽略的情况下（$2aS/\rho \ll 1$），式（3.189）变为式（3.129）。在岛表面上的吸附原子浓度有一个圆顶形的轮廓，它在岛中心处有最大值（$r=0$），并且在岛边缘的附近达到它的平衡值 $n_{se}(r=\rho)$。于是，第二层成核优先发生在岛中间附近。

在另一个极端 $2aS/\rho \gg 1$，我们忽略差值 $\rho^2 - r^2$，并且

$$n_s \approx \frac{\Re}{2D_s} \rho aS$$

这意味着，在一个有着排斥边界的岛的上面吸附原子数量一致地分布在整个岛

表面，并且在岛的任意一点上发生成核事件的概率相等。

我们将式(3.189)代入式(2.117)，并将后者代入式(3.186)，积分后得到(Tersoff 等1994)

$$\tilde{J}_0 = A\left[(\rho^2 + 2\rho aS)^{n^*+2} - (2\rho aS)^{n^*+2}\right] \tag{3.190}$$

式中[见式(3.131b)]

$$A = \frac{\pi\alpha^*}{(n^*+2)}D_sN_0^2\exp\left(\frac{E^*}{kT}\right)\left(\frac{\Re}{4D_sN_0}\right)^{n^*+1}$$

可以看到，一个可忽略的 ES 势垒，当 $2aS \ll \rho$ 时，如预期的那样将式(3.190)变为式(1.131a)。生长金字塔的数量将会由式(3.133)给出，或者，同样的是，由拥有熟悉的缩放指数 $\chi = n^*/(n^*+2)$ 的式(2.156)给出[见式(2.157)]。

在另一个极端，当 $2aS \gg \rho$ 时，我们取式(3.190)中总和的扩展的最后两项

$$(\rho^2 + 2\rho aS)^{n^*+2} \approx (2\rho aS)^{n^*+2} + (n^*+2)\rho^2(2\rho aS)^{n^*+1}$$

并且后者变为

$$\tilde{J}_0 = B\rho^{n^*+3} \tag{3.191}$$

式中

$$B = \pi\alpha^* D_s N_0^2 \exp\left(\frac{E^*}{kT}\right)\left(\frac{\Re aS}{2D_sN_0}\right)^{n^*+1}$$

如果计算岛的密度，并且将结果与不出现 ES 势垒时得到的式(3.133)比较，那将会很有趣。为此，我们沿用 3.2.3.2 节中同样的步骤。我们使用式(3.124)且为时间 t 将 ρ 代入式(3.191)，并且将结果代入式(3.132)。积分并且重组后我们得到

$$
\begin{aligned}
N_s &= \frac{1}{\pi}C^* N_0\left(\frac{D}{F}\right)^{-\chi}\exp\left\{\frac{2\left[E^* + (n^*+1)E_{\mathrm{ES}}\right]}{(n^*+3)kT}\right\} \\
&= \frac{1}{\pi}C^* N_0\left(\frac{\nu}{F}\right)^{-\chi}\exp\left\{\frac{2\left[E^* + n^*E_{\mathrm{sd}} + (n^*+1)E_{\mathrm{ES}}\right]}{(n^*+3)kT}\right\}
\end{aligned}
\tag{3.192}
$$

式中

$$C^* = \left[\frac{\pi\alpha^*}{2^{n^*}(n^*+5)}\right]^{2/(n^*+3)} \tag{3.193}$$

又是一个数量级为整数的常数，并且 $\chi = 2n^*/(n^*+3)$。这实际上是由 Kandel(1997)和 Markov(1997)得到的拥有缩放指数[式(2.158)]的方程式(2.156)。

我们现在可以计算对于第二层成核在低(下角标"0")和高(下角标"ES")Ehrlich-Schwoebel 势垒这两种情况下的临界岛尺寸。将式(1.131a)、式(3.191)和式(3.185)代入式(3.184)，积分后得到如下公式(Tersoff 等1994)：

对于可忽略的 ES 势垒的情况

$$\Lambda_0 = aC_0\left(\frac{D}{F}\right)^{n^*/2(n^*+3)} \tag{3.194}$$

式中

$$C_0 = \left[\frac{4^{n^*}(n^*+2)(n^*+3)N_0e^{-E^*/kT}}{\pi^2\alpha^*N_s}\right]^{1/2(n^*+3)} \tag{3.195}$$

并且对于另一个极端的情况，即高 ES 势垒有

$$\Lambda_{ES} = aC_{ES}\left(\frac{D}{F}\right)^{n^*/(n^*+5)} S^{-(n^*+1)/(n^*+5)} \tag{3.196}$$

式中

$$C_{ES} = \left[\frac{2^{n^*}(n^*+5)N_0e^{-E^*/kT}}{\pi^2\alpha^*N_s}\right]^{1/(n^*+5)} \tag{3.197}$$

我们来比较两种情况中的 N_s 和 Λ。为了这个目的，我们将有关的量取典型值，$N_0 = 1\times10^{15}$ cm^{-2}，$\Re = 1\times10^{13}$ cm$^{-2}\cdot$s^{-1}，$F = \Re/N_0 = 1\times10^{-2}$ s^{-1}，$E_{sd} = 0.4$ eV，$E_{ES} = 0.2$ eV，$T = 400$ K，$n^* = 1$ 且 $E^* = 0$。然后，当 $E_{ES} = 0$ 时，$N_s \approx 6\times 10^{10}$ cm^{-2} 且 $\Lambda_0 \approx 180$ Å。在另一个极端，$N_s \approx 1\times10^{12}$ cm^{-2}，并且 $\Lambda_{ES} \approx 50$ Å 为原来的 1/3。

可以看到，两个表达式［式（3.194）和式（3.196）］都包含对应的第一单层二维核的数量 N_s。如果将式（3.133）代入式（3.195）并且将后者代入式（3.194），并将式（3.192）分别代入式（3.197）及式（3.196），我们将会发现在两种情况下都有 $\Lambda = 1/\sqrt{\pi N_s}$。这并不令人感到吃惊，因为考虑到为了计算 N_s 和 Λ，我们利用了对于逐层生长的条件［式（3.132）］。这在不存在 ES 势垒的情况下是基本正确的，此时观察到逐层生长，但是在另一个极端下显然是不对的。换言之，在这种情况下条件 $\pi\Lambda^2N_s \ll 1$ 是有效的。为了求解这个问题，我们应当用多层生长的条件来替换逐层生长的条件。为此我们接受，一个确定数量 n 的单层同时生长，并且其条件为，当第一个单层达到完成时有第 $n+1$ 层成核。然后我们进行简化假设，即表面粗糙度在生长中维持常数，或者换言之，表面重复它自己。这个过于简化探讨的结果是表达式（3.192）乘以一个小于整数的因子（Markov 1997）。

为了检查上述的理论，我们计算当基础岛的半径刚刚达到临界值 Λ 时，在其表面上的原子数量 n。为此，我们将岛表面上的吸附原子的浓度进行积分

$$n = 2\pi\int_0^\Lambda n_s(r,\Lambda)r\mathrm{d}r$$

式中，$n_s(r,\Lambda)$ 由式（3.189）给出。我们发现

$$n = \frac{\pi F}{8D}N_0^2\Lambda^4\left(1 + \frac{4aS}{\Lambda}\right)$$

我们将举例讨论面心立方晶体的两个表面——(100)面和(111)面。理由是,(100)表面的特征是一个大的平台扩散势垒和一个小的台阶边缘势垒。因此,在(100)表面的生长过程中,它表现出镜面束强度的有规则的振荡。相反,更加平坦的(111)表面的特征是小的层内扩散势垒和大的层间势垒,这导致了镜面束强度的单调减小(Markov 1997)。

我们首先考虑 Cu(001) 的情况(Gerlach 等 2001)。作者们测量了一个包含一个摞一个的二维岛的金字塔的台阶运动,并且确定了下一层核形成处的最高层岛的临界半径 $\Lambda \approx 3 \times 10^{-5}$ cm[$T = 400$ K, $F = 0.075$ s^{-1}, $E_{sd} = 0.4$ eV(对于数据的汇总请参考 Markov(1996a)), $a = 2.55 \times 10^{-8}$ cm, $N_0 = 1.53 \times 10^{15}$ cm^{-2}]。作者们测量了随时间变化的属于同一个金字塔的生长中连续的岛的半径 $\rho_i(t)$($i = 1, 2, 3\cdots$),并且用一个台阶传播的方程组拟合了数据,这个方法与式(3.146)相似,但是将 ES 势垒的存在考虑为一个拟合参数[见式(3.201)和式(3.202)]。他们得到了 $E_{ES} = 0.125$ eV。然后,使用上述方程,我们找到了原子的数量 $n = 70$,它引起了新单层核的出现。注意到 $aS/\Lambda \approx 0.03$,这确认了上面的论述,即在面心立方(001)表面的运动并不由层间扩散支配,并且吸附原子的浓度轮廓看起来像是一个圆顶。

我们接下来考虑 Pt(111) 的情形,它被研究得最多,但是争议也最大。Bott,Hohage 和 Comsa(1992)用 STM 观察到了当表面覆盖为 0.3(425 K, $N_s = 3.37 \times 10^{10}$ cm^{-2})和 0.8(628 K, $N_s = 3.5 \times 10^9$ cm^{-2})($\Re = 5 \times 10^{12}$ cm$^{-2} \cdot$ s^{-1})时的第二层核的出现。众所周知,从 FIM(Feibelman,Nelson 和 Kellogg 1994)和成核(Bott 等 1996)测量得到的对于平台扩散的激活能为 0.25~0.26 eV。文献中估计的 E_{ES} 的值从 0.12 eV(Krug 等 2000)到 0.44 eV(Markov 1996)不等。在上面方程的帮助下[同时也被 Krug,Politi 和 Michely(2000)标注出来]可以计算出岛表面上的原子的平均数量,它为 1×10^{-2} 量级,也即远远小于整数,这不符合物理。实际上,当 $E_{ES} > 0.5$ eV 时,n 变得大于整数,这意味着在岛周围的原子一定克服了一个约为 0.75 eV 的总势垒,这难以置信,因为太大了。但是,与之前情况相反,$aS/\Lambda \gg 1$,这意味着层间扩散支配了运动,并且在岛上的吸附原子们在空间上是统一的。

但是 Cu(001) 的情况在物理上是合理的,(111)的情况看起来很令人费解。为了解决高 ES 势垒的问题,Krug,Politi 和 Michely(2000)考虑了牵扯到的主要过程的概率性质。我们将简要地描述他们的方法。有兴趣的读者可以阅读原始论文来得到更多的细节。作者们考虑到如下事实,即原子们随机地到达岛的表面 $\pi \rho^2$,但是正如上面描述的模型所简化假设的那样,它们并不在相等时间区间 $\Delta t = 1/\pi \rho^2 \Re$ 内到达。第二,原子在翻滚及加入下降边缘之前停留在岛上的时间 τ 也是一个随机量。它正比于岛周长 $2\pi \rho$,并且反比于台阶边缘扩

散的速率 $\omega = a\nu\exp\left[-(E_{sd}+E_{ES})/kT\right]$，即 $\tau \approx 2\pi\rho/\omega = 2\pi\rho aS/D_s$。我们进一步引入时间 $\tau_{tr} = \pi\rho^2/D_s$，它是一个原子访问岛上所有位置所需的时间。条件 $\tau/\tau_{tr} \gg 1$ 等价于 $2aS/\rho \gg 1$，这实际上是对于一个由台阶边缘扩散支配的成核运动的条件 [见式 (3.191)]。假设 $n^* = 1$（二聚体是稳定且不动的），可以总结，只要两个原子同时出现在岛的表面上，它们的相遇是无法避免的。因此，对于原子与彼此相遇并且引起稳定团簇的充要条件是 $\tau_{tr} \ll \tau$。然后，成核的概率，p_{nuc}，等于两个吸附原子同时出现在岛上的概率 p_2。p_2 由如下条件决定，即第二个原子的到达时间 t_2 比第一个原子的离开时间 t_1 要短。假设 t_1 和 t_2 分别随机地分布于平均值 τ 和 Δt 附近，积分后我们得到

$$p_{nuc} = \frac{1}{\tau\Delta t}\int_0^\infty dt_1 e^{-t_1/\tau}\int_0^{t_1} dt_2 e^{-t_2/\Delta t} = \frac{\tau}{\tau + \Delta t}$$

有两个可能的限制条件。$\tau \gg \Delta t$ 即 $p_{nuc} \approx 1$ 的情况是无足轻重的。它意味着 ES 势垒无限高，并且总有至少一个原子在岛的上面。所以，物理上有趣的情况是 $\Delta t \gg \tau$ 且 $p_{nuc} = \tau/\Delta t$。于是，成核频率 $\bar{J}_0 = \pi\rho^2 \Re p_{nuc}$ 为

$$\bar{J}_0 \propto \frac{a\Re^2\rho^5 S}{D_s} \tag{3.198}$$

这个方程应当与式 (3.191) 比较。当 $n^* = 1$ 时，式 (3.191) 为

$$\bar{J}_0 \propto \frac{a^2\Re^2\rho^4 S^2}{D_s} \tag{3.199}$$

比较两个方程，可以看到平均场表达式 (3.199) 比概率表达式 (3.198) 大 $aS/\rho \gg 1$ 倍。其解释是简单的。式 (3.199) 基于如下简化假设，即在岛上一直存在虽然小于整数但是是恒定的、时间平均数量的原子。如上所示，这表示大的 ES 势垒，而它的表达式正是 $aS/\rho \gg 1$。其实，岛的表面大部分时间是空的，并且有时其上面只分布着一个单个原子，并且在这个时间里（有一个原子）第二个原子的到达是非常少见的。当两个原子同时出现与岛上时，一个核就形成了，其概率接近整数。正因如此，作者们为这个模型创造了名词"孤独吸附原子模型 (the lonely adatom model)"。第二层原子成核的问题仍然在被集中研究 (Rottler 和 Maass 1999；Heinrichs，Rottler 和 Maass 2000)。这些作者发现，平均场方法对于包含多于 3 个原子的临界核是适用的。如若不然 ($n^* = 1$, 2)，过程涉及的随机特征就变得重要起来。

3.2.5.2.2　台阶动力学

我们考虑包含如图 3.48 中所示的生长金字塔的岛的台阶传播动力学，它与式 (3.146) 相似，以此我们结束关于 Ehrlich-Schwoebel 台阶边缘势垒作用的章节。

我们忽略上升台阶的吸引行为，来求解经典 ES 势垒的简化情况。像从前

一样，我们计算在两个圆形岛之间的平台上的吸附原子的浓度（图3.26）。为此，我们必须找到扩散方程式（3.126）的解 [式（3.138a）] 的积分常数 A 和 B。边界条件与之前段落中的一样 [见式（3.187）]

$$j_i = \pm D_s \left(\frac{dn_s(r)}{dr} \right)_{r=\rho_i} \quad (i = 1, \ 2) \tag{3.200}$$

式中，j_1 由式（3.188）给出；$j_2 = a\nu(n_2 - n_{se}) \exp(-E_{sd}/kT)$。

A 和 B 的精确表达式以及依次的 n_s 的表达式非常复杂繁琐，因此我们不给出。相反地，我们进一步继续，并且用各自的表面覆盖 $\Theta_n = \pi\rho_n^2 N_s$ 来计算单独二维岛的生长速率。我们再一次得到 N 的方程式

$$\frac{d\Theta_n}{d\theta} = F(\Theta_{n-1}, \ \Theta_n) - F(\Theta_n, \ \Theta_{n+1}) \tag{3.201}$$

式中，$\theta = \Re t/N_0$；$F(\Theta_0, \ \Theta_1) = 1$；$F(\Theta_N, \ \Theta_{N+1}) = 0$。其中（Gerlach 等 2001）

$$F(\Theta_n, \ \Theta_{n+1}) = \frac{\Theta_n - \Theta_{n+1} + qS\sqrt{\Theta_n}}{\ln\left(\dfrac{\Theta_n}{\Theta_{n+1}}\right) + \dfrac{qS}{\sqrt{\Theta_n}}} \tag{3.202}$$

式中，$q = \sqrt{\pi a^2 N_s}$。

如果我们用岛半径的方式来写 F，式（3.201）变得更加清楚

$$F(\rho_n, \ \rho_{n+1}) = \pi N_s \frac{\rho_n^2 - \rho_{n+1}^2 + aS\rho_n}{\ln\left(\dfrac{\rho_n^2}{\rho_{n+1}^2}\right) + \dfrac{aS}{\rho_n}} \tag{3.203}$$

马上可以看到，当 $aS \ll \rho_n$（aS/ρ_n 也远远小于整数量级的对数）时，式（3.201）变为式（3.146）。这种情况下，沉积在平台表面上的材料近似相等地分布在两个岛之间（略多于一半的材料由于较低的岛有更长的周长，从而加入了较低的岛）。

在另一个极端情况 $F(\Theta_n, \ \Theta_{n+1}) = \Theta_n$，并且因此不再依赖于 Ehrlich-Schwoebel 作用（ES 势垒无限高）。系统可以解析地求解。因此，对于图 3.26 所示的双层金字塔，$F(\Theta_1, \ \Theta_2) = \Theta_1$ 且

$$\Theta_1 = 1 - (1 - \Theta_1^0)e^{-\theta} \tag{3.204}$$

$$\Theta_2 = \Theta_2^0 + \theta - (1 - \Theta_1^0)(1 - e^{-\theta}) \tag{3.205}$$

式中，Θ_1^0 和 Θ_2^0 是在 $\theta = 0$ 时的某初始值。上述方程清楚地显示，所有沉积在较低岛表面的材料只供养较高的岛。因此，较高的岛生长得比较低的岛更快（直到第三层成核的时刻），而较低的岛只通过耗费沉积在金字塔之间的裸露衬底上的材料来生长。

Ehrlich-Schwoebel 因子 S 随温度的减小指数级地增长。在足够高温度时，

可以预期 $aS/\rho_n \ll 1$，并且 $F = (\Theta_n - \Theta_{n+1})/\ln(\Theta_n/\Theta_{n+1})$［式（3.146）］。在低温时，$aS/\rho_n \gg 1$，并且 $F = \Theta_n$。接着有，ES 因子在一个中间温度区间里对台阶动力学有影响。在上面讨论的 Cu（001）情况下（Gerlach 等 2001），这个区间从 120 K 到 480 K 变化。这意味着，当 $T > 480$ K 时，ES 势垒实际上等于零，而当 $T < 120$ K 时，E_{ES} 可以看作无限高。

这样一来，首当其冲的是，对于第二层成核的临界半径 Λ 将在一个有限的温度区间内依赖于 ES 势垒。其次，在低温下，式（3.201）简化为 Cohen 等（1989）给出的微分方程式

$$\frac{\mathrm{d}\Theta_n}{\mathrm{d}\theta} = \Theta_{n-1} - \Theta_n$$

在某些初始时刻（覆盖），θ_n 必须使用初始条件 $\Theta_n = 0$ 来求解。假设 $\theta_n \ll 1$，这意味着表面从沉积刚一开始就快速变得粗糙，$\pi\Lambda^2 N_s \ll 1$，上述方程式的解为（Cohen 等 1989）

$$\Theta_1 = 1 - e^{-\theta}$$

$$\Theta_2 = 1 - (1 + \theta)e^{-\theta}$$

$$\Theta_3 = 1 - \left(1 + \theta + \frac{1}{2}\theta^2\right)e^{-\theta}$$

$$\cdots$$

或者，用一个一般形式

$$\Theta_n = 1 - e^{-\theta}\sum_{i=0}^{n-1}\frac{\theta^i}{i!}$$

如 Cohen 等（1989）已经展示的，这种生长模式导致了反射束强度的指数衰减（$I/I_0 = e^{-4\theta}$）。因此，上述方程描述了理想三维生长，或者 Villain（1991）预测的堆式生长。

3.3 晶体生长的动力学理论

层的生长常常通过单分子（单原子）台阶的水平传播来实现，但这并不是全部情况。恰恰相反，经常能够观察到较厚台阶的传播。如在 3.2 节简要讨论的那样，这个台阶的推进前沿应当比单分子或基本台阶要更低。这很容易理解，但是我们还是将在一个简单的例子中阐明它。

这个例子是比较两种台阶的推进速率。第一种是由于二维成核和一个摞一个形成的两个基本台阶（图 3.26），第二种是当较高台阶赶上较低台阶时形成的双台阶。换言之，我们考虑图 3.26 中所示的一个生长金字塔。

现在扩散问题[式(3.58)]的解为

$$\Psi(r) = \Psi(\rho_2) \frac{I_0\left(\dfrac{r}{\lambda_s}\right)}{I_0\left(\dfrac{\rho_2}{\lambda_s}\right)} \qquad \text{for } r < \rho_2$$

$$\Psi(r) = AI_0\left(\frac{r}{\lambda_s}\right) + BK_0\left(\frac{r}{\lambda_s}\right) \qquad \text{for } \rho_2 < r < \rho_1$$

$$\Psi(r) = \Psi(\rho_1) \frac{K_0\left(\dfrac{r}{\lambda_s}\right)}{K_0\left(\dfrac{\rho_1}{\lambda_s}\right)} \qquad \text{for } r > \rho_1$$

式中

$$A = \frac{\Psi(\rho_1) K_0\left(\dfrac{\rho_2}{\lambda_s}\right) - \Psi(\rho_2) K_0\left(\dfrac{\rho_1}{\lambda_s}\right)}{I_0\left(\dfrac{\rho_1}{\lambda_s}\right) K_0\left(\dfrac{\rho_2}{\lambda_s}\right) - I_0\left(\dfrac{\rho_2}{\lambda_s}\right) K_0\left(\dfrac{\rho_1}{\lambda_s}\right)}$$

$$B = -\frac{\Psi(\rho_1) I_0\left(\dfrac{\rho_2}{\lambda_s}\right) - \Psi(\rho_2) I_0\left(\dfrac{\rho_1}{\lambda_s}\right)}{I_0\left(\dfrac{\rho_1}{\lambda_s}\right) K_0\left(\dfrac{\rho_2}{\lambda_s}\right) - I_0\left(\dfrac{\rho_2}{\lambda_s}\right) K_0\left(\dfrac{\rho_1}{\lambda_s}\right)}.$$

根据 Burton，Cabrera 和 Frank(1951)，利用关系式 $I_1(z)K_0(z) + I_0(z)K_1(z) = 1/z$ 以及对于 $\rho_{1,2} > \lambda_s$ 有效的近似 $I_0(z) = (\pi z/2)^{1/2}\exp(z)$ 和 $K_0(z) = (\pi/2z)^{1/2}\exp(-z)$，我们发现

$$v(\rho_1) = v_\infty \left(1 - \frac{\rho_c}{\rho_1}\right) \frac{1 - \dfrac{\Psi(\rho_2)}{\Psi(\rho_1)}\sqrt{\dfrac{\rho_2}{\rho_1}}\exp\left(-\dfrac{\lambda}{\lambda_s}\right)}{1 - \exp\left(-2\dfrac{\lambda}{\lambda_s}\right)}$$

$$v(\rho_2) = v_\infty \left(1 - \frac{\rho_c}{\rho_2}\right) \frac{1 - \dfrac{\Psi(\rho_1)}{\Psi(\rho_2)}\sqrt{\dfrac{\rho_1}{\rho_2}}\exp\left(-\dfrac{\lambda}{\lambda_s}\right)}{1 - \exp\left(-2\dfrac{\lambda}{\lambda_s}\right)}$$

式中，$\lambda = \rho_1 - \rho_2$ 是台阶间距。$\Psi(\rho_2) > \Psi(\rho_1)$，$\rho_1 > \rho_2$，并且较高岛的传播速率小于较低岛的速率。这对于足够小的半径 ρ_1 和 ρ_2 有效。在 ρ_2 和 ρ_1 尺寸足够大时，当 $(\rho_1/\rho_2)^{1/2} \cong 1$，$\Psi(\rho_1)/\Psi(\rho_2) \cong 1$，并且 $v(\rho_1) \cong v(\rho_2)$。当 $\lambda \to 0$ 时，

将幂级数中的指数扩展到线性项，我们发现一个双台阶的推进速率精确地为一个单基本台阶的 1/2[式(3.62)]。

在从气体生长的情况中，当考虑一个拥有任意厚度 $h>a$ 的台阶的传播时，除了表面扩散之外(Chernov 1984)，必须考虑到原子从气相直接合并入台阶。台阶的单位长度上的表面扩散流量为[扩散梯度大约为 $(n_s - n_{se})/\lambda_s$，见式(3.33)]

$$j_s \cong 2\frac{D_s}{\lambda_s}(n_s - n_{se}) = 2\lambda_s\frac{P - P_0}{\sqrt{2\pi mkT}}$$

台阶单位长度上从气相直接到达台阶上的流量为

$$j_v = h\frac{P - P_0}{\sqrt{2\pi mkT}}$$

考虑到将台阶移动一个原子间距 a 所需的总的原子数量为 $a^2 h/v_c = h/a$，台阶速率等于

$$v_\infty = \frac{j_s + j_v}{hN_0}a = \left(1 + \frac{2\lambda_s}{h}\right)v_c\frac{P - P_0}{\sqrt{2\pi mkT}}$$

换言之，因子 $1+2\lambda_s/h$ 应当加到气体中台阶推进速率的表达式中，来说明台阶高度。显然，当 $h\gg\lambda_s$ 时，台阶应当看作单独的晶面，并且它的生长不取决于台阶高度。在相反的情况 $h\ll\lambda_s$ 时，台阶推进速率反比于台阶高度。

在从溶液(和熔融物)的生长中，边界条件[式(3.65a)]应当为 $C(r=h/\pi) = C_{st}$，并且基本台阶的高度 a 在所有地方都应当被 h 替换。然后 v_∞ 变得依赖于台阶厚度。图 3.49 阐明了溶液生长的特别情况中[式(3.77)]，台阶推进速率随着台阶高度的增加而减小。

一旦双台阶形成，它可以被其他基本台阶赶上，并且长得更厚，从而变成台阶群或者宏台阶。另一方面，基本台阶可以离开基本台阶群，并且宏台阶可以消散。因此，宏台阶和基本台阶通常共存，这使得生长过程的详细描述非常复杂。第一章中已经讨论过，邻位面可以在吸附其上的杂质原子的影响下分散为紧密排列的小平面。如果小平面们大于二维核的尺寸(Chernov 1961)，它们应当通过形成二维核来生长。为了克服与晶体表面复杂的缓解有关的困难，Frank(1958b)，Cabrera 和 Vermilyea(1958)发展了所谓的晶体生长的运动学理论[另见 Bennema 和 Gilmer(1973)]。

为了说明运动学理论的实质以及它的重大意义，我们将举一个例子，对于它的数学探讨构成了 Frank 探讨的基础。这是 Lighthill 和 Whitham(1955)发展的公路交通模型。

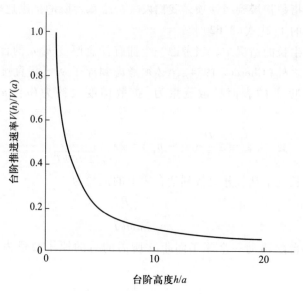

图 3.49　高度为 h 的台阶的推进速率 $v(h)$ 与单高度台阶的推进速率 $v(a)$ 的比值对于以 a 为单位的台阶高度的依赖关系。曲线表示了根据式（3.77）的溶液生长的情况，方程中的台阶高度 a 被替换为 h

　　我们考虑一条公路和在上面运动的汽车。汽车不能彼此超车，但可以赶上彼此。实际上，这就是在一个邻位二维晶体表面（棱柱的或圆柱的）上的单基本台阶的行为。汽车的速度取决于它们的邻近情况，正如成列的台阶推进速率取决于它们的间距［见式（3.50）］。换言之，我们假设汽车的速度只取决于它们的局部密度。当汽车（台阶）等距时，所有汽车以同一个速度 v 行驶。我们用 ρ 来标记汽车的密度（每英里的车），它恰好等于它们之间距离的倒数。显然，局部汽车密度与邻位小丘 p 的斜率相似。因为系统是离散的，所以局部汽车密度不能在一点上确定。因为如此，我们忽略速度和密度的小涨落，取大距离的平均值。现在想象，任意一辆车意外地减速，并被后面的车追上。汽车对（双台阶）一起运动，并且它的速度要小于单辆车的速度（汽车们不能彼此超过对方）。那么，越来越多的汽车赶上它们，因此形成了一堆车或一个汽车"波"，它以自身的速度运动，此速度记为 c。现在假设沿着公路的汽车流量为常数（单位时间内进入公路的车的数量等于单位时间内离开公路的车数量），那么波和几乎为空的间距将交替出现。绘制沿公路的局部汽车密度的曲线，我们得到了一个波浪线。因此，波的速度被 Lighthill 和 Whitham 称为"运动学波速率"。当由于某种原因任意一辆车增加了它的速度并且追上前面的车的话，可以得到相同的结果。因此，运动学波速率通常可以大于或者小于单辆车的速度

v。如果 $v>c$，波中前面的车暂停并且离开波，而从后面来的车赶上了波。当 $v<c$ 时，波追上前面的车，但是后面的车掉队并且离开波。因此，波并不包含同一些车，而是持续地交换它们。一个特定车将加入运动学波，然后离开它并且加入下一个，以此类推。在波之间，它的速度将比波的速度高。在某些情况下，波的形状可以表现为不连续的，它拥有一个在波之后或者之前的尖锐的边缘。边缘将波划分为两个有不同密度的区域。这种波被称为"运动学冲击波"，或者简单称为冲击波，它将以一个速度运动，这个速度由在边缘任一边的汽车密度和它们分别的速度之间的差值决定。

完全同样的事件也会由于螺旋位错而在邻位晶体平面上或者生长小丘的侧面上发生。此外，外界因素，例如溶液中的流体力学（相对于台阶推进方向的晶面上的液体流的方向）可以影响运动学波的形成或消散，并因此使晶面平滑或者粗糙（Chernov 和 Nishinaga 1987；Chernov 1989）。

生长晶面被如下表面表示：

$$z = z(x, y, t) \tag{3.206}$$

式中，z 轴垂直于晶体表面，而且 z 通常平行于生长中的奇异晶面。

晶面生长速率为

$$R = \frac{\partial z}{\partial t} \tag{3.207}$$

$z(x, y, t)$ 的真实轮廓从 $z=0$ 局部地偏离，并且在晶体表面的特定点 x 和 y 上的斜率 p 和 q 为

$$p = -\frac{\partial z}{\partial x} \text{ 和 } q = -\frac{\partial z}{\partial y} \tag{3.208}$$

假设 $z(x, y, t)$ 是一个解析函数，即忽略系统的离散特征

$$\frac{\partial^2 z}{\partial x \partial t} = \frac{\partial^2 z}{\partial t \partial x}, \quad \frac{\partial^2 z}{\partial y \partial t} = \frac{\partial^2 z}{\partial t \partial y}, \quad \frac{\partial^2 z}{\partial x \partial y} = \frac{\partial^2 z}{\partial y \partial x}$$

于是

$$\frac{\partial p}{\partial t} + \frac{\partial R}{\partial x} = 0, \quad \frac{\partial q}{\partial t} + \frac{\partial R}{\partial y} = 0, \quad \frac{\partial p}{\partial y} + \frac{\partial q}{\partial x} = 0 \tag{3.209}$$

实际上方程式（3.209）表示了基本台阶的交谈法则。如果 $p = h/\lambda$，其中 h 是台阶高度，而 λ 是台阶间距，台阶局部密度为 $\rho_{st} = 1/\lambda = p/h$。从式（3.15）得出 $J_{st} = v/\lambda = R/h$ 是台阶流量，它越过晶体表面上的一点。然后

$$\frac{1}{h}\frac{\partial p}{\partial t} + \frac{1}{h}\frac{\partial R}{\partial x} = \frac{\partial\left(\frac{p}{h}\right)}{\partial t} + \frac{\partial\left(\frac{R}{h}\right)}{\partial x} = \frac{\partial \rho_{st}}{\partial t} + \frac{\partial J_{st}}{\partial x} = 0$$

如果不进行某些简化假设的话，基本方程式（3.209）是没法使用的。我们

假设，生长速率仅仅通过局部平均斜率 p 和 q 而依赖于 x 和 y，也就是说 $R(x, y) = R(p, q)$。其次，当确定斜率 p 或 q 时，我们取一个足够宽于台阶间距的区域的平均值，也就是说，在这方面理论忽略了表面缓解中的微观变化。但是，以使用的近似为代价，可以得到一些非常有价值的推论。在如下的分析中，我们将简化地考虑二维情况，即接受 $q = 0$。

用上面的近似，式(3.209)变为

$$\frac{\partial p}{\partial t} + \frac{\partial R}{\partial x} = \frac{\partial p}{\partial t} + \frac{\partial R}{\partial p}\frac{\partial p}{\partial x} = 0 \tag{3.210a}$$

然后，我们标记 $\partial R/\partial p = c(p)$，并且

$$\frac{\partial p}{\partial t} + c(p)\frac{\partial p}{\partial x} = 0 \tag{3.210b}$$

或者

$$\frac{dx}{dt} = -c(p) \tag{3.210c}$$

接下来有，$c(p)$ 是斜率为 p 的平面缓解的一点的速率的 x 分量。换言之，我们有斜率恒定的区域，它们称为运动学波(kinematic waves)。实际上，运动学波代表了由拥有较宽平台的区域分开的基本台阶群(图3.50b)，并且，仅为斜率函数的 $c(p)$，代表了这群台阶整体的速率。因为 $c(p)$ 仅仅是 p 的函数，x 是时间的线性函数。

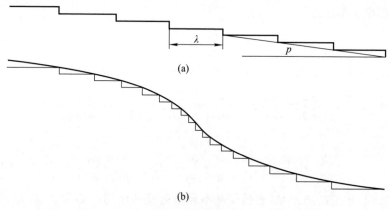

图3.50　一个运动学波的示意图(b)以及与一列等距台阶(a)的比较

我们跟随生长中晶体表面的缓解随时间的变化(图3.51)，并且找到波的轨迹，或者找到连接拥有同一斜率 p 或台阶密度 $1/\lambda = p/h$ 的点的直线。$p = $ 常数处的斜率 dz/dx(z 和 x 是在晶体表面上点的坐标)由下式给出[$R = pv$，式(3.15)]：

$$\left(\frac{\mathrm{d}z}{\mathrm{d}x}\right)_p = \frac{\partial z}{\partial t}\left(\frac{\mathrm{d}t}{\mathrm{d}x}\right)_p + \frac{\partial z}{\partial x} = \frac{R}{c} - p = \frac{pv}{c} - p = p\frac{v-c}{c} \qquad (3.211)$$

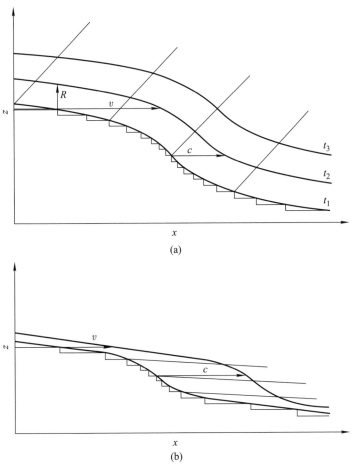

(a)

(b)

图 3.51　运动学波的时间行为：（a）$v>c$ 和（b）$v<c$，v 和 c 分别是远离波的单个台阶的和台阶的速度。后者用标记为 v 和 c 的箭头显示。直线连接了相同台阶密度的点

　　因此波轨迹的斜率与基本台阶和运动学波速率的相对差值成比例。当 $v>c$ 时，斜率 $(\mathrm{d}z/\mathrm{d}x)_p>0$（图 3.51a），反之亦然（图 3.51b）。可以看到，在后者的情况下，当波运动得比一系列更大距离的台阶更快的时候，波倾向于离开邻位，并且从晶面消失。

　　图 3.52 阐明了在生长速率 R（或者流量 $J_{\mathrm{st}} = R/h$）相对于台阶密度 p 的空间中相同的现象。图 3.52a 给出了洁净条件下（没有吸附的杂质）在扩散机制下 R 对于 p 的依赖关系。生长与 p 成比例，但是，随着台阶密度的增大，台阶速率

根据式(3.48)减小，并且 R 从直线偏离。因此，二阶导数 d^2R/dp^2 处处为负。在洁净条件下，生长的运动机制情况中，台阶速率不取决于台阶密度，即便直到后者有很高的值($\cong 1$)也是一样；如图 3.52b 所示，R 是 p 的线性函数，并且 $d^2R/dp^2=0$。在中间的情况(在小 p 时是运动机制，但是在大 p 时是扩散场的重叠)，R 开始时随 p 增加，然后逐渐地从直线偏离。然后，对于小 p 有 $d^2R/dp^2=0$，而对较大的 p 有 $d^2R/dp^2<0$。图 3.52c 阐明了当杂质原子吸附在台阶之间平台上时的情形(Frank 1958)。在小 p 时(宽平台)，有足够的时间来建立吸附平衡，并且那里杂质原子的浓度很高。后者强烈地禁止了台阶的传播。在大 p 时(窄平台)，没有足够的时间发生可观的吸附，并且虽然台阶之间离得更近，但它们的传播更快。然后 $R(p)$ 的依赖性在小 p 时有正的曲率($d^2R/dp^2>0$)，但在大 p 时曲率为负($d^2R/dp^2<0$)。当整个晶体表面上都有

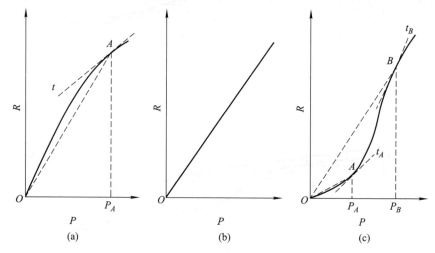

图 3.52 生长速率随台阶密度三种可能的变化。(a)生长在扩散机制中发生，不存在杂质。生长速率 $R=pv$ 由扩散场的重叠决定(BCF 理论中的双曲正切函数)，并且在大 p 时从直线向下偏离。$R(p)$ 依赖性的曲率处处为负($d^2R/dp^2<0$)。冲击波的推进速率，c_{sh}，在边缘的两侧都有斜率 $p=p_A$ 且 $p\approx 0$，由虚线表示的弦的斜率给出。它处于 $p=0$ 和 $p=p_A$ 的切线斜率之间(后者由 A 点处的正切 t 给出)。(b)生长发生在运动机制下，不存在杂质。台阶推进的速率 v 独立于台阶密度，并且 R 是 p 的线性函数。$R(p)$ 依赖性的曲率等于零。单台阶和冲击波以相同速率传播，即 $v=c$。(c)生长在扩散机制下发生，存在杂质。在小 p 时杂质原子浓度较大，即在宽平台上；在大 p 时杂质原子浓度较小，即在窄平台上。然后，$R(p)$ 依赖性的曲率在小 p 时为正，在大 p 时为负。冲击波传播速率在小 p 时 $c<v$，但在大 p 时 $c>v$。虚线 OA 和 OB 的斜率给出了冲击波的传播速率 c，而标记为 t_A 和 t_B 的切线的斜率给出了单台阶传播的速率 v

$d^2R/dp^2 < 0$(图 3.52a，生长单纯的扩散机制)，单台阶的推进速率 $v = R/p$ 总是大于台阶群推进的速率 $c = dR/dp$，轨迹的斜率 $(dz/dx)_p$ 总是正值，并且运动学波将会在晶体表面上出现。在生长运动机制的条件下(图 3.52b)，晶体表面处处有 $c = v$，并且轨迹的斜率 $(dz/dx)_p = 0$。如果存在图 3.52c 中所示的 $d^2R/dp^2 > 0$ 的区域，$v < c$，$(dz/dx)_p < 0$，并且运动学波倾向于离开邻位面。

我们现在考虑冲击波或者拥有尖锐边缘的波的形成。图 3.53 显示了一个运动学波中的台阶密度或是 $p/h = -(1/h)dz/dx$ 在不同时间随 x 的变化。在某个初始时刻 t_1，台阶密度表示为一个对称的钟形曲线。远离波的轨迹是平行的。在波附近，轨迹不再平行，因为根据式(3.211)，它们的斜率正比于台阶密度。因此，轨迹从末尾部分变得越来越陡峭；它们在最大值时最陡，而越过最大值之后，它们再一次倾向于取初始的斜率。结果，在波后面的部分的轨迹将在某个时间后彼此相交。台阶密度将会有 t_2 标记的曲线所示的形状。回到 (z, x) 坐标系的表示法，将会在晶体表面出现一个不连续或者一个锐利的边缘，如图 3.54b 和 c 所示。这也是冲击波与通常的运动学波的区别(图 3.54a)。

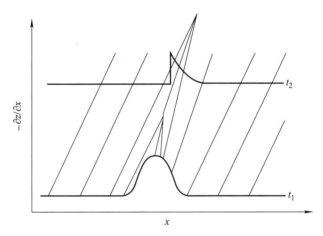

图 3.53　运动学波随时间($t_2 > t_1$)转变为冲击波。详情见正文

冲击波的推进速率 c_{sh} 很容易得到。它从式(3.211)得到
$$p_1(v_1 - c_{sh}) = p_2(v_2 - c_{sh})$$
或者
$$c_{sh} = \frac{p_2 v_2 - p_1 v_1}{p_2 - p_1} = \frac{R_2 - R_1}{p_2 - p_1} \tag{3.212}$$

因此，冲击波的推进速率由生长速率与在边缘两边的晶体表面的斜率值的不同决定。实际上，冲击波代表了两个拥有不同台阶密度的区域之间，换言

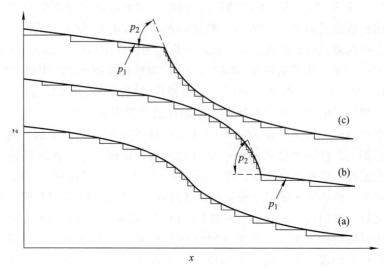

图 3.54 （a）一个通常的运动学波，用于比较；（b）在波之前和（c）在波之后的拥有锋利边缘的运动学冲击波。p_1 和 p_2 代表边缘两边的斜率

之，两个运动学波之间的边界。

在生长的扩散机制下（见图 3.52a），组成冲击波的运动学波的速率与冲击波本身的速率之间存在相互关系，图 3.54 显示了说明这种相互关系的几何学作图。两个运动学波的速率由切线 $(dR/dp)_{p=p_1}$ 和 $(dR/dp)_{p=p_2}$ 的斜率给出。冲击波的速率 $c_{sh} = (R_2 - R_1)/(p_2 - p_1)$ 由连接点 $R_1(p_1)$ 和 $R_2(p_2)$ 的弦给出。它的斜率显然在斜率 $(dR/dp)_{p=p_1}$ 和 $(dR/dp)_{p=p_2}$ 之间。然后，冲击波的速率的值在组成它的运动学波的速率之间。显然，在生长的运动机制下（R 对于 p 线性依赖，图 3.52b），运动学波和冲击波的速率不取决于台阶密度，并且彼此相等。

上面提到，基本台阶的延迟（或加速）导致了运动学波集群或形成，而这首先是因为杂质（Frank 1958）或者偶然的过饱和在局部的变化（或涨落）。在第一种情况下，集群通常由杂质来稳定，并且应当比孤立台阶移动得更快（van der Eerden 和 Müller-Krumbhaar 1986）。上面讨论过，这是因为在宽平台（在孤立台阶之间）上，杂质的吸附-脱附平衡建立了，并且那里的杂质浓度比窄平台（在组成集群的台阶之间）上的杂质浓度要更高。在洁净条件下，基本台阶的推进速率取决于扩散场的重叠，而集群推进的速率应当小于孤立台阶的推进速率。

3.4 晶体生长中的一个经典实验

预测晶体生长理论，这长期以来是众多的在不同媒质中(气体、液体和熔融物)的实验检验的目标。进行了许多精确的实验，如上所示，大多数理论的结论都得到了确认。在这一章中我们描述晶体生长中的一个最为优美和精确的实验——银在水溶液中的电结晶。当然，我们并不想要低估许多其他研究者的精良的试验工作(Chernov 1989；Neave，Joice 和 Dobson 1984；Neave 等 1985；Wolf 等 1985；Keshishev，Parshin 和 Babkin 1981；Avron 等 1980，等等)。

在金属电结晶的情况中，生长速率由流过电解质单元的电流给出，沉积材料的总量由电量给出，而过饱和由过电势给出。电学的量和随后的表征生长过程的参数可以以非常高的精确度来测量。这种实验的一个特别的优点是，一个拥有确定晶体学取向的单晶面可以被制造出来，并且与电解质溶液接触。下面将要展示，可以准备无螺旋位错的晶面以及拥有一定数量位错的晶面。因此，在明确的条件下，可以在同一个系统中既研究单晶面的螺旋生长，又研究二维成核的逐层和多层生长。

图 3.55 显示了电解质单元，它用来准备无位错和有一个或多个位错的单晶面(Kaischew，Bliznakow 和 Scheludko 1950；Budewski 和 Bostanov 1964；Budewski 等 1966；另见 Kaischew 和 Budewski 1967)。阴极是一个包含籽晶的玻璃管，籽晶的末端是一个内径大约为 200 μm 的毛细管。在某些情况下，使用拥有长方形截面(100 μm×400 μm)的毛细管来测量单个单原子层或者一列台阶的推进速率(见图 3.64)。单元的底部是一个面平行的玻璃窗，通过它可以微观地观察生长中晶体的前沿面。单元充满了 $6N$ 的用 HNO_3 酸化的 $AgNO_3$ 水溶液。通常在准备尽可能纯净溶液的过程中进行特别的测量。在通上电流之后，籽晶开始生长并填满毛细管。一个单晶的细丝形成了，它拥有与籽晶相同的晶体学取向。因此，得到了拥有(100)和(111)取向的单晶面(Budewski 等 1966)。当交流电被加载到生长的直流上时，银细丝开始长得更粗，并且填满整个毛细管的截面，并且前沿面的面积变得等于毛细管的开口。

细丝从籽晶处继承了缺陷(螺旋位错)，它可以用如下步骤容易地探测到。晶面开始时被应用一个低电流来使之光滑。然后加载一个更高的电流脉冲，它导致在露头点的地方出现明显的金字塔生长。图 3.56 显示了一个(100)面，它拥有这种方法所揭示的一些正方底座的生长金字塔(Budewski 等 1966)。在(111)单晶面的情况下，结果是生长的三角形金字塔(未显示)。螺旋位错的伯格斯矢量通常向生长晶面倾斜(大多数情况下探测到 $\frac{1}{2}\langle 110 \rangle$ 位错)。当细丝被

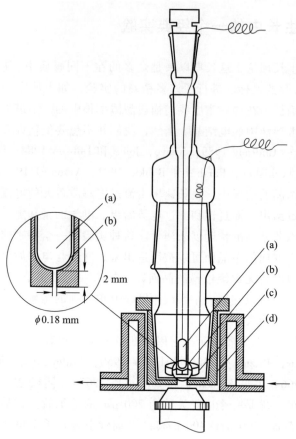

图 3.55　用于研究 Ag 单晶面生长的电解质单元：（a）Ag 籽晶，（b）毛细管，（c）银阳极，（d）黄铜隔挡。插图显示了一个毛细管末端的放大图。［E. Budewski and V. Bostanov, *Electrochim. Acta* **9**，477（1964）。经 Pergamon Press Ltd. 许可，由 V. Bostanov 提供］

小心地生长时，从籽晶继承来的螺旋位错的出头点离开前沿面，并且在细丝的侧面上出现。因此制备了无缺陷的单晶面。

在上述方法制备的完美晶面上，得到了第一个通过二维成核生长的有说服力的证据。一个恒定电流 $i = 0.5$ mA/cm^2 被加载，并且过电势被测量。人们发现，过电势从零振荡到一个约为 10 mV 的最大值（图 3.57）（Budewski 等 1966）。增大电流密度，导致了振荡周期的减小，但是电流密度和振荡周期的乘积为恒定常数。这个常数精确地等于完成一个单分子层所需的电量，$itS = 3.83 \times 10^{-8}$ C，其中 i 是恒定电流密度，$S = 2 \times 10^{-4}$ cm^2 是毛细管开口面积，而 t 是振荡周期。为了完成 1 cm^2 的单层所需的电量是 $zeN_0 \cong 1.92 \times 10^{-4}$ cm^{-2}，其中 $N_0 = 1.2 \times 10^{15}$ cm^{-2}［对于 Ag(100)］是对应晶面的原子密度，$e = 1.6 \times 10^{-19}$ C

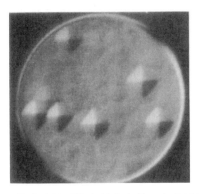

图 3.56 通过加载一个过电势脉冲得到的生长金字塔，它显示了 Ag(001)上的螺旋位错的露头点。[E. Budewski, V. Bostanov, T. Vitanov, Z. Stoynov, A. Kotzeva and R. Kaischew, *Electrochim*, *Acta* **11**, 1697(1966)。经 Pergamon Press Ltd. 许可，由 V. Bostanov 提供]

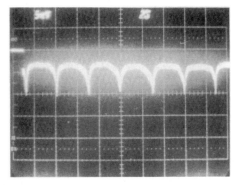

图 3.57 当在单元上加载一个恒定电流时过电势的振荡。电流和振荡周期的乘积给出了完成一个单层的电量。[E. Budewski, V. Bostanov, T. Vitanov, Z. Stoynov, A. Kotzeva and R. Kaischew, *Electrochim*, *Acta* **11**, 1697 (1966)。经 Pergamon Press Ltd. 许可，由 V. Bostanov 提供]

是一个电子的基本电荷，$z=1$ 是中和离子的化合价。然后，$itS=zeN_0S$。测量这种过电势的行为是困难的，伴随着的是，如果假设每个振荡都是因为一个二维核的形成和水平传播，则可以容易地解释电沉积的过程。在初始的时刻，晶面不提供生长位置，并且过电势增长到一个约为 10 mV 的临界值，这对于二维成核的发生是必要的。一旦二维核形成了，它开始生长，在它的周围提供越来越多的扭结位置，结晶变得更加简单，并且当生长中单层岛周围的边缘达到毛细管壁的时候，过电势迅速地降到零。然后，进一步的生长需要一个新的二维核的形成，并且过程被重复。因此，振荡的幅度应当等于二维成核的临界过饱和，其值被估计为 36%（$\sigma_c = ze\eta_c / kT$，其中 $\eta_c = 10$ mV 是临界过饱和），这个值与溶液中逐层生长理论的预计符合得很好。

当过电势被确定为稍稍高于临界值时，可以观察到电流的自发振荡（图 3.58）（Bostanov 等 1981）。振荡通过不规则的时间间隔出现，因此反映了成核过程的随机特征（Toschev，Stoyanov 和 Milchev 1972；Toschev 1973）。但是，振荡数量的平均值，在一个较长时间段的平均值，仍然是同一个。如果将一个二维核的形成归因到每个振荡，那么很明显，每个单位时间振荡数量的平均值给出了稳态成核速率。

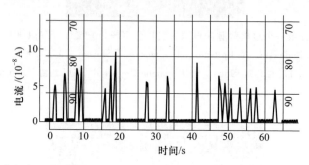

图 3.58　在一个恒定、稍稍高于二维成核的临界值的过电势时的电流振荡。在连续峰之间的流逝时间的变化反映了成核过程的随机特征。[V. Bostanov，W. Obretenov，G. Staikov，D. K. Roe and E. Budewski，*J. Crystal Growth* **52**，761(1981)。经 Elsevier Science Publishers B. V. 许可，由 V. Bostanov 提供]

在另一个实验中，一个较低于临界值的恒定过电势被加载到电解质单元上。除了一个非常低的电容电流外，没有探测到电流。在这些条件下的单元被切断了。然后，在恒定过电势上叠加一个高于临界过电势（$\cong 9 \sim 10$ mV）的短恒电位脉冲，而且探测到一个流经单元的电流。随着时间流逝，这个电流不断增大，达到一个最大值，并且重新下降到零。直到加载一个新的脉冲时，没有电流被探测到（图 3.59）（Budewski 等 1966）。电流−时间曲线有不同形状，但是电流积分或者电量保持恒定，并且再一次等于完成一个单层所需的值。电流−时间曲线形状的不同可以容易地用成核事件的不同位置来解释。显然，恒电位脉冲引起了二维岛的形成，然后二维岛生长，直到完全覆盖晶体表面。电流与生长岛周围的台阶长度成比例，并且当生长岛达到毛细管壁的时候趋于零。

假设晶面上的成核事件发生的位置不同，数值计算可以计算出单层岛边缘长度的时间变化，而实验上观察到的电流瞬态也被与数值计算的结果相比较。由此得出结论，在大多数情况下，只有一个二维核形成了，或者换言之，发生了一个人为的逐层生长。然后，逐层生长速率的表达式（3.111）可以与实验观

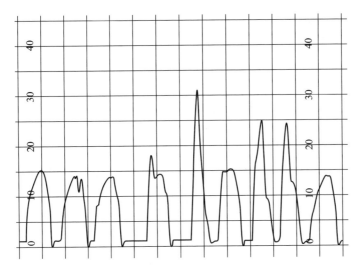

图 3.59　在一个对于二维成核的低于临界值的恒定过电势上叠加一个高且短的恒电位脉冲后所得到的电流振荡。电流形状反映了电极表面上的位置，而二维核也就在电极表面上形成。（例如，中间的窄高峰源于一个几乎在电极中心处形成的核）。曲线下的面积彼此相等，并且等于完成一个单层所需的电量。[E. Budewski, V. Bostanov, T. Vitanov, Z. Stoynov, A. Kotzeva and R. Kaischew, *Electrochim. Acta* **11**, 1697 (1966)。经 Pergamon Press Ltd. 许可，由 V. Bostanov 提供]

察进行比较。为此，成核脉冲的高度和持续时间被调节，使得成核只在加载脉冲的 50% 内发生。然后，脉冲持续时间 τ 可以视为形成一个核的必要时间。忽略非稳态速率的影响，我们可以接受 τ 的倒数正好等于二维成核速率 $J_0(2D)$。

在电解质成核的特别情况，到达临界核的原子流由下式给出：

$$\omega^* = 4l^* \frac{i_{st}}{ze} = \frac{8\varkappa a^2}{ze\eta} \frac{i_{0,\,st}}{ze} \exp\left[\frac{(1-\alpha)ze\eta}{kT}\right]$$

式中，$i_{st} = i_{0,st}\exp[(1-\alpha)ze\eta/kT]$ 是台阶每单位长度电流的阴极部分（A/cm）；$i_{0,st}$ 是每单位台阶长度的交换电流密度（$i_s = i_{st}/a$ 是以 A/cm 为单位的每单位面积的电流密度）；$\alpha \cong 0.5$ 是所谓的转移系数。

Zeldovich 因子为

$$\Gamma = \frac{(ze\eta)^{3/2}}{8\varkappa a(kT)^{1/2}}$$

然后，对于正方形核的成核速率，我们得到

$$J_0(2D) = A\sqrt{\eta}\exp\left[\frac{(1-\alpha)ze\eta}{kT}\right]\exp\left(-\frac{4\varkappa^2 a^2}{kTze\eta}\right)$$

式中，$A(\mathrm{cm}^{-2}\cdot\mathrm{s}^{-1}\cdot\mathrm{V}^{-1/2})$ 是由下式给出的一个常数：

$$A = aN_0 \frac{i_{0,\,st}}{ze}\left(\frac{ze}{kT}\right)^{1/2}$$

$N_0 = 1.2 \times 10^{15}$ cm^{-2}，$i_{0,st} = 5.5 \times 10^{-6}$ A/cm，$T = 318$ K，$A = 7.1 \times 10^{21}$ cm^{-2} · s^{-1} · V$^{-1/2}$，并且 $\eta = 0.01$ V，对于预指数，我们得到 $K_1 = 7.1 \times 10^{20}$ cm^{-2} · s^{-1}。

图 3.60 展示了 $\ln \tau$ 对于 $1/\eta$ 的曲线（Budewski 等 1966）。可以看到，如同理论所需要的一样，得到了一条直线。从斜率中得到了对于比边缘能 $\varkappa$ 的值 1.9×10^{-13} J/cm，并且从直线与坐标轴的截距得到 $A = 1 \times 10^{19}$ cm^{-2} · s^{-1} · V$^{-1/2}$。近似地，对于在（111）面的成核情况可以得到相同的比边缘能的值（$\varkappa = 2 \times 10^{-13}$ J/cm）。沿用对于面心立方晶格的第一相邻模型（d_{100} 和 d_{111} 分别是（100）和（111）面的面间距）（Markov 和 Kaischew 1976），使用关系式 $\sigma_{100} = 4\varkappa_{10}/d_{100}$ 和 $\sigma_{111} = 2\varkappa_{11}/d_{111}$，对于 Ag/AgNO$_3$(aq. 6N) 边界，我们得到 $\sigma_{100} = 372$ erg/cm^2 及 $\sigma_{111} = 170$ erg/cm^{-2}。

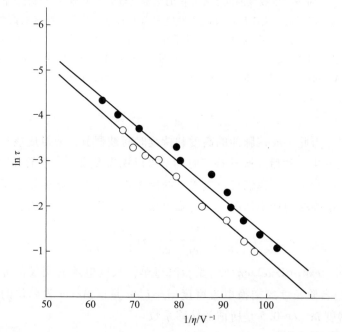

图 3.60　一个二维核出现时间相对于过电势倒数的对数曲线。空心和实心圆来自稍有不同的条件下的两组测量结果。如果忽略对于瞬时成核的时间延迟，曲线实际上等于稳态成核速率相对于过电势的倒数。直线显示了经典成核理论的有效性。[E. Budewski, V. Bostanov, T. Vitanov, Z. Stoynov, A. Kotzeva and R. Kaischew, *Electrochim. Acta* **11**, 1697 (1966)。经 Pergamon Press Ltd. 许可，由 V. Bostanov 提供]

使用上述的长方形毛细管（见图 3.64），台阶前沿速率随过饱和的变化被直接地测量了（Bostanov，Staikov 和 Roe 1975）。图 3.61 显示了电流-时间曲线，它是加载了一个短的恒电位脉冲得到的。可以看到，瞬变的形状又一次取决于成核时间的位置。当核在毛细管的最末尾或是中间形成时，它分别表现为一个单高度或双高度的平台。接着，首先有，电流正比于总台阶长度 L。其次，如图 3.62 所示，平台电流对于过电势的一个线性依赖关系被建立起来（Bostanov，Staikov 和 Roe 1975）。此外，电流与推进台阶的长度成比例。后者取决于籽晶的取向，并且进而取决于二维核对于毛细管边缘的取向。因此在台阶推进的 $\langle 100 \rangle$ 方向的情形，电流为当台阶推进方向为 <110> 时流过的电流的 $\sqrt{2}$ 倍。

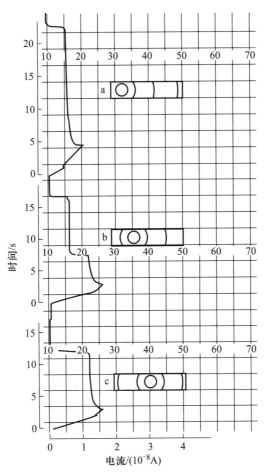

图 3.61　在长方形毛细管中（见图 3.64），单高度台阶的生长电流相对于时间的曲线。每条曲线下方的插图显示了成核事件的位置：（a）在毛细管的最末尾，（b）在毛细管从末尾处的约 1/3 处，（c）在毛细管的中部。［V. Bostanov，G. Staikov and D. K. Roe，*J. Electrochem. Soc.* **122**，1301（1975）。经 Electrochemical Society Inc. 许可，由 V. Bostanov 提供］

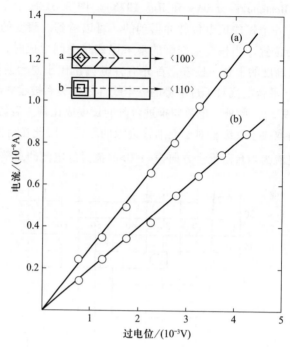

图 3.62 在一个长方形毛细管中(见图 3.64),单高度台阶的生长电流相对于过电势的曲线。曲(a)和(b)是插图中所示的,取向为 <100> 和 <110> 方向的核。[V. Bostanov, G. Staikov and D. K. Roe, *J. Electrochem. Soc.* **122**, 1301(1975)。经 Electrochemical Society Inc. 许可,由 V. Bostanov 提供]

为了将长度为 L 的台阶移动一个原子间距,我们必须加上 L/a 个原子或者 zeL/a 库仑的电量。流逝的时间将是 $t = zeL/ia$,其中 $i(A)$ 是生长电流。然后,台阶推进速率将是 $v_\infty = a/t$ 或 $v_\infty = i/qL$,其中 $q = zeN_0$ 是为了完成一个单层所需的电量。电流 i 由电化学中著名的表达式(Butler-Volmer 方程)给出

$$i = i_0 \left\{ \exp\left(\frac{\alpha z e \eta}{kT} \right) - \exp\left[-\frac{(1-\alpha)ze\eta}{kT} \right] \right\}$$

它实际上给出了朝向传播台阶的原子净流量 $j_+ - j_-$。在过电势的值小的时候 ($\eta \ll kT/ze$),后者变为 $i = k\eta$,其中 $k = i_0 ze/kT$,并且 i_0 是交换电流。然后 $v_\infty = k\eta/qL$,其中,显然比值 $\beta_{st} = k/qL$ 正是台阶在电结晶情况中的动力学系数。换言之

$$v_\infty = \beta_{st} \eta$$

式中

$$\beta_{st} = \frac{k}{qL} = \frac{ze}{kTqL} i_0$$

k 无非是电流-过电势曲线的斜率，并且从图 3.62 中我们得到 $k = 2 \times 10^{-6}\ \Omega^{-1}$。考虑到 $q = 1.92 \times 10^{-4}\ C/cm^2$，且 $L = 1 \times 10^{-2}\ cm$，我们得到 $\beta_{st} = 1\ cm \cdot s^{-1} \cdot V^{-1}$。于是，台阶推进速率的量级为 $1 \times 10^{-3}\ cm/s$。交换电流等于 $i_0 = 5.5 \times 10^{-8}\ A$，或者 $i_{0,st} = 5.5 \times 10^{-8}/1 \times 10^{-2} = 5.5 \times 10^{-6}\ A/cm^1$ 台阶的每单位长度。

我们可以将动力学系数表示为一般形式［式（3.26）］

$$\beta_{st} = a\nu\, \frac{a}{\delta_0}\, \frac{ze}{kT} \exp\left(-\frac{\Delta U}{kT}\right)$$

并且来估计结晶的能量势垒。在电结晶的特殊情况，它包含了退溶和 Ag^+ 离子通过电偶层的转变的能量。

首先，我们必须通过式（1.75）来评估粗糙因子 a/δ_0。为了这样做，我们必须找到打断第一相邻键的能量 ψ。为了考虑电解质溶液中的情况，我们最好使用从实验得来的比边缘能的值。简化起见，假设只存在单原子扭结，方程（1.80）给出

$$\varkappa = G_{st} = -nkT\ln\eta - nkT\ln(1+2\eta) \cong \frac{\psi}{2a} - \frac{2kT}{a}\eta$$

从中

$$\frac{\varkappa a}{kT} = \frac{\psi}{2kT} - 2\exp\left(-\frac{\psi}{2kT}\right)$$

考虑到对于小的 η 有效的简化条件 $(1+\eta)/(1-\eta) \cong 1+2\eta$，式（1.81）对多原子扭结有效，如果我们从它出发，可以得到相同的结果。

用 $\varkappa = 1.9 \times 10^{-13}\ J/cm$，$a = 2.889 \times 10^{-8}\ cm$ 及 $T = 318\ K$ 来数值求解上述方程，我们得到 $\psi/2kT = 1.64$ 和 $\delta_0 \cong 4a$（Budewski 1983）。考虑到 $\beta_{st} = 1\ cm \cdot s^{-1} \cdot V^{-1}$，对于 ΔU 我们得到的值为 9 kcal/mol，这是对于水溶液的典型值。

在这一点上有趣的是，比较台阶的水平传播中表面扩散过程的可能的贡献。将每台阶长度的交换电流 $i_{0,st}$ 除以原子间距 $a = 2.889 \times 10^{-8}\ cm$，我们得到对于每单位面积的交换电流的值 $i_{0,s} = 190\ A/cm^2$（Vitanov，Popov 和 Budewski 1974）。Vitanov 等（1969）［另见 Vitanov，Popov 和 Budevski（1974）］在 $T = 318\ K$ 时，在 $6N$ $AgNO_3$ 中对于无位错的（100）Ag 晶面进行了阻抗测量，并且发现，由于吸附原子的交换电流密度为 $i_{0,s} = 0.06\ A/cm^2$。将此值与上面的值 $i_{0,s} = 190\ A/cm^2$ 比较，显示出表面扩散对于台阶推进的贡献不超过 0.03%。假设生长单元由表面扩散提供，那么对于台阶推进速率的估计显示出，表面扩散的供给为实验得到的值的 1/60（Bostanov，Staikov 和 Roe 1975；Bostanov 1977；另见 Budewski 1983）。

使用相当不同的一种方法，台阶推进速率被独立地测量了。一个小数量的螺旋位错被留在了晶体表面上。单原子台阶是不可见的，而拥有光滑侧面的生

长金字塔在生长中被观察到。台阶间距是加载的过电势的一个函数，并且过电势的增大导致了金字塔斜率的增大。现在假设，我们在一个低过电势值进行晶面生长。观察到了相对平坦的生长金字塔。当一个高振幅的短过电势脉冲被叠加到较低的那个上面，将会导致一个拥有较高斜率的条纹。后者在显微镜下是可见的。实际上，这个条纹是人工制造的运动学波。如果现在高过电势脉冲被在相等时间间隔规律性地加载，一系列的运动学波将会形成（图 3.63）（Budewski，Vitanov 和 Bostanov 1965）。如在之前小节中展示的，运动学波的速率 c 等于在生长的运动机制下基本台阶的推进速率 v（图 3.52b）。然后，通过测量运动学波的速率，我们实际上得到了基本台阶的推进速率。运动学波的速率可以容易地从条纹间距离和高过电势脉冲频率中估计出来。可以得到 $\beta_{st} \cong 1\ cm \cdot s^{-1} \cdot V^{-1}$，这再一次确定了银在水溶液中的电解质生长在运动机制条件下发生，并且表面扩散起到了一个可以忽略的作用（Bostanov，Russinova 和 Budewski 1969；另见 Budewski 1983）。

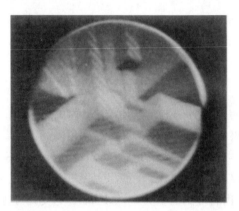

图 3.63　Ag(111)上的生长金字塔。较暗的条纹通过周期性地叠加较高过电势脉冲得到，它代表拥有较大密度的台阶列（较大斜率），或者换言之，人工制造的运动学波。[E. Budewski, T. Vitanov and V. Bostanov, *Physica Status Solidi* **8**, 369（1965）。经 Akademie Verlag GmbH 许可，由 V. Bostanov 提供]

　　如果较高的脉冲被叠加到了生长的过电势，代之以一个基本台阶，一个宏台阶被制造出来。在 Nomarski 差分比较技术的帮助下，我们说，厚于 10~15 原子直径的台阶可以直接在上述的长方形毛细管中观察到（图 3.64）（Bostanov，Staikov 和 Roe 1975）。因此，这种台阶传播的速率可以被预估。人们发现，和预期的相当不同，直到厚度约为 100 Å 时，宏台阶的速率才与基本台阶的速率相同。当台阶到达毛细管末尾时，通过分析电流-时间曲线的衰减，可以估计出宏台阶的斜率（Bostanov，Staikov 和 Roe 1975）。已经得到了斜率的值 0.012 75

和台阶间距的值 160 Å($\cong$55 原子间距)。宏台阶可以被视作运动学波,并且和之前一样,当晶体在运动机制生长时,宏台阶的速率应当等于基本台阶的速率。

图 3.64 长方形毛细管开口的显微照片,在不同时间照相得到的一个宏台阶,以测量它的推进速率。[V. Bostanov, G. Staikov and D. K. Roe, *J. Electrochem. Soc.* **122**, 1301 (1975)。经 Electrochemical Society Inc. 许可,由 V. Bostanov 提供]

现在,我们拥有了所有需要的信息来预测通过二维成核生长的生长机制。晶体平面的水平尺寸($L = 2\times10^{-2}$ cm)在 $\eta \geqslant 7$ mV 时变得小于$(v_\infty / J_0)^{1/3}$。然后,当过电势小于 7 mV 时,应当观察到逐层生长。在较高过电势时,多层生长应当发生。确实,增大过电势使之超过 8 mV 时将会导致图 3.65 所示的那种电流瞬态(Bostanov 等 1981)。可以看到,如理论预测的那样,曲线重复得相当好。

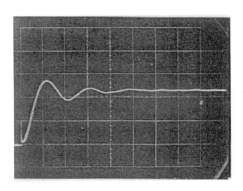

图 3.65 在过电势大于临界过电势很多时,生长电流相对于时间的曲线。可以清楚地看到一些振荡。在更久的时间,电流达到一个恒定值,它对应于稳态生长。这是记录多层生长速率振荡的第一个实验。[V. Bostanov, W. Obretenov, G. Staikov, D. K. Roe and E. Budewski, *J. Crystal Growth* **52**, 761(1981)。经 Elsevier Science Publishers B. V. 许可,由 V. Bostanov 提供]

在这种情况下,长时间的稳态电流密度由下式给出:

$$i_{st} = qb\left(J_0 v_\infty^2\right)^{1/3}$$

式中,b 是一个为整数级的常数。

在 $\log\{i_{st}\eta^{-5/6}\exp[-(1-\alpha)ze\eta/kT]\}$ 对 1 000/η 坐标系下[见式(3.115)]，实验结果的解释给出了一条直线(图3.66)，这与理论定性符合得很好(Bostanov 等 1981)。从直线的斜率和截距可以估计出比边缘能和预指数常数的值分别为 $\varkappa = 2.0\times10^{-13}$ J/cm 和 $A = 2\times10^{18}$ cm^{-2}·s^{-1}·V$^{-1/2}$，这与逐层生长研究的结果符合得很好。

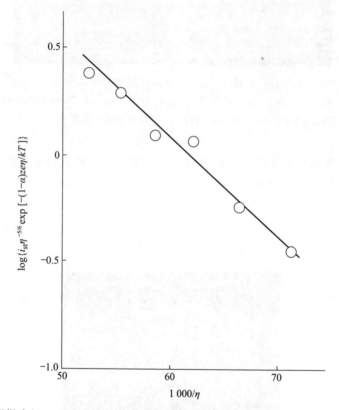

图 3.66 根据式(3.115)得出的生长稳态电流对于过电势倒数的对数曲线。[V. Bostanov, W. Obretenov, G. Staikov, D. K. Roe and E. Budewski, *J. Crystal Growth* **52**, 761(1981)。经 Elsevier Science Publishers B. V. 许可，由 V. Bostanov 提供]

当晶面不是没有缺陷，而是包含一些螺旋位错时，通常可见到生长的多边形金字塔(图 3.67)(Bostanov, Russinova 和 Budewski 1969；另见 Budewski 1983)，它显示为由于生长螺旋的小丘。为了使生长发生，不用克服任何临界过饱和，并且如 Burton, Cabrera 和 Frank (1951) 的理论所需要的那样，电流密度是过电势的一个抛物线函数(Bostanov, Russinova 和 Budewski 1969)。

假设生长速率由式(3.15)给出，且生长金字塔的斜率由下式给出：

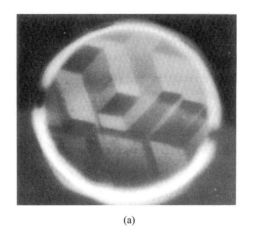

(a)

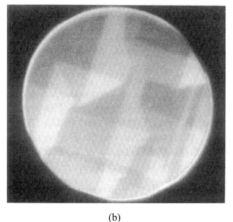

(b)

图 3.67　在(a) Ag(111) 和(b) Ag(001) 面上的螺旋位错的露头点附近的生长金字塔。可以看到，金字塔是多边形的。[V. Bostanov, R. Russinova and E. Budewski, *Comm. Dept. Chem.* (Bulg. Acad. Sci.) **2**, 885(1969)。由 V. Bostanov 提供]

$$p = \frac{a}{19\rho_c}$$

对于生长速率我们得到

$$R = \frac{aq\beta_{st}}{19\varkappa}\eta^2$$

生长速率由 $R = d/t$ 给出，其中 d 是单层的厚度，并且 $t = q/i$ 是淀积一个单层的时间。然后，电流密度应当与过饱和的平方成比例

$$i = \frac{aq^2\beta_{st}}{19\varkappa d}\eta^2$$

显然，我们从 i 对 η^2（图 3.68）的直线斜率计算出比边缘能 $\varkappa$ 的值。Bostanov，Staikov 和 Roe（1975）估计出 $\varkappa = 2.4 \times 10^{-13}$ J/cm，这与从二维成核的研究得到的值符合得很好。

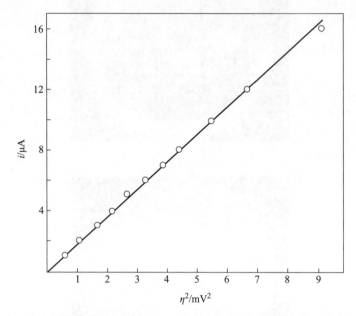

图 3.68　在一个有螺旋位错的 Ag(001) 晶面上，生长电流对于过电势平方的曲线。直线确认了 Burton，Cabrera 和 Frank（1951）对于小过饱和理论的有效性。[V. Bostanov, R. Russinova 和 E. Budewski, *Comm. Dept. Chem.*（*Bulg. Acad. Sci.*）**2**，885（1969）。由 V. Bostanov 提供]

　　后者显示了，Cabrera 和 Levine 得到的对于台阶间距的表达式对于电解质生长的情况是适用的。在足够高的过饱和下，台阶间距应当变得很小，以至于台阶周围的扩散场应当重叠，并且生长速率对于过饱和的抛物线依赖关系应逐渐变为一个线性关系。然后，非常有趣的是，计算在使用的最高过电势下（此时仍能观察到抛物线依赖关系）的台阶间距 $\lambda = 19\varkappa a^2 / ze\eta = 19\varkappa / q\eta$。在加载了最高过电势 $\eta = 3$ mV 时得到了值 793 Å。后者等于 275 个原子间距。宏台阶实际上表现为一系列的单原子台阶，而对于宏台阶的长方形毛细管中的推进速率的研究（Bostanov，Staikov 和 Roe 1975）展示了当宏台阶的总厚度没有超过80 Å 时，一个这种台阶系列的推进速率与一个单原子台阶一样。此外，人们还发现台阶间距是 160 Å。我们可以作出结论，即至少直到 $\eta = 15$ mV 时，还应该近似地观察到生长的抛物线法则。

第四章
外延生长

4.1 基本概念和定义

一种结晶材料在另一种不同材料的单晶表面上的有取向的生长称作外延（或者从希腊语直译为"有序的之上"：$\varepsilon\pi\iota$——之上和 $\tau\alpha\xi\iota\sigma$——有序的），Royer（1928）在近一个世纪之前创造了这个名词。图 4.1 展示了外延生长的一个典型例子，它是 Cu 在 Ag(111) 表面上沉积的情况（Markov，Stoycheva 和 Dobrev 1978）。可以看到，截角三角形的铜微晶以它们的 (111) 面朝上位于 Ag(111) 的表面。从显微照片中，并不能马上明显看出的是，铜微晶的 ⟨110⟩ 方向平行于银衬底的 ⟨110⟩ 方向。这个我们称之为外延取向（epitaxial orientation）的方向的平行性通常用晶面和晶向的米勒指数来描述。在我们讨论的特别情况中，外延取向为 $(111)\langle110\rangle_{Cu} \parallel (111)\langle110\rangle_{Ag}$，而且我们说，铜以与银衬底平行的外延取向沉积。虽然平行外延取向常常被观察到，尤其是在半导体化合物在其他衬底上的沉积时这一非常重要的情况中，但是这并不总是所有的情形。例如，当 PbS 或 PbTe 沉积在 MgO 的(100)的表面上时，外延取向为$(100)_d$ $\langle 110 \rangle_d \parallel (100)_s \langle 100 \rangle_s$。这意味着，对于衬底和沉积物，彼此接触的晶体平面均为(100)，但是沉积物的$\langle 110 \rangle$方向与衬底的$\langle 100 \rangle$方向相同(Honjo 和 Yagi 1969，1980)。

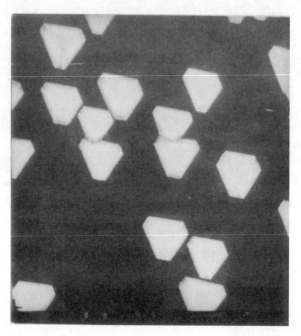

图 4.1 以恒定过电势被电沉积在 Ag(111)表面上的三维铜微晶的电子显微图。微晶与衬底呈平行外延取向$(111)\langle 110 \rangle_{Cu} \parallel (111)\langle 110 \rangle_{Ag}$。Ag(111)衬底在通常的真空中用 Ag 蒸发的方式在云母上制备。[I. Markov, E. Stoycheva and D. Dobrev, *Commun. Dept. Chem.* [*Bulg. Acad. Sci.*] **3**, 377(1978)]

通常外延取向取决于温度。Massies 和 Linh(1982a，b，c)在 As 侧面的$(00\bar{1})$GaAs 上沉积了 Ag，并且他们证明了在低于 200 ℃ 的温度下，与 GaAs $(00\bar{1})$接触的 Ag 平面为(110)，即 Ag$\langle 111 \rangle$方向平行于 As 悬挂键的$\langle \bar{1}10 \rangle$方向。外延取向为$(011)\langle 111 \rangle_{Ag} \parallel (00\bar{1})\langle \bar{1}10 \rangle_{GaAs}$。面心立方金属的(011)平面包含原子的平行行，其间距等于晶格常数(Ag 为 4.084 Å)。沿着原子行，原子距离等于 Ag 的第一相邻距离 2.889 Å。GaAs 的晶格常数为$a_0 = 5.653\ 1$ Å。所以穿过行时，晶格失配是压缩的，并且等于+2.22%。晶格失配被定义为单位原子间距的差异$f=(b-a)/a$，其中 b 和 a 分别为沉积物和衬底的原子间距。沿着行时，原子间距的差的绝对的数值是非常大的，但是正负号相反。但是，非常容易实现 Ag 的 4 个原子间距和 GaAs 的 3 个原子间距的基本符合。于是，晶格失配可以表示为多原子间距的相对差值 $f = (4b-3a)/3a = -3.63\%$（Matthews 1975b）。换言之，沿着原子行，Ag 的键被拉伸了，而穿过原子行时它们被压缩了。当温度高于 200 ℃ 时，Ag 的沉积与 GaAs($00\bar{1}$) 成平行外延取向，也就是说外延取向为 $(001)\langle 010\rangle_{Ag} \parallel (00\bar{1})\langle 010\rangle_{GaAs}$，并且在两个垂直方向上的晶格失配都等于$-3.63\%$，也即，Ag 的键在两个方向上都被拉长了。下面将会展示，这样的取向与原子间键的非谐波引起的较低能量有关。

另一个关于外延取向的有趣的例子是 Cu 在 Ag(001) 上沉积的情况，由 Bruce 和 Jaeger（1977，1978a，b）所证实。这两种体金属的块材（bulk）拥有同一个面心立方晶格，但是 Cu 薄膜有体心立方晶格，外延取向为 $(001)\langle 1\bar{1}0\rangle_{bcc,Cu} \parallel (001)\langle 010\rangle_{fcc,Ag}$。没有发现自然的体心立方的存在。

上面两个例子展示了，外延取向由系统的自由能的最小值情况决定。但是，我们知道，Cu 的体心立方的晶格比自然的面心立方晶格的能量要高。于是有，在体心立方的 Cu 与面心立方的 Ag 之间的外延界面的能量过补偿了 Cu 的面心立方和体心立方晶格之间的能量差。很清楚，直到 Cu 薄膜的某个临界厚度，这种情况都保持不变。理由是，Cu 的面心立方和体心立方晶格的能量差随着厚度的增加而线性地增长，而体心立方 Cu 和面心立方 Ag 之间的外延界面能量保持恒定。下面将会更加详细地展示，基于同样的理由，对于假同晶（pseudomorphic）生长存在一个临界厚度。我们可以总结，外延界面的结构进而其能量在决定外延取向上扮演了一个重要的角色。

接触平面的平行常常称作一个纤维（fibre）或纹理（texture）取向，而在接触平面的结晶方向的平行称作方位角取向（azimuthal orientation）。因此，外延意味着纹理和方位角取向的同时实现（Gebhardt 1973）。往往发生的是，只有纹理取向发生，而沉积在方位角上是定向变异的。这里我们不讨论这种情况。

通常，外延不需要低指数结晶方向的平行。只要对于所有的沉积的岛（二维或三维）是相同的，这些方向之间的角可能为非零的。例如，这正是 Pb 在如下(111)Ag 表面上沉积的情形：该(111)Ag 表面在$\langle 111\rangle$表面垂线附近从平行取向旋转了约 $+4°$ 和 $-4°$（Takayanagi 1981；Rawlings，Gibson 和 Dobson 1978）。在这些情况中，显得更奇怪的是它们并不少见，我们必须寻找更高指数的结晶方向的平行。读者可以参考 Stoyanov（1986）来获得更多的细节。

在专业的文献中存在一些名词，如同质外延（homoepitaxy）、自动外延（autoepitaxy）、异质外延（heteroepitaxy），等等。有时它们被相当任意地使用。因此，同质外延和自动外延经常被搞混。正因如此，我们将在这里更加严格地按照衬底和沉积材料的化学势来定义它们。

有一种理解外延生长的方法或许是最好的，即将外延生长与晶体生长比较，或者换言之，将它与在相同材料表面生长一个单晶薄膜相比较（Stranski 1929；Stranski 和 Kuleliev 1929；Stranski 和 Krastanov 1938）。外延生长和晶体生长的不同是：一方面，衬底和沉积晶体的化学键的特性和强度不同；另一方面，它们的晶格和/或晶格常数不同。换言之，两种晶体在能量上（或化学上）以及几何学上都不同。如果两种晶体同时在能量上和几何学上都没有区别，这意味着它们是相同的，我们就有通常的晶体生长。严格地讲，这意味着衬底的化学势 μ_s 和沉积物的化学势 μ_d 严格地相等。显然，这种情况中用于描述的如自动外延或同质外延这些名词是不恰当的。外延生长只有当沉积物与衬底晶体的化学势不同时才发生。

例如，我们来考虑在 Si 单晶上沉积 Si 的情形，Si 单晶用 B 掺杂（Sugita，Tamura 和 Sugawara 1969）。衬底和沉积物的化学的特性和强度都相同，而且我们可以忽略掺杂物对于化学键强度的影响。但是，由于在衬底晶体中掺杂物的出现，它的晶格常数区别于（小于）纯硅的晶格常数，而为了与衬底匹配，沉积物薄膜应当被压缩。然后，应变的沉积物的化学势与大的沉积晶体的化学势不同。化学势的差由每个原子的应变能量给出。因此，我们有这样一种情况，在其中两种晶体有不同的化学势（$\mu_s \neq \mu_d$），并且这个区别仅仅是由于晶格常数的不同，而化学键的特性和强度实际上保持不变。我们将这种情况称为同质外延（homoepitaxy）。

存在着一些情况，例如 $x = 0.47$ 的 $In_x Ga_{1-x} As$ 在（100）InP 上的沉积，当晶格常数严格相符时，晶格失配等于零。这种情况下，化学势的不同在于化学键强度的不同（不同的键强度意味着不同的从半晶体位置分离的功以及不同的平衡蒸气压）。但是，在通常的情况下，两种材料在几何学上也不同。于是，由于晶格失配的每个原子的应变能被加在两种材料的键强度的差别之上。这种情形称为异质外延（heteroepitaxy）。

总结起来，我们通常可以区分两种情况：

（1）同质外延——衬底和沉积晶体的化学势的区别主要是因为晶格失配，而不是化学上的不同；

（2）异质外延——衬底和沉积晶体的化学势的区别主要是因为化学键的强度，而与晶格失配的值无关。

当衬底和沉积晶体没有任何区别，并且它们的化学势完全相等，这种晶体生长就正如我们在前一章刚刚讨论的那样。有一些研究者称这种情况为自动外延（autoepitaxy），但是我们将不使用这个名词。在 20 世纪 80~90 年代，同质外延这个名词被广泛使用，用来定义通常的晶体生长。这意味着，晶体生长被视作外延生长的限定情形。这是一个习惯的问题，并且在我们的情况中不重要。我们仅仅强调，在这一章中将按照上述的定义来处理同质和异质外延。换言之，由于某种原因，我们限制在 $\mu_s \neq \mu_d$ 的情况。

注意到，如果 $\mu_s \neq \mu_d$，由于衬底的化学和几何学的影响，薄膜中的键合将区别于沉积晶体的体晶。然后，如下所示，上述不等式导致 $\mu(n) \neq \mu_\infty$，其中 $\mu(n)$ 和 μ_∞ 分别是外延层（是厚度 n 的函数）和沉积晶体体晶的化学势。也就是说，这个不等式决定了不同生长模式的发生。

著名的 Royer(1928)定律第一次强调了穿过界面的键合以及晶格失配对于外延发生的影响。基于对一种离子晶体在另一种离子晶体上的外延生长的实验观察，Royer 制定出如下的规则：

（1）相接触的晶面必须拥有同一种对称性和相近的晶格常数，后者的差别不能超过约18%。晶格失配应当用一种更为一般的角度考虑——不仅必须比较单位晶格常数，也得比较多倍的晶格常数。

（2）两种晶体必须拥有同一种化学键特性。

（3）当一种离子晶体在另一种上生长时，穿过界面处应当保持拥有相反符号的离子。

虽然 Royer 提到了两种材料的键合的重要性，但他更多地强调了晶格常数区别的作用。Barker(1906，1907，1908)甚至在更早些时候就强调了晶格失配的重要性，他总结道，一种碱金属卤化物晶体在另一种上的取向生长在当它们的分子体积近似相等时更容易发生。有兴趣的读者可以在 Pashley(1975)的优秀的历史综述中找到更多的关于外延的早期工作的细节。

当探讨外延问题时，我们必须记得如下的知识。沉积物的外延取向取决于接触晶面的结构以及穿过外延界面的键合的特性。换言之，它不取决于生长过程。确实，如同在本章开始时陈述的那样，外延现象从定义上来讲完全不涉及生长。另一方面，生长动力学在本书第三章中已经概述过，这里是一样的。因此，在气相沉积的情况，它包含相同的吸附和脱附、吸附原子的表面扩散以及合并入扭结位置的过程。在从溶液的沉积中，生长元素的体扩散应当被考虑，等等。接着有，当考虑外延时，我们探讨与外延取向密切相关的外延界面的平衡结构，将它与外延薄膜的生长动力学以及与之有关的问题的探讨分离开来。

自从 Royer(1928)制定了他的规则以来，薄膜的外延生长被发展成为多种现代器件制造的基础。因此，微电子器件由材料的外延沉积制造出来，从"简单"的器件如基本半导体(Si，Ge)到二元化合物(GaAs，CdTe)，甚至到三元和四元合金，如 $In_xGa_{1-x}As$ 和 $In_xGa_{1-x}As_yP_{1-y}$。通过在高温溶液中在非磁性石榴石（如 $Gd_2Ga_5O_{12}$）上外延沉积铁磁石榴石，例如 $Y_xGd_{3-x}Ga_yFe_{5-y}O_{12}$，气泡内存器件被制造出来。通过改变 x 和 y 的值，我们可以平滑地改变结晶常数（例如晶格常数）和物理性质（例如半导体中的禁带宽度）。

外延生长的研究与使用的表面分析方法以及对应工具的发展是不可分割

的。基本与此同时，真空技术被发展起来，如由 Thomson 和 Reid（1927）及 Davisson 和 Germer(1927)的工作开始出现的电子衍射方法，RHEED 和 LEED［即，反射高能电子衍射（reflection high energy electron diffraction）和低能电子衍射（low energy electron diffraction）］。此外，X 射线衍射（X‑ray diffraction，XRD）、X 射线形貌学（X‑ray topography，XRT）、复制电子显微镜（replica electron microscopy，REM）、透射电子显微镜（transmission electron microscopy，TEM）、扫描电子显微镜（scanning electron microscopy，SEM）、俄歇电子光谱（Auger electron spectroscopy，AES）等，都能对外延薄膜进行精确的测量。REM 和 SEM 研究给出关于生长沉积物的表面形貌的信息。对于衬底‑沉积物系统的 TEM 横截面显微照片展示了外延界面的结构（Gowers 1987）。对于 RHEED 的反射束的强度以时间为函数的变化的原位测量给出了追踪生长和确定生长前沿厚度和掺杂浓度等的可能性（Neave 等 1983；Neave，Joice 和 Dobson 1984；Sakamoto 等 1987）。特别地，LEED 和 AES 的组合使得获取外延沉积初始阶段的信息成为可能。AES 允许测量衬底平面上的沉积材料的一个单层的非常小的一部分。此外，AES 还是一种在沉积之前探测衬底表面上任意杂质的强有力的工具。另一方面，LEED 给出了衬底原子和沉积物的吸附原子的几何学配置的非常精确的图像。进一步将如功函数测量、热脱附光谱（thermal desorption spectroscopy，TDS）等其他方法与 AES 和 LEED 联合，外延薄膜的生长机制可以从最开始（单层的一部分）到一个连续薄膜的形成被追踪（Bauer 等 1974，1977）。一个新的有力的工具，扫描隧道显微镜（STM）最近被发明了[①]，它使得生长中的沉积物在单个原子的分辨率上可见（Binnig 等 1982a，b；Binnig 和 Rohrer 1983）。生长平面、单原子台阶、二维岛和它们的边缘的结构因此可以被观察和分析（Hamers，Tromp 和 Demuth 1986；Swartzentruber 等 1990；Frenken，Hoogeman 和 Kuipers 1996/1997）。

目前，众多种类的对于不同材料的外延沉积的方法已经被发明出来。化学气相沉积（chemical vapor deposition，CVD）、液相外延（liquid phase epitaxy，LPE）、原子层外延（atomic layer epitaxy，ALE）、分子束外延（molecular beam epitaxy，MBE）、金属有机化学气相沉积（metal organic chemical vapor deposition，MOCVD），以及一些组合，例如低气压金属有机化学气相沉积（low pressor metal organic chemical vapor deposition，LP-MOCVD）和金属有机分子束外延（metal organic molecular beam epitaxy，MOMBE），都是目前最为广泛使用的技术（Farrow 等 1987）。因此，截至 1975 年，被研究的外延系统的列表中大约有

---

① STM 由 IBM 研究中心的 Gerd Binnig 和 Heinrich Rohrer 于 1981 年发明，他们因此于 1986 年获得诺贝尔物理学奖。——译者注

6 000 个条目（Grünbaum 1975）。综述文章和专著（Pashley 1956，1965，1970；Kern，Lelay 和 Metois 1979；Honjo 和 Yagi 1980；Vook 1982；van de Merwe 1979；Markov 和 Stoyanov 1987；Matthews 1975；Brune 1998；Zinke-Allmang 1999；Voigtländer 2001）等，以及期刊如 *Surface Science* 和 *Journal of Crystal Growth* 的整卷都致力于外延生长和外延薄膜测试的不同方面。

4.2 外延界面的结构和能量

4.2.1 边界区域

界面代表了两个体相之间的区域。与气体或熔融物接触的一个晶体表面也被视为一个界面。外延界面是两个单晶——附生（overgrowth）晶体和衬底晶体之间的界面，前者取后者的外延取向。

原则上，两个单晶之间的以它们体特性为特征的界面可以拥有不同的结构，这取决于化学键的性质、结晶晶格、晶格常数以及两种材料的化学性质等。Mayer（1971）将边界分为 5 类：

（1）有序的吸附原子或吸附离子层。例如，在体 K 沉积物和 W（100）衬底之间的层，它包含负电荷的 W 离子的一个单层、一个正电荷的 K 离子的单层以及两个 K 偶极子的单层（Mayer 1971）。

（2）层中晶格常数的差异被失配位错引起的周期性应变所适应的层（图 4.5d）。后者由 Frank 和 van der Merwe（1949）理论上预测，并实验上在众多系统中被发现（Matthews 1961，1963）。

（3）假同晶层，其中沉积物均匀地应变来严格地适配衬底的周期性（图 4.5c）。这种层在许多外延系统中被探测到，例如 Ni 在 Cu（111）上（Gradmann 1964，1966），Ge 在 GaAs（100）上（Matthews 和 Crawford 1970），等等。假同晶（pseudomorphism）的概念（或者强迫同晶）由 Finch 和 Quarrell（1933，1934）引入，用来解释 ZnO 在 Zn 上外延生长的实验结果。Frank 和 van der Merwe（1949）从理论上发现，在一个临界失配之下，附生应当是与衬底假同晶的。大于这个临界失配，在界面应当能够分辨出一个序列的失配位错。临界失配的值被估计为 14%，与 Royer（1928）的实验发现符合得非常好。

（4）由于相互扩散的层或由于组成合金、固溶物、亚稳相等的层。因此，在 Au（100）上沉积 Pb 时形成了一个金属间化合物 Au_2Pb（Green，Prigge 和 Bauer 1978）。

（5）包含衬底和沉积晶体间化学化合物的层。一个典型的例子是 Si（111）上的 $NiSi_2$ 的形成（Jentzsch，Froitzheim 和 Theile 1989）。在金属 Si（111）和

Si(001)上的沉积中，实际上经常能观察到化学计量的(stoichiometric)金属硅化物。

本章中的探讨将限制在由均匀应变(homogeneous strain，HS)(假同晶)或由周期应变(失配位错)适应的晶格失配，而不考虑所有其他的现象，如相互扩散、合金化或两种伙伴的化学反应。我们然后将外延界面看作一个将两个晶体分开的几何平面，这两个晶体在能量上和几何上通常有区别。我们进一步假设界面的结构使得系统的能量最小化。

4.2.2 外延界面的模型

对于外延界面的平衡(最小能量)结构的理论描述，已经发明出多种的模型。

由 Bollmann(1967，1972)开发的一致晶格模型(coincidence lattice model)将衬底和沉积物晶体的晶格都视为刚性的。原子间力被假设拥有球形对称性，并且模型对于金属键或范德瓦尔斯键的材料适用。从两个晶体中各取一点的两个晶格格点被一致化，而完全或接近一致的晶格格点的密度用作对两个晶格秩序的测量(图4.2)。拥有一个最大一致点的方位角取向被视作最小能量(基态)取向。

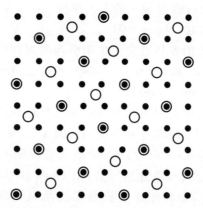

图4.2 外延界面的一致晶格模型的示意图。两个彼此接触的平面的原子被标记为空心圆和实心圆

球和线(ball-and-wire)模型(Hornstra 1958)最初被开发用来描述金刚石中的位错。它假设各向异性的化学键，例如方向性共价键，并且适用于半导体材料。Holt(1966)将它进一步发展，来描述半导体异质结的结构，并且发现，源于拥有更小晶格常数的材料，悬挂(不饱和)键应当在界面存在(图4.3)。取决于邻近的晶面的表面极化，悬挂键可以充当受主(acceptors)或施主(donors)

（Holt 1966）。Oldham 和 Milnes（1964）展示了悬挂键被预计在禁带中组成了深能级，并且因此起到了复合中心的作用。当悬挂键的密度过高，它们可以在禁带中创造一个导带，并且严重地改变异质结的性质（Holt 1966；Sharma 和 Purohit 1974）。

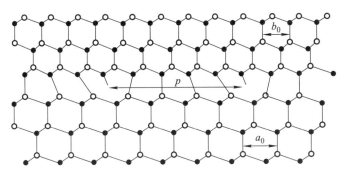

图 4.3 拥有金刚石晶格的两个晶体之间的外延界面的球和线模型的示意图。失配位错表示为平均距离为 p 的不饱和悬挂键［根据 Holt（1966）］

在由 Fletcher（1964，1967）、Adamson（Fletcher 和 Adamson 1966）及 Lodge（Fletcher 和 Lodge 1975）开发的变分法（variational approach）中，通过邻近晶面的原子位置被改变来找到能量的最小值。为此，使用了一个成对的原子间电势。计算在倒易空间内进行。他们发现，如同在一致晶格模型中那样，当界面任一边的尽可能多的晶格格点相符合时，能量拥有一个最小值。如果原子的弹性位移被允许（简化起见，限制在晶面彼此接触的情形），生成的界面结构与 Frank 和 van der Merwe（1949）开发的失配位错模型中的那个结构非常相像。

基于小角度颗粒边界的位错理论，开发出 Volterra 位错（Volterra dislocation）模型（Brooks 1952；Matthews 1975）。对于适应晶格失配的边缘型位错的概念被明确地引入模型，衬底和沉积晶体都被视为弹性连续体。使用了边缘位错的最一般定义，它由 Volterra（1907）在 20 世纪初给出［另见 Hirth 和 Lothe（1968）］。界面能被表示为位错能和残余均匀应变能的总和。能量相对于均匀应变的最小化使得我们可以计算平衡应变和对于假同晶生长的临界厚度。此模型的优点在于其数学上的简洁。但是，在选择决定位错核能量的量值时的任意性是这个模型的一个缺点。下面给出了更多的细节。

Frank-van der Merwe（1949a，b）的失配位错（misfit dislocation）模型［见 van der Merwe（1974）综述］探讨了由弹性弹簧连接的一个原子直链，它遭受到由刚性衬底（图 4.4）施加的一个外部的周期性电势。失配位错自然地作为一个模型的数学分析的结果出现。

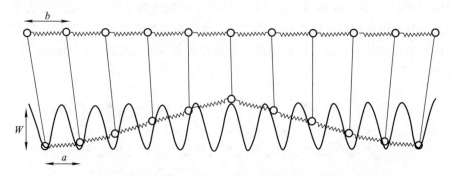

图 4.4　Frank-van der Merwe(1949a)的一维失配位错模型的图示。沉积物用一个原子直链来模拟，原子由长度为 b 和力量常数为 γ 的弹簧连接。刚性衬底施加了一个周期性的电势，其周期为 a，幅度为 W。图中显示了原子链在接触衬底之前和之后的情况。接触后，直链的 11 个原子分布在衬底的 12 个电势波谷之上，因此形成了一个失配位错

在本章中，Frank-van der Merwe(1949)和 van der Merwe(1950)的失配位错模型将会被更详尽地描述，因为它们最为人们熟知也被最深入地研究。另外，Matthews 的 Volterra 方法也将被更加详细地描述。如果读者对上面提到的模型有兴趣，可以参考 van der Merwe(1974)和 Woltersdorf(1981)的原始论文和综述论文。

4.2.3　失配位错

这一章将我们的讨论仅仅限制在当沉积物晶体拥有一个与衬底表面相同对称性的情形。

通常，当两个几何学上相似的晶体(A 和 B)通过两个特别的晶面在界面接触这种方式加入彼此时，唯一的物理现实是，如果异种晶体被相同晶体替代，处于在晶体边界邻近的邻接的那半个晶体中的原子从它们应该占据的理想位置位移开。两个平行力作用在每个原子上。第一个是由相同晶体的相邻原子施加的力，它试图保持自然的晶格，并且试图保持原子间距与它们的自然键长相等。第二个是由邻接晶体的原子施加的力，它试图强迫原子去占据异质晶体的晶格位置。我们可以区分一些极端情况。首先，当界面键 ψ_{AB} 相比键强度 ψ_{AA} 和 ψ_{BB} 非常微弱时，两个晶体都倾向于保持它们自然的晶格。在这种情况下，两个邻接晶体晶格的周期的区别退化为游标失配(图 4.5a)。一个特别的情况是，晶格常数 a 和 b 是彼此的倍数，即 $ma=nb$，其中 m 和 n 是小的整数，而且 $m=n+1$(图 4.5b)。于是每个 A 的第 m 个原子与每个 B 的第 n 个原子相符合，并且我们达到了上面叙述的一致晶格模型。在另一个极端情况($\psi_{AB} \gg \psi_{BB}$，并且 $\psi_{AB} \cong \psi_{AA}$)，其中晶体 B 被强迫地接受 A 的晶格，或者换言之，晶体 B 均

匀地应变来匹配晶体 A。我们于是说，B 与 A 假同晶（图 4.5c）。但是，弹性应变进而 B 的能量随厚度线性地增长。正由于这个原因，在超过了某个临界厚度时，假同晶生长变得能量上不利，并且均匀应变应当由一个周期性应变替代，此周期性应变随着薄膜厚度的增加而减弱。因此，拥有较低能量的失配位错被引入界面来适应失配位错。显然，自然失配越小，对于假同晶生长的临界厚度就越大。在中间的情况（$\psi_{AB} \cong \psi_{AA} \cong \psi_{BB}$），界面力不够强，不能产生拥有相当厚度的假同晶层，并且晶格失配将被失配位错（misfit dislocations, MDs）适应，或者换言之，被从生长过程一开始的周期性应变（图 4.5d）适应。

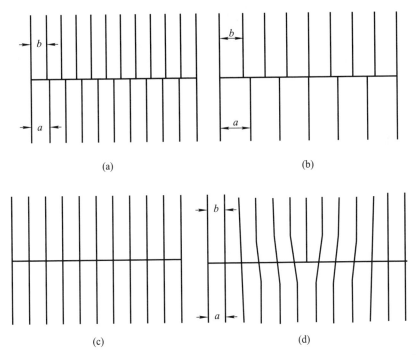

(a)

(b)

(c)

(d)

图 4.5 4 个可能的失配适应的模式：（a）游标（vernier）失配；（b）一致晶格；（c）均匀应变；（d）失配位错［根据 van der Merwe，Woltersdorf 和 Jesser（1986）］

失配位错对于描述晶格在外延界面附近的扭曲是一个方便的概念。它描述了材料中拥有较小原子距离的额外的原子平面（图 4.5d）。它们的基本特征是在位错核中拥有相反符号的局部应变。如果附加生长的原子间距比衬底的要小，失配位错之间的化学键将会被拉伸，但是在位错核中的键将被压缩；反之亦然。因此，一个可以分辨出一系列失配位错的界面特征为周期性的弹性应变，周期等于位错间距。正因如此，失配位错的概念只在穿过界面的键足够强，可以保证局部应变的出现时适用。接着有，两个晶格（衬底和沉积物）的周期性扭曲导致了晶面与外延界面某些区域接触时一个几乎完美的匹配。这些区域被条纹分开，条纹中两个晶格失去秩序。图 4.6 是在 PbS 和 PbSe 之间的一个外延界面的示意图，界面中可以分辨出一个序列的失配位错（Böttner，Schießl 和 Tacke 1990）。从拓扑的意义上来讲，情况与包含边缘位错的一个单晶中存在的情况相同，名词"位错"就是从那里借用来的。但是，不像边缘位错，失配位错不是晶体晶格它们自身的线性缺陷，而且它们的平衡密度不随温度的降低而趋于零。

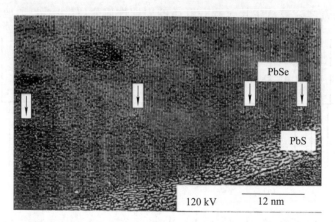

图 4.6　PbS/PbSe 界面的高分辨率透射电镜显微照片。失配位错用箭头标出［H. Böttner，U. Schießl 和 M. Tacke，*Superlattices and Microstructures* **7**，97（1990）。经 Academic Press Ltd. 许可，由 H. Böttner 提供］

　　有两种虽然相似但是彼此独立的失配位错的模型，它们被完全地解决：拥有单层厚度的附生模型，它实际上是著名的 Frank 和 van der Merwe（1949）的一维模型；对于拥有相当厚沉积物的模型，它由 van der Merwe（1950，1963a，b）较晚一些开发出来。我们首先更为详尽地考虑单层模型，虽然它仅仅被作为生长中外延薄膜的一个基本近似。但是，它非常有说明性，并且有助于深入理解外延界面的更为实际的模型。然后，厚附生模型将被简要阐述。失配位错模型已经在 van der Merwe（1973，1975，1979）和其他人（Matthews 1975b）的一系列的论文中被详尽地综述。

4.2.4　薄覆盖层的 Frank-van der Merwe 模型

　　Frank-van der Merwe 模型（1949）最近不仅在外延领域，而且在许多其他的拥有竞争周期这一共同特征的领域都变得很重要。因此，它提供了物理吸附层（Villain 1980）、层状化合物（McMillan 1976）以及磁场中胆甾相液晶的队列（de Gennes 1968）中的相称-不相称相转变的理论基础［见 Bak（1982）的综述］。

探讨基于 Frenkel 和 Kontorova(1939)早些的模型，该模型考虑晶体中边缘位错的"蠕虫状运动"，来解释晶体中的塑性流。因为如此，一维模型也称为 Frenkel 和 Kontorova 模型。

在本章中将首先考虑 Frank 和 van der Merwe(1949)的原始一维模型。然后，它将被推广到二维单层附生，再之后它将被应用到附生增厚的情况，虽然它不足以量化地描述这种情况(van der Merwe，Woltersdorf 和 Jesser 1986)。在本章最后，讨论更实际的原子间电势的非谐波性的影响。

4.2.4.1 原子间电势

在固态电子学中，拥有简单解析形式的成对的原子间电势通常被应用在直接晶格计算当中。Morse 和 Lennard-Jones 势[6-12 米氏电势(Mie potential)]是通常的选择(Kaplan 1986)。

Morse(1929)电势为

$$V(r) = V_0 \left\{ \left[1 - \exp\left(-\omega \frac{r - r_0}{r_0} \right) \right]^2 - 1 \right\} \tag{4.1}$$

式中，V_0 是分离能；r_0 是平衡原子间距；ω 是支配原子间力作用范围的常数，它最初被建议用来评估双原子分子中的振动能级。通过变化 ω，我们将排斥和吸引的电势分支都往相反方向移动，使得非谐波性程度实际上保持不变。Girifalco 和 Weiser(1959)调整了 Morse 电势的常数来匹配一系列金属的晶格常数、内聚能和弹性性质，并且发现了 ω 的值在 4 附近变动。

Morse 电势在小的和大的原子间距时表现得并不好。在 $r = 0$，电势不趋向无穷，而是拥有一个有限值。人们认为指数依赖性并不能很好地描述 $r > r_0$ 时的原子吸引。在这方面，负幂米氏电势为

$$V(r) = V_0 \left[\frac{n}{m - n} \left(\frac{r_0}{r} \right)^m - \frac{m}{m - n} \left(\frac{r_0}{r} \right)^n \right] \tag{4.2}$$

比其 Morse 电势远为灵活。排斥分支和吸引分支被两个独立的参数 m 和 n 支配（$m > n$）。$m = 12$ 和 $n = 6$ 的米氏电势称作 Lennard-Jones 电势（Lennard-Jones 1924），它很好地描述了惰性气体的性质。

最近，人们提出了一个一般性的 Morse 电势（Markov 和 Trayanov 1988；Markov 1993）

$$V(r) = V_0 \left(\frac{\nu}{\mu - \nu} e^{-\mu(r - r_0)} - \frac{\mu}{\mu - \nu} e^{-\nu(r - r_0)} \right) \tag{4.3}$$

它具有 Morse 电势的所有缺点，除了一点，即排斥和吸引分支被两个独立的参数 μ 和 ν 支配（$\mu > \nu$）。特别地，对于求解界面问题，这两个 Morse 电势的优点是，它们都是以应变 $r - r_0$ 的形式表达的，这使得该问题的数学表达式以及对应变、应力和应变能的计算变得更加简单。如果我们将 $\mu = 2\omega/r_0$ 和 $\nu = \omega/r_0$ 代

入式(4.3)，它就变为 Morse 电势。值得指出，6－12 Lennard-Jone 电势实际上与当 $\mu=18$ 和 $\nu=4$ 时式(4.3)所表达的很难区分。一般性地，$\mu=4$ 和 $\nu=3$ 时的 Morse 电势被绘制在图 4.7 中。

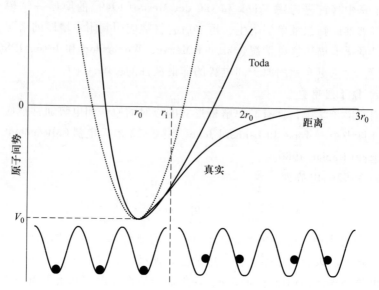

图 4.7　当 $\mu=4$ 和 $\nu=3$ 时一般性的 Morse 电势［式(4.3)］（真实的展示），和当 $\alpha=2$ 和 $\beta=6$ 时的 Toda 电势［式(4.4)］。关于参数 α、β、μ 和 ν 的选择，方法为，两个电势的排斥支符合到第三位数字，并且拥有虚线给出的同一个谐波近似。对于小于 $f_i=(r_0-r_i)/a$ 的失配，其中 r_i 表示了真实电势的弯曲点，链中的原子是等距的，如图中左下方所示。对于大于 f_i 的失配，在图中右下方所示的扭曲态是基态。后者包含了交替的短而强和长而弱的键。［I. Markov and A. Trayanov，*J. Phys. : Condens. Matter* **2**，6965(1990)。经 IOP Publishing Ltd. 许可］

上面计算的成对的电势拥有两个基本的性质。首先，排斥分支比吸引分支更加陡峭，就这个意义来说，它们是非谐波的；其次，它们有一个弯曲点 r_i，超出此点它们变得非凸。为了从非凸特征的影响中区别出非谐波的影响，我们可以使用著名的 Toda 电势(Toda 1967)

$$V(r)=V_0\left[\frac{\alpha}{\beta}e^{-\beta(r-r_0)}+\alpha(r-r_0)-\frac{\alpha}{\beta}-1\right] \tag{4.4}$$

它在图 4.7 中展示出，$\alpha=2$ 和 $\beta=6$。通过变化 α 和 β 而保持它们的乘积不变，我们可以顺利地从简谐近似($\alpha\to\infty$，$\beta\to0$，$\alpha\beta=$ 常数)去到硬球极限($\alpha\to0$，$\beta\to\infty$，$\alpha\beta=$ 常数)。它没有弯曲点(或者在无限大处有一个弯曲点)，并且可以被用来研究外延界面的平衡结构上的、以其纯粹形式的非谐波性的影响

（Milchev 和 Markov 1984；Markov 和 Milchev 1984a，b，1985）。可以马上看到，将一般性的 Morse 电势［式（4.3）］的泰勒级数的第二指数项扩展到线性项，导致了 $\alpha=\mu\nu/(\mu-\nu)$ 和 $\beta=\mu$ 时的 Toda 电势。

将上述任何泰勒级数形式的一个电势扩展到抛物线项，给出了谐波近似（图 4.7 中的虚线），它对于一般性的 Morse 电势［式（4.3）］为

$$V(r) = \frac{1}{2}\mu\nu V_0(r-r_0)^2 - V_0 \tag{4.5}$$

式中，乘积 $\gamma=\mu\nu V_0$ 给出了弹性系数。相邻原子之间的力 $F(r)=\gamma(r-r_0)$ 严格地满足胡克定律。显然，谐波近似可以应用到从平衡原子分离的小偏离，也就是说，应用于小应变 $r-r_0$。这等价于界面问题中的小失配。力常数 γ 是对于附生原子之间键的测量。

我们来更加详细地分析上述的成对电势。图 4.8a 展示了伴随一阶导数的原子间距的变化，或者由相邻原子施加在一个原子上的力。可以看到，作用力在谐波情况下线性地趋于无穷大。这意味着，增大原子间距会导致增大那种倾向于将原子保持在一起的力。但是，Toda 力在大的原子间隔时趋于一个常数。这意味着，通过施加一个大于最大值的力，对应的键可以断裂，并且两个原子可以与彼此分离。对于电势［式（4.1）~式（4.3）］来说也相同（此后称此为真实电势）。作用力表现出一个最大值——材料的理论张力。

图 4.8b 展示了成对电势的二阶导数的变化，它实际上决定了曲率的符号。在谐波情况，它是原子间距的一个减函数，并且渐进于零，但是始终为正。只有在真实电势的情况，曲率在弯曲点 $r=r_i$ 处符号由正变为负。换言之，真实电势在 $r>r_i$ 时变为非凸的。如同 Haas（1978，1979）展示的那样，真实电势的非凸特征导致在扩展链（或者外延层）中的化学键的扭曲（或聚合作用）。后者意味着，长而弱的键与短而强的键交替出现（图 4.7）。这种扭曲的驱动力是扭曲的和非扭曲结构之间的能量差。非常容易展示如下各种情况的扭曲（二聚化）的结构的平均能量：对于一个拥有负曲率的曲线为 $[V(r+u)+V(r-u)]/2<V(r)$，对于一个直线（零曲率）为 $[V(r+u)+V(r-u)]/2=V(r)$，以及对于一个拥有正曲率的曲线为 $[V(r+u)+V(r-u)]/2>V(r)$。于是有，当在小于拐点对应值的失配处施加一个谐电势或者真实电势，基态将是非扭曲的结构。当采用一个真实电势时，在扩展到拐点失配之外的外延层，扭曲结构将会是基态。

在嵌入原子方法的帮助下，Bolding 和 Carter（1992）理论上预测了 Ag（001）上生长的一个 Ni 单层的化学键的二维扭曲（4 个和 8 个原子的团簇）。负失配的绝对数值非常大，$f=-13.9\%$。第二个单层的生长引起了第一个单层扭曲的松弛，也就是说，第一个单层的原子倾向于占据 Ag 衬底电势波谷的底部。在第二个单层中的键变得扭曲，但是它们的扭曲较弱。在沉积了 4 个单层之后，

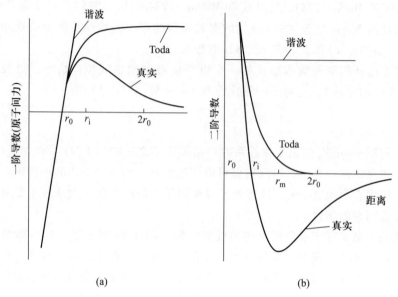

图 4.8 谐波、Toda 和真实电势的(a)一阶和(b)二阶导数。原子间的作用力(一阶导数)对于谐波电势趋于无穷，但是对于其他电势为有限的。最大力实际上是材料的理论张力。决定曲率的二阶导数对于谐波和 Toda 电势都为正，但是在真实成对电势中，超过弯曲点后变为负的

在第一个单层中的原子之间的键的扭曲实际上消失了。因此，最靠近衬底的 Ni 原子有最大的统一的扩散应变，并且应变随着远离接触平面而减弱。

4. 2. 4. 2　界面相互作用

在一个单晶表面上运动的单个原子应当感受到一个二维周期性电势起伏。很方便地可以将它表示为如下形式(Frank 和 van der Merwe 1949b)：

$$V(x,\ y) = \frac{1}{2}W_x\left(1 - \cos 2\pi\ \frac{x}{a_x}\right) + \frac{1}{2}W_y\left(1 - \cos 2\pi\ \frac{y}{a_y}\right) \tag{4.6}$$

式中，a_x 和 a_y 是原子间距(更为正确的说法是相邻电势波谷的间距)；W_x 和 W_y 是在 x 和 y 方向上的总振幅(电势波谷的深度)。例如，一个这种的电势起伏应当由一个面心立方晶体的(110)面施加。

在一个拥有正方对称性的平面的情况下，$a_x = a_y = a$ 且 $W_x = W_y = W$，起伏[式(4.6)]简化为

$$V = \frac{1}{2}W\left(1 - \cos 2\pi\ \frac{x}{a}\right) + \frac{1}{2}W\left(1 - \cos 2\pi\ \frac{y}{a}\right) \tag{4.7}$$

如果我们假设仅在一个方向上的波纹，式(4.6)进一步简化为势场(图 4.4)

$$V(x) = \frac{1}{2}W\left(1 - \cos 2\pi\frac{x}{a}\right) \tag{4.8}$$

这首先由 Frenkel 和 Kontorova(1939)引入。

通常认为,界面电势拥有一个比单正弦函数所表示的更加平坦的波峰。所以 Frank 和 van der Merwe(1949c)建议了如下形式的改进电势:

$$V = \frac{1}{2}W\left(1 - \cos 2\pi\frac{x}{a}\right) + \frac{1}{2}\omega\left(1 - \cos 4\pi\frac{x}{a}\right)$$

式中,当 $\omega/W = 1/4$ 时达到最大扁度。

振幅 W 与衬底-沉积物键强度有关

$$W = g\varphi_d \tag{4.9}$$

式中,φ_d 是一个覆盖原子从衬底表面的脱附能;g 是一个比例常数,其值在对于长程范德瓦尔斯力的 1/30 到对于短程共价键的 1/3 之间变化(van der Merwe 1979)。实际上,W 是表面扩散的激活能,并且 g 给出了表面扩散和脱附激活能量之间的关系。

在一些情况下,相当不实际的抛物线模型被采用,它用一系列的抛物线弧(如下式)来替代光滑正弦曲线

$$V(x) = const x^2 \quad \left(|x| \le \frac{a}{2}\right)$$

它们之间有尖锐的波峰(van der Merwe 1963a;Stoop 和 van der Merwe 1973)。抛物线模型使得数学问题线性化,并且给出了得到精确解析解的可能性(Markov 和 Karaivanov 1979),从而可以阐明系统的一些性质。

被称为双抛物线电势的光滑电势包含如下抛物线段:

$$V(x) = \frac{1}{2}\lambda x^2, \qquad |x| \le \frac{1}{4}a$$

$$V(x) = -\frac{1}{2}\lambda\left(x - \frac{1}{2}a\right)^2 + \frac{1}{16}\lambda a^2, \qquad \frac{1}{4}a \le x \le \frac{1}{2}a$$

$$V(x) = -\frac{1}{2}\lambda\left(x + \frac{1}{2}a\right)^2 + \frac{1}{16}\lambda a^2, \qquad -\frac{1}{2}a \le x \le -\frac{1}{4}a$$

它被 Stoop 和 van der Merwe(1973)建立起来,并且 Kratochvil 和 Indenbom (1963)给出了一个更为通用的形式。不同的界面电势显示在图 4.9 中。

4.2.4.3 外延界面的一维模型

作为真实原子间力的替代(图 4.4),附着生长用一链由纯粹弹性(胡克)弹簧连接的原子来进行模拟[式(4.5)]。弹簧特征由它们的自然长度 $b(\equiv r_0)$ 和力常数 γ 来表示。原子链受到一个由坚硬衬底施加的外加周期性势场[式(4.8)]。在足够薄的附生的情况下(不多于几个单层),衬底坚硬的假设可以

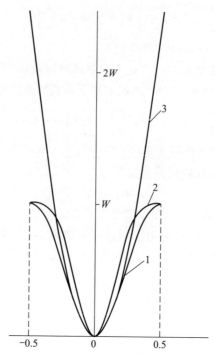

图 4.9　几种界面势的比较：曲线 1——正弦势 [式(4.8)]；曲线 2——改进正弦势；曲线 3——抛物线势

认为是反映了真实的情况。在厚的沉积物的情况下，这个假设不再成立，并且弹性形变在衬底和沉积物中都应该是允许的（van der Merwe 1950）。

由于 b 不等于 a，原子将不位于电势波谷的底部，而是被位移。实际上，我们的任务是找出原子位移。然后，能量可以被计算，而且接下来可以很容易地找到系统的基态。为此，我们必须分析作用在每个原子上的力。之前提到，每个原子上有两个作用力：首先是一个由相邻原子施加的力，其次是一个由衬底施加的力。第一个力倾向于保持原子之间的自然原子距离 b，而第二个倾向于将所有原子放置在对应的衬底电势波谷的底部，也即，倾向于将原子的距离放为 a。两个力相互竞争的结果是，原子之间的距离将通常为某种在 b 和 a 之间的折中距离 $\bar{b}$。当 $\bar{b}=a$ 时，自然失配将被均匀应变适应，并且附生将会是与衬底假同晶的。在另一个极端 $\bar{b}=b$ 时，沉积物一般保持它自己的原子间距，并且自然失配完全被失配位错适应。接着，在中间情况 $a<\bar{b}<b$ 时，部分的自然失配被定义为

$$f = \frac{b - a}{a} \tag{4.10}$$

它将被如下失配位错适应：

$$f_d = \frac{\bar{b} - a}{a} \qquad (4.11)$$

而剩下的部分

$$f_e = \frac{\bar{b} - b}{b} = \frac{a}{b}(f_d - f) \qquad (4.12)$$

则由均匀的应变适应。换言之，自然失配在通常的情况下表现为均匀应变和由于失配位错的周期性应变的总和，即

$$f \cong f_d + |f_e| \qquad (4.13)$$

为了找到作用在原子上的力以及由此产生的原子位移，我们必须写出一个系统势能的表达式。由相邻原子施加的力取决于它们之间的距离。为了找到它我们将选择考察原子的左边的任意一点为坐标系的原点（图 4.10）。在不失去一般性的同时，我们可以将原点放置到任意一个电势波谷的底部。于是，从原点到第 $n+1$ 个和第 n 个原子的距离将分别是 $X_{n+1} = (n+1)a+x_{n+1}$ 和 $X_n = na+x_n$，其中 x_n 和 x_{n+1} 是原子从拥有相同数字的电势波谷的位移。然后，第 $n+1$ 个和第 n 个原子之间的距离 $\Delta X_n = X_{n+1}-X_n$ 为

$$\Delta X_n = x_{n+1} - x_n + a = a(\xi_{n+1} - \xi_n + 1)$$

式中，$\xi_n = x_n/a$ 是第 n 个原子从第 n 个电势波谷底部的相对位移。原子间键的应变是

$$\varepsilon(n) = \Delta X_n - b = a(\xi_{n+1} - \xi_n - f) \qquad (4.14)$$

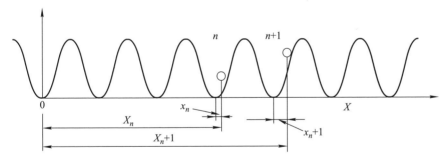

图 4.10　为了确定 Frank 和 van der Merwe(1949a) 一维模型中的原子位移 X_n 和 x_n 以及原子间距 $\Delta X_n = X_{n+1}-X_n$

考虑到式(4.8)包含 N 个原子的原子链的势能为

$$E = \frac{1}{2}\gamma a^2 \sum_{n=0}^{N-2}(\xi_{n+1} - \xi_n - f)^2 + \frac{1}{2}W\sum_{n=0}^{N-1}(1 - \cos 2\pi\xi_n) \qquad (4.15)$$

式中，第一个和给出了系统的应变能；第二个和解释了穿过界面的相互作用。

对于确定性，我们假设 $b>a$ 及 $f>0$（链条的压缩），它跟随原子间势的对称（胡克）形状而来。对于相反的情况 $b<a$ 和 $f<0$（链的扩张），分析是有效的，这从原子间势的对称（胡克）形状跟随而来。唯一的不同在于如下事实，即在正失配时，超额的原子（对应于三维情况中的原子平面）在衬底中。在一维的情况这等价于一个空的电势波谷，如图 4.11a 所示。在负失配时，超额原子（平面）在附生层中，并且等价于在一个波谷中的一对原子（图 4.11b）。在采取的谐波近似中的两种结构都是对称的，并且拥有同一个能量。如同下面将要展示的那样，在采用了一个更为实际的原子间势时，情况就有不同了。

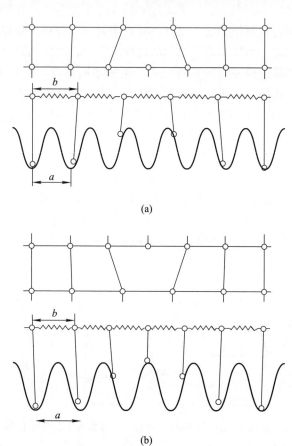

(a)

(b)

图 4.11　Frank 和 van der Merwe 的链模型中的失配位错在（a）正的（$b>a$）和（b）负的（$b<a$）失配时的结构。在（a）中失配位错代表了一个空的电势波谷（轻围墙），它对应衬底中的一个额外原子平面。在（b）中位错代表了一个波谷中的两个原子（或者在两个波谷中的三个原子，重围墙），它对应于附生层中的一个额外原子平面

势能 E 相对于位移 ξ_n 的导数给出了作用在第 n 个原子上的整体作用力。在平衡时这个力等于零,并且 $\mathrm{d}E/\mathrm{d}\xi_n = 0$ 作为对于平衡的条件而出现。相对于 ξ_n 最小化式(4.15)导致了下面的回归方程式:

$$\xi_1 - \xi_0 - f = \frac{\pi}{2l_0^2}\sin 2\pi\xi_0$$

$$\xi_{n+1} - 2\xi_n + \xi_{n-1} = \frac{\pi}{2l_0^2}\sin 2\pi\xi_n \tag{4.16}$$

$$\xi_{N-1} - \xi_{N-2} - f = \frac{\pi}{2l_0^2}\sin 2\pi\xi_{N-1}$$

式中

$$l_0 = \left(\frac{\gamma a^2}{2W}\right)^{1/2} \tag{4.17}$$

为说明了附生层原子之间的和穿过界面的力的比值的一个参数。式(4.16)可以被数值求解,因此可以找到原子位移。但是,可以用另一个过程来找到 ξ_n 的解析解。

假设位移缓慢地随原子数量变化,我们可以用连续变量 $\xi(n)$ 来近似离散量 ξ_n,并且用微分 $\mathrm{d}\xi(n)/\mathrm{d}n$ 来代替差值 $\xi_{n+1}-\xi_n$。将其展开为泰勒级数,并且忽略高阶微分,结果导致一个二阶的微分方程(Frank 和 van der Merwe 1949)

$$\frac{\mathrm{d}^2\xi(n)}{\mathrm{d}n^2} = \frac{\pi}{2l_0^2}\sin 2\pi\xi(n) \tag{4.18}$$

这是问题的连续统一近似。它用弹性连续体(一个橡皮筋)代替了真实的离散原子链。虽然在这个过程中通常丢失了一些细节,它的优点是引出了解析解。实际上,式(4.18)是钟摆方程,但是在这个特殊情况中,它称为静态 sine-Gordon 方程或者简单地称为 sine-Gordon 方程(Barone 等 1971;Scott, Chu 和 Mclaughlin 1973;Villain 1980)。

sine-Gordon 方程的积分可以在两个阶段中进行。首先我们使用如下的简单过程来找到第一个积分。我们给式(4.18)的两边同时乘以 $\mathrm{d}\xi$,并且重组方程左边,得到

$$\mathrm{d}\xi\frac{\mathrm{d}^2\xi(n)}{\mathrm{d}n^2} = \mathrm{d}\xi\frac{\mathrm{d}}{\mathrm{d}n}\left(\frac{\mathrm{d}\xi}{\mathrm{d}n}\right) = \frac{\mathrm{d}\xi}{\mathrm{d}n}\mathrm{d}\left(\frac{\mathrm{d}\xi}{\mathrm{d}n}\right) = \frac{\pi}{2l_0^2}\sin 2\pi\xi(n)\mathrm{d}\xi$$

于是积分给出

$$\left(\frac{\mathrm{d}\xi}{\mathrm{d}n}\right)^2 = -\frac{\cos 2\pi\xi(n)}{2l_0^2} + C$$

式中，C 是积分常数。为了找到它，我们假设通常解 $\xi(n)$ 在某个角度穿过零点，以至于在 $\xi = 0$ 时 $d\xi/dn = \omega$。于是 $C = (1 + 2\omega^2 l_0^2)/2l_0^2$，并且

$$\left(\frac{d\xi}{dn}\right)^2 = -\frac{\cos 2\pi\xi(n)}{2l_0^2} + \frac{1 + 2\omega^2 l_0^2}{2l_0^2}$$

利用关系 $\cos 2\pi\xi = 2\cos^2\pi\xi - 1$ 并且 $\omega^2 l_0^2 = 1/k^2 - 1$，最终我们得到

$$\frac{d\xi}{dn} = \frac{\sqrt{1 - k^2\cos^2\pi\xi(n)}}{kl_0} \tag{4.19}$$

4.2.4.3.1 单个位错

我们首先考虑，通过假设 $\omega = 0$ 和 $k = 1$ 来阐明一个单个位错的限定条件。然后对于得到的如下方程

$$\frac{d\xi(n)}{dn} = \frac{\sin\pi\xi(n)}{l_0}$$

在边界条件 $n = 0$，$\xi(n) = 1/2$ 下进行积分，得到

$$\xi(n) = \frac{2}{\pi}\arctan\left[\exp\left(\frac{\pi n}{l_0}\right)\right] \tag{4.20}$$

根据式（4.20），以原子数量为函数的原子位移被绘制在图 4.12 中（曲线 1）。可以看到，解有一个单波的形式。在左手边，（$n \to -\infty$），位移接近于零，这意味着原子位于它们分别的波谷。在右手边，（$n \to +\infty$），位移趋近于整数，也即，原子位于相邻的电势波谷的底部。换言之，N 个原子分布在 $N+1$（或 $N-1$，在负失配时）个电势波谷中。如果我们将所考虑的一维模型想象为两个半晶体的一个横截面，这等价附生层中相对于衬底欠缺一个原子平面（或者一个额外的平面）。（注意，附生晶体拥有它自身结构所要求的那样多的原子平面）。这在文献中被称为一个失配或界面位错（Frank 和 van der Merwe 1949a）或者一个孤立子（soliton）（Scott，Chu 和 McLaughlin 1973；Villain 1980）。下面将会展示，这是位错彼此离得很远，并且不进行相互作用时所拥有的形状。

从图 4.12 中可以看到，在标记的拥有衬底电势波谷（或原子）的错配处的原子占据了一个以原子数量测量的宽度为 l_0 的区域。这个区域中的向左的和向右的原子与衬底电势符合得很好，并且那些离这个区域足够远的原子完美地符合于衬底电势。因此，l_0 给出了单个孤立的、彼此不相互作用的失配位错的宽度。在所探讨的谐波近似的框架内，位错宽度不取决于自然位错，而是仅仅取决于能量参数 γ 和 W。在非谐波作用的更为真实的模型中，位错宽度变为一个失配的陡峭的函数（Markov 和 Trayanov 1988）。

探讨连续弹簧的弹性形变非常有趣。连续弹簧可以用连续体近似写为如下形式：

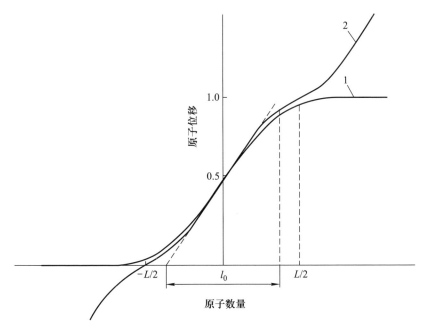

图 4.12　原子位移对于原子数量的依赖。曲线 1 代表了一个由式(4.20)给出的单个失配位错(单个孤立子)。曲线 2 代表了一个由式(4.23)给出的相互作用的位错系列当中的一个失配位错。可以看到,后者在一个角度 ω 时穿过零点和整数,ω 决定了用于找到第一积分和椭圆积分 $K(k)$ 和 $E(k)$ 的模的边界条件。位错密度越大,角度 ω 越大,并且模 k 比整数越小。因此,后者是对于位错密度的一个测量。在单个位错或位错离得很远的情况,$\omega=0$ 及 $k=1$。l_0 代表一个单位错的宽度。一系列位错中的一个位错的宽度由 $l=kl_0<l_0$ 给出。根据式(4.25),长度 L 的倒数给出了失配位错的密度

$$\varepsilon(n) = a(\xi_{n+1} - \xi_n - f) \cong a\left(\frac{\mathrm{d}\xi}{\mathrm{d}n} - f\right)$$

$$= a\left[\frac{1}{l_0\cosh\left(\dfrac{\pi n}{l_0}\right)} - f\right] \tag{4.21}$$

$\varepsilon(n)$ 随 n 的变化绘制在图 4.13 中(曲线 1)。可以看到,远离位错时,($n\rightarrow\pm\infty$),括号内的第一项趋于零,并且应变等于 $\varepsilon(n)=-af=-(b-a)$。换言之,附生层中原子之间的键发生应变来精确地适配衬底电势波谷的距离,并且应变精确地等于取负号的自然失配。在位错核处($n=0$),只要 $1/l_0>f$,应变

$$\varepsilon_c = a\left(\frac{1}{l_0} - f\right)$$

为正。下面将要展示,只有当失配达到所谓的假同晶态的亚稳态限制(limit of

269

metastability）时（由 $f_{ms} = 1/l_0$ 定义），它才等于零。

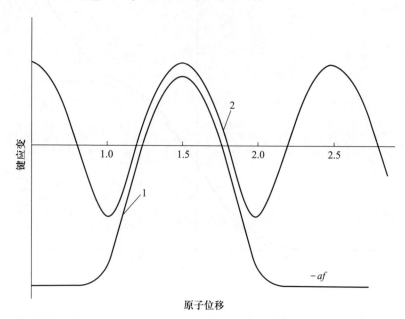

图 4.13　化学键的连续应变 $\varepsilon(n)$ 相对于包含相互远离位错［曲线 1，式（4.21）］和一链相互作用位错［曲线 2，式（4.27）］的一链原子的原子位移 $\xi(n)$ 的曲线。在第一种情况中位错之间的应变达到值 $-af = -(b-a)$，即位错将界面分为完美适配于衬底的区域。位错序列导致周期性应变的出现，这些应变改变它们的符号

4.2.4.3.2　一系列位错

利用代替式

$$\phi = \pi\left(\xi - \frac{1}{2}\right)$$

并且对式（4.19）使用边界条件 $\xi(n=0) = 1/2$ 和 $\varphi = 0$ 进行积分，我们得到式（4.18）的一般解

$$\frac{\pi n}{kl_0} = \int_0^\phi \frac{\mathrm{d}\varphi}{\sqrt{1 - k^2\sin^2\varphi}} = \mathbf{F}(\phi, k) \qquad (4.22)$$

式中 $\mathbf{F}(\phi, k)$ 是非完全第一类椭圆积分（Janke，Emde 和 Lösch 1960）或者通过反转有

$$\xi(n) = \frac{1}{2} + \frac{1}{\pi}\mathrm{am}\left(\frac{\pi n}{kl_0}\right) \qquad (4.23)$$

式中，$\mathrm{am}(\mathbf{F}(\phi, k), k)$ 代表椭圆幅值，并且 $k < 1$ 是椭圆积分的模。在 $k = 1$ 处，式（4.23）变为式（4.20）。

图 4.12(曲线 2)中给出了式(4.23)的图形化表示。当位错分离得很开时，$\omega \to 0$ 和 $k \to 1$。位错离得越近，ω 越大，并且 k 变得越小于整数。因此，椭圆积分的模数决定了位错的间距，或者换言之，它一方面决定了平均位错密度，另一方面决定了位错宽度。后者现在小于单个位错，并且等于 $l = kl_0$。

以原子数量测量出的位错间距可以容易地从式(4.22)中计算出来，它为

$$L = \frac{1}{\pi} 2kl_0 \boldsymbol{K}(k) \tag{4.24}$$

式中，$\boldsymbol{K}(k) = \boldsymbol{K}(\pi/2, k)$ 是第一种的完全椭圆积分。位错间距的倒数给出了基态的平均位错密度。

$$f_{\mathrm{d}} = \frac{\pi}{2kl_0 \boldsymbol{K}(k)} \tag{4.25}$$

对于接近于整数的 k 值，椭圆积分 $\boldsymbol{K}(k)$ 可以由下式近似：$\boldsymbol{K}(k) \cong \ln[4/(1-k^2)^{1/2}]$，并且平均位错密度为

$$f_{\mathrm{d}} = \frac{\pi}{2kl_0 \ln\left[\dfrac{4}{(1-k^2)^{1/2}}\right]} \tag{4.26}$$

马上可以看到，在 $k = 1$ 时，位错间距倾向于无穷大，并且平均位错密度趋近于零。附生层发生应变来严格地适配衬底的周期，它的原子间距等于后者的原子间距。

实际上平均位错密度 f_{d} 仅仅是自然失配的一部分，自然失配由式(4.11)给出，它被失配位错协调。平均原子间距 $\bar{b}$ 等于

$$\bar{b} = \frac{a}{N-1} \sum_{-N/2}^{N/2} (\xi_{n+1} - \xi_n + 1) \cong \frac{a}{L} \int_{-L/2}^{L/2} \left(\frac{\mathrm{d}\xi}{\mathrm{d}n} + 1\right) \mathrm{d}n = a + \frac{a}{L}$$

式(4.11)根据此式得出。

连续弹簧的弹性应变现在是

$$\varepsilon(n) = a\left(\frac{\mathrm{d}\xi(n)}{\mathrm{d}n} - f\right) = a\left(\frac{\sqrt{1 - k^2 \cos^2 \pi \xi(n)}}{kl_0} - f\right) \tag{4.27}$$

它在 $k = 1$ 时化简为式(4.21)。应变随弹簧数量、压缩和扩张(以等于位错间距的周期交替)周期性地变化(图 4.13，曲线 2)。在位错核处，应变 $\varepsilon_{\mathrm{c}} = a(1/kl_0 - f)$ 现在大于单位错核处的应变。在位错之间，$\xi = 0，1$，应变

$$\varepsilon = a\left(\frac{\sqrt{1 - k^2}}{kl_0} - f\right)$$

不再如图 4.13 所示(曲线 2)达到最大应变值 $\varepsilon = -af$。随着位错密度的增大(减小 k)，位错核中的应变增加，并且位错之间的应变的绝对值减小，也即，应变越来越对称地在零附近变化。当正应变的总和变得等于负应变的总和，或者

换言之，当零两边的 $\varepsilon(n)$ 曲线下的面积变得相等时，平均原子间距 $\bar{b}=b$。当后者发生时，自然失配完全被失配位错协调，或者换言之，自然失配完全被与失配位错联系的周期性应变协调。当 $\varepsilon(n)$ 曲线下面正的和负的面积不相等时，它们的差别给出了自然失配的部分，自然失配由均匀应变协调。

我们现在可以找到系统的能量。为此，我们必须在式(4.15)的连续统一近似中替换式(4.22)

$$E = \frac{1}{2}\gamma a^2 \int_{-L/2}^{L/2} \left[\left(\frac{d\xi}{dn}\right) - f \right]^2 dn + \frac{1}{2}W \int_{-L/2}^{L/2} (1 - \cos 2\pi\xi) dn \quad (4.28)$$

在式(4.28)右手边的第二个积分中插入来自式(4.27)的 $\cos\pi\xi(n)$，得到

$$\frac{1}{2}W \int_{-L/2}^{L/2} (1 - \cos 2\pi\xi) dn = W l_0^2 \int_{-L/2}^{L/2} \left[\left(\frac{d\xi}{dn}\right)^2 - \frac{1 - k^2}{k^2 l_0^2} \right] dn$$

则式(4.28)变为

$$E = W l_0^2 \int_{-L/2}^{L/2} \left[2\left(\frac{d\xi}{dn}\right)^2 - 2f\frac{d\xi}{dn} + f^2 - \frac{1 - k^2}{k^2 l_0^2} \right] dn$$

将式(4.19)代入上述表达式，并且进行积分，得出每个原子的能量(图4.18)

$$\varepsilon = \frac{E}{L} = W\left(\frac{4\boldsymbol{E}(k)}{\pi k} l_0 f_d - \frac{1 - k^2}{k^2} + l_0^2 f^2 - 2l_0^2 f f_d \right) \quad (4.29)$$

式中，f_d 由式(4.25)给出，并且

$$\boldsymbol{E}(k) = \int_0^{\pi/2} \sqrt{1 - k^2 \sin^2\varphi d\varphi}$$

是第二种完全椭圆积分。

相对于平均位错密度 f_d 最小化每个原子能量，得到

$$\frac{d\varepsilon}{df_d} = 2W l_0 \left(\frac{2\boldsymbol{E}(k)}{\pi k} - l_0 f \right) \quad (4.30)$$

式中，使用了关系式 $d[\boldsymbol{E}(k)k]/dk = -\boldsymbol{K}(k)/k^2$ 和 $d[k\boldsymbol{K}(k)]/dk = \boldsymbol{E}(k)/(1 - k^2)$。

于是，对于最小能量状态的条件是

$$f = f_s = \frac{2}{\pi l_0} \frac{\boldsymbol{E}(k)}{k} \quad (4.31)$$

将来自式(4.31)的 $\boldsymbol{E}(k)/k$ 代入式(4.29)，给出了基态的能量

$$\varepsilon_0 = W l_0^2 f^2 - W \frac{1 - k^2}{k^2} = \frac{1}{2}\gamma a^2 f^2 - W \frac{1 - k^2}{k^2} \quad (4.32)$$

这意味着，只要 $k=1$，则 $\varepsilon_0 = 0.5\gamma a^2 f^2$，并且假同晶态总是基态。

超过稳定极限，基态的系统包含密度由式(4.25)决定的失配位错。将 k 从

式(4.25)和式(4.31)排除，我们发现基态的平均位错密度是自然失配的函数。依赖关系被绘制在图 4.14 中(曲线 1)。可以看到位错密度一直到稳定极限都等于零，然后陡峭地增加，并且渐进地趋于自然失配的数值。实际上，这条曲线是相对于 a 的平均原子间距 $\bar{b}$ 随自然间距 b 变化的函数。

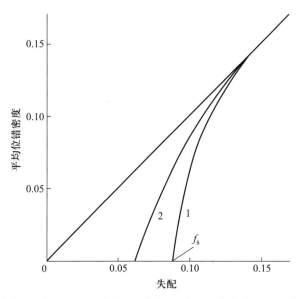

图 4.14　在一维模型(曲线 1)和二维模型(曲线 2)中平均位错密度 $f_d = (\bar{b}-a)/a$ 相对于自然失配 $f=(b-a)/a$ 的曲线。在足够大的失配值时，$\bar{b}\to b$，并且失配完全被失配位错协调。在失配小于稳定极限 f_a 时，$\bar{b}=a$，并且失配完全被均匀应变协调。附生是与衬底假同晶的。直线给出了 $\bar{b}=b$ 的情况[根据 van der Merwe(1975)]

我们来更加详细地分析式(4.29)。在 $k=1$ 处(位错离得很远)，它变为

$$\varepsilon = \frac{4}{\pi}Wl_0 f_d + Wl_0^2(f^2 - 2ff_d) = \frac{4}{\pi}Wl_0 f_d\left(1 - \frac{f}{f_s}\right) + \varepsilon(0) \qquad (4.33)$$

式中，$\varepsilon(0) = Wl_0^2 f^2$ 是假同晶态能量，并且 f_s 是假同晶态的稳定极限[见式(4.37)]。

如下项

$$\varepsilon_d = \frac{4}{\pi}Wl_0 f_d$$

代表了一个单失配位错或者一个单孤立子的能量(下式)乘以位错密度 f_d。换言之，ε_d 是失配位错的能量

$$\varepsilon_1 = \frac{4}{\pi}Wl_0 \qquad (4.34)$$

第二项

$$\varepsilon_{hs} = Wl_0^2(f^2 - 2ff_d) = \frac{1}{2}\gamma a^2(f^2 - 2ff_d) \cong \frac{1}{2}\gamma a^2 f_e^2$$

实际是均匀应变的能量。事实证明，在非相互作用失配位错（$k=1$）的情况下，能量是均匀应变能量和失配位错能量的总和，即 $\varepsilon = \varepsilon_d + \varepsilon_{hs}$。

在 $k=1$ 和 $k<1$ 时的能量之差明显地代表了失配位错相互作用的能量。后者隐含地列入了包含 k 的项。一对位错相互作用的能量已经被计算（Villain 1980；Theodorou 和 Rice 1978），来给出如下的渐进线表达式：

$$\varepsilon_{int} = \varkappa \varepsilon_d \exp\left(-\frac{\pi}{f_d l_0}\right) \tag{4.35}$$

它对于离得很远的位错有效，并且 $\varkappa$ 是一个量级为整数的常数（Bak 和 Emery 1976；Theodorou 和 Rice 1978）。相互作用能的指数行为明显地反映了 k 对于平均位错密度式（4.26）的依赖性。

于是，不适应（incommensurate）态能量变为

$$\varepsilon = \varepsilon_1 f_d\left[1 - \frac{f}{f_s} + \varkappa\exp\left(-\frac{\pi}{f_d l_0}\right)\right] + \varepsilon(0) \tag{4.36}$$

如上所示，只要 $k=1$，假同晶态始终为基态。当 $k<1$，拥有位错的状态变为基态，它们的密度被 k 值决定。然后，对式（4.31）取 $k=1$，我们得到

$$f = f_s = \frac{2}{\pi l_0} \tag{4.37}$$

它表现为假同晶态的稳定极限。拥有特定位错密度的状态的稳定极限由式（4.31）给出。Frank 和 van de Merwe 计算了 l_0 在能量 ψ_{AA}、ψ_{BB} 和 ψ_{AB} 相等这一条件下的值，他们发现 $l_0 = 7.35$。因此，在这一特定情况下 $f_s \cong 9\%$。

由于应变（和应力）周期性地改变它们的符号（图 4.13），明显地，存在非应变的弹簧。如果我们切掉这些弹簧，在切口左边和右边的链条部分将与它们的自由端保持平衡。这意味着，当一个拥有有限长度的链条处于平衡时，它的假想的号码为 $n=-1$ 和 $n=N$ 的末端弹簧是非应变的。在这种情况，末端原子将有一个特定位移 ξ_0，它可以通过假设由式（4.27）给出应变的周期性变化穿过零得到

$$\cos\pi\xi_0 = \left(\frac{1}{k^2} - l_0^2 f^2\right)^{1/2}$$

可以看到 ξ_0 取决于失配的值。当失配增大时，末端原子爬上它对应的电势波谷的斜坡。显然，存在一个失配的临界值，在此临界值时，末端原子恰好在它对应的和它相邻的电势波谷之间的小丘顶部，即 $\xi_0 = \pm 1/2$。如果失配极小地增长，末端原子将下降到相邻的波谷。这一情形等价于在链条末端产生一个

新的失配位错。数学上这意味着 $l_0^2 f^2 > 1/k^2$，并且在平方根下的量变为负的。另一方面，失配不能太小，因为这意味着在平方根下的量将大于整数，而方程将没有解。物理上，这意味着在某个失配的临界值，一个存在的位错应该在链条的自由端离开它。图 4.15 阐明了上述讨论，其中链条展示为一个褶曲的形式（Dubnova 和 Indenbom 1966）。我们必须想象，每个原子占据相同的位置却在分离的电势波谷。图 4.15a 展示了一个不包含失配位错的链条。所有的位移都在 $-1/2$ 和 $1/2$ 之间。如果自然失配等于零，那么所有的原子都位于电势波谷的底部，即 $\xi(n) = 0$（图 4.15b）。增大失配，导致末端原子到达对应小丘顶部的情形，即 $\xi(0) = -1/2$ 和 $\xi(N-1) = 1/2$（图 4.15c）。图 4.15b 和 c 中展示的链条的总体长度的差精确地等于 a。这意味着在图 4.15b 中 N 个原子分布在 N 个电势波谷，而在图 4.15c 中 N 个原子分布在 $N+1$ 个波谷。图 4.15d 和 e 中展示了对于包含一个位错的链条的相似的情形，在图 4.15d 中，N 个原子分布在 $N+1$ 个波谷中，而在图 4.15e 中，N 个原子分布在 $N+2$ 个波谷中。

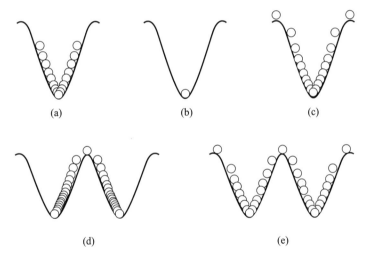

图 4.15 褶曲形式的、在不同失配值及包含不同数量位错时的链条的图示。如图中所示，想象每个原子拥有相同的位移，但是位于相邻的电势波谷。（a）在失配小于亚稳极限 f_{ms} 时不包含位错的链条。（b）在 $f = 0$ 时不包含位错的链条。所有的原子都严格地位于对应电势波谷的底部。（c）在 $f = f_{ms}$ 时不包含位错的链条。末端原子严格地在它对应的波谷和它相邻的波谷之间的波峰顶部。（d）在 $f = 0$ 时包含一个位错的链条。（e）在 $f = f_{ms}$ 时包含一个位错的链条

一个有限链条在特定状态下（是否位错化，取决于 k 的值）并与其自由端平衡存在的充要条件为，应变 $\varepsilon(n)$ 周期性变化的上限 $\varepsilon(\xi_0 = 1/2)$［式（4.27）］为正，并且下限 $\varepsilon(\xi_0 = 0)$ 为负。这导致

$$\frac{1}{k^2} - l_0^2 f^2 \leqslant 1 \quad \text{或} \quad \frac{1}{k^2} - 1 \leqslant l_0^2 f^2$$

$$\frac{1}{k^2} - l_0^2 f^2 \geqslant 0 \quad \text{或} \quad l_0^2 f^2 \leqslant \frac{1}{k^2}$$

或者换言之，导致

$$\left(\frac{1}{k^2} - 1\right)^{1/2} \leqslant l_0 f \leqslant \frac{1}{k} \tag{4.38a}$$

不等式(4.38a)决定了失配的区间，这其中存在对于一个有限链条的 sine-Gordon 方程的解。在这个区间之外无解，并且对应的结构不存在。对于一个与衬底假同晶的链条($k=1$)，这个区间为

$$0 \leqslant f \leqslant \frac{1}{l_0} \tag{4.38b}$$

这意味着假同晶态直到 $f \leqslant f_s$ 时保持稳定，并且它将存在，但是在失配大于 f_s 而小于亚稳极限(下式)时不是基态

$$f_{\text{ms}} = \frac{1}{l_0} \tag{4.39}$$

总结一下，我们可以得出结论，包含失配位错的链条将在超过式(4.31)决定的失配时保持稳定。稳定极限的值在这种情况下取决于位错的密度，或者换言之，取决于 k 的值。位错化的链条的亚稳区域现在根据由 k 值决定的式(4.38a)移动到了较大的极限。于是，一个原子的有限链条的能量对于失配的依赖将包括相交的抛物线段[式(4.29)]；每段对应一个特定数字并且一个一个增大的失配位错(图 4.16)。相交定义了对应的稳定极限，第一个由式(4.37)给出。每一段被限制在一个式(4.38a)决定的失配区间内。抛物线段的包络给出了无限长链条能量的基态。

4.2.4.4 Frank 和 van der Merwe 的二维模型

考虑这个问题时，我们沿用 van der Merwe(1970，1973)的分析。我们考虑一个拥有矩形对称性的附生层，其沿 x 轴的自然原子间距为 b_x，沿 y 轴的原子间距为 b_y。式(4.6)给出了衬底的周期性势。

我们将沿 x 和 y 方向的附生原子和衬底电势波谷的数目分别标为 n 和 m。于是，原点任意放置的笛卡儿坐标系中的一个原子 (n, m) 的坐标为

$$X_{n, m} = a_x(n + \xi_{nm}), \qquad Y_{n, m} = a_y(m + \eta_{nm}) \tag{4.40}$$

如图 4.17 所示，薄膜中的线性和切向应变为

$$\varepsilon_x = \frac{1}{b_x}(X_{n+1, m} - X_{nm} - b_x)$$

$$\varepsilon_y = \frac{1}{b_y}(Y_{n, m+1} - Y_{nm} - b_y)$$

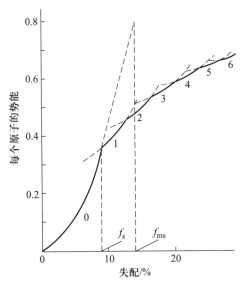

图 4.16 一个有限链条中的每个原子的势能对于失配的依赖。曲线包含了一系列的抛物线段，它们对应于拥有数目逐渐增大的位错的状态，数目在图中每一段上都已标记出来。线段在由式(4.31)给出的对应的稳定极限处彼此相交。f_s 和 f_{ms} 分别标记了假同晶态的稳定极限[式(4.37)]和亚稳极限[式(4.39)]。实线给出了基态而虚线代表了对应的亚稳态

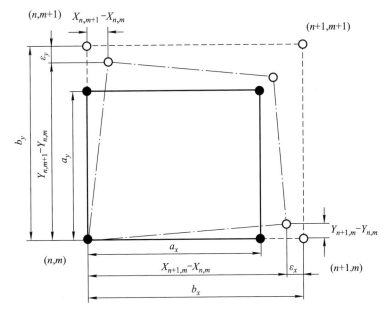

图 4.17 附生的一个矩形单位原子网格的变形(空心圆)，从它可以推导出应变。衬底原子网格由实心圆给出[根据 van der Merwe (1975)]

$$\varepsilon_{xy} = \frac{1}{b_y}(X_{n, \ m+1} - X_{nm}) + \frac{1}{b_x}(Y_{n+1, \ m} - Y_{nm})$$

利用式(4.40)，得到

$$\varepsilon_x = \frac{a_x}{b_x}(\xi_{n+1, \ m} - \xi_{nm} - f_x) \tag{4.41a}$$

$$\varepsilon_y = \frac{a_y}{b_y}(\eta_{n, \ m+1} - \eta_{nm} - f_y) \tag{4.41b}$$

$$\varepsilon_{xy} = \frac{a_x}{b_y}(\xi_{n, \ m+1} - \xi_{nm}) + \frac{a_y}{b_x}(\eta_{n+1, \ m} - \eta_{nm}) \tag{4.41c}$$

式中

$$f_x = \frac{b_x - a_x}{a_x} \quad 和 \quad f_y = \frac{b_y - a_y}{a_y} \tag{4.42}$$

为两个垂直方向上的自然失配。

根据弹性理论(Timoshenko 1934；van der Merwe 1973)，各向同性的二维连续体(橡胶薄片)的应力和能量由下式给出：

$$T_x = \frac{2Gt}{1 - \nu}(\varepsilon_x + \nu\varepsilon_y)$$

$$T_y = \frac{2Gt}{1 - \nu}(\varepsilon_y + \nu\varepsilon_x)$$

$$T_{xy} = Gt\varepsilon_{xy}$$

$$E = Gtb_x b_y\left(\frac{\varepsilon_x^2 + \varepsilon_y^2 + 2\nu\varepsilon_x\varepsilon_y}{1 - \nu} + \frac{1}{2}\varepsilon_{xy}^2\right) \tag{4.43}$$

式中，G 是剪切模量；ν 是薄膜材料的泊松比；t 是薄膜的厚度，它在我们单原子附生层的特别情况下等于 b_z，z 是垂直于界面的方向。然后 $\Omega = b_x b_y b_z$ 是一个附生层分子的体积。

考虑到式(4.6)，附生层的势能为

$$E = \sum_{n, \ m}\left\{\frac{G\Omega}{1 - \nu}\left[\left(\frac{a_x}{b_x}\right)^2(\xi_{n+1, \ m} - \xi_{nm} - f_x)^2 + \left(\frac{a_y}{b_y}\right)^2 \cdot \right.\right.$$

$$(\eta_{n, \ m+1} - \eta_{nm} - f_y)^2 + 2\nu\frac{a_x a_y}{b_x b_y} \cdot$$

$$\left.(\xi_{n+1, \ m} - \xi_{nm} - f_x)(\eta_{n, \ m+1} - \eta_{nm} - f_y)\right] +$$

$$\left.\frac{1}{2}G\Omega\left[\frac{a_x}{b_y}(\xi_{n, \ m+1} - \xi_{nm}) + \frac{a_y}{b_x}(\eta_{n+1, \ m} - \eta_{nm})\right]^2\right\} +$$

$$\frac{1}{2} \sum_{n, m} \left[W_x (1 - \cos2\pi\xi_{nm}) + W_y (1 - \cos2\pi\eta_{nm}) \right] \qquad (4.44)$$

第 nm 个原子的平衡条件现在为

$$\frac{\partial E}{\partial \xi_{nm}} = \frac{\partial E}{\partial \eta_{nm}} = 0$$

应用第一个条件得到

$$(\xi_{n+1, m} - 2\xi_{nm} + \xi_{n-1, m}) + \frac{1}{2}(1 - \nu)\left(\frac{b_x}{b_y}\right)^2 \cdot$$

$$(\xi_{n, m+1} - 2\xi_{nm} + \xi_{n, m-1}) +$$

$$\nu \frac{a_y b_x}{a_x b_y}(\eta_{n, m+1} - \eta_{nm} - \eta_{n-1, m+1} + \eta_{n-1, m}) +$$

$$\frac{1}{2}(1 - \nu)\frac{a_y b_x}{a_x b_y}(\eta_{n, m-1} - \eta_{nm} - \eta_{n+1, m-1} + \eta_{n+1, m})$$

$$= \frac{\pi}{2l_x^2}\sin2\pi\xi_{nm} \qquad (4.45)$$

在连续统极限中

$$\xi_{n+1, m} - 2\xi_{nm} + \xi_{n-1, m} \cong \frac{\partial^2 \xi}{\partial n^2}$$

$$\eta_{n, m+1} - \eta_{nm} - \eta_{n-1, m+1} + \eta_{n-1, m} =$$

$$\eta_{n, m-1} - \eta_{nm} - \eta_{n+1, m-1} + \eta_{n+1, m} \cong \frac{\partial^2 \eta}{\partial n \partial m}$$

并且式(4.45)变为

$$\frac{\partial^2 \xi}{\partial n^2} + \frac{1}{2}(1 + \nu)\frac{a_y b_x}{a_x b_y}\frac{\partial^2 \eta}{\partial n \partial m} + \frac{1}{2}(1 - \nu)\left(\frac{b_x}{b_y}\right)^2\frac{\partial^2 \xi}{\partial m^2} = \frac{\pi}{2l_x^2}\sin2\pi\xi_{nm}$$

$$(4.46a)$$

第二个平衡条件给出了对应的 η_{nm} 的方程

$$\frac{\partial^2 \eta}{\partial m^2} + \frac{1}{2}(1 + \nu)\frac{a_x b_y}{a_y b_x}\frac{\partial^2 \xi}{\partial n \partial m} + \frac{1}{2}(1 - \nu)\left(\frac{b_y}{b_x}\right)^2\frac{\partial^2 \eta}{\partial n^2} = \frac{\pi}{2l_y^2}\sin2\pi\eta_{nm}$$

$$(4.46b)$$

式中

$$l_x = \left[\frac{G\Omega a_x^2}{W_x(1 - \nu)b_x^2}\right]^{1/2}, \qquad l_y = \left[\frac{G\Omega a_y^2}{W_y(1 - \nu)b_y^2}\right]^{1/2} \qquad (4.47)$$

在接触平面为正方对称的情况下，上述方程式简化为（Frank 和 van der Merwe 1949b）

$$\frac{\partial^2 \xi}{\partial n^2} + \frac{1}{2}(1+\nu)\frac{\partial^2 \eta}{\partial n \partial m} + \frac{1}{2}(1-\nu)\frac{\partial^2 \xi}{\partial m^2} = \frac{\pi}{2l^2}\sin 2\pi \xi_{nm} \qquad (4.48a)$$

$$\frac{\partial^2 \eta}{\partial m^2} + \frac{1}{2}(1+\nu)\frac{\partial^2 \xi}{\partial n \partial m} + \frac{1}{2}(1-\nu)\frac{\partial^2 \eta}{\partial n^2} = \frac{\pi}{2l^2}\sin 2\pi \eta_{nm} \qquad (4.48b)$$

式中

$$l = \left[\frac{G\Omega a^2}{W(1-\nu)b^2}\right]^{1/2} \qquad (4.49)$$

如果我们寻找刃型位错的解，混合导数 $\partial^2 \xi/\partial m^2$、$\partial^2 \eta/\partial n^2$、$\partial^2 \xi/\partial n \partial m$ 和 $\partial^2 \eta/\partial n \partial m$ 消失（实际上我们忽略了切向应变 $\varepsilon_{xy} = 0$），并且方程式（4.46a）变为两个 sine-Gordon 方程式

$$\frac{\partial^2 \xi}{\partial n^2} = \frac{\pi}{2l_x^2}\sin 2\pi \xi_{nm} \qquad (4.50a)$$

$$\frac{\partial^2 \eta}{\partial m^2} = \frac{\pi}{2l_y^2}\sin 2\pi \eta_{nm} \qquad (4.50b)$$

我们可以考虑如下的极限情况：

（1）$f_y \cong 0$，$\xi = \xi(n)$，并且 $\eta = $ 常数（衬底表面仅沿一个方向起皱）。式（4.50a）简化为

$$\frac{\partial^2 \xi}{\partial n^2} = \frac{\pi}{2l_x^2}\sin 2\pi \xi, \qquad \frac{\pi}{2l_y^2}\sin 2\pi \eta = 0 \qquad (4.51)$$

第一个方程的解在前一章中给出。第二个方程的解是 $\eta = 0$。结果是一系列的平行于 y 轴的刃型位错和一个均匀的在 y 方向上的应变 $\varepsilon_y = -f_y a_y/b_y$。这种情况在四方的 MoSi$_2$ 在 Si(100) 的外延生长的情形中被观察到（Chen，Cheng 和 Lin 1986）。外延取向和在两个垂直方向上的自然失配为 $(100)\langle 004 \rangle_d \parallel (100)\langle 220 \rangle_s$，$f_x = 2.34\%$ 和 $f_y = 0.1\%$，并且 $(111)\langle 11\bar{2} \rangle_d \parallel (100)\langle 2\bar{2}0 \rangle_s$，$f_x = 2.21\%$ 和 $f_y = 0.1\%$。

（2）$f_x \neq f_y \neq 0$，$\xi = \xi(n)$，并且 $\eta = \eta(m)$。这是导致一个失配位错的交叉网格的一般情形。特殊的情形为 $f_x = f_y$（接触平面的正方对称）和 $f_x \approx -f_y$。后者在一些少见的情况下被观察到，例如四方的 MoSi$_2$ 在 Si(100) 上的外延生长（Chen，Cheng 和 Lin 1986），其中外延取向为 $(110)\langle 004 \rangle_d \parallel (100)\langle 220 \rangle_s$，$f_x = 2.34\%$ 和 $f_y = -1.69\%$。我们在这里不讨论这个情况，因为对于一个拥有更为现实的非谐势的模型的探讨显示出自然失配的符号对于模型性质有相当大的影响。

沿用之前同样的步骤，我们找到对于 $\xi(n)$ 和 $\eta(m)$ 的解，它们拥有和式（4.22）相同的形式，只有一个例外，即 l_0 被 l_x 和 l_y 替代。第一和第二积分现在为

$$\frac{d\xi}{dn} = \frac{\sqrt{1 - k_x^2 \cos^2 \pi \xi}}{k_x l_x}, \tag{4.52}$$

$$\frac{\pi n}{k_x l_x} = \boldsymbol{F}\left[k_x, \ \pi\left(\xi - \frac{1}{2}\right)\right] \tag{4.53}$$

而且 $\eta(m)$ 对应的解有相同的形式。

将解代入式(4.44)的连续统一近似中(用 $\varepsilon_{xy} = 0$)

$$E = \int_{-L_x/2}^{L_x/2} dn \int_{-L_y/2}^{L_y/2} dm \left\{ W_x l_x^2 \left[2\left(\frac{d\xi}{dn}\right)^2 - 2f_x \frac{d\xi}{dn} + f_x^2 - \frac{1 - k_x^2}{k_x^2 l_x^2}\right] + \right.$$

$$W_y l_y^2 \left[2\left(\frac{d\eta}{dm}\right)^2 - 2f_y \frac{d\eta}{dm} + f_y^2 - \frac{1 - k_y^2}{k_y^2 l_y^2}\right] +$$

$$\left. 2\nu \sqrt{W_x W_y} l_x l_y \left(\frac{d\xi}{dn} - f_x\right)\left(\frac{d\eta}{dm} - f_y\right) \right\} \tag{4.54}$$

给出了每个附生层原子能量的表达式

$$\varepsilon = \frac{E}{L_x L_y} = W_x \left(\frac{4\boldsymbol{E}(k_x)}{\pi k_x} l_x f_d(x) - \frac{1 - k_x^2}{k_x^2} + l_x^2 f_x^2 - 2l_x^2 f_x f_d(x)\right) +$$

$$W_y \left(\frac{4\boldsymbol{E}(k_y)}{\pi k_y} l_y f_d(y) - \frac{1 - k_y^2}{k_y^2} + l_y^2 f_y^2 - 2l_y^2 f_y f_d(y)\right) +$$

$$2\nu \sqrt{W_x W_y} l_x l_y (f_d(x) - f_x)(f_d(y) - f_y) \tag{4.55}$$

式中，$f_d(x)$ 和 $f_d(y)$ 是平均位错密度；k_x 和 k_y 分别为对应的在两个垂直方向 x 和 y 上的椭圆积分的模数。

在正方对称的情况($f_x = f_y = f$，$f_d(x) = f_d(y) = f_d$，$k_x = k_y = k$，$W_x = W_y = W$)

$$\varepsilon = 2W\left(\frac{4\boldsymbol{E}(k)}{\pi k} l f_d - \frac{1 - k^2}{k^2} + l^2 f^2 - 2l^2 f f_d\right) + 2\nu W l^2 (f_d - f)^2 \tag{4.56}$$

可以看到，在式(4.56)括号中的第一项(它被乘以 2 来说明失配位错的网格)在形式上等同于式(4.29)。两个表达式仅在明确地包含泊松比的第二项中不同。在式(4.55)和式(4.56)中的最后一项包含差值 $f_d - f = f_e$，它实际上是残余均匀应变，而且应当在大的失配时(此时在基态中 $f_d = f$)消失。

对于 $f_d(x)$(或 $f_d(y)$)将能量最小化，可以得到对于基态的条件

$$f_x = \frac{2\boldsymbol{E}(k_x)}{\pi k_x l_x} + \nu \left(\frac{W_y l_y^2}{W_x l_x^2}\right)^{1/2} (f_d(y) - f_y) \tag{4.57}$$

对于 f_y 的相应表达式可以容易地得到。

考虑到式(4.47)，后者简化为

$$f_x = \frac{2\boldsymbol{E}(k_x)}{\pi k_x l_x} + \nu \frac{a_y b_x}{b_y a_x}(f_d(y) - f_y) \tag{4.58}$$

条件 $k_x = 1$ 给出了假同晶态的稳定极限

$$f_s(x) = \frac{2}{\pi l_x} - \nu \frac{a_y b_x}{b_y a_x} f_y \tag{4.59}$$

对于正方对称，它化简为

$$f_s(2D) = \frac{2}{\pi l(1 + \nu)} \tag{4.60}$$

注意到，在二维情况下，在其中一个方向上的稳定极限 $f_s(x)$ 取决于另一个正交方向上的失配。后者反映了系统增长的维度。

将从式(4.58)得到的椭圆积分 $E(k_x)$ 和 $E(k_y)$ 以及对应的 f_y 的表达式代入式(4.55)，给出了基态的能量

$$\varepsilon_{\min} = W_x l_x^2 f_x^2 + W_y l_y^2 f_y^2 - W_x \frac{1 - k_x^2}{k_x^2} - W_y \frac{1 - k_y^2}{k_y^2} +$$

$$2\nu \sqrt{W_x W_y} l_x l_y (f_x f_y - f_d(x) f_d(y)) \tag{4.61}$$

在正方对称的情况，式(4.61)化简为

$$\varepsilon_{\min} = 2W \left[l^2 f^2 (1 + \nu) - \frac{1 - k^2}{k^2} - \nu l^2 f_d^2 \right]$$

对于 $k = 1$ 给出了相称态的能量

$$\varepsilon_{\min} = 2W l^2 f^2 (1 + \nu) \tag{4.62}$$

式中，包含了泊松比的 $1+\nu$ 项解释了系统的维度。

4.2.4.5 二维和一维模型的比较

为了数值上比较一维和二维模型，我们首先必须找到剪切模量 G 和力常数的关系。对于接触面的正方对称，这个关系为(van der Merwe 1973)

$$\gamma b = E b^2$$

式中，E 是杨氏模量。弹性理论(Hirth 和 Lothe 1968)给出了杨氏模量和剪切模量的关系

$$E = 2G(1 + \nu)$$

经过代换我们得到

$$\gamma = 2G(1 + \nu) b \tag{4.63}$$

然后由式(4.17)和式(4.49)有

$$l = \frac{l_0}{\sqrt{1 - \nu^2}} \tag{4.64}$$

由式(4.37)、式(4.60)和式(4.64)我们得到

$$f_s(2D) = f_s(1D) \left(\frac{1 - \nu}{1 + \nu} \right)^{1/2} \tag{4.65}$$

对于一个合理的值 $\nu = 1/3$，有 $[(1-\nu)/(1+\nu)]^{1/2} = 1/\sqrt{2}$ 或者 $f_s(2D) = f_s(1D)/\sqrt{2}$。我们记得当 $l_0 = 7$ 时，$f_s(1D) \cong 9\%$，$f_s(2D) \cong 6\%$，或者换言之，在二维系统中的泊松效应导致了稳定极限相当大的减小。

在接触平面正方对称情况的平均位错密度 f_d 对于自然失配的依赖性有和图 4.14（曲线 2）中所示的相同的行为。唯一的例外是，它并不像一维情况当中平均位错密度 $f_d(1D)$ 增长得那么陡峭。

图 4.18 展示了一维和二维模型中每个原子能量的依赖关系。在最低能量状态时（曲线 1 和 2）差别更加明显。当能量不在基态时（曲线 $1'$ 和 $2'$），它们的差别是因为在大失配时消失的式（4.56）的最后一项。

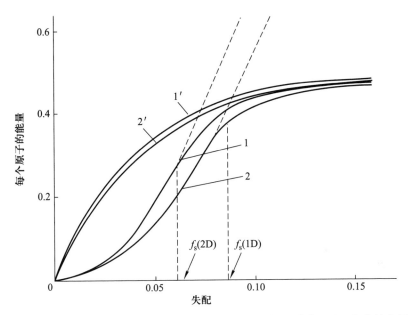

图 4.18　一维模型（曲线 2 和 $2'$）和拥有正方对称的二维模型（曲线 1 和 $1'$）中每个原子的失配能量的曲线。曲线 1 和 2 代表了基态能量。曲线 $1'$ 和 $2'$ 代表了当失配完全被失配位错所协调（$\bar{b} = b$）及均匀应变等于零时的能量［根据 van der Merwe（1975）］

4.2.4.6　对于增厚的覆盖层应用一维模型

明显地，一维 Frankel-Kontorova 模型不足以描述增厚的覆盖层的情形，因为有三个非常重要的因素没有考虑进来。第一个是衬底的刚性，对于非常薄的、没有超过几个单层的沉积物来说，它是有效的。第二个是当界面被一系列的失配位错分解时垂直于界面的应变梯度。只要下面的单层均匀地发生应变来配合衬底，则上面的单层就以相同的程度应变。在打破相称性之后，在每一个下一单层的周期性应变的幅度均小于之前那个单层应变的幅度。这个问题的数学探讨是艰难的(Stoop 和 van der Merwe 1973)。第三个是垂直于界面方向上的泊松效应。显然，譬如说如果 $b>a$，并且至少有部分自然失配由均匀应变所调解，则附生将在沿平行于界面的方向上被压缩。同时，附生将在垂直于界面的方向上扩展。

假设第一个近似为①衬底是刚性的，②垂直于界面方向不存在应变梯度以及③由于泊松效应引起的垂直应变是可以忽略的，我们可以得到定性的结果，它给出了关于一个"厚"附生层的性质的足够好的印象(van der Merwe，Woltersdorf 和 Jesser 1986)。

我们用原子一个摞一个"堆积"的一维原子链来模拟厚的附生。薄膜通常与衬底是假同晶的，直到某个以自然失配为函数的临界厚度。这源于如下事实，即均匀应变随着增加的薄膜厚度而线性地积累，并且在厚度的某个值，应变能量将大于失配位错的能量。然后，相称性被破坏，并且失配位错被引入到了界面当中。均匀应变被一个周期性的应变所代替，并且附生晶格平均地松弛。显然地，如果失配很小，则临界厚度将会很大；反之亦然。这个过于简化的模型的目的是为了给出某种关于平衡临界厚度对失配依赖性的印象。

于是薄膜的厚度 t 由下式给出：

$$t = t_n = nb \tag{4.66}$$

式中，n 标记了一个摞一个"堆积"的原子链的数目。

另一个过于简化的假想是关于附生层的力常数或者"刚度"

$$\gamma_n = n\gamma \tag{4.67}$$

于是

$$l_n = \left(\frac{\gamma_n a^2}{2W}\right)^{1/2} = \left(\frac{n\gamma a^2}{2W}\right)^{1/2} = l_0\sqrt{n} \tag{4.68}$$

用一维模型中的 l_n 替换 l_0，给出了厚附生层模型的解。因此，稳定极限变为

$$f_s(n) = \frac{2}{\pi l_n} = \frac{2}{\pi l_0\sqrt{n}} = \frac{f_s}{\sqrt{n}} \tag{4.69}$$

当 $k=1$ 时相称性中止，并且这发生于某个临界厚度

$$n = n_c = \frac{t_c}{b} \tag{4.70}$$

在一个失配

$$f = f_s(n_c) = \frac{f_s}{\sqrt{n_c}} \tag{4.71}$$

从式(4.70)和式(4.71)可得平衡临界厚度，超过此厚度薄膜将不再与衬底假同晶，临界厚度为

$$t_c = b\left(\frac{f_s}{f}\right)^2 \tag{4.72}$$

从这个过于简化的模型可得，假同晶生长的临界厚度随晶格失配的增长陡峭地减小，并且当失配消失时趋于无穷大。这个行为定性地符合实验证据，并且，下面将会展示，它对于大的失配是一个更好的近似。显然，式(4.72)不能被定性地与实验数据比较，但是它有一个重要的优点。4.2.5 节将展示，它可以被用来定性地预测原子间力的非谐性对于扩长的和压缩的外延薄膜的临界厚度的影响。

4.2.5　拥有非胡克原子间力的一维模型

由 Frank 和 van der Merwe(1949)最初采用的模型有一个基本的限制，即用相邻原子之间的单纯的弹性相互作用来代替真实的原子间力(见图 4.7)，这使得它仅适用于小的晶格失配。这个限制可以通过用更为真实的成对的电势[式(4.1)~式(4.3)]之一代替谐波近似来放松。此外，我们可以用一个 Toda 电势和一个真实的、其各自的排斥分支相符的电势的组合。然后，它们将仅在 r 的值大于 r_0 时有区别，并且通过比较结果，我们可以将单纯的非谐效应从那些由于真实电势的非凸性引起的结果中区别出来。这显示在图 4.7 中，其中 $\alpha=2$ 和 $\beta=6$ 时 Toda 电势与 $\mu=4$，$\nu=3$ 及 $V_0=1$ 时的一般化 Morse 电势[式(4.3)]一同被绘制出来。排斥分支是不可分辨的，并且两个电势仅在 $r>1.2r_0$ 时有可察觉的不同。而且，两个电势的谐波近似相符合(虚线)，从而可以用那些使用谐波电势得到的结果参考我们的结果。

利用 Toda 电势[式(4.4)]和衬底周期电势[式(4.8)]，链条的势能为(Milchev 和 Markov 1984；Markov 和 Milchev 1984a)

$$E = \sum_{n=0}^{N-2}\left\{\frac{\alpha}{\beta}\exp[-\beta a(\xi_{n+1}-\xi_n-f)] + \alpha a(\xi_{n+1}-\xi_n-f) - \frac{\alpha}{\beta}\right\} + \frac{W}{2}\sum_{n=0}^{N-1}(1-\cos2\pi\xi_n) \tag{4.73}$$

平衡情况 $\partial E/\partial\xi_n=0$ 导致如下方程式：

$$e^{-\beta a(\xi_1-\xi_0-f)} - 1 = -\frac{\pi W}{\alpha a}\sin2\pi\xi_0$$

$$e^{-\beta a(\xi_{n+1}-\xi_n-f)} - e^{-\beta a(\xi_n-\xi_{n-1}-f)} = \frac{\pi W}{\alpha a}\sin2\pi\xi_n \tag{4.74}$$

$$e^{-\beta a(\xi_{N-1}-\xi_{N-2}-f)} - 1 = \frac{\pi W}{\alpha a}\sin2\pi\xi_{N-1}$$

当 $\beta\to0$ 时扩展泰勒级数中的指数到线性项，它变为谐波组[式(4.16)]。

在连续极限，式（4.74）变为 sine-Gordon 方程的非谐模拟（Milchev 和 Markov 1984），并且可以得到解析解（Milchev 1986）。另一方面，离散系统［式（4.74）］可以容易地数值求解，并且模型的性质可以被研究。

图 4.19 中清楚地展示了附生的结构性质相对于失配符号的不一致（Markov 和 Milchev 1985），其中显示了连续弹簧的应变 $\varepsilon_n = \xi_{n+1} - \xi_n - f$ 的变化。可以看到，扩张的无位错的链条（$f=-10\%$）比起压缩的链条（$f=10\%$）来，远远更好地符合衬底的周期性。忽略链条末端的偏差，在扩张链条中的弹簧的应变精确地等于晶格失配的绝对值。然而，在压缩的链条中，应变接近晶格失配，但是不等于它。后者意味着，相比于压缩的附生，一个扩张的附生更加强地依附于衬底。

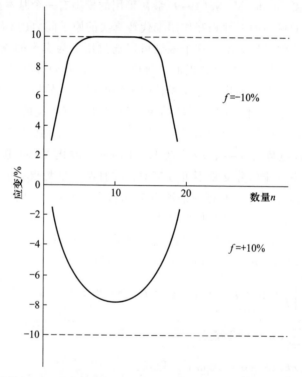

图 4.19 在压缩的（$f=10\%$）和扩张的（$f=-10\%$）非谐 Toda 链条中的连续弹簧的应变的曲线。［I. Markov and A. Milchev, *Surf. Sci.* **145**, 313（1984）。经 Elsevier Science Publishers B. V. 许可］

非谐模型的一个最为重要的结果是稳定极限 f_s 和亚稳极限 f_{ms} 相对于失配符号的劈裂。如图 4.20 所示（Markov 和 Milchev 1984b），增大非谐性 β 的程度，导致压缩链条中（$b>a$）的 f_s 和 f_{ms} 值的减小，以及扩张链条（$b<a$）中的 f_s 和

f_{ms}绝对值的增大。对于谐波模型的分别的值由虚线给出。因此，在某个平均程度的非谐度 $\beta = 6$ 时，稳定的谐波极限 $f_s^h = \pm 8.6\%$ 劈裂为 6.7% 和 -12.2%，而亚稳极限 $f_{ms}^h = b \pm 13.6\%$ 劈裂为 10.2% 和 -23.2%。所以，在正的和负的与衬底的不兼容时，直到非常不同的稳定极限，假同晶的附生层都可以在稳定态(f_s之下)或者亚稳态(f_{ms}之下)平衡。

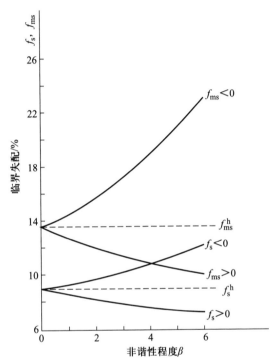

图 4.20 当附生原子之间采取非谐(Toda)相互作用时，假同晶态的稳态极限 f_s 和亚稳极限 f_{ms} 随自然失配符号的特征性劈裂。临界失配相对于 Toda 势的非谐性程度 β 被绘制出来。虚线给出了谐波近似下的临界失配 f_s^h 和 f_{ms}^h。[I. Markov 和 A. Milchev，*Surf. Sci.* **145**，313(1984)。经 Elsevier Science Publishers B. V. 许可]

　　伴随着临界失配相对于失配符号的分离，另一个非常重要的结论与假同晶生长的临界厚度相关。如上面讨论的[式(4.72)]，后者定性地与稳定极限 f_s 的平方成比例。如果其他参数保持不变，当自然失配为负而不是正的时，应当预期，假同晶生长的临界厚度将大到 $3 \sim 4$ 倍。这个模型的预期看起来对于半导体薄膜和应变层超晶格的外延生长来说格外重要，在这些外延生长中，伴随着失配位错的悬挂键对于对应异质结的性质有着有害的作用。用 LPE 在 InP(100)上生长的 $In_xGa_{1-x}As_yP_{1-y}$ 显示出对于拥有失配符号的假同晶生长的临界厚度的明显的不对称行为（Krasil'nikov 等 1988）。扩张外延层的临界厚度总是大于压缩外延层的临界厚度（图 4.21）。用 MBE 在 InP（001）上生长的 $In_xGa_{1-x}As$ 中观察到了相同的结果（Franzosi 等 1986）。

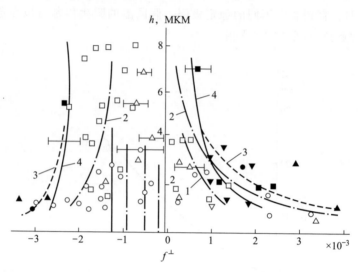

图 4.21　用 LPE 在 InP（100）上生长的 $In_xGa_{1-x}As_yP_{1-y}$ 的假同晶生长的临界厚度相对于自然失配的曲线。失配通过改变合金配比而改变。可以清晰地看到在零失配附近的非对称性行为。[V. Krasil'nikov, T. Yugova, V. Bublik, Y. Drozdov, N. Malkova, G. Shepenina, K. Hansen and A. Rezvov, *Sov. Phys. Crystallogr.* 33, 874(1988)]

接着有，拥有给定厚度和在不同结晶方向 x 和 y 上不同失配值的一个外延层，在负失配的绝对值在不同外延取向上甚至比正失配的值更大时，可以与衬底是假同晶的。一个极好的例子是在 Si 的（111）和（100）面上分别沉积四方和六方的 $MoSi_2$（$t - MoSi_2$ 和 $h - MoSi_2$）。在第一种情况中，外延取向是 $(110)\langle004\rangle_d \parallel (111)(20\bar{2})_s$，自然失配的值为 2.34% 和 2.21%，外延界面被分解为一个六方的失配位错的网格。在后一种情况中，外延取向为 $(\bar{2}423)$ $\langle2\bar{1}\bar{1}2\rangle_d \parallel (001)\langle2\bar{2}0\rangle_s$，$f_x = -2.89\%$，$f_y = -1.84\%$，并且薄膜是与衬底假同晶的。更有说明性的是当外延取向为 $(111)\langle11\bar{2}\rangle_d \parallel (111)\langle20\bar{2}\rangle_s$ 及失配值为 2.21% 和 -2.68% 时的情形，根据谐波模型预计，应该有一个六方的位错网格，但是观察到的却是一组平行的位错线。甚至当负失配的绝对值比正失配的值更大时，薄膜仍是部分假同晶的。

图 4.22 展示了平均位错密度 f_d 相对于失配符号的失配依赖性的特征性劈裂（Markov 和 Milchev 1984b）。阶梯式的行为是由于对于计算使用了有限长度

的链条。这不能与"魔鬼楼梯"(Aubry 1983)混淆。可以看到，f_d^- 总是小于 f_d^+，虽然在大自然失配时其差别逐渐减小。也可以看到，谐波近似远远更接近于正失配曲线。但是，更加重要的是，虽然曲线从谐波曲线移开，但是它们保持了连续性的特征。换言之，从假同晶态($f_d=0$)到完全位错化($f_d=f$)的转变是渐进的，并且存在一个位错区间，在此区间内均匀应变和失配位错共存。

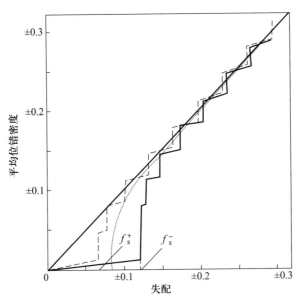

图 4.22　非谐 Toda 链条中的基态下失配位错平均密度相对于正的(虚线)和负的(实线)自然失配的曲线。为了更容易地比较，曲线被显示在同一个象限。f_s^+ 和 f_s^- 标记了对应的稳定极限。为了比较，点线给出了在 Frank 和 van der Merwe(1949a)的连续谐波模型中的平均位错密度。[I. Markov and A. Milchev，*Surf. Sci.* **145**，313(1984)。经 Elsevier Science Publishers B. V. 许可]

图 4.23 展示了对于正的(虚线)和负的(实线)失配的每个原子的基态能量的失配依赖性(Markov 和 Milchev 1984b)。如同在谐波情况中一样(见图 4.16)，曲线包含一系列的曲线段。再一次地，线段对应着从零开始、逐个增加的失配位错的不同数目。可以看到，在压缩链条，尤其是小失配时，能量要大得相当多。在低失配，无论是正是负，式(4.73)的第一个和(应变能)占据统治地位。在正的失配时，涉及原子间势的更为陡峭的排斥分支，并且相应地，能量高于负失配时的情形，其中应变能由更为微弱的相互作用的吸引部分决定。在更大的失配时，无论是正是负，式(4.73)中的第二个和占优势，并且两种情况的能量差逐渐消失。值得指出，谐波曲线(未显示)再一次更为接近正的失配曲线。上述结果与 Murthy 和 Rice(1990)的发现符合，他们发现，

低的正失配组合 Cu/Ni（001）（f = 2.56%）的界面能远远大于负失配组合 Ni/Cu（001）（f=−2.49%）的。

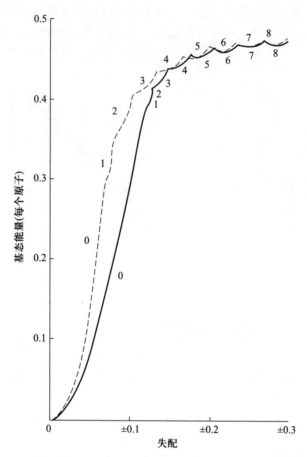

图 4.23　非谐 Toda 链条的每个原子的基态能量相对于正的（虚线）和负的（实线）自然失配的曲线。分离的曲线段代表了拥有不同失配位错数量的状态，位错数量在图中每段中标明（N = 30，α = 2，β = 6）。［I. Markov and A. Milchev，*Surf. Sci.* **145**，313（1984）。经 Elsevier Science Publishers B. V. 许可］

可以总结，对于薄膜的外延生长来说，负的失配相对于正失配看起来更为有利。如果对于给定的在相同衬底表面上的附生材料有数个可能的外延取向，与负失配相联系的取向应当更为有利，因为它联系着更低的能量。对此，一个例子是上面提到的 Ag 在 GaAs（001）上的取向（Massies 和 Linh 1982a，b，c）。当温度低于 200 ℃ 时，外延取向为（110）〈111〉$_{Ag}$ ∥（00$\bar{1}$）〈$\bar{1}$10〉$_{GaAs}$，其 f_x = 2.23%及 f_y = −3.62%。在更高温度时，附生为平行取向（001）〈010〉$_{Ag}$ ∥

$(00\bar{1})\langle 010\rangle_{GaAs}$，并且在两个正交方向上的晶格失配均为负，$f_x = f_y = -3.62\%$。

4.2.6　厚的附生的 van de Merwe 模型

厚的附生的情况基本上用相同的方法来探讨。当提到"厚"，我们是说数学上无限大。在这种情况（图 4.24），两个晶体的半部分 A 和 B 拥有正方对称，其接触平面和原子间距分别为 a 和 b，它们被认为是弹性连续统一体，其剪切模量分别为 G_a 和 G_b，泊松比分别为 ν_a 和 ν_b（van der Merwe 1963a）。包含两个半无限大晶体的系统的一个重要特征是均匀应变等于零，而且自然失配完全被失配位错协调。如同在 4.2.4.4 节展示的那样，一个边缘型的失配位错的交叉网格的能量的第一近似代表了两列平行于两个正交方向的位错的总和。换言之，两列的能量是加法的，并且我们可以假设一个仅在一个方向的失配来独立地考虑它们。

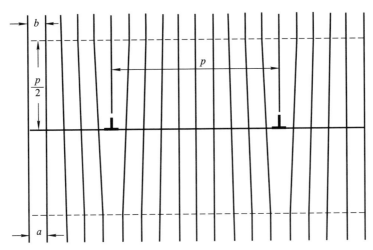

图 4.24　两个半无限大晶体的外延界面的模型，它分解为一系列的平均间距为 p 的失配位错。位于距离接触平面距离为 $p/2$ 的虚线显示了边界，超过它之后，实际上源于位错的周期性应变消失了［根据 van der Merwe（1950）］

这里我们允许两个晶体都弹性地应变。为了描述在界面任一边的位移，我们引入一个沿 x 轴、参数为 c 的晶格 C 作为参考（van der Merwe 1950，1973）

$$Pb = (P + 1)a = \left(P + \frac{1}{2}\right)c$$

式中，$P = a/(b-a)$ 是一个整数。

明确起见，如果假设 $b>a$，我们可以想象，通过收缩 A 和扩张 B，两个晶格 A 和 B 由 C 产生出来。于是，参考晶格间距为

$$\frac{2}{c} = \frac{1}{a} + \frac{1}{b}$$

或者

$$c = \frac{ab}{\frac{1}{2}(a+b)} \tag{4.75}$$

失配的游标或者位错间距 p 由下式给出：

$$p = \left(P + \frac{1}{2}\right)c = \frac{ab}{b-a} \tag{4.76}$$

考虑到两个晶格 A 和 B 均是应变的，所以很合理地将失配定义为

$$f = \frac{c}{p} = \frac{b-a}{\frac{1}{2}(a+b)} \tag{4.77}$$

而不是像在刚性衬底模型中那样的 $f = 1/P = (b-a)/a$。

现在假设 A 和 B 的原子位于参考晶格的格点，并且存在一个 B 原子精确地与任何 A 原子相反。于是，我们允许 A 和 B 的原子在各自的晶格中占据它们的自然位置。A 和 B 原子将会相对于参考晶格 C 分别地位移。原子间相对于彼此的位移为

$$U = \frac{c}{2} + \frac{c}{p}x$$

式中，第一项 $c/2$ 位于 x 轴的原点在一个位错线上；第二项 cx/p 说明了因为失配游标引起的原子距离的线性增加。如果我们现在允许 A 和 B 晶格的对应原子的弹性位移 $u_a(x)$ 和 $u_b(x)$，那么一个 B 原子相对于一个对应的 A 原子的位移将是

$$U = \frac{1}{2}c + \frac{c}{p}x + u_b(x) - u_a(x) \tag{4.78}$$

正如在上一种情况[式(4.8)]，每一个晶体半部分以如下的形式在另一半的原子上施加一个周期性的势

$$V = \frac{G_i c^2}{4\pi^2 d}\left[1 - \cos\left(2\pi\frac{U}{c}\right)\right] \tag{4.79}$$

式中，G_i 是界面的剪切模量，而 $d \cong c$ 是指毗连晶体平面的原子的分离。

虽然该问题的数学探讨有更大的困难，但它导致了与式(4.20)和式(4.23)相似的 U 的表达式。因此，简化地假设 $\nu_a = \nu_b = \nu$ 及 $G_a = G_b = G_i = G$，对于分开很远的位错（$b \to a$，$p \to \infty$），解为

$$\frac{U}{c} = \frac{1}{2} + \frac{1}{\pi}\arctan\left(\frac{x}{x_0}\right) \tag{4.80}$$

式中，$x_0 = c/2(1-\nu)$。

一般解为（van der Merwe 1975）

$$\frac{U}{c} = \frac{1}{2} + \frac{1}{\pi} \arctan\left[\left(\sqrt{1 + \lambda^{-2}} + \lambda^{-1} \right) \tan\left(\pi \frac{x}{p} \right) \right] \tag{4.81}$$

式中

$$\lambda = 2\pi \frac{G'}{G_i} \frac{c}{p} \tag{4.82}$$

并且

$$\frac{1}{G'} = \frac{1 - \nu_a}{G_a} + \frac{1 - \nu_b}{G_b} \tag{4.83}$$

马上可以看到，式（4.80）可以在极限 $p \to \infty$ 时用 $G_a = G_b = G_i$ 容易地得到。式（4.80）和式（4.81）分别显示出图 4.12 中曲线 1 和 2 所示的相似的行为。换言之，如同一个单层附生的情况，界面被分解为一系列的失配位错。

失配位错的能量（不存在均匀应变）自然地分为两部分。第一部分是两个晶体半部分原子之间的相互作用能量

$$\begin{aligned} E_i &= \frac{1}{p} \int_{p/2}^{p/2} \frac{G_i c^2}{4\pi^2 d} \left[1 - \cos\left(2\pi \frac{U}{c} \right) \right] \mathrm{d}x \\ &= \frac{G_i c^2}{4\pi^2 d} \left(1 + \lambda - \sqrt{1 + \lambda^2} \right) \end{aligned} \tag{4.84}$$

它通过将式（4.81）代入式（4.84）的积分并且进行积分得到。

第二个是周期性弹性应变，它分部在两个晶体半部分 A 和 B 中。从界面延伸到晶体 B 一个距离 h，对于贮存在晶体 B 这一部分的每个原子的平均应变能我们得到

$$\begin{aligned} E_e^b(h) = &-\frac{(1 - \nu_b) c^2 G' G_i}{4\pi^2 G_b d} \cdot \\ &\lambda\left[\ln\left(\frac{1 - A^2}{1 - A^2 e^{-2H}} \right) + \frac{H A^2 e^{-2H}(H - 1 + A^2 e^{-2H})}{(1 - \nu_b)(1 - A^2 e^{-2H})^2} \right] \end{aligned} \tag{4.85}$$

式中

$$H = 2\pi \frac{h}{p}$$

并且

$$A = \sqrt{1 + \lambda^2} - \lambda$$

极限 $H \to \infty$ 给出了晶体 B 中每个原子的总应变能

$$E_e^b = -\frac{(1 - \nu_b) c^2 G' G_i}{4\pi^2 G_b d} \lambda \ln(1 - A^2)$$

$$= -\frac{(1 - \nu_b) c^2 G' G_i}{4\pi^2 G_b d} \lambda \ln(2\lambda\sqrt{1 + \lambda^2} - 2\lambda^2) \qquad (4.86)$$

对于贮存在晶体 A 中的每个原子的应变能可以写下相似的表达式。应变能的比值给出了在两个晶体半部分的应变的分布

$$\frac{E_e^b}{E_e^a} = \frac{(1 - \nu_b) G_a}{(1 - \nu_a) G_b}$$

可以看到，晶体越"硬"，它的应变越小；反之亦然。

考虑到式(4.83)，于是与失配位错有关的双联晶的每个原子的总应变能为

$$E_e = E_e^b + E_e^a = -\frac{G_i c^2}{4\pi^2 d} \lambda \ln(2\lambda\sqrt{1 + \lambda^2} - 2\lambda^2) \qquad (4.87)$$

将式(4.84)与式(4.87)相加，给出了失配位错每个原子的总能量

$$E_d = \frac{G_i c^2}{4\pi^2 d} [1 + \lambda - \sqrt{1 + \lambda^2} - \lambda \ln(2\lambda - \sqrt{1 + \lambda^2} - 2\lambda^2)] \qquad (4.88)$$

图 4.25 绘制了能量 E_e、E_i 和 E_d 以失配 c/p 为函数的曲线。可以看到，对于小失配，应变能 E_e 大于相互作用能 E_i。在较大失配时，E_e 逐渐消失，并且总能量接近一个常数值

$$E_d^\infty = \frac{G_i c^2}{4\pi^2 d} \qquad (4.89)$$

它可以当作一个对界面成键的测量，与单层模型中的 W 相似。如果两个晶格 A 和 B 被假设为刚性的，这应当是其能量。然后，原子相对于彼此的相对位移将由式 $U/c = 1/2 + x/p$ 给出。

与薄膜生长机制紧密相关，这个分析的一个最为重要的结果是应变能随远离界面距离的分布。利用式(4.85)和式(4.86)，得到了从界面起超过一个距离 h 的每个原子贮存的平均应变能的一部分

$$\Delta E_e^b(h) = \frac{E_e^b - E_e^b(h)}{E_e^b}$$

$$= \left[\ln(1 - A^2 e^{-2H}) - \frac{HA^2 e^{-2H}(H - 1 + A^2 e^{-2H})}{(1 - \nu_b)(1 - A^2 e^{-2H})^2} \right] \cdot$$

$$[\ln(1 - A^2)]^{-1} \qquad (4.90)$$

后者被绘制在图 4.26 中。可以看到，它随着远离界面的距离而迅速地下降，并且实际上在一个等于 $p/2$ 的距离消失了。接着有，首先，当一个沉积层比半

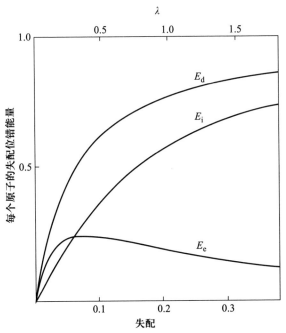

图 4.25　应变能 E_e、相互作用能 E_i 和总位错能 $E_d = E_e + E_i$ 对于失配的依赖关系，单位是 $G_i c^2/4\pi^2 d$。上面的坐标轴显示了参数 λ 的变化［根据 van der Merwe（1950）］

个位错间距厚时，我们可以将其描述为"厚"；其次，超过这个厚度，沉积层的原子将不会"感受"到异质衬底的存在。

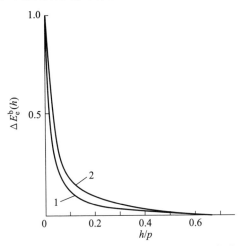

图 4.26　距接触平面超过一个距离 h 时，晶体 B 中贮存的应变能的一部分 $\Delta E_e^b(h)$ 以 h/p 为函数的变化曲线。曲线 1 和 2 分别对应失配 $c/p = 2\%$ 和 20%（$G_a = G_b = G_i$，$\nu_a = \nu_b = \nu = 0.3$）［根据 van der Merwe(1975)］

图 4.27 图示性地阐明了当离界面超过一个距离 h 时，贮存在沉积晶体的弹性能量的部分 $\Delta E_e^b(h)$ 逐渐地减小。键应变的周期性变化的幅值对于第一个单层为最大。扩张和压缩周期性地交替，周期等于位错间距。振幅在每一个接下来的单层逐渐减小。超过一个厚度 $h \cong p/2$ 时，振幅时间上变为等于零，并且原子们变得等距。但是，如果沉积薄膜比 $p/2$ 小，应当能探测到薄膜表面上键长度的一个周期性变化。在 W(110) 上的附生层 Fe(110) 中（Gradmann 和 Waller 1982）以及 Pd(100) 上的 Cu 的附生层中（Asonen 等 1985）真实地观察到了上述的变化。在前一种情形中，薄膜样品的厚度在 2 个和 9 个单层之间变化，而且 $p/2 = 7d_{110}$（$a_{Fe} = 2.866$ Å，$a_W = 3.165$ Å）。

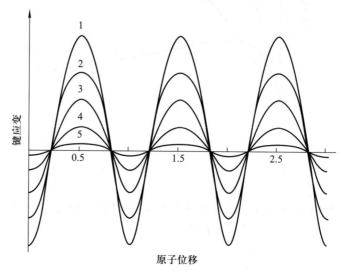

图 4.27　连贯的键的应变相对于原子位移的示意图，如同图 4.13（曲线 2）显示的那样，周期性应变的幅值随着从接触平面的距离而逐渐减小。图中，每条曲线上标出了对应的从接触平面数起的单层数

下面解释我们刚刚推导出的公式。在一个低失配的系统中，例如 Ag 在 Au(001) 上，$a_{Ag} = 2.889\,4$ Å 及 $a_{Au} = 2.884\,1$ Å，$c/p = 0.001\,84$，$c = d = 2.886\,7$ Å，$G_{Ag} = 3.38 \times 10^{11}$ dyn/cm^2 及 $G_{Au} = 3.1 \times 10^{11}$ dyn/cm^2，$\nu_{Ag} = 0.354$ 和 $\nu_{Au} = 0.412$ [Huntington 1958；另见 Hirth 和 Lothe（1968），附录]，$G' = 2.63 \times 10^{11}$ dyn/cm^2 和 $G_i \cong (G_{Ag} G_{Au})^{1/2} = 3.24 \times 10^{11}$ dyn/cm^2。于是，$G_i c^2 / 4\pi^2 d = 237$ erg/cm^2，$\lambda = 0.009\,4$ 及 $E_d \cong 11$ erg/cm^2。在拥有较大失配的系统中，例如 Ag 在 Cu(001) 上，有 $G_{Cu} = 5.46 \times 10^{11}$ dyn/cm^2，$\nu_{Cu} = 0.324$ 及 $a = 2.556$ Å，$c/p = 0.122\,3$，$\lambda = 0.568$，$G_i c^2 / 4\pi^2 d = 294$ erg/cm^2 和 $E_d = 192$ erg/cm^2。至于上述理论是否可以用于拥有脆弱并且不易弯曲的共价键的半导体材料，还存在疑问。

但是，对于 Ge 在 Si(001)上的沉积这种情形，$G_{Ge} = 5.64 \times 10^{11}$ dyn/cm^2 和 $G_{Si} = 6.42 \times 10^{11}$ dyn/cm^2，$\nu_{Ge} = 0.2$，$\nu_{Si} = 0.215$，$a_{0,Ge} = 5.6575$ Å 和 $a_{0,Si} = 5.4307$ Å，$c/p = 0.041$，$G_i \cong 6 \times 10^{11}$ dyn/cm^2，$G' = 3.78 \times 10^{11}$ dyn/cm^2 和 $E_d \cong 300$ erg/cm^2。将这些结果与常用的在 1×10^3 erg/cm^2 量级的比表面能的值相比较，我们可以总结，van der Merwe 理论预测了半无限大晶体界面之间失配位错能量的合理的值。

但是，值得指出，对失配位错的能量与表面能的比较原则上是不正确的。失配位错能常常错误地被同界面能混为一谈。下面将会展示，失配位错仅仅是由于晶格失配引起的界面能的一部分。界面能由两部分组成。第一部分是因为无失配时的化学键的性质和力量的差别。第二部分，我们刚刚推导过，是因为晶格失配。一个很好的例子是 In$_x$Ga$_{1-x}$As 和 InP(001)之间的界面能。当 $x = 0.47$ 时，晶格失配和失配能量等于零。同时，由于两种材料化学键力量的差别，界面能不等于零。

4.2.7 增厚附生层

如上面所示，一个包含一到数个单层的薄膜可以与衬底是相称的或是不相称的。换言之，自然失配在一般情况下，可以由均匀应变或者失配位错协调，再或者同时由两者协调。相反，无限厚沉积层和衬底之间的自然失配完全由失配位错协调。因此，在有限厚度的附生层中，均匀应变可以部分或完全地消除失配位错。这一章的目的是为了研究在沉积层增厚的过程中，界面的平衡(最低能量)结构将会是什么。

如同上面提到的，由于穿过界面的相互作用，附生层的晶格常数 b 倾向于取衬底的晶格常数 a 的值。另一方面，由于附生层原子之间的内聚力，它们倾向于保持其自然间距 b。结果，附生层原子将会以某个平均间距 $\bar{b}$，即 $a < \bar{b} < b$ 而隔开。

我们现在可以将自然失配定义为(Matthews 1975)

$$f = \frac{a - b}{b} \tag{4.91}$$

并且它将部分地被均匀应变(下式)协调

$$f_e = \frac{\bar{b} - b}{b} \tag{4.92}$$

以及部分地被失配位错(下式)协调

$$f_d = \frac{a - \bar{b}}{\bar{b}} \tag{4.93}$$

从而对于小的失配

$$f_e + f_d \cong \frac{\bar{b} - b}{b} + \frac{a - \bar{b}}{\bar{b}} \frac{\bar{b}}{b} = f \qquad (4.94)$$

在通常情况下，失配位错将以一个如下的距离被隔开：

$$\bar{p} = \frac{a}{f_d} = \frac{a\bar{b}}{a - \bar{b}} \qquad (4.95)$$

并且将会拥有一个伯格斯矢量

$$\bar{c} = \frac{a\bar{b}}{\frac{1}{2}(a + \bar{b})} \qquad (4.96)$$

外延双联晶系统的最小能量讨论（van der Merwe 1963b；Jesser 和 Kuhl-mann-Wilsdorf 1967）已经展示出，直到一个临界厚度 t_c［见式（4.72）］，沉积层在开始时都假同晶地与衬底生长。自然失配将会完全被均匀应变协调，从而平均原子间距 $\bar{b} = a$。于是，$f_e = f$，且 $f_d = 0$。界面没有被分解为一系列的失配位错，因为它们的间距 $\bar{p}$ 趋向于无穷。当毗连的晶面为正方原子网格时，由于晶格失配界面能将等于均匀应变的能量 E_{hs}，它由下式给出：

$$E_{hs} = 2G_b t f^2 \frac{1 + \nu_b}{1 - \nu_b} \qquad (4.97)$$

超过了临界厚度之后，失配位错被引入到界面，这使得初始的均匀应变和失配位错共存。失配位错的能量由式（4.88）给出，但是 p 和 c 被 $\bar{p}$ 和 $\bar{c}$ 替换。随着薄膜厚度的增加，均匀应变逐渐消失，在足够厚的薄膜（$t > \bar{p}/2$）中，自然失配完全被失配位错所适应。然后，$\bar{b} = b$，$f_e = 0$，$f_d = f$，并且位错之间隔开的间距是 p。换言之，达到了另一个极端的情况。

为了阐明最小能量的考虑，如同图 4.28 中一样，我们绘制一些不同厚度薄膜的均匀应变能 E_{hs} 和失配位错能 E_d 对于失配的变化。我们看到，在随膜厚 $n = t/b$ 单层数量变化的失配 f_n 的某些临界值处，均匀应变能曲线与失配位错能曲线相交。于是，甚至对于一个单层的薄膜，如果 $f > f_1$，则 E_{hs} 大于 E_d，并且它将化解为一系列的失配位错，而不是均匀地被应变。如果 $f_2 < f < f_1$，则第一个单层将与衬底假同晶，但是当第二个单层被沉积在第一个上后，如果存在足够的热激发，失配位错将被引入界面来释放均匀应变。自然失配越小，可以在均匀应变下生长的薄膜越厚。当失配非常小，薄膜可以在均匀应变下生长至一个相当大的厚度，例如 Ge 在 GaAs 上的生长（Matthews，Mader 和 Light 1970）。由于这个原因，如 $Al_x Ga_{1-x} As/GaAs$ 的超晶格界面可以不存在失配位错。如果温度足够低，以至于失配位错在生长中没有被引入，那么当膜厚超过临界值时，双晶系统将会处于一个亚稳态，任何能量的泵浦将会导致位错的集结，并且因此使得任何用这种方法制造的器件的性能恶化。

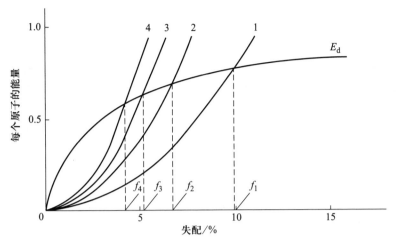

图 4.28 位错能量 E_d 和均匀应变能量 E_{hs} 相对于不同厚度覆盖层的失配的变化，图中显示了单层的数量。相交点决定了临界失配 $f_n(n=1, 2, \cdots)$，它随着以单层数量 n 给出的薄膜厚度的增加而减小。[I. Markov and S. Stoyanov, *Contemp. Phys.* **28**, 267（1987）。经 Taylor & Francis Ltd. 许可]

让从式（4.88）中得到的由两个相互垂直且不相互作用的失配位错的正方网格的能量 $2E_d$ 等于从式（4.97）中得到的均匀应变的能量 E_{hs}，可以得到（$\nu_a = \nu_b = \nu$）

$$\frac{t_c}{c} = \frac{G_i}{8\pi^2 G_b} \frac{1-\nu}{1+\nu} \frac{f(\lambda)}{f^2} \qquad (4.98)$$

式中

$$f(\lambda) = 1 + \lambda - \sqrt{1+\lambda^2} - \lambda\ln(2\lambda\sqrt{1+\lambda^2} - 2\lambda^2) \qquad (4.99)$$

对于二次项可以忽略的小失配（$\lambda^2 \ll 1$），上式化简为

$$f(\lambda) = \lambda(1 - \ln 2\lambda) = \lambda(\ln e - \ln 2\lambda) = \lambda\ln\left(\frac{e}{2\lambda}\right)$$

这是一个非常好的近似（Kasper 和 Herzog 1977）。

考虑到式（4.82）和式（4.83），式（4.98）变为（van der Merwe 1973）

$$\frac{t_c}{c} = \frac{1}{4\pi(1+\nu)\left(1 + \dfrac{G_b}{G_a}\right)} \frac{\mathcal{Q} - \ln f}{f} \qquad (4.100)$$

其中

$$\mathcal{Q} = \ln \left[\frac{(1 - \nu)\left(1 + \dfrac{G_b}{G_a}\right) G_i e}{4\pi G_b} \right] \tag{4.101}$$

取 $G_a = G_b = G_i$，式(4.100)被绘制在图 4.29 中(曲线 1)。可以看到，随着失配的消失，临界厚度趋于无穷大。而且，它随着 G_b/G_a 的增加而减小。换言之，沉积物"越硬"以及衬底晶体"越软"，临界厚度就越小；反之亦然。Kasper 和 Herzog(1977)进行了相似的分析，来找到具有金刚石晶格的晶体的 t_c。

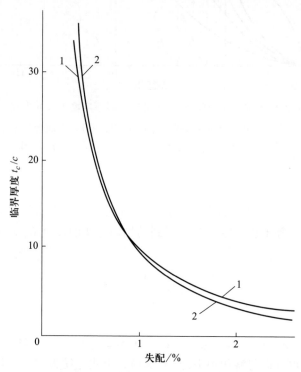

图 4.29　根据 van der Merwe(1973)的理论(曲线 1)[式(4.100)取 $G_a = G_b = G_i$，$\nu_a = \nu_b = \nu = 0.3$]和 Matthews 的 Volterra 方法(Matthews 和 Blakeslee 1974)(曲线 2)[式(4.108)取 $G_s = G_d$，$\nu = 0.3$]得出的对于假同晶生长的平衡临界厚度对于失配的依赖关系，单位是伯格斯(Burger's)矢量 c

我们来评估一些真正系统的临界厚度。对于 Ag 在 Au 上沉积的情况，根据上面给出的材料常数，式(4.98)预测 $t_c/c = 168$ 或者 $t_c \cong 485$ Å。当 Ag 在 Cu 上沉积时，$t_c/c = 0.7$，或者位错在第一个单层沉积后被引入，对于 Ge/Si 系统，理论预测的值为 $t_c/c = 5.7$。这意味着一个包含 5 个单层的薄膜应当是与衬底假同晶的，但是在沉积第六个单层后，界面应当化解为一个失配位错的交叉网格。

一个有趣的例子是合金的沉积，其中可以通过改变合金的成分来改变自然失配的值。一个被研究最多的系统是 Ge_xSi_{1-x}/Si（Kasper 和 Herzog 1977；Kohama，Fukuda 和 Seki 1988；Bean 等 1984；Bean 1985）。自然失配是成分 x 的函数，其关系为 $f = 0.041x$。因此，当 $x = 0.5$ 时，$f = 0.021$，而且通过实验发现临界厚度是 100 Å 或者大约 25 个单层（Bean 1985）。根据式（4.98）计算得出 $t_c/c = 9$，即大约是实验得到的值的 1/3。

如果我们记得，式（4.98）给出了对于假同晶生长的平衡临界厚度，上述不一致就可以解释了。换言之，超过这个厚度，失配位错变得能量上有利了。但是，在真实实验中，应当克服一个位错成核的能量势垒。接着有，真正的临界厚度应当大于上面给出的值。一系列的论文都讨论了失配位错的成核（Marée 等 1987；Van de Leur 等 1988；Fukuda，Kohama 和 Ohmachi 1990；Kamat 和 Hirth 1990），有兴趣的读者可以参考这些文献。

回忆式（4.65），我们得出结论，由式（4.72）给出的对于 $t_c(f)$ 的近似表达式实际上由均匀应变能［式（4.97）］与由式（4.89）给出的失配位错的最大能量 E_d^∞ 的交叉点决定。显然，它过分地估计了临界厚度。

4.2.8 Volterra 方法

在 20 世纪初，意大利数学家 Vito Volterra（1907）研究了一个被平行于圆柱轴切割的空心圆柱体（图 4.30a）的弹性性质，其内径和外径分别为 r_0 和 R。当沿着切口施加一个平行于圆柱轴的力，则产生一个螺旋位错（图 4.30b）。当施加的力垂直于圆柱轴，并且切口的一条边垂直地相对于另一条边位移时，则导致一个刃位错（图 4.30c）。圆柱体的一半相对于另一半沿着切口的位移正好等于位错的伯格斯矢量。

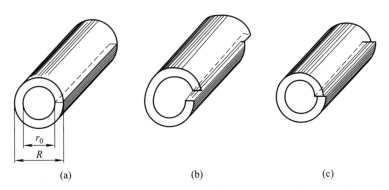

(a)   (b)   (c)

图 4.30　一个外直径为 R、内直径为 r_0 的空心圆柱（a），切口平行于圆柱轴，基于其考虑的对于（b）螺旋和（c）刃位错的 Volterra 模型［根据 Hirth 和 Lothe（1968）］

每单位长度的刃位错的应变能由下式给出（Hirth 和 Lothe 1968）：

$$E_s = \frac{Gb^2}{4\pi(1-\nu)}\ln\left(\frac{R}{r_0}\right)$$

式中，G 是晶体的剪切模量；ν 是泊松比；b 是伯格斯矢量的量级。总能量通过把核能量相加起来得到。后者表现为 Gb^2 的一部分，并且形式上，它的贡献通过假设 $r_0 = b/\alpha$ 来解释，其中 α 是一个常数，对于金属从 1 到 2 变化，对于非金属从 1 到 4 变化。于是，一个刃位错的总能量为

$$E_d = \frac{Gb^2}{4\pi(1-\nu)}\left(\ln\frac{R}{b} + \ln\alpha\right) \tag{4.102}$$

两个剪切模量为 G_s、G_d 以及泊松比为 ν 的失配晶体，对于它们之间的一个失配位错的能量，Matthews(1975) 使用了一个相似的表达式

$$E_d = \frac{G_s G_d c^2}{2\pi(G_s + G_d)(1-\nu)}\left[\ln\left(\frac{R}{c}\right) + 1\right] \tag{4.103}$$

当 $G_d = G_s = G$ 且 $\alpha = e$ 时，上式变为式(4.102)。R 代表去往位错应变场最外层边界的距离，而由式(4.75)给出的 c 是伯格斯矢量的量级。

如果膜厚 t 小于位错间距 $p/2$，R 可以由膜厚 t 近似（图 4.31a），而且能量为

$$E_d = \frac{G_s G_d c^2}{2\pi(G_s + G_d)(1-\nu)}\left[\ln\left(\frac{t}{c}\right) + 1\right] \tag{4.104}$$

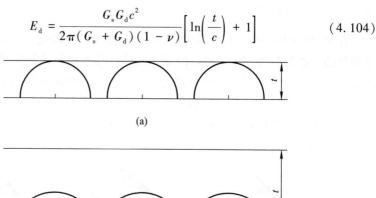

图 4.31　为了确定由位错产生的应变场的最外边界 R 的图示。(a) $t<p/2$，$R=t$；(b) $t>p/2$，$R=p/2$(t 为膜厚，p 为位错间距)

在另一个极端 $t>p/2$，R 由 $p/2$ 近似（图 4.31b）。如果我们回忆起位错的应变场实际上在大于 $p/2$ 时就消失了（见图 4.26），这个对于 R 的选择就马上

变得可以理解。然后，能量为

$$E_d = \frac{G_s G_d c^2}{2\pi(G_s + G_d)(1 - \nu)}\left[\ln\left(\frac{p}{2c}\right) + 1\right] \qquad (4.105)$$

在正方形界面对称的情况($f_x = f_y = f$)，并且假设自然失配一部分由失配位错适应，另一部分由均匀应变适应，由晶格失配引起的能量 E_m 是两个能量之和，其中一个是两个非相互作用失配位错阵列的能量，每个阵列的密度是 $f_d = f - f_e$，另一个是式(4.97)给出的均匀应变能量 E_{hs}。如果忽略阵列中相邻位错之间的相互作用能量，我们有

$$E_m = 2(f - f_e)\frac{G_s G_d \bar{c}}{2\pi(G_s + G_d)(1 - \nu)}\left[\ln\left(\frac{\bar{R}}{\bar{c}}\right) + 1\right] +$$

$$2G_d t f_e^2 \frac{1 + \nu}{1 - \nu}$$

式中，当 t 小于或大于 $\bar{p}/2$ 时，$\bar{R} = t$ 或 $\bar{p}/2$。

条件 $dE_m/df_e = 0$ 导致了均匀应变 f_e^*，它使能量最小化。在第一种情况($t < \bar{p}/2$ 和 $\bar{R} = t$)，对于 f_e^* 有

$$f_e^* = \frac{G_s \bar{c}}{4\pi(G_s + G_d)(1 + \nu)t}\left[\ln\left(\frac{t}{\bar{c}}\right) + 1\right] \qquad (4.106)$$

在第二个限制情况($\bar{R} = \bar{p}/2$ 且 $\bar{c}/\bar{p} = f_d = f - f_e$)，最小化得出

$$f_e^* = -\frac{G_s \bar{c}}{4\pi(G_s + G_d)(1 + \nu)t}\ln[2(f - f_e^*)] \qquad (4.107)$$

临界厚度 t_c 由条件 $f_e = f$ 确定。利用式(4.106)(平衡厚度通常小于 $p/2$)，得

$$\frac{t_c}{\bar{c}} = \frac{G_s}{4\pi(G_s + G_d)(1 + \nu)f}\left[\ln\left(\frac{t_c}{\bar{c}}\right) + 1\right] \qquad (4.108)$$

对于临界厚度，式(4.108)给出了非常接近 van der Merwe 理论预测的数值(见图4.29，曲线2)。但是，应当注意在确定位错核能量时的不确定性。

因此，Volterra 方法的主要优点在于对位错能量表达式的简洁性，这使得对于更加困难问题的探讨变得很容易，例如瓦片状的三维岛与衬底之间界面的平衡形状(Matthews，Jackson 和 Chambers 1975c)、在多层之中(Matthews 和 Blaskeslee 1974)、拥有相对于界面倾斜的伯格斯矢量的不完美位错、失配位错产生等问题(Matthews 1975a，1975b)。有兴趣的读者可以参考 Matthews (1975b)的综述文章以及其中的参考文献。

之前的章节提到过，对于假同晶生长临界厚度，当把实验数据与理论表达式进行对比时，存在相当大的不符。另一方面，从技术角度来讲，假同晶生长

的临界厚度问题变得格外重要。原因在 Hu(1991)的综述文章中描述得很清楚。首先，由于增大的漏电流，失配位错使得异质结器件的性能恶化。另一方面，失配位错往往由从衬底继承而来并且结束于薄膜表面的位错（穿透位错）产生。掺杂物的扩散通常沿着穿透位错增强，而且穿透位错形成了所谓的"晶体管管道"，它连接了发射极和收集极。其次，在一致应变的外延层中，原子间距与非应变的（弛豫的）外延层不同，因此改变了禁带宽度（Land 等 1985）。因此，很显然，除了合金成分之外，均匀应变可以作为另一个进一步调控异质结性质的参数。

van der Merwe(1963b)与 Matthews(1975b)方法在临界厚度问题上的共同点是，临界厚度反比于晶格失配。People 和 Bean(1985，1986)通过比较均匀应变能和一个单个螺旋位错的面积能推导出了临界厚度的表达式。他们发现，临界厚度反比于晶格失配的平方，并且其绝对值比 van der Merwe 和 Matthews 预测的要大一个数量级。由于他们的结果仍然在讨论中[见 Hu(1991)]，我们在这里不进行重复。对假同晶生长临界厚度问题的现状有兴趣的读者可以参考 Hu(1991)优秀的综述论文。

4.3 生长外延薄膜的机制

4.3.1 生长模式的分类

如同本章的介绍部分提到的，晶体生长和外延生长的不同仅仅在于热力学性质。一方面由于穿过界面成键的不同，另一方面由于晶格或/和晶格常数的差异，薄膜的化学势区别于无限大沉积晶体。比起相同晶体的原子，沉积物的原子或者更加松散或者更加紧密地束缚于衬底。结果，沉积层第一层的化学势（或者同样地，平衡蒸气压）将高于或者低于无限大沉积晶体的化学势（平衡蒸气压）。换言之，由于与衬底的相互作用，覆盖层的化学势 $\mu(n)$ 将随着膜厚变化。

此外，附生可以与衬底假同晶或者界面可以分解为失配位错的网格。然后，薄膜可以均匀地或者周期性地发生应变，并且每个原子的应变能应当改变薄膜的化学势。均匀应变并不随着附生的单层改变而变化，然而由于失配位错，产生的周期性应变随离开界面的距离减弱（见图 4.26 和图 4.27）。因此，除了与衬底的键合，由于弹性应变，化学势再一次地随膜厚发生变化（Venables 1979；Kern，Lelay 和 Metois 1979；Stoyanov 1986；Markov 和 Stoyanov 1987；Grabow 和 Gilmer 1988）。同样地，也正是因为这种失配和界面成键的相互作用，构成了外延生长和一般晶体生长的不同，并且导致了文献中著名的三种外延生长机制的出现：① Volmer – Weber（VW）机制，即岛状生长（图 4.32a）；② Frank-van der Merwe（FM）机制，即逐层生长（图 4.32b）；③ Stranski-Krastanov（SK）机制，即先逐层生长后形成孤立三维岛（图 4.32c）。

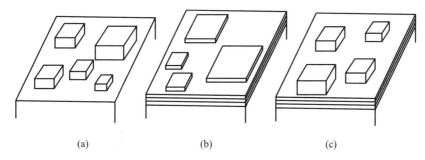

(a)　　　　　　　　(b)　　　　　　　　(c)

图 4.32　根据 Bauer（1958）的分类，对于外延薄膜三种可能的生长机制的示意图：（a）Volmer-Weber 机制或岛状生长，（b）Frank-van der Merwe 机制或逐层生长，（c）Stranski-Krastanov 机制或先逐层再三维岛状生长。[I. Markov 和 S. Stoyanov，*Contemp. Phys.* **28**，267（1987）。经 Taylor & Francis Ltd. 许可]

这个分类是由 Bauer（1958）首次给出的，它是基于对沉积材料在衬底上的润湿的详细热力学分析。对于沉积晶体的平衡形状，推导出来一个表面能形式的简单标准，它实际上从式（1.70）而来。伴随着薄膜沉积的表面能的改变 $\Delta\sigma = \sigma + \sigma_i - \sigma_s$ 实际上是润湿的一种测量。在非完全润湿的情况，有

$$\sigma_s < \sigma + \sigma_i \tag{4.109}$$

薄膜生长成为三维岛（VW 模式）。相反地，对于完全润湿有

$$\sigma_s > \sigma + \sigma_i \tag{4.110}$$

如果失配可以忽略，或者在可察觉失配下的 Stranski-Krastanov 模式，它倾向于逐层（FM）生长。

岛状生长用 Volmer 和 Weber 来命名的历史原因如下：Volmer 第一个发展了在异质衬底上三维成核速率理论，他与 Weber 一起（Volmer 和 Weber 1926）用其理论解释了 Frankenheim（1836）的第一次实验室中关于外延生长的实验数据。

Frank 和 van der Merwe 用一个无限长的原子链模拟了附生，因此其隐含的假设是，附生完全覆盖了衬底。换言之，他们假设说附生遵循生长的逐层生长模式，并且他们那时并没有详细说明其实能量参数 l_0 不同的值应当导致不同的生长模式。这是 Bauer 用他们的名字来命名逐层生长的原因。

第一篇单独致力于薄膜外延生长模式问题的文章由 Stranski 撰写（Stranski 1929；Stranski 和 Kuleliev 1929）。Stranski 和 Krastanov（1938）进一步发展了这些探讨，它很自然地基于一个建筑单元从一个半晶体位置的分离功的概念。我

们将更详细地概述他们的模型，因为它构成了进一步讨论生长模式的基础。

Stranski 和 Kuleliev 研究了一个拥有氯化钠晶格单价的离子晶体 K^+A^- 在拥有相同晶格的双价离子晶体 $K^{2+}A^{2-}$ 表面上的第一、第二、第三等单层的稳定性，他们假设两个晶体拥有相同的晶格常数（图 4.33）。作为稳定性的测量，他们接受了每个单层的平衡蒸气压。根据式（1.58），它是从半晶体位置分离的对应功的一个函数。可以从图 4.33 判断，K^+A^- 第一层的离子被下边双电荷离子的吸引强于被它们自身单价晶体表面的吸引；水平相互作用保持不变。因此，第一个单层从半晶体位置的分离功 $\varphi_{1/2}^{(1)}$ 要大于 K^+A^- 体晶从半晶体位置的分离功 $\varphi_{1/2}^{(0)}$，对应地，平衡蒸气压 P_1 将低于 K^+A^- 体晶的平衡蒸气压 P_∞。接着有，在任何高于 P_1 和低于 P_∞ 的蒸气压下，换言之，在相对于 K^+A^- 体晶欠饱和时，一个单层的 K^+A^- 都可以被吸附在 $K^{2+}A^{2-}$ 表面上。第二层的离子如同在相同 K^+A^- 晶体上一样被第一层的离子吸引，但是却被 $K^{2+}A^{2-}$ 的双电荷离子所排斥，而且这个排斥相比于衬底是一价时更强。于是，$\varphi_{1/2}^{(2)}<\varphi_{1/2}^{(0)}$ 且 $P_2>P_\infty$。因此，为了沉积第二个单层，需要系统中的过饱和。Stranski 和 Kuleliev 总结道，每一个奇数或偶数的覆盖层将会拥有一个分别小于或大于 P_∞ 的平衡蒸气压，或者换言之，连续单层的平衡蒸气压将在平衡蒸气压 P_∞ 附近振荡。根据 Stranski 和 Kuleliev 的探讨所得出的连续单层的化学势的依赖性如图 4.34 所示。可以看到，在沉积了一些 K^+A^- 层之后，衬底的能量上的影响消失（$P_n\cong P_\infty$），并且薄膜正如在相同晶体上那样继续生长。

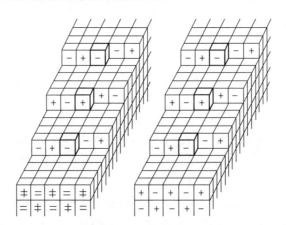

图 4.33　Stranski 和 Kuleliev（1929）对于一价离子晶体 K^+A^- 在一个相同晶型的二价离子晶体 $K^{2+}A^{2-}$ 的表面上（左）和在相同单价离子晶体 K^+A^- 表面上（右）生长模型的图示。左手边晶体的前表面上的符号代表了双正或负电荷的离子。连续单层的稳定性由离子从对应半晶体位置（由黑体立方标记）的分离功确定。［I. Markov and S. Stoyanov，*Contemp. Phys.* **28**，267 (1987)。经 Taylor & Francis Ltd. 许可］

10 年之后，Stranski 和 Krastanov(1938) 通过计算第一、第二、第三等二维核，单层以及二和四单层厚的二维核的形成的吉布斯自由能扩展了相同模型的探讨。结果是，在衬底晶体 $K^{2+}A^{2-}$ 被在欠饱和的一个 K^+A^- 吸附层(由于上面给出的原因)完全覆盖之后，第二个单层的二维核的形成功远远大于两个单层厚的二维核的形成功。原因是，一个沉积在第一个单层的双层的化学势比一个单独单层的化学势要低(见图 4.34)。简单的探讨表明，一个完整的 K^+A^- 分子从双高度的半晶体位置(图 4.35)的分离功等于单个离子从第二和第三单层的扭结位置的分离功的算术平均值，即 $\varphi_{1/2}(K^+A^-)=\dfrac{1}{2}(\varphi_{1/2}^{(2)}+\varphi_{1/2}^{(3)})$。然后，双层的化学势精确地等于第二和第三单层化学势的算术平均值，即 $\mu(2+3)=1/2(\mu_2+\mu_3)$。注意到，当写双层的化学势时，我们并没有将第一个单层的化学势计算在内。原因是，它被更强地束缚在衬底上，并且被完全地堆积。因此，它不参加气相原子的交换过程。

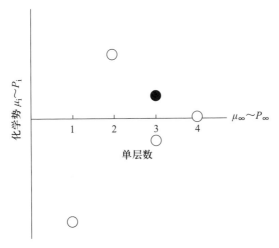

图 4.34　根据 Stranski 和 Kuleliev(1929)对于单价离子晶体 K^+A^- 在具有相同晶格常数的二价离子晶体 $K^{2+}A^{2-}$(空心圆)表面上生长的模型所推出的，连续的最上面单层的化学势 μ_i(或平衡蒸气压 P_i)对于它们数量的依赖关系。可以看到，化学势在 K^+A^- 体晶的化学势附近振荡。实心圆给出了在完全堆积的第一个单层上形成的双层的化学势[根据 Stranski 和 Krastanov(1938)]。它精确地等于分开的第二和第三单层的化学势的算术平均值。[I. Markov and S. Stoyanov, *Contemp. Phys.* **28**，267(1987)。经 Taylor & Francis Ltd. 许可]

因此，Stranski 和 Krastanov 预测了——诚然在一个非常特别的系统中——附生的第一层(或几层)稳定的吸附层上的拥有数层厚度的核的形成概率，一个在今天很著名且以他们名字命名的生长机制。下面将会展示，这种生长模式

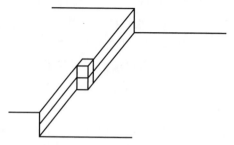

图 4.35 · 拥有双层高度的半晶体位置［根据 Stranski 和 Krastanov（1938）］

的物理原因是晶格失配。由于后者，在初始平面生长的过程中太多的应变能积累在薄膜中，而且由衬底施加的强黏附力（这是平面生长的原因）在超过几个原子直径之后消失了。所以，形成了一个包含数个润湿层同等应变单层的润湿层（wetting layer）。生长以进一步形成三维微晶的方式继续，在三维微晶中，由于在界面处引入了失配位错，额外的表面能被应变弛豫过分补偿（Matthews，Jackson 和 Chambers 1975c）。此后的研究表明，纳米级的三维岛可以在高失配外延下在润湿层上形成，而不用通过失配位错适应。弹性弛豫在三维岛的自由水平表面发生，这完全与图 4.19 中在链条的自由边缘附近是相同的方式。Eaglesham 和 Cerullo（1990）以 Ge 在 Si（001）上沉积的情况中发现了这种生长，而且将之命名为"连贯的（coherent）"Stranski-Krastanov 生长。换言之，表现为均匀应变的平面薄膜的拥有较高自由能的相，在超过某个临界厚度之后被拥有较低自由能的（完全或部分）弛豫的三维微晶替代。

由于可能作为量子点应用于激光和发光二极管（Reed 1993；Petroff，Lorke 和 Imamoglu 2001），连贯 Stranski-Krastanov 生长马上成为一个被密集研究的主题。单质半导体 Ge/Si（Mo 等 1990；Voigtländer 和 Zinner 1993a；Voigtländer 2001）和二元化合物，例如 InAs/GaAs（Moison 等 1994）、InAs/InP（Rudra 等 1994；Houdré 等 1993）、CdSe/ZnSe（Schikora 等 2000；Strassburg 等 2000）、PbSe/PbTe（Pinczolits 等 1998）都被研究过。

为了确立影响生长模式的要素，我们将简要考虑一些实验实例，我们根据化学键的不同特性将它们划分为一些群组：金属在绝缘体上、金属在金属上、金属在半导体上以及半导体在半导体上（Markov 和 Stoyanov 1987）。最近，当把坚硬的金属，例如 Cu，沉积在非常软的金属，例如 Pb，之上时，发现了一种新的生长模式（Nagl 等 1995）。于是，在衬底表面之下的三维微晶的形成是首选的。在此，我们不讨论这些情况。

4.3.2 实验证据

4.3.2.1 金属在绝缘体上

一个岛状生长的典型例子是金属在 MgO、云母(mica)、辉钼矿(MoS_2)以及如 NaCl、KCl、KBr 等的卤化碱晶体上的沉积[综述文章见 Pashley(1956, 1965, 1970);Grünbaum(1974);Kern,Lelay 和 Metois(1979)]。金属,例如 Ag、Au、Cu、Fe、Pd、Ni、Co 等,在这些绝缘体上组成的系统具有如下特征,即金属原子与绝缘衬底之间的内聚力要远远弱于金属自身内部的内聚力。一个例外是在特别低温下 Ag 在 MgO(001)之上的沉积。Lord 和 Prutton(1974)在 LEED 和 AES 的帮助下确信,在 -200 ℃ 下,Ag 在真空腔中劈开的 MgO(001)表面上是逐层生长的。但是,在室温下,Ag 以分离岛的方式在 MgO 上生长。

4.3.2.2 金属在金属上

由于黏附力对内聚力比值以及晶格失配比值的宽广范围,金属在金属上的生长存在极为丰富的生长模式[参见综述文章 Vook(1982,1984);Bauer(1982)]。一个有趣的例子是 Cu 在 Ag(111)面上的沉积(Horng 和 Vook 1974)。在 210 ℃ 下,当少于 1/3 个 Cu 单层沉积在 Ag(111)的表面上后,RHEED 图样包含源自 Ag 衬底的衍射条纹和属于 Cu 沉积物的亮点。室温下,Ag 及 1/3 单层 Cu 的 RHEED 图样表现出强烈的 Ag 条纹和较弱的 Cu 附生物的条纹,这表明了表面很光滑。于是有,在高衬底温度下 Cu 从生长过程刚一开始就以孤立的颗粒或岛生长,而在低温下 Cu 条纹源于一个拥有层状结构的沉积物。在室温下沉积多于两个单层的 Cu 时,超过两个单层的那些材料形成三维的岛。因此,在高温下建立起 Volmer-Weber 生长模式,而且在低温下发生 Stranski-Krastanov 机制。除此之外,附生物越薄,它的平均晶格常数就越大。对于较厚的沉积物,它拥有其块材的值。换言之,薄的 Cu 覆盖物至少是部分均匀应变的。应当指出,Cu 的蒸发焓(80 500 cal/g·atom)要比 Ag 的蒸发焓(67 900 cal/g·atom)大,这意味着内聚力预期要强于黏附力。除此之外,失配的绝对值非常大,$f=(b-a)/a=-11.5\%$。

在体心立方金属 W 和 Mo 最紧密堆积的表面(110)和(100)上生长的面心立方金属通常在低温下遵循逐层生长的机制,而在高温下遵循 Stranski-Krastanov 机制(Bauer 1982)。应当注意,Mo 和 W 的蒸发焓(142 000 和 191 000 cal/g·atom)远远大于沉积的 fcc 金属的蒸发焓,它们在 Ag 的 61 000 cal/g·atom 和 Pd 的 94 000 cal/g·atom 之间变化(Hultgren 等 1973;Emsley 1991)。因此应当预期,黏附力比内聚力要强得多。

一个典型的例子是 Cu 在 W(110)和(100)面上沉积的情况(Bauer 等

1974）。LEED 和 AES 测试展示，在室温下生长遵循逐层生长的模式。当衬底面为（110）时，第一个 Cu 单层有 1.41×10^{15} 个原子／cm²，这正好是在毗邻的 W（110）面中的 W 原子的表面密度。因此，第一个 Cu 单层是与衬底假同晶的。第二个单层在〈110〉方向上扩张，并且在〈111〉方向上不应变，因此拥有 1.6×10^{15} 个原子／cm²，这在 W（110）和 Cu（111）面表面密度之间的某处。如果一个厚于两个单层的薄膜在较高温度下退火，所有两个单层之外的材料凝聚成孤立的三维岛，这意味着头两个单层是稳定的。在（100）衬底表面的情形，头两个单层每个拥有 1×10^{15} 原子／cm²，即，它们拥有和 W（100）面相等的密度，并且因此它们是与衬底假同晶的。甚至在室温下，AES 信号对于膜厚的绘图的斜率在第二个转折点之后都非常小，这表明，三维岛在第二个单层之上形成。这和（110）面不同，在那种情况下三维岛在高于 700 K 的温度下形成于第二个单层之上。因此，在低温下观察到逐层生长，并且在高温下观察到 Stranski-Krastanov 生长。比起（100）衬底面来，从一个到另一个机制转变的临界温度在更为密集堆积的（110）情况下远远更高。当把 Ag 及 Au 沉积到 W 的低指数面上时，得到了相似的结果（Bauer 等 1977）。

当在 20～400 ℃温度范围内将 Fe 蒸发到 Cu（111）上时，Gradmann，Kümmerle 和 Tillmanns（1976，1977）［另见 Gradmann 和 Tillmanns（1977）］确定了 Fe 薄膜的 LEED 图样不能从纯 Cu 衬底的图样中区别出来。注意到当温度小于 912 ℃时，铁的热力学稳定的相是拥有 bcc 晶格的 α-Fe；在这个温度之上是拥有 fcc 晶格的 γ-Fe。因此，最薄的 Fe 薄膜（<20 Å）包含热力学上不稳定的 γ-Fe，并且与 Cu 衬底假同晶生长。此外，AES 测试表明，在低温下和／或足够高的原子到达速率时，薄膜以逐层生长模式生长，同时，在高温下和／或低原子到达速率时，从沉积一开始就可以观察到岛状生长。因此，生长模式取决于过饱和 $\Delta\mu$，而与 $\Delta\mu$ 是否被温度或原子到达速率改变无关。注意到 γ-Fe 的蒸发焓（96 000 cal/g·atom）高于 Cu 的蒸发焓（72 800 cal/g·atom）。α-Fe 和 γ-Fe 的原子间距分别为 2.482 3 Å 和 2.578 Å，并且与铜衬底对应的失配值分别为 2.88% 和 0.85%。

4.3.2.3　金属在半导体上

金属在半导体上的沉积基本遵循与金属在金属上系统相同的模式。通常，在高温下会观察到 Stranski-Krastanov 或者 Volmer-Weber 生长，而在低温下通常观察到逐层生长。考虑到衬底和沉积晶体中化学键性质的不同，对于实验结果的解释要复杂得多。

对于上面描述的 Ag 在 GaAs 的 As（0̄01）面上沉积的情况（Massies 和 Linh 1982a～c），AES 测试显示，在 100 ℃之上，在 GaAs 衬底上形成三维岛（Volmer-Weber 模式），而在较低的温度下，生长更接近逐层模式。

Si(111)和 Si(100)上的金和银薄膜是最常被研究的系统(Hanbücken 和 Neddermeyer 1982;Hanbücken,Futamoto 和 Venables 1984a,b;Hanbücken 和 Lelay 1986),综述文章见 Lelay(1983)。Au/Si 系统的一个典型特征是,甚至在室温下就发生合金过程。Ag 与 Si 合金的趋势要远远更弱,并且在 Si(111)上的 Ag 吸附层被认为与 Si 衬底形成锐利的界面。已经发现,在室温下,Ag 薄膜或者通过拥有非常平坦的岛的 Stranski-Krastanov 模式(Venables,Derrien 和 Janssen 1980)或者通过逐层生长模式(Lelay 等 1981;Bolmont 等 1981)进行生长。

在一个 Ag 在 Si(111)和(100)表面上生长的 AES 和 SEM 的比较研究中,Hanbücken,Futamoto 和 Venables(1984b)发现,在高温(400~500 ℃)时,Si(111)上的三维 Ag 岛(相对高度 0.01~0.04)相比于 Si(100)上的 Ag 三维岛(相对高度 0.3~0.6)较平。在 Bi 在 Si(100)上沉积的过程中,观察到了三维岛的相对高度随温度的增大,并且发现从逐层生长到 Stranski-Krastanov 生长的转变在一个约为 280 K 的临界温度时发生(Fan,Ignatiev 和 Wu 1990)。

4.3.2.4 半导体在半导体上

一种半导体材料在另一种材料的单晶表面上的外延生长与器件制造紧密相关。这里,衬底和沉积材料的特征为它们取向性的共价键。最常研究的是半导体单质 Si 和 Ge 互相在其上的生长以及 Ge_xSi_{1-x} 合金在 Si(100)和(111)面上的生长(Voigtländer 2001)。

考虑到共价键是"脆弱的"和"不可弯曲的",Ge 和 Si 之间的晶格失配(4.1%)被认为是非常大的。Narusawa,Gibson 和 Hiraki(1981b,1982)在解释他们的卢瑟福背散射谱(Rutherford backscattering Spectroscopy,RBS)的数据时说,350 ℃下生长的 Ge 薄膜直到三个单层时都与衬底是假同晶生长的,之后在其上形成三维岛。合金化并不发生,并且界面是锐利的,虽然这两种元素的块材有形成理想互溶物的趋势(Swalin 1991;Hultgren 等 1973a)。这些结论后来由 Shoji 等(1983)的 LEED 和 AES 实验以及由 Asai,Ueba 和 Tatsuyama(1985)对于 Si 的(111)和(100)面所确定。这些作者报道,在室温下,直到形成 6 个单层之前都是发生逐层生长,进一步的沉积产生无定形态的 Ge。高于 350 ℃时,生长模式遵循 Stranski-Krastanov 模式,其中三维的岛在三个 Ge 单层上形成。Marée 等(1987)发现,在 RBS 和 RHEED 的帮助下,三维 Ge 岛在 4 个单层(两个双层)上形成,而且在 Si(111)衬底上直到温度达到 800 ℃时都保持稳定。这些在室温下沉积然后在高温下退火所得到的结果实际上和在高温下沉积得到的结果相同。室温下沉积的薄膜是连续且光滑的。高温生长的附生层表现出极大的变化,这可以归因为岛的形成。对于一个室温下沉积、500 ℃下退火 3 min 的 50 单层的 Ge 薄膜,其 SEM 图片展示出,密度约为 $1×10^9 \ cm^{-2}$ 的三维岛出现了。因此，直到 500 ℃ 都是逐层生长，高于此温度时发生 Stranski-Krastanov 生长。相似地，Si 在 Ge(111) 上沉积的研究(Marée 等 1987)表明，当温度低于 600 ℃ 时，发生逐层生长，随后它被直接在 Ge 衬底上、密度约为 $4 \times 10^7 \ cm^{-2}$ 的孤立岛的生长(Volmer-Weber 生长)取代。

对于 $Ge_x Si_{1-x}$ 合金在 Si(100) 上沉积的情况，已经观察到了生长机制对于自然失配值的显著的依赖性。Kasper，Herzog 和 Kibbel(1975)确定了当合金中 Ge 组分 x 超过 0.2，以至于晶格失配大于 0.85% 时，生长以形成三维岛的方式继续进行。当 Ge 组分小于 0.2 时，发生二维生长。Ge 组分越低，能够与衬底以连续单层假同晶生长的合金薄膜就越厚。这些发现随后由 Bean 等(1984)确定，然而他们发现，对于拥有高至 0.5 的 Ge 组分并且厚度厚至 $0.25\mu m$ 的合金，假同晶二维生长也能够发生。

Xie 等(1994)研究了 $Si_{0.5} Ge_{0.5}$ 薄膜在弛豫了的 $Si_x Ge_{1-x}$ 缓冲层上的沉积，其中 x 从 $x = 0$(纯 Ge)到 $x = 1$(纯 Si)变化，因此覆盖了从 2% 的张失配到 2% 的压失配的整个范围。他们发现，连贯的(无位错的)三维岛只有在压失配大于 1.4% 时才形成。处于张失配的薄膜因此是稳定的，不会形成三维岛。Pinczolits 等(1998)发现，$PbSe_{1-x} Te_x$ 在 PbTe(111) 上沉积时，当失配的绝对值小于 1.6%(Se 组分 <30%)时，沉积保持为纯粹的二维。Leonard 等(1993)成功地在 GaAs(001) 上生长了 $x = 0.5$ 或 $f \approx 3.6\%$ 的 $In_x Ga_{1-x}$As 量子点(连贯的三维岛)，以及 $x = 0.17(f \approx 1.2\%)$ 的 60 Å 厚的二维量子井(光滑的平面膜)。Walther 等(2001)发现，临界 In 组分大约为 $x = 0.25$，或者换言之，在 Stranski-Krastanov 模式中，必须达到一个约为 1.8% 的临界失配来使三维岛在润湿层上成核和生长。低于这个临界失配，当达到对应的厚度时，失配被失配位错所适应。

下面介绍表面活性剂的影响。

Grünbaum 和 Matthews(1965)很久以前就发现，当真空度很差时，外延薄膜却经常地表现出更好的质量。无法避免的结论是，杂质的出现以某种方式促进了外延。Steigerwald，Jacob 和 Egelhoff, Jr.(1988)发现，200~300 K 时在 Cu(001) 上 Fe 薄膜以三维团簇形式生长，但是在 Fe 沉积之前有意地在 Cu 上吸附的氧抑制了凝聚和相互扩散。氧本身"漂浮"在薄膜表面之上，而不并入薄膜。许久之后，Kalff、Comsa 和 Michely(1998)确认，在超高真空系统中经常出现的覆盖量低至 1×10^{-3} 单层的一氧化碳覆盖层也能够非常强地影响二维岛的形状、岛密度、台阶-边缘壁垒，并且因此影响 Pt(111) 生长过程中的表面形貌。Copel 等(1989)首先研究了一个第三种元素的预吸附对于一种半导体材料在另一种上外延的影响。他们发现，As 剧烈地改变 Ge 在 Si(001) 上和 Si 在 Ge/Si(001) 上的生长模式。Ge 在 Si(001) 上和 Si 在 Ge(001) 上的生长机制特征分别为 Stranski-Krastanov 和 Volmer-Weber，已经确认，在这两种情况中取代两种机制的均为一种平面的、逐层状的生长。作者解释说，由于第三种元素的吸附，两种材料的表面能都发生了变化，或者换言之，不等式（4.109）的符号发生了改变，这样才产生了观察到的结果。因此，为了强调第三种元素影响的热力学特性，他们称之为"表面活性剂（surfactants）"。下面将会展示，第三种元素不但改变外延生长的热力学，也改变其动力学。无论如何，我们将保留表面活性剂的称谓，因为它已经在文献中被广泛使用。这些 Copel 等的实验观察引发了许多对于异质外延和同质外延系统的研究［见 Kandel 和 Kaxiras（2000）的综述］。

上面给出的例子没有穷尽文献中描述的所有情况。惰性气体的沉积是另一个有趣的例子。例如，当在 25 K 下在 Si（111）上沉积 Xe 时（Bartha 和 Henzler 1985），类层生长被确立，薄膜与衬底是假同晶的。在高温时（36 K），可以清晰地观察到岛的生长。在相当不同的系统中发现了相同的趋势，即氧化钨在钨上的生长（Lepage，Mezin 和 Palmier 1984）。在低温区间（<600 ℃），氧化物看起来像是逐层生长的，而在高温（>700 ℃）下，沉积物形成不连续的岛。

4.3.3　一般趋势

我们可以总结在生长模式中的主要趋势，它差不多适用于包含如下任何种类的化学键的系统（Markov 和 Stoyanov 1987）：

（1）当界面键合弱于沉积物中本身的键合时，相比于单层，孤立三维岛的形成和生长更为有利。

（2）高的衬底温度青睐三维岛的生长，或者直接在衬底上（Volmer-Weber 机制），或者在一层或数层稳定的沉积物吸附层之上（Stranski-Krastanov 机制）。此外，温度越高，三维微晶的相对高度越大。

（3）更高的沉积速率青睐类层生长。沉积速率越高，生长模式就更加如同层状生长；反之亦然。

（4）晶格失配在决定生长模式中起显著的作用。失配越大，类岛生长的趋势越大。在连贯的 SK 生长中，三维岛的形成需要一个大于某个临界值的失配。

（5）衬底的晶体学取向也影响生长机制。衬底平面堆积的越紧密，相比于较稀松堆积的平面来说，类层生长的趋势就越大。特别地，这个趋势表现在，当衬底平面堆积得越紧密，三维微晶的生长就越平。

（6）表面活跃的物质（表面活性剂）的出现使平面薄膜的沉积相比于团簇更为有利。

4.3.4　外延的热力学

外延薄膜的生长，尤其是通过 MBE 的生长，通常在远离平衡的时候发生。但是，热力学探讨对于理解有关现象是一个必要的步骤。热力学告诉我们什么是可能的，而什么是不可能的。

我们首先从一般规则推导出现平面生长和团簇的热力学条件。换言之，我们研究均一厚度薄膜的稳定性，或者相同的，均一厚度薄膜对抗团簇的不稳定性，我们沿用 Peierls(1978) 的方法。那样做时，我们假装之前从未听过杨氏关系或者 Bauer 判据。之后，我们推导对于失配晶体和化学势的厚度依赖性的杜普雷(Dupré)关系，它导致了外延界面的真实结构。

4.3.4.1　润湿和团簇

我们考虑一个在衬底上均匀吸附层每单位面积的吉布斯自由能。一般地，$G(n)$ 应当是每单位面积原子数量 n 的单调减函数，因为化学势

$$\mu = \frac{\mathrm{d}G}{\mathrm{d}n}$$

一定是负的。

与 G 轴的截距$(n=0)$是裸露衬底的自由能，或者换言之，是衬底-真空界面的自由表面能 σ_{s0}。在大 n 时，吸附物的厚度也大，并且它的性质和块材吸附物的性质相同。这意味着，$G(n)$ 应当渐进地趋于块材吸附物的自由能(见图 4.36)。渐近线方程为

$$G_{\mathrm{asym}} = n\mu_{\infty} + \alpha_{\infty} \tag{4.111}$$

式中，α_{∞} 是渐近线和 G 轴的截距。

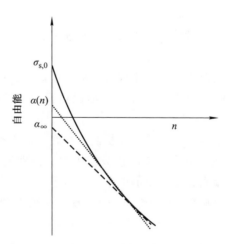

图 4.36　一个均匀薄膜每单位面积上的吉布斯自由能对于覆盖度 n 变化的示意图。虚线给出了大 n 的渐近线，点线是在任意 n 的一条切线[根据 Peierls(1978)]

由于 G 是每单位面积的自由能，并且 α_∞ 是一个常数，因此有，后者拥有表面自由能的含义。在大 n 时，系统表现为一个衬底和一个厚的吸附物（我们不把为常数的半无限大衬底和气相的自由能计算在内）。这意味着有两个界面边界——衬底-吸附物和吸附物-气。沿着渐近线回到 $n = 0$，我们使得吸附物更薄，离开相边界能。因此，α_∞ 是两个界面的表面自由能，即衬底-吸附物的 σ_i 和吸附物-气的 σ 这两者的和，或者

$$\alpha_\infty = \sigma + \sigma_i \tag{4.112}$$

我们首先考虑当自由能从上部趋于渐近线时的情况（图 4.36）。对于任何 n 值，我们可以画出与 G 轴有一个截距的切线

$$\alpha(n) = G(n) - n\frac{\mathrm{d}G}{\mathrm{d}n}$$

我们对上面的方程微分，可以得到

$$\frac{\mathrm{d}\alpha(n)}{\mathrm{d}n} = -n\frac{\mathrm{d}^2G}{\mathrm{d}n^2} = -n\frac{\mathrm{d}\mu}{\mathrm{d}n}$$

或者

$$\mathrm{d}\alpha(n) = -n\mathrm{d}\mu \tag{4.113}$$

我们把这个方程与吉布斯吸附等温线比较（Moelwyn-Hughes 1961）

$$\mathrm{d}\sigma_s(n) = -n\mathrm{d}\mu \tag{4.114}$$

这给出了衬底表面能的变化 $\mathrm{d}\sigma_s(n)$，它与一个化学势为 μ 的吸附物每单位面积的数量 n 的吸附有关。表面能的变化通常用所谓的传播压强（spreading pressure）$\phi = -\mathrm{d}\sigma_s(n)$ 来表示（Mutaftschiev 2001）。原因是固体和气体之间的界面张力被吸附影响，这将 σ_s 减小了一个等于薄膜传播压强 ϕ 的量。后者也可以被定义为 $\phi = \sigma_{s0} - \sigma_s(n)$（Dash 1977）。

比较式（4.113）和式（4.114），给出了 $\alpha(n)$ 的一个简单微分方程

$$\mathrm{d}\alpha(n) = -\phi$$

积分后得

$$\alpha(n) = -\phi + C$$

我们从初始条件 $n = 0$，$\phi = 0$ 和 $\alpha(n) = \sigma_{s0}$ 得到积分常数 C 的值。于是，$C = \sigma_{s0}$，且

$$\alpha(n) = -\phi + \sigma_{s0} = \sigma_s \tag{4.115}$$

从式（4.112）中减去式（4.115），得

$$\alpha_\infty - \alpha(n) = \sigma + \sigma_1 - \sigma_s \tag{4.116}$$

式中，对于所有 n，$\alpha_\infty - \alpha(n) < 0$，这可从图 4.36 中的曲线形状得到。这意味着完全润湿的条件 $\Delta\sigma = \sigma + \sigma_i - \sigma_s < 0$ 对于图 4.36 中 $G(n)$ 的形状的所有 n 都满足。

查看图 4.36，我们注意到另一些东西。为了使自由能从上面趋于渐近线，曲线应当拥有正曲率。这意味着二阶导数 $d^2G/dn^2>0$，或者相同的，对于所有 n 有 $d\mu/dn>0$ [另见 Dash(1977)；Landau 和 Lifshitz(1958)]。换言之，对于完全润湿的条件，$\Delta\sigma<0$ 等价于 $d\mu/dn>0$。我们作出结论，只要 $d\mu/dn>0$，平面吸附物就是稳定的。由于 $\mu=\mu_0+kT\ln P$ 及 $\mu<\mu_\infty$，平面吸附物的平衡蒸气压将总是低于块材吸附物的平衡蒸气压 P_∞。接着有，一个稳定的平面薄膜总是与一个欠饱和气相保持平衡（Stranski 和 Krastanov 1938；Kern，Lelay 和 Metois 1979；Mutafstschiev 2001）。

我们现在探讨当 G 从下部靠近渐近线的情形，即 $\alpha_\infty>\alpha(n)$。为了这个目标，曲线应当拥有一个拐点，即在超过某个点 n 后变为拥有负曲率 $d^2G/dn^2<0$（图 4.37），或者总是拥有一个负曲率（图 4.38）。

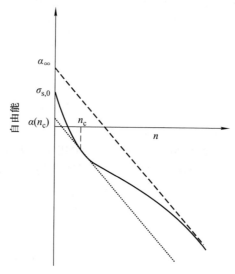

图 4.37　一个均匀薄膜的吉布斯自由能对于拥有拐点的覆盖 n 变化的示意图。虚线是在大 n 时的渐近线，点线是 $n=n_c$ 时与渐近线拥有相同斜率 μ_∞ 的切线 [根据 Peierls(1978)]

我们首先考虑拥有拐点的曲线。存在一个覆盖 n_c，在此时 $G(n)$ 的切线平行于渐近线，即，切线的斜率拥有体化学势的值。在 $n=n_c$ 处，$\mu=\mu_\infty$，且 $P=P_\infty$。完全润湿衬底的材料的量 $n=n_c$ 在文献中被称为"润湿层"。超过覆盖 n_c，渐近线表现为一个量为 n_c 的平面薄膜和拥有块材性质的总量为 $n-n_c$ 的团簇。一致厚的吸附物对于 $0<n<n_c$ 是稳定的，但是在 $n>n_c$ 时变得不稳定，因为自由能 $G(n)$ 高于切线。

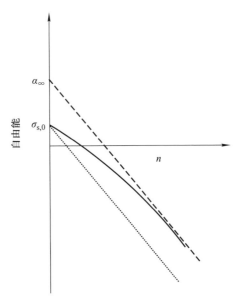

图 4.38　一个均匀薄膜的吉布斯自由能从吸附的刚一开始相对于拥有一个负曲率的覆盖 n 变化的示意图［根据 Peierls(1978)］

最后，当 $G(n)$ 曲线从一开始就拥有负的斜率(图 4.38)，不能形成平面薄膜。我们可以画出一条直线，它从起点 σ_{s0} 开始，并且平行于渐近线。$G = \sigma_{s0} + n\mu_\infty$ 这条线代表一个块材吸附物的自由能，例如，吸附物的形状可以是一个在衬底上的单液滴。$G(n)$ 位于此线之上的事实意味着，从吸附的刚一开始，在热力学上一个体液相相比于一个平面薄膜来说更为有利。

我们得出结论，只要 $d\mu/dn > 0$，平面的、均匀厚的吸附物是稳定的。当 $d\mu/dn < 0$ 时，均匀吸附物针对团簇变得不稳定。后者可以从吸附刚一开始 $n = 0$，或者超过某个临界覆盖 $n = n_c$ 时就发生。如果我们对图 4.36、图 4.37 和图 4.38 中的三条曲线进行微分，将会得到图 4.41 所示的三条曲线 $\mu(n)$。因此，由 Dash(1977)定义的三个一般性行为种类为：① 在所有的厚度上都为均匀沉积物；② 在一个薄的均匀吸附物之后进行团簇；③ 没有预吸附的团簇，对应于 Frank-van der Merwe、Stranski-Krastanov 和 Volmer-Weber 的生长机制。

4.3.4.2　对于失配晶体的杜普雷关系

如上面所讨论的，衬底和沉积晶体的区别不仅在于它们的晶格和晶格常数，也在于它们化学键的性质和强度。在零失配的情况下，正确给出衬底催化效能的量，或者换言之，衬底对于薄膜生长的能量影响，是由式(1.28)确定的比黏附能。为了计入晶格失配，我们进行如第一章中相同的假想的过程(图 1.6)。

我们假设两个无限大的晶体 A 和 B，它们拥有不同的晶格常数 a 和 b (van der Merwe 1979)。我们再一次可逆地且等温地劈开两个晶体，从而产生两个 A 表面和两个 B 表面。然后，我们均匀地应变一个晶体(例如 B)的两半，来精确地匹配另一个晶体(A)的晶格常数，并且像以前一样，将 A 和 B 的半晶体接触。假设水平均匀的应变不影响穿过界面的键合，我们得到能量 $-2U_{AB}$。之后，我们使得这个双晶体系统完全弛豫，从而失配位错被引入界面。均匀应变的能量完全恢复，但是一个失配位错的交叉网格的能量 E_d 被引入。能量平衡现在为

$$2U_i = U_{AA} + U_{BB} - 2U_{AB} + 2E_d$$

于是

$$\sigma_i^* = \sigma_A + \sigma_B - \beta + \varepsilon_d = \sigma_i + \varepsilon_d \qquad (4.117)$$

或

$$\sigma_i^* = \sigma_A + \sigma_B - \beta^* \qquad (4.118)$$

式中，$\varepsilon_d = E_d/\Sigma$ 是每单位面积的失配位错能量；而"$*$"号显示了涉及失配晶体的量。现在比黏附能由如下差值给出：

$$\beta^* = \beta - \varepsilon_d \qquad (4.119)$$

我们可以看到，位错能表现为对于两个晶体间键合的一个衰减。如果我们记得，当 $E_d = 0$ 时原子的位置不从另一晶体提供的势能谷的底部发生转移，这并不奇怪。

另一方面，位错能量表现为由于晶格失配的对于比界面能的一个增加。余下的部分 σ_i 是由于化学键不同的性质和强度，并且不依赖于失配。因此，界面能 $\sigma_i^* = \sigma_i + \varepsilon_d$ 包含两部分：化学部分 σ_i 和失配部分 ε_d。

我们可以重复这个过程，现在假设晶体 B 不是无限厚，但是薄于对于假同晶生长的临界厚度的二倍 $2t_c$ (图 4.39)。我们再一次可逆和等温地劈开两个晶体，均匀地拉紧 B 的两半来严格地匹配 A 的晶格常数，并且像从前一样将 A 和 B 的两半进行接触。通过进行这个操作，我们让 B 的自由表面发生应变，并且改变了它比表面能。Drechsler 和 Nicholas(1967)发现，比表面能的变化不超过其绝对值的几个百分点。我们假设这个改变远远小于应变晶体所作的功，并且忽略它。然后，当我们允许双晶体系统弛豫时，失配位错将不会在界面中被引入，因为 B 的半厚度小于对于假同晶生长的平衡临界厚度，并且假同晶薄膜是稳定的。能量平衡为

$$\sigma_i^* = \sigma_A + \sigma_B - \beta + \varepsilon_e(f) = \sigma_i + \varepsilon_e(f) \qquad (4.120)$$

式中，ε_e 是贮存在晶体 B 中的界面每单位面积的应变能。后者是晶格失配 f 的抛物线函数。

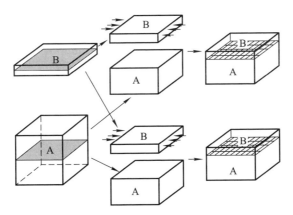

图 4.39　为了推导薄膜在一个半无限大晶体情况的杜普雷关系的图示

最后，在一般情况（晶体 B 又是很薄，但是厚于对于假同晶生长的临界厚度的二倍 $2t_c$），均匀应变的一部分被恢复，并且失配位错被引入界面，但是由于残余应变，它们的密度被部分地减小了。于是（Markov 1988）

$$\sigma_i^* = \sigma_A + \sigma_B - \beta + \varepsilon_e(f_e) + \varepsilon_d(f - f_e)$$
$$= \sigma_i + \varepsilon_e(f_e) + \varepsilon_d(f - f_e) \tag{4.121}$$

且

$$\beta^* = \beta - \varepsilon_e(f_e) - \varepsilon_d(f - f_e) \tag{4.122}$$

式中，应变能量 $\varepsilon_e(f_e)$ 和位错能 $\varepsilon_d(f - f_e)$ 分别取决于均匀应变 f_e 和平均位错能 $f_d = f - f_e$。

4.3.4.3　化学势随厚度的变化

第一章讨论过，首先沉积的薄膜层的化学势区别于体沉积晶体的化学势 μ_∞。首先，与衬底的相互作用有别于与相同晶体的相互作用；其次，晶格失配导致均匀应变和/或失配位错的出现。我们知道，弹性应变的晶体拥有更高的化学势，因此均匀应变能和由于失配位错的周期性应变能的平均值贡献于薄膜的化学势。另一方面，原子位移影响了穿过界面的相互作用，并且通过覆盖层导致了衬底润湿的减小。

一个在异质衬底之上的半无限大单层的化学势和因此的平衡蒸气压是从半晶体位置的分离功 $\varphi'_{1/2}$ 的函数，其中"撇号"反映了异质衬底的影响。位于一个半晶体位置的一个原子又是与半原子行、半晶体平面和下面的半晶体块有关，但是现在后者是不同的材料，并且对应的脱附能 φ'_a 区别于从相同晶体表面脱附的能量 φ_a。因此，我们可以写出如下的对于位于第一、第二、第三等的单层的原子的化学势的一般表达式：

$$\mu(n) = \mu_\infty + a^2(\sigma + \sigma_i^* - \sigma_s) \tag{4.123}$$

式中，$\Delta\sigma = \sigma + \sigma_i^* + \sigma_s$ 是与沉积物有关的表面能的改变。它严格地等于类似和非类似衬底之间键合的不同（见第一章），并且解释了衬底被覆盖层的润湿[见式(4.116)]。每个单层的化学势刚好等于体晶的化学势加上类似与非类似晶体的每个原子的键合的差值。实际上，式(4.123)等价于式(1.59)，除了它计入了晶格失配。在这方面，它表现为式(1.59)的一个推广。

将式(4.121)中的 σ_i^* 代入式(4.123)，并且将 σ 和 β 分别替代为 φ_a 和 φ_a'，得到(Markov 1988)

$$\mu(n) = \mu_\infty + \left[\varphi_a - \varphi_a'(n) + \varepsilon_d(n) + \varepsilon_e(n)\right] \qquad (4.124)$$

式中，$\varepsilon_d(n) = a^2\varepsilon_d(n)$ 和 $\varepsilon_e(n) = a^2\varepsilon_e(n)$ 现在是失配位错和均匀应变的每个原子的能量。

方括号里面的项解释了与相同晶体键合强度有关的界面键合的强度。它包含了上一节中所示的失配位错的一个交叉网格的每个原子的能量 ε_d。括号中的最后一项是每个原子的应变位错能 ε_e 对于化学势的贡献。

让我们暂时忽略晶格失配的作用。然后式(4.124)简化为

$$\mu(n) = \mu_\infty + \varphi_a - \varphi_a'(n) \qquad (4.125)$$

φ_a' 可以大于或者小于 φ_a，并且因此它们的差值可以为正或者为负，而且 $\mu(n)$ 可以大于或者小于 μ_∞。为了跟随 $\mu(n)$ 的依赖性，我们应当考虑 $\varphi_a'(n)$ 对于厚度的依赖性。后者仅仅指没有失配时的穿过界面的原子的相互作用。对于短程相互作用，它随膜厚迅速变化，从上面或者从下面趋于 φ_a（图4.40）。如果假设吸附物原子和衬底原子间 $6\sim12$ 个 Lennard-Jones 类型[式(4.2)]的成对的相互作用，这导致一个 n^{-3} 幂定律(Dash 1977；Mutaftschiev 2001)

$$\varphi_a'(n) = \varphi_a - \frac{\varphi_a - \varphi_a'(1)}{n^3} \qquad (4.126)$$

式中，从衬底开始的距离以单层的数量 n 来测量；$\varphi_a'(1)$ 是属于一个处于趋于零覆盖的非类似晶体的第一单层的一个原子的脱附能。接着有，衬底对于第二单层原子的能量影响约为对第一单层原子的能量的 $1/10$，并且第五单层的原子将一点儿都不会"感觉到"非类似衬底的能量存在。值得指出，上面的方程是通过利用能够令人满意地描述惰性气体性质的 Lennard-Jones 势而推导出来的。因此，式(4.126)与氪在剥离的石墨（非常薄的约 500 Å 的石墨薄片的粉末）上的多层吸附的实验数据符合得很好，实验数据表现出阶梯式的行为(Thomy，Duval 和 Regnier 1981)。

将式(4.126)代入式(4.125)中得

$$\mu(n) = \mu_\infty + \frac{\varphi_a - \varphi_a'(1)}{n^3} \qquad (4.127)$$

式(4.127)被绘制在图4.41（标记为 FM 的曲线）中。可以看到，它定性地、

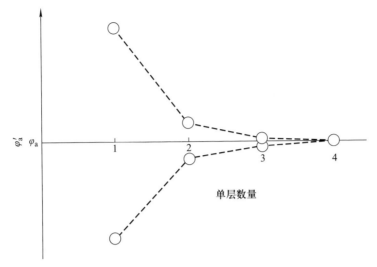

图 4.40 一个非类似衬底的原子的脱附能对于距离界面距离的依赖性，距离的量度为单层的数量。$\varphi'_a > \varphi_a$ 对应于完全润湿，反之亦然

很好地描述了 Frank-van der Merwe 机制，其条件是对于所有 n 均有完全润湿 $\varphi_a < \varphi'_a$。我们看到，Frank-van der Merwe 模式的描述不需要任何失配的存在。恰恰相反，晶格失配可以剧烈地改变生长模式（Kern，Lelay 和 Metois 1979；Grabow 和 Gilmer 1988）。

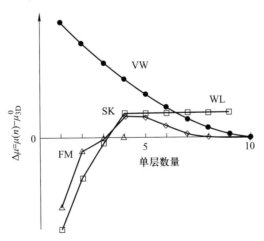

图 4.41 对于在每条曲线上标注的三种生长模式：VW——Volmer-Weber 生长、SK——Stranski-Krastanov 生长和 FM——Frank-van der Merwe 生长，化学势对于以单层数量为单位的膜厚的依赖性的示意图。标记为 WL 的曲线代表了一个假想的更厚的润湿层的化学势。平台的高度给出了在均匀应变的润湿层中每个原子的应变能。［J. E. Prieto and I. Markov, *Phys. Rev.* **B66**, 073408(2002)。American Physical Society 拥有版权 Copyright 2002］

但是，式(4.127)并不描述相反的非润湿的情况，即 $\varphi'_a > \varphi_a$。原因如下。由于润湿是不完全的，三维微晶在沉积的一开始将成核和生长。每个微晶都有侧面，它们也参与与气相的原子交换(不像在逐层生长中仅仅是最上层参与)。然后，与气相的平衡将通过一个多层高度的半晶体位置实现(图4.35)。n 层厚的三维岛的化学势将由组元单层的化学势的平均值给出

$$\mu(n) = \frac{1}{n} \sum_{k=1}^{n} \mu(k) \tag{4.128}$$

我们可以容易地像在1.5节中一样，利用 Stranski 和 Kaishew(1935)的原子方法对三维岛的化学势导出一个定性的表达式。我们可以想象，由于总表面面积是较小的，所以所有沉积材料的总量都用来构筑一个拥有甚至更低能量的大晶体，而不是许多个小的三维微晶。于是，我们将它应用到宏观的探讨。假设只有第一原子平面的原子"感受"到了衬底的能量影响，$\mu(1) = \mu_\infty + \varphi_a - \varphi'_a(1)$，并且对于 $2 \leq k \leq n$ 有 $\mu(k) = \mu_\infty$。式(4.128)的总和给出

$$\mu(n) = \mu_\infty + \frac{\varphi_a - \varphi'_a(1)}{n} \tag{4.129}$$

它被绘制在图4.41中，并且标记为 VW。注意，n 是三维微晶的平均高度，而不是薄膜的平均厚度。由于两个参数彼此通过岛密度相关，上述方程给出了一般行为。真实曲线应当移动一个常量。注意，比起逐层生长来，衬底的能量影响扩展到了远远更厚的沉积物。如果我们将晶格失配的影响计入在内，后者将对化学势作出正面贡献，并且 $\mu(n)$ 的行为将定性地保持不变。

可以注意到，式(4.129)令人太多地想起汤姆森-吉布斯方程。可以看到，如果我们在式(1.68)和式(1.69)中排除水平尺寸 n，我们强调，然而，式(4.129)与汤姆森-吉布斯作用没有丝毫的关系。正的过饱和 $\Delta\mu$ 是因为非完全润湿。如果沉积物分散为小岛，汤姆森-吉布斯作用应当加入式(4.129)。

我们尤其注意，在式(4.127)和式(4.129)中，变量 n 拥有不同的含义。在式(4.127)中，n 代表最上面的不完整的单层的数量，而在式(4.129)中，n 给出了组成三维岛的原子平面的总数量。实际上，n 的含义反映了逐层生长和被两个方程所描述的数个单层的同时生长。

如上面所示，无需在探讨中包括晶格失配，我们已经以一种差不多定性的方法成功地探讨了 Frank-van der Merwe 和 Volmer-Weber 生长模式。但是，这并不是 Stranski-Krastanov 模式的情形，它发生于 $\varphi'_a(n) > \varphi_a$(完全润湿)，而且晶格失配不为零。一般地，在我们特殊的情况中，由于晶格失配而出现的水平应变会导致不同的现象，这些现象与适应失配不同的方式有关。如同在之前的章节中展示的，这些方法中的一种是在超过某个临界厚度后引入失配位错。另一种方法是表面的特定粗糙化。在某些情况下，水平应力引起所谓 Asaro-Tiller-

Grinfeld 不稳定性波动（Asaro 和 Tiller 1972；Grinfeld 1986）。在侧面壁和定点的应变的弛豫，或者应变能量的获得是这个不稳定性的物理原因。在约 1 000 K 下 8 个 Ge 单层在 Si(001)上的生长中，且为了阻止孤立的截角多边形金字塔的形成，使用了一个单层的 Sb，观察到了拥有 12°侧壁的圆形锥［图 4.42（Horn-von Hoegen 等 1994）］。在没有 Sb 时，孤立的、很好地多边形化的完整金字塔（"小屋形团簇"）在由三个单层组成的润湿层上形成了（图 4.43）。这里，如同大量综述文章和书籍所指明的那样，我们将不考虑 Asaro-Tiller-Grinfeld 不稳定性（Nozière 1991；Pimpinelli 和 Vilain 1998；Politi 等 2000）。我们对润湿层上孤立的、完全分开的并且多边形化的微晶的形成有兴趣。换言之，我们对于真正的 Stranski-Krastanov 生长机制有兴趣。

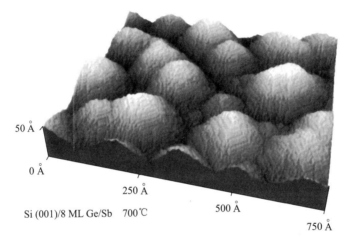

图 4.42　一张 STM 透视图（1 000 Å×700 Å），展示了 8 个单层厚的 Ge 薄膜沉积在 Sb 预覆盖的 Si（001）上的表面。高度比例扩大了两倍。［M. Horn-von Hoegen, A. Al Falou, B. H. Müller, U. Köhler, L. Andersohn, B. Dahlheimer, and M. Henzler, *Phys. Rev.* **B49**, 2637（1994）。American Physical Society 拥有版权 Copyright 2002，并由 Michael Horn-von Hoegen 提供］

　　在讨论细节之前，值得指出，即使在同一个外延系统中，不同晶面上的失配适应机制可以是不同的。Joyce 等（1997）最近报道，在 GaAs(111) 和(110)表面上，在第一个 InAs 单层之后，InAs 和 GaAs 之间 7.2%的失配通过失配位错来适应，而在 GaAs(001)表面上及第一个 InAs 单层之后，形成了三维的 InAs 的岛［更多细节和评论见 Joyce 和 Vvedensky（2002）］。这个结果清晰地显示，失配的适应模式取决于在特定晶面上三维岛成核和失配位错的能量势垒的相互关系。

图 4.43　Si(001)上 Ge"小屋形"团簇的透视 STM 图片。[B. Voigtländer，*Surf. Sci. Rep.* **43**，127(2001)。经 Elsevier Science B. V. 许可，由 Bert Voigtländer 提供]

　　考虑到图 4.5c，我们可以预期在 $\varphi'_a(n) > \varphi_a$ 和 $f \neq 0$ 的情况下，薄膜首先与衬底假同晶生长，并且

$$\mu(n) = \mu_\infty + \varphi_a - \varphi'_a(n) + \varepsilon_e(f) \tag{4.130}$$

式中 [见式(4.97)]

$$\varepsilon_e(f) = 2G_b a^2 h f^2 \frac{1 + \nu_b}{1 - \nu_b} \tag{4.131}$$

是储存在每个分离的单层中每个原子的均匀应变能量(h 是一个单层的厚度)。

　　只要 $\varphi'_a(n) - \varphi_a > \varepsilon_e(f)$，$\mu(n)$ 将会小于 μ_∞，并且附生层将会以一种一致的方式生长，因为没有违反后者稳定的条件 $\sigma + \sigma_i^* - \sigma_s < 0$。因此，键合 $\varphi_a - \varphi'_a(n)$ 和应变能量 $\varepsilon_e(f)$ 相互作用的结果就是，由整数个单层组成的润湿层将会形成。它的厚度由条件 $\mu(n) = \mu_\infty$ 或 $\varphi_a - \varphi'_a(n) = -\varepsilon_e(f)$ 确定。后者意味着润湿层的厚度随着晶格失配的增大而减小，反之亦然，但是应当总是大约在原子间力的范围。

　　下面，用热力学分析(4.3.4.1节)，超过润湿层之后，润湿条件 $\sigma + \sigma_i^* - \sigma_s < 0$ 应当被违反。两个因素对此负有责任。第一个是在润湿层和三维岛之间的界面引入失配位错。如果岛是完全弛豫的 [经典 Stranski-Krastanov 生长(Matthews，Jackson 和 Chambers 1975c)]，界面能应当由下式给出 [见式(4.121)]：

$$\sigma_i^* = \varepsilon_d(f) \tag{4.132}$$

由于 $\sigma_A = \sigma_B$，$\beta = 2\sigma_A$(Stranski-Krastanov 生长是 A 在应变的 A 上的生长)，并且 $f_e = 0$(完全弛豫)。因此，$\Delta\mu = a^2(\sigma + \sigma_i^* - \sigma_s) = \varepsilon_d(f) > 0$。

　　用相似的方法来解释连贯 Stranski-Krastanov 生长很吸引人：$\sigma_i^* = \varepsilon_e(f)$，并且 $\Delta\sigma = \sigma + \sigma_i^* - \sigma_s = \varepsilon_e(f) > 0$。如同在图 4.39 看到的，式(4.131)是在无限宽

界面的假设下推导出的。如果岛的尺寸足够大于位错的周期，和上面一样，它可以应用到由位错适应的失配的情形中去，但不能应用到连贯应变的小岛。如同在图 4.19 中看到的，应变能集中在链条（岛）的中间，而边缘处是弛豫的。图 4.44 显示了经典和连贯 SK 模式的差别（以及相似之处）。它显示了属于三个单层厚岛的底部原子平面的原子的垂直位移（Prieto 和 Markov 2002）。三维岛由 1+1 维度（衬底+高度）中一个至一个的原子的线性链条表示（Stoop 和 van der Merwe 1973；Ratsch 和 Zangwill 1993）。其中一个岛包含两个失配位错，另一个是连贯的（无位错）。可以看到，两种情况下三维岛松散地与润湿层接触。在连贯 SK 模式中垂直位移在链条末端最大，而在经典情况下是在位错中心附近最大，但是其物理本质上是相同的。因此，是边缘效应减小了小岛对于润湿层的平均润湿，并且使得 $\Delta\sigma$ 在超过润湿层时为正。

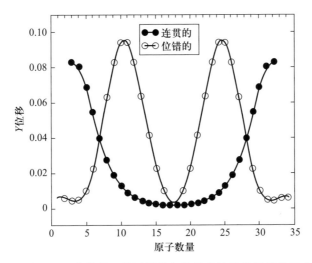

图 4.44 （a）连贯的，（b）位错的三单层厚的岛的基底链条的原子的垂直位移，以润湿层的晶格常数的单位给出，测量自由均匀应变的润湿层提供的势能谷的底部。失配总计为 7%，且岛在它们的基底链条分别包含 30 个和 34 个原子。［J. E. Prieto and I. Markov，*Phys. Rev.* **B66**，073408（2002）。American Physical Society 拥有版权 Copyright 2002］

要着重强调的是，在逐层生长中，如宏观探讨需要的那样，$\mu(n)$ 随着 n 的增大渐进地趋于 μ_∞，并且当润湿对任何厚度都是完全的时，绝不会变得大于后者。这意味着，每一个单层仅仅可以与一个欠饱和的气相，即 $P_n < P_\infty$ 处于平衡。与逐层生长相反，三维岛的化学势总是大于 μ_∞。这意味着，由于对不相似衬底较弱的吸引，在 Volmer-Weber 生长模式中的三维岛仅仅可以与一个过饱和的气相处于平衡。

将上述探讨应用于 Stranski-Krastanov 生长中不可避免地导致如下结论，即三维岛和润湿层在 Gibbs(1928)的定义中必要地代表了不同的相("一个非匀质系统中的匀质部分"),并且因此拥有不同的化学势。原因是,这两相在完全不覆盖的不同情况下与母相(气相)处于平衡。润湿层仅仅可以与欠饱和气相处于平衡,而小三维岛仅仅可以与一个过饱和气相处于平衡。因此,划分线为 $\Delta\mu = kT\ln(P/P_0) = 0$,在其上润湿层不能长得更厚,并且三维岛不能成核和生长。因此,润湿层和三维岛绝不能彼此处于平衡。

4.3.4.4 生长模式的热力学判据

接着,一方面取决于黏附力与内聚力的相互关系,另一方面取决于失配的值,其导致了失配位错能量和均匀应变的相互作用,可以区分化学势的厚度依赖性的三种不同类型:

(1)在任何失配值下,当 $\varphi'_a < \varphi_a$ 时,$d\mu/dn < 0$(非完全润湿)。

(2)在小失配下,当 $\varphi'_a > \varphi_a$ 时,$d\mu/dn > 0$(完全润湿)。

(3)在大失配下,当 $\varphi'_a > \varphi_a$ 时,$d\mu/dn \leq 0$(在某个临界厚度时从完全润湿向非完全润湿过渡)。

显然地,当 $d\mu/dn$ 为正时(每个接下来的单层有更高的化学势,图 4.41),第一个单层在第二个开始之前就完成了,第二个单层在第三个开始之前就完成了,以此类推,这在热力学上是有利的——预期为逐层生长。在相反的情况下,在完成第一个单层之前就形成第二个单层是热力学有利的,并且三维岛的形成应当发生。于是,上述不等式定义了对于外延薄膜生长机制的热力学判据(Stoyanov 1986;Grabow 和 Gilmer 1988)

(1)当 $d\mu/dn < 0$ 时,为 Volmer-Weber 生长。

(2)当 $d\mu/dn > 0$ 时,为 Frank-van der Merwe 生长。

(3)当 $d\mu/dn \leq 0$ 时,为 Stranski-Krastanov 生长。

我们提醒读者,导数 $d\mu/dn$ 的符号仅仅给出了系统自由能曲率 $d^2G(n)/dn^2$ 的符号。在没有预吸附的、以孤立三维岛生长的情况中,$G(n)$ 从下面渐进地趋于体自由能,它从沉积一开始就拥有一个负的曲率。在另一个极端,即逐层生长,$G(n)$ 总是以一个正的曲率从上面趋于渐近线。在中间的情况,即 Stranski-Krastanov 生长,$G(n)$ 从下面趋于渐近线,但是在某个厚度改变曲率的符号。如上所见,曲率的符号直接与润湿有关。因此,这个热力学判据等价于 Bauer(1958)用比表面能方式给出的判据。如果我们看式(4.123),后者变得很清楚。

一旦化学势获得了它的块材(bulk)值 μ_∞,外延层将通过同时生长数个单层而继续生长(Borovinski 和 Tzindergozen 1968;Gilmer 1980a;Chernov 1984)。

虽然上述判据看起来非常科学,但实际上对于预测生长模式毫无用处。原因在于,没人知道均匀吸附物自由能曲率的符号。以表面能形式给出的相同判据同样也很难应用。原因是，这些可以在文献中找到的量值非常不可靠。因此，以脱附能 φ_a 和 φ'_a 形式写出的判据式（4.125）可以首先被使用，然后可以进行计入晶格失配效应的尝试。但是，脱附能 φ_a，尤其是 φ'_a 在文献中很罕见。这正是蒸发焓 ΔH_{ev} 可以被替代比较的原因。如果晶体 A 和 B 拥有同一种晶格，这是经常发生的情况，$\varphi_a = k\Delta H_{ev}$，其中比例常数 k 对于两种材料是同一个。例如，fcc(111) 的 $k = 1/2$ 或者 fcc(001) 面的 $k = 2/3$。φ'_a 可以利用近似 $\varphi'_a \approx (\varphi_A\varphi_B)^{1/2}$（London 1930），这当两种材料拥有相似的化学键时有效。

例如，让我们来考虑 Si/Ge(001) 和 Ge/Si(001) 的情况。Si 和 Ge 的蒸发焓分别为 4.72 eV 和 3.88 eV（Hultgren 等 1973）。用 $k = 1/2$，我们得到 $\varphi'_a = 2.14$ eV 及 $\varphi_{Si} - \varphi'_a = 0.22$ eV。无论失配值是多少，对于 Si/Ge(001) 都必须预期 Volmer-Weber 生长。在相反的情况 $\varphi_{Ge} - \varphi'_a = -0.2$ eV，并且我们不得不估计每个原子的均匀应变。令 $G = 5.64 \times 10^{11}$ dyn/cm^2，$\nu = 0.2$，$a = 3.84$ Å，$h = 1.4$ Å 及 $f = 0.042$，使用式（4.131）我们得到 $\varepsilon_e = 0.04$ eV/atom。后者意味着，我们不得不预期一个拥有包含至少一个单层的润湿层的 Stranski-Krastanov 模式的生长。我们因此正确地预测了生长模式，而且仅仅犯了一个定量的错误。在实际中润湿层包含三个单层。

4.3.5　外延薄膜生长的动力学

我们现在所处的位置是，在考虑了上述化学势的厚度依赖的情况下来研究外延薄膜的生长。后者预测了沉积物的平衡形貌，而沉积过程往往在远离平衡的条件下进行。因此，我们必须研究衬底温度和沉积速率如何影响生长机制的问题。我们考虑三维岛形成的情况。逐层生长的情况并不与我们在第三章中讨论的二维成核的生长有重大的不同。首先，我们必须研究三维岛的形成机制。

4.3.5.1　二维-三维转换机制

我们首先研究包含不同数量单层的岛的稳定性随它们体积变化的函数。为此，我们跟随岛的键合能 U_N，它是岛中原子数量 N 的函数。如同式（2.23）定义的，直到一个常数 $N_{\varphi_{1/2}}$，键合能都因此等于表面能 Φ（Stoyanov 和 Markov 1982）。

简化起见，我们考虑处于 Volmer-Weber 形貌的拥有简立方格子的考塞尔晶体（$\varphi_a > \varphi'_a$）。我们首先计算一个单层岛的键合能，该单层岛为正方形，边缘有 n 个原子，因此包含 $N = n^2$ 个原子。我们将自己限制在第一邻位相互作用 ψ 和 ψ'，并且假设能量由键数量给出，键合能为

$$\frac{U_1}{N\psi} = -\left(3 - \phi - \frac{2}{\sqrt{N}}\right) \tag{4.133}$$

式中，$\phi = 1 - \psi/\psi'$ 是上面讨论的润湿参数。

我们接下来考虑在边缘拥有 n 个原子的双层岛，因此它包含 $N = 2n^2$ 个原子。键合能为

$$\frac{U_2}{N\psi} = -\left(3 - \frac{\phi}{2} - \frac{2\sqrt{2}}{\sqrt{N}}\right) \qquad (4.134)$$

对应地，对于 $U_3 (N = 3n^2)$ 我们得到

$$\frac{U_3}{N\psi} = -\left(3 - \frac{\phi}{3} - \frac{2\sqrt{3}}{\sqrt{N}}\right) \qquad (4.135)$$

图 4.45 绘制了 $\phi = 0.2$ 的键合能。可以看到，曲线在连续的原子数 N_{12}、N_{23} 等处彼此相交，这定义了以它们体积为函数的对应岛的稳定性的间隔。换言之，开始时一个岛以一个单层生长，而在超过临界数 N_{12} 之后针对双层结构变得不稳定。让 U_1 与 U_2 相等，对于后者得到 $N_{12} = 16(\sqrt{2} - 1)^2/\phi^2$。当岛的尺寸 N 大于 N_{12} 时，单层岛应当变为双层岛。依次地，后者将在 $N > N_{23}$ 处转变为三层岛，等等。因此，我们得到了非常重要的结论，单层岛对于三维岛表现为必要的前驱体。

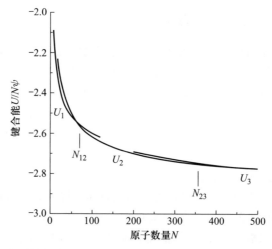

图 4.45　拥有简立方晶格的单层、双层和三层岛每个原子的键合能随它们的原子数目的函数变化。润湿参数 $\phi = 1 - \psi'/\psi = 0.1$

我们可以进一步研究一个单层岛到双层岛的转变机制（Stoyanov 和 Markov 1982）。我们可以按如下方法想象这个过程。原子从单层岛的边缘离开并且在其上扩散，遇到彼此并且引起第二层的核。后者通过消耗从更低岛脱离的原子进行生长。过程一直持续到上面岛的尺寸等于较低岛的尺寸的时刻（图 4.46）。

假设我们有一个方形单层岛，其边上有 n_0 个原子。在转变过程的某个阶段，它的尺寸缩小到 n，并且一个包含 $n'^2 = n_0^2 - n^2$ 个原子的第二层岛在上面形成了。伴随着转变过程的能量变化由边上有 n_0 个原子的最初单层岛的能量和不完整双层岛的能量之差给出，此不完整双层岛第一单层岛边上的原子及第二单层岛边上的原子数分别为 n 和 n'。

$$\frac{\Delta U_{12}(n')}{\psi} = -n'^2\phi - \frac{n'^2}{n_0} + 2n' \tag{4.136}$$

式中，近似 $n_0 + n = 2n_0$ 在转变的最开始被使用。

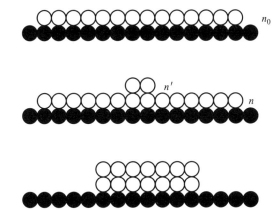

图 4.46　为了评估单层-双层转变的激活能的图示。初始态是一个边上有 n_0 个原子的方形单层岛。中间态是一个边上有 n 个原子的单层岛，并且顶上是一个边上有 n' 原子的第二层岛，从而 $n_0^2 = n^2 + n'^2$。最终态是一个两层等尺寸的双层岛

　　图 4.47 绘制了式（4.136）。可以看到，它在某个临界尺寸 $n'^* = n_0/(1 + n_0\phi)$ 处显示一个最大值。最大值的高度由 $\Delta U_{12}^* = n_0\psi/(1 + n_0\phi) = n'^*\psi$ 给出，这正如同由一个成核过程探讨所应当期望的那样（见 3.2.4.5 节中的表 3.1）。

　　我们注意，关于在连贯 Stranski-Krastanov 生长中单层高的岛是三维成岛的必要前驱体，许多作者都做出了相同的结论（Priester 和 Lannoo 1995；Chen 和 Washburn 1996；Duport，Priester 和 Villain 1998）。这种情况下，也得到了与图 4.45 所示的相似的曲线（Korutcheve 等 2000；Markov 和 Prieto 2002）。如上所示在 Volmer-Weber 生长中，二维岛的临界尺寸是润湿参数平方的倒数。在连贯 Stranski-Krastanov 生长中，后者是失配的一个函数。在连贯 Stranski-Krastanov 生长中绘制 N_{12} 随失配的函数变化曲线，它显示了存在一个临界失配，超过它时可以形成连贯的三维岛，并且低于它时，当达到对应厚度时，失配应当由失配位错适应。实验上观察到了在 InP(001)（Rudra 等 1994；Houdré 等 1993）

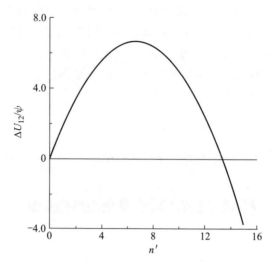

图 4.47 伴随着单层-双层转变的能量变化

和在 GaAs(001)(Colocci 等 1997)衬底上共存的稳定的一个、两个、三个、四个等单层厚的 InAs 岛。Chang 等(2002)报道了在一个双层润湿的没有 Pb 沉积的、Si(111)表面上 5 层厚的 Pb 岛逐渐向 6 层厚岛的转变。

4.3.5.2 二维-三维转变的动力学

我们考虑完全凝结的情况，此时所有到达晶体表面的原子在重新蒸发之前加入了生长位置。如同一个无缺陷原子级平滑的晶面生长的情况那样，来自气相的原子击打衬底，并且在一个热适应周期之后随机地行走，从而引发二维核。二维核通过在衬底上扩散至其边缘的以及扩散到它们暴露的表面之上的吸附原子进行进一步生长。一个吸附原子群体在它们之上形成(图 4.48a)，其浓度 $n_s(r)$ 可以通过利用边界条件 $n_s(r=\rho)=n_{s1}^e$ 和 $(\mathrm{d}n_s/\mathrm{d}r)_{r=0}=0$ 求解主方程式(3.126)得到。解为[见式(3.129)和式(3.137)]

$$n_s(r) = n_{s1}^e + \frac{\Re}{4D_s}(\rho^2 - r^2) \tag{4.137}$$

式中，$\Re = P(2\pi mkT)^{-1/2}(\mathrm{cm}^{-2}\cdot\mathrm{s}^{-1})$ 是原子到达速率；n_{s1}^e 是与岛边缘处于平衡时的吸附原子密度，它由下式给出：

$$n_{s1}^e = n_{se}\exp\left(\frac{\mu(1) - \mu_\infty}{kT}\right) \tag{4.138}$$

式中，n_{se} 是在相同体沉积晶体表面上的吸附原子浓度，由式(3.18)给出。

式(4.137)展示了吸附原子浓度对于从岛中心开始的距离的抛物线依赖关系(图 4.49a)，它在刚刚越过岛中心处表现出一个最大值

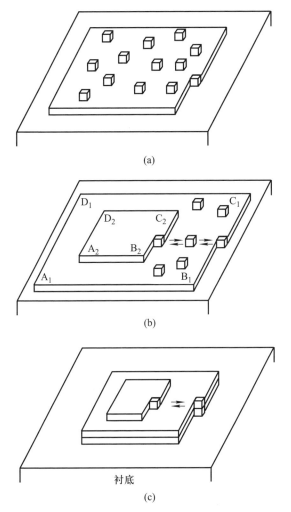

(a)

(b)

衬底

(c)

图 4.48　薄膜生长的后续阶段和在扭结及稀释吸附层之间的原子交换。(a)吸附在第一单层岛上的原子浓度随着岛尺寸的增加而增加，这导致二维岛在第二单层上的成核。(b)从边缘 $A_1B_1C_1D_1$ 到边缘 $A_2B_2C_2D_2$ 的表面传输在 $\mu(2)<\mu(1)$ 时发生。(c)表面传输将层结构转变为一个两个单层高的晶体，它通过第三单层岛的成核进一步生长。[I. Markov and S. Stoyanov，*Contemp. Phys.* **28**，267(1987)。经 Taylor & Francis Ltd. 许可]

$$n_{s,\,\max} = n_{s1}^{e} + \frac{\Re}{4D_s}\rho^2$$

ρ 的增加导致 $n_{s,\max}$ 足够高，以引起岛顶上的核(图 4.48b)。因此，第二单层的核在第一个完成之前就出现了。一旦这样的核形成，它们首先以消耗在较高和较低岛边缘之间平台上的、扩散至它们边缘的原子来生长。平台(图 4.49b)上吸附原子的密度由对式(3.138a)应用边界条件 $n_s(\rho_1) = n_{s1}^e$ 和 $n_s(\rho_2) = n_{s2}^e$ 给出，其中

$$n_{s2}^e = n_{se}\exp\left(\frac{\mu(2) - \mu_\infty}{kT}\right) \tag{4.139}$$

是与第二单层岛边缘处于平衡时的吸附原子浓度(Markov 和 Stoyanov 1987)。

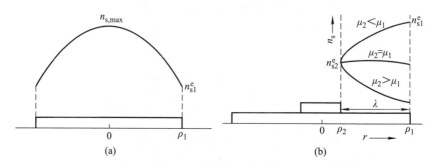

图 4.49 （a)在一个单层岛表面上和(b)在半径分别为 ρ_1 和 ρ_2 的较低和较高单层岛边缘之间形成的平台之上的吸附原子浓度的轮廓。n_{s1}^e 和 n_{s2}^e 是与对应岛边缘处于平衡时的吸附原子浓度

解为〔参考式(3.138b)〕

$$n_s(r) = n_{s1}^e + \frac{\Re}{4D_s}(\rho_1^2 - r^2) - $$

$$\left(\Delta n_s + \frac{\Re}{4D_s}(\rho_1^2 - \rho_2^2)\right)\frac{\ln\left(\dfrac{r}{\rho_1}\right)}{\ln\left(\dfrac{\rho_2}{\rho_1}\right)} \tag{4.140}$$

式中，$\Delta n_s = n_{s1}^e - n_{s2}^e$。

现在假设 $\mu(1) > \mu(2)$，即 $d\mu/dn < 0$。在第一单层岛上的吸附原子总体相对于体沉积晶体来讲是过饱和的。这有利于第一单层岛上的成核，并且成核发生的热力学驱动力应当大于 $\Delta\mu = \mu(1) - \mu_\infty$。另一方面，$n_{s1}^e > n_{s2}^e$，且将会发生从较低岛边缘到较高岛边缘的表面传输，它的驱动力由 $\Delta n_s/\lambda = (n_{s1}^e - n_{s2}^e)/\lambda$ 给出，其中 λ 是边缘之间的距离(图 4.49b)。因此，上面的岛将以耗费较低岛来生长，并且一段时间之后它们将赶上较低的岛，从而产生拥有双倍高度的岛(图 4.48c)。因此，在足够高温度，从而促进表面传输时，将会观察到岛状生长。但是，如果温度很低，从边缘到边缘的表面传输将会被阻碍，从而第一单层岛将会水平生长，以致在它们之上显著的生长之前就发生联合并且完全覆盖衬底表面。由于动力学的原子，将会发生类层生长。但是，这种在低温下生长

的薄膜是亚稳的。一经加热，它们将会裂开，并且结块为三维岛。注意，生长不会是真正的逐层生长机制（在下一层开始成核之前，一个单层完全覆盖衬底），因为热力学青睐岛状生长。

在相反的情况 $\mu(1)<\mu(2)$，$(d\mu/dn>0)$（图 4.49b），第二单层的岛将会拥有比较低岛更高的化学势，从而会发生从较高岛的边缘到较低岛边缘的原子的表面传输。结果，较高的岛将会衰减。因此，无论在任何温度下，都可以观察到逐层生长。

最后，当 $d\mu/dn$ 随膜厚改变其符号时，第一单层将由于上面给出的原因进行逐层生长。一旦达到一个特定的厚度（所谓的 Stranski-Krastanov 厚度），从而对应的化学势高于 μ_∞，三维岛将形成，并且在高温下生长。将会发生从更为应变单层岛的边缘到较少应变或者完全没有应变的单层岛的边缘的表面传输。结果，将会观察到 Stranski-Krastanov 机制。在低温下，生长将会以连续形成单层来进一步进行。再一次地，如果这些低温薄膜被在较高温度下退火，超出第一稳定单层（对于它 $d\mu(n)/dn>0$）的材料将会破碎，并且结块为三维岛。

非常重要地，需要再一次强调，真正的逐层生长仅仅当化学势是膜厚的一个增函数，即 $d\mu/dn>0$ 时，才会发生。在低温及 $d\mu/dn<0$ 时，薄膜生长将会以同时生长几个单层来进行，如同第三章中所示。

因此，我们不得不预期，随着温度的增加，生长机制会从类层生长改变到 Volmer-Weber 或 Stranski-Krastanov 生长。对于转变发生的必要条件是 $d\mu/dn<0$。换言之，热力学应当有利于在衬底表面或者在沉积物几个稳定的单层之上的岛状生长。我们下一个任务是找到使得转变发生的临界温度。

我们考虑当 $\mu_1>\mu_2>\mu_3\cdots$，从而可以期望在接近平衡条件下的 Volmer-Weber 或岛状生长的情况。对于完成稳定润湿层之后的 Stranski-Krastanov 生长的情况也是相同的。如上面所讨论的，第二、第三等单层的二维核在第一单层岛上面形成，这导致了图 3.26 所示的生长的平金字塔的形成。在 Pötschke 等（1991）的论文中可以看到一张 Cu 在 Ru(0001) 上生长的这种金字塔的非常好看的图片。由于化学势是单层数量 n 的一个减函数，表面传输将会从较低台阶指向较高台阶。我们利用服从边界条件 $n_s(\rho_1)=n_{s1}^e$，$n_s(\rho_2)=n_{s2}^e$，$n_s(\rho_3)=n_{s3}^e$ 等的扩散方程式(3.126)，假设台阶和平台上稀释吸附层（扩散状态）之间原子的快速交换。于是，我们得到每个平台上 $n_s(r)$ 的解[式(4.140)]，并且，沿用第三章同样的步骤，我们计算圆形台阶前沿的速率 $v_n=d\rho_n/dt$（Stoyanov 和 Markov 1982）。

因此，对于第一单层岛，我们有

$$\frac{\mathrm{d}\rho_1}{\mathrm{d}t} = \frac{\Re}{2\pi N_0 N_s \rho_1}\left[1 - \frac{\pi\rho_1^2 N_s\left(1 - \frac{\rho_2^2}{\rho_1^2}\right)}{\ln\left(\frac{\rho_1^2}{\rho_2^2}\right)}\right] - \frac{2\Delta n_s^e D_s}{N_0\rho_1\ln\left(\frac{\rho_1^2}{\rho_2^2}\right)}$$

式中，N_s 是通过衬底每单位面积的连续成核形成的生长金字塔的密度。

在这个表达式中，包含 $\Re$ 的右手边的第一项总是正的，因为在联合之前表面覆盖 $\pi\rho_1^2 N_s$ 比整数小，并且 $\rho_1 > \rho_2$。包含平衡浓度差值 Δn_s^e 的第二项也是正的，因为 $n_{s1}^e > n_{s2}^e$。接着有，v_1 可以为正或负，这取决于沉积速率 $\Re$ 的值和是温度陡峭函数的差值 Δn_s^e。在没有沉积的极端情况（在 $\Re = 0$ 的退火），右手边的第一项等于零且 $v_1 < 0$，因此反映出脱附过程和从较低单层岛边缘到较高岛边缘的原子传输。在沉积时发生相同的过程，但是在更高温度下，当负的项过分补偿了正的项时才发生。如果这在第一单层岛联合之前发生，例如，在表面覆盖 $\Theta_1 = \pi\rho_1^2 N_s < 0.5$ 时，必须预期岛状生长。如果减小温度，Δn_s^e 减小，并且在一个给定温度之下，包括 Δn_s^e 的项对于 v_1 有一个可以忽略的贡献。于是，速率 v_1 恰好与在一个自己衬底上沉积的情况相同，即在一个当 $\mu(n) = \mu_\infty$ 时的体晶生长的情况。

我们现在必须解一组对于台阶前沿速率的微分方程。后者可以写为表面覆盖 $\Theta_n = \pi\rho_n^2 N_s (n = 1, 2, 3\cdots)$ 随一个无量纲时间 $\theta = \Re t/N_0$ 的函数，这实际上是沉积的单层的数量，以如下形式：

$$\frac{\mathrm{d}\Theta_1}{\mathrm{d}\theta} = 1 - \frac{M_1 + \Theta_1 - \Theta_2}{\ln\left(\frac{\Theta_1}{\Theta_2}\right)}$$

$$\frac{\mathrm{d}\Theta_n}{\mathrm{d}\theta} = \frac{M_{n-1} + \Theta_{n-1} - \Theta_n}{\ln\left(\frac{\Theta_{n-1}}{\Theta_n}\right)} - \frac{M_n + \Theta_n - \Theta_{n+1}}{\ln\left(\frac{\Theta_n}{\Theta_{n+1}}\right)} \tag{4.141}$$

$$\frac{\mathrm{d}\Theta_N}{\mathrm{d}\theta} = \frac{M_{N-1} + \Theta_{N-1} - \Theta_N}{\ln\left(\frac{\Theta_{N-1}}{\Theta_N}\right)}$$

式中，下角标 N 代表了最上层单层，并且参数

$$M_n = \frac{4\pi D_s N_s(n_{s,n}^e - n_{s,n+1}^e)}{\Re} \tag{4.142}$$

包括了所有材料量值和吸附原子浓度的差值，或者，换言之，化学势的差值［见式（4.138）和式（4.139）］

4.3.5.3 二维-三维转变的临界温度

式（4.142）的数值分析表明，Θ_n 的解以及因此生长金子塔形状随时间的演

化对于 M_n 的值非常敏感。后者是温度的强增函数,并且与原子到达速率 $\Re$ 成反比。当化学势独立于层数量,或者换言之,$n_{sn}^e = n_{se}$,$M_n = 0$。在这种情况下,在台阶和生长金字塔之间没有定向的表面传输保持它们的形状。这意味着,外延薄膜将会像体晶面那样生长,沿用拥有数层同时生长的二维成核机制。马上可以看到,式(4.142)对于一个包含 $M_n = 0$ 的二维岛的生长金字塔变成式(3.146)。

我们来考虑最为简单的情况,即图 4.48 或图 4.49b 所示的双层金字塔,另外假设 $n_{sn}^e = n_{se}$,即 $\mu(2) = \mu_\infty$。这对于发生岛状生长是一个足够的条件,因为双层岛将由于它而形成。如同第三章中讨论过的,双层台阶比单台阶传播更慢,并且双层台阶将会被上面的台阶赶上。三层岛将会形成,等等。在双层金字塔的情况,式(4.141)的数值解展示于图 4.50。在 $M_1 = 0.25$ 处,Θ_1 初始时先增长,表现出一个最大值 $\Theta_1 = 0.5$,并且减小。后者意味着在生长的某个阶段,第一单层岛的推进速率 $d\rho_1/dt$ 变为负的,或者换言之,第一个岛衰减,并且原子供给到第二个岛。然后,后者的边缘赶上前者的边缘,并且一个拥有双高度的岛产生了(图 4.48c)。双台阶推得比单台阶更慢,并且在一段时间之后,第三个台阶赶上了双台阶,因此产生了一个拥有三高度的岛。因此,发生岛状生长,对于它的动力学判据为

$$\frac{4\pi D_s N_s (n_{s1}^e - n_{se})}{\Re} \geq 0.25 \qquad (4.143)$$

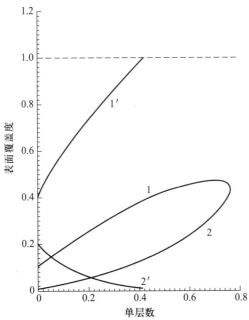

图 4.50 第一(曲线 1 和 1′)和第二(曲线 2 和 2′)单层表面覆盖随沉积单层数量的依赖关系。曲线 1 和 2:$M_1 = 0.25(\mu(2) < \mu(1))$;曲线 1′和 2′:$M_1 = -1.5(\mu(2) > \mu(1))$

如果我们将它写为如下形式，这个判据的物理意义变得很显然：

$$\frac{4\pi D_s (n_{s1}^e - n_{se})}{\dfrac{\Re}{N_s}} \geqslant 0.25$$

分子代表了从较低岛边缘向较高岛边缘的总扩散流量，它源于平衡吸附原子浓度的差。分母等于每单位时间加入一个金字塔的原子数量。因此，判据无非是在表述，为了使岛状生长发生，从边缘到边缘的扩散流量应当等于或大于加入金字塔原子总数量的25%。沉积速率$\Re$的增长导致金字塔整体生长速率的增长，却并不影响对金字塔向三维岛转变负责的扩散流量。结果是一个向逐层生长的转化。温度的生长有相反的作用：它导致一个更快的表面传输，这依次促进二维到三维的转变。

非常有趣的是，看看当M_1是负值，即$\mu(1) < \mu_\infty$时，会发生什么。在图4.50中可以看到，第二单层的表面覆盖Θ_2减小，因此反映了表面传输是从较高岛的边缘指向较低岛的边缘。较低岛以消耗较高的岛来生长，并且完全覆盖衬底。结果是真正的逐层生长。

对于来自式（4.140）的转化温度T_t，利用式（4.138），式（3.18）和式（3.20），我们得到

$$T_t = \frac{(\varphi_{1/2} - \varphi_a) - (\mu(1) - \mu_\infty) + E_{sd}}{k\ln\left(\dfrac{16\pi\nu N_s}{\Re}\right)} \tag{4.144}$$

对于从类层生长向岛状生长的转化，将来自式（4.124）的化学势的差代入式（4.144），我们得到

$$T_t = \frac{[(\varphi_{1/2} - \varphi_a) - (\varphi_a - \varphi'_a)] - \varepsilon_d + E_{sd}}{k\ln\left(\dfrac{16\pi\nu N_s}{\Re}\right)} \tag{4.145}$$

考虑到在一个扭结位置的一个原子的水平键实际上保持不变$\varphi_{1/2} - \varphi_a \cong \varphi'_{1/2} - \varphi'_a$，并且方括号中的能量差恰好等于一个原子从第一单层岛一个台阶中的一个扭结位置向其上的稀释吸附层的转移的能量$\varphi'_{1/2} - \varphi'_a$。

式（4.145）对于从逐层到岛状生长的转变是有效的，其中穿过界面的原子间力对于化学势的贡献最大。在从逐层生长到Stranski-Krastanov生长转变的情况，可以忽略$\varphi_a - \varphi'_a$。假设三维岛完全弛豫，即，它们是非连贯的或者位错化的，式（4.144）简化为

$$T_t = \frac{(\varphi_{1/2} - \varphi_a) - \varepsilon_d + E_{sd}}{k\ln\left(\dfrac{16\pi\nu N_s}{\Re}\right)} \tag{4.146}$$

然后，表面传输将会发生于从一个更为弹性形变的单层岛到较少形变或没

有一点形变的单层岛的边缘。

应当注意，鉴于 $\varphi_{1/2}$ 是体材料的一个特征，φ_a 和 φ'_a 取决于衬底的结晶取向。接着有，对于面心立方晶体的 (111) 面 ($\varphi_a = 3\psi$，$\varphi'_a = 3\psi'$)，临界温度将高于对于 (100) 面 ($\varphi_a = 4\psi$，$\varphi'_a = 4\psi'$) 的值。这确实在一系列的试验中观察到了 [见 Markov 和 Stoyanov(1987) 的综述；Markov(1983)]。

图 4.51 中绘制了逐层生长到 Stranski - Krastanov 生长的转变温度 [式 (4.146)] 随自然失配的变化曲线。通过使用 van der Merwe 理论 [式 (4.144)] 计算了每个原子的失配位错能 ε_d 随失配的变化，其中取平均剪切模量 $G = 5 \times 10^{11}$ dyn/cm^2 及泊松比 $\nu = 0.3$。采用了一个蒸发平均熵 $\Delta H_{ev} \equiv \varphi_{1/2} = 70$ kcal/mol。可以看到，当失配从零增加到 0.20 时，温度仅仅下降了 140~150 K，随着温度或失配的增加，可以预期一个从平面生长到 Stranski-Krastanov 生长的转变。除此之外，更加紧密堆积的表面比起较松散堆积的表面来，其转变温度要高 200 多度。对于后者来说，甚至在室温下都可能发生平面到 Stranski-Kras-tanov 生长的转变。下面将会展示，这个结果与实验观察符合得相当好。

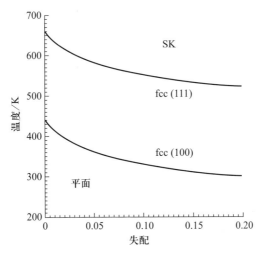

图 4.51　从一个平面(类层)生长到 Stranski-Krastanov 生长的转变温度(以 K 为单位)随着在面心立方衬底晶体两个不同取向(111)和(001)之上的自然失配的变化曲线。其中取了一个蒸发的平均熵 $\Delta H_{ev} \equiv \varphi_{1/2} = 70$ kcal/mol。使用 van der Merwe 理论计算了失配位错能量 ε_d [式(4.144)]，其中平均剪切模量取 $G = 5 \times 10^{11}$ dyn/cm^2 及泊松比取 $\nu = 0.3$

因此，生长中外延薄膜的形貌是沉积动力学的结果，并且可以与热力学标准所需的形貌相当不同。可以看到，式 (4.144) 解释了薄外延层生长的动力学和热力学。

我们回到本章开始时提到的一些实验数据。我们首先考虑 Cu 在 W(110)

和 W(100) 上沉积时从逐层生长到 Stranski-Krastanov 生长的转变 (Bauer 等 1974)。上层稳定吸附层的原子密度为 1.6×10^{15} atom/cm^2，假设吸附层一个近似的 (111) 结构其平均原子间距为 2.686 Å。考虑到 Cu 的第一相邻距离为 2.556 Å，Cu 微晶和下面应变的铜吸附层的自然失配是 $f \cong 0.05$。$G_a = G_b = G_i = G = 5.46 \times 10^{11}$ dyn/cm^2，$\nu_a = \nu_b = \nu = 0.324$，$G' = G/2(1-\nu)$ 和 $\lambda = \pi f/(1-\nu) = 0.23$。利用 van der Merwe 理论 [式 (4.88)]，我们得到 $\varepsilon_d = 310$ erg/cm^2。于是，$\varepsilon_d = a^2 \varepsilon_d \cong 2 \times 10^{-20}$ J/atom = 0.126 eV/atom。Cu 的蒸发焓是 $\Delta H_e = 72\ 800$ cal/mol，并且 $\varphi_{1/2} - \varphi_a = 36\ 400$ cal/mol = 1.58 eV/atom。利用 $\nu \cong 3 \times 10^{13}$ s^{-1}，$N_s \cong 1 \times 10^{10}$ cm^{-2}，$\Re = 5.9 \times 10^{12}$ cm$^{-2} \cdot$ s^{-1}，而且忽略 E_{sd}，我们得到 $T_t = 600$ K，与实验得到的值 700 K 符合得很好。对于 Cu 在 W(100) 沉积的情况进行了同样的计算，得到 $f = 0.21$，$\lambda = 0.976$，$\varepsilon_d = 600$ erg/cm^2，且 $\varepsilon_d = 0.245$ eV/atom。考虑到 $\varphi_a = 4\psi$，$\varphi_{1/2} - \varphi_a = 26\ 380$ cal/mol = 1.053 eV/atom，$T_t = 330$ K。上面提到，实验中观察到，三维岛甚至在室温下也在稳定的吸附层上形成。

可以看到，式 (4.146) 定量地预测了从层状生长到 Stranski-Krastanov 生长模式的转变，并且正确地给出了转变温度对于衬底结晶取向的依赖。对于从层状到岛状生长的转变，我们需要可靠的黏附能 φ'_a 的值。于是，当蒸发焓和两个材料的键合强度并没有太大区别时 (只要化学键的性质是同一个)，式 (4.145) 都可以令人满意地运转。于是，我们可以假设黏附能位于两种材料内聚能之间。我们将会考虑 Ge 在 Si(111) 和 Si 在 Ge(111) 上沉积的例子 (Marée, Barbour 和 van der Veen 1987)。

当 Ge 在 Si(111) 上沉积时，观察到从层状生长到 Stranski-Krastanov 生长的转变，转变温度是 500 ℃。利用式 (4.146)，并且沿用上面概述的步骤，我们得到 $\varepsilon_d = 400$ erg/cm^2，以及 $\varepsilon_d = 0.4$ eV/atom，$\varphi_{1/2} - \varphi_a = 44\ 750$ cal/mol = 1.94 eV/atom。利用 $N_s = 1 \times 10^9$ cm^{-2} 和 $\Re = 0.1$ ML/s = 7.2×10^{13} cm$^{-2} \cdot$ s^{-1}，$T_t = 480$ ℃，与实验观察符合得极好。

Si 在 Ge(111) 上沉积时的从逐层到岛状生长的转变处理起来更加困难。我们首先假设在界面处的剪切模量 G_i 的值在 Si 和 Ge 的之间，它们的值分别为 6.41×10^{11} dyn/cm^2 和 5.46×10^{11} dyn/cm^2。我们接受平均值 $G_i = (G_{Ge} G_{Si})1/2 = 5.9 \times 10^{11}$ dyn/cm^2。于是，$\varepsilon_d = 600$ erg/cm^2 及 $\varepsilon_d = 0.6$ eV/atom。对于评估 φ'_a 可以做出相同的假设。从 $\varphi_a(Si) = \Delta H_e(Si)/2 = 54\ 450$ cal/mol 和 $\varphi_a(Ge) = \Delta H_e(Ge)/2 = 44\ 750$ cal/mol，我们得到 $\varphi'_a \cong [\varphi_a(Si) \varphi_a(Ge)]^{1/2} = 49\ 360$ cal/mol。然后 $\varphi_{1/2} - \varphi_a = 54\ 450$ cal/mol = 2.362 eV/atom，$\varphi_a - \varphi'_a = 5\ 090$ cal/mol = 0.221 eV/atom。用 $\Re = 7.2 \times 10^{13}$ cm$^{-2} \cdot$ s^{-1} 和 $N_s = 4 \times 10^7$ cm^{-2}，而且再次忽略 φ_{sd}，我们得到转换温度为 $T_t = 590$ ℃。值得指出，关于 φ'_a 的近似相当合理。如

果我们将 φ'_a 近似为 $\varphi_a(Si)$ 或 $\varphi_a(Ge)$，则 $T_t = 720\ ℃$ 和 $480\ ℃$。我们可以总结，φ'_a 的值确实在 $\varphi_a(Si)$ 和 $\varphi_a(Ge)$ 之间。

但是，我们必须记得理论上预测的 T_t 的值是低估了的，因为对于表面扩散的激活能量被忽略了。对于 Si 原子在 Si(111) 上的扩散，报道的值为 1.3 eV（Farrow 1974；Kasper 1982）。此外，Sakamoto，Miki 和 Sakamoto（1990）发现，在一个邻位 Si(111) 表面上的表面扩散是各向异性的。计算转变温度时的不确定性来自将 van der Merwe（1973）的理论应用到计算共价键材料的失配位错能量的情况之中，共价键被认为是脆弱和不可弯曲的。另外的不确定性来自计算脱附能时使用了最近相邻模型。因此，令人吃惊的是，无论对式(4.145)和式(4.146)所涉及的量采取什么近似，方程始终与实验数据半定量地符合得很好。

式(4.145)和式(4.146)容易地解释了随着增大的失配而发生的从逐层到 Stranski-Krastanov 或岛状生长的转变。举例来说，我们将考虑在 Si 上的 $Si_{1-x}Ge_x$（Kasper，Herzog 和 Kibbel 1975）。当组分 x 从 0.15 到 0.25 变化时，自然失配从 0.006 到 0.01 变化，参数 λ 从 0.024 到 0.04 变化，并且 ε_d 从 0.12 eV 到 0.175 eV 变化。对于二维-三维转变的临界温度下降了约 30 度，当沉积在室温下进行时，这足够改变生长模式。

4.3.5.4　交叉影线图案

上面描述的理论模型给出了另外一种现象的解释。这就是所谓的"交叉影线图案（cross hatch patterns）"的出现［见 Franzosi 等（1986）及其中的参考文献］。交叉影线图案表现为在生长外延层表面上的一个平行线的阵列或者两个相互垂直线阵列的网格，其中生长外延层厚于薄膜余下的部分。对于 $In_xGa_{1-x}As$ 在 InP(100) 上生长的情况这个现象的详细研究（Franzosi 等 1986）表明，每一条交叉影线对应一条位错线。因此，交叉影线图案只有当界面分解为一个失配位错的交叉网格时才出现，虽然从未发现过在影线和位错线之间的一一对应。此外，交叉影线图案已经在处于拉伸和压缩应力的薄膜表面被观察到。交叉影线图案从未在假同晶薄膜的表面上发现过。考虑到本章给出的生长外延层的平衡形貌的热力学分析，很容易假设，刚好在位错线上面的薄膜的那些部分是弹性弛豫的（如果 $t < p/2$），而在位错线之间的薄膜仍然处于失配应力之下。于是，在位错线之上的薄膜的化学势比处于位错线之间区域的那部分要低（图 4.52），而且 μ 的变化正好由均匀应变 ε_e 的能量给出。然后，吸附原子从拥有增强化学势的区域到拥有较低化学势的区域的表面传输正如图 4.48b 中所示的情况那样发生。在位错线之上的部分比其他部分生长得更厚，所以导致了交叉影线图案。

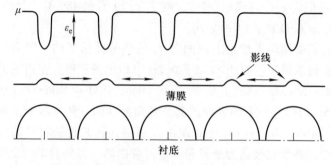

图 4.52 一个交叉影线图案的截面的示意图。上部曲线阐释了由于失配应变的非均匀分布而产生的晶体表面化学势可能的变化。箭头展示了表面传输的方向

4.3.6 外延生长中的表面活性剂

人们对于吸附物之于表面性质影响的兴趣可以回溯到很久以前（Moelwin-Hughes 1961）。在生长晶体表面上出现的表面活性物质（表面活性剂）剧烈地改变平衡形状（Eaglesham，Unterwald 和 Jacobson 1993）、生长模式（Copel 等 1989；Horn-von Hoegen 等 1994）、成核速率（Rosenfeld 等 1993；van der Vegt 等 1998）、成核瞬态特性（Hwang，Chang 和 Tsong 1998）、从台阶流到二维成核的转变（Iwanari 和 Takayanagi 1992；Iwanari，Kimura 和 Takayanagi 1992）、台阶结构（Voigtländer 和 Zinner 1993；Hernán 等 1998）、表面扩散性（Massies 和 Grandjean 1993；Voigtländer 等 1995）、表面扩散的机制（Camarero 等 1998；Ferron 等 2000）、应变弛豫（LeGoues，Copel 和 Tromp 1989；Thornton 等 1992；Meyer，Voigtländer 和 Amer 1992）、表面合金化（Katayama 等 1996）、缺陷浓度（Camarero 等 1994；van der Vegt 等 1995）、最终薄膜的物理性质（Prieto 等 2000）等。主要的作用是抑制三维岛化，从而可以制造出适于微电子器件的光滑薄膜。我们将简要考虑表面活性剂对于薄膜生长模式影响的热力学和动力学两方面。我们将用最为通用的方法来进行，而不计入材料特别的性质。

表面活性剂既影响晶体生长（同质外延），又影响外延生长（异质外延）。在这个部分我们更加注重异质外延生长，尤其是生长模式的变化。对于同质外延的生长主要是动力学性质的。一个经典的例子是一个亚单层的 Sb 的量对于 Ag(111) 生长的影响（van der Vegt 等 1992；Vrijmoeth 等 1994），其中 X 射线反射束强度大单调下降被振荡替换。后者明显地表示出一个多层生长到逐层生长的变化。

4.3.6.1 热力学探讨

如果想要改变一个过程的方向，例如，为了沉积一个光滑薄膜而不是三维

岛，我们必须改变驱动沉积的热力学力的符号。如果想要阻止一个特定过程的发生，我们必须抑制对应的热力学驱动力，让它尽可能地靠近零。换言之，我们必须检查在生长中的外延薄膜表面上出现的表面活性剂是否可以使得 4.3.4 节中导出的化学势之差 $\mu(n)-\mu_\infty$ 的符号反转，或者使得后者等于零。为此，我们必须研究吸附原子或分子的出现是否可以改变薄膜的化学势。我们比较在体晶和薄外延层上的表面活性剂的作用。

我们想要提醒读者的是，虽然首次试图解释表面活性剂作用的尝试是基于热力学的（Coppel 等 1989），问题却远远没有解决。因此，这个部分包含了本领域内最为基础的概念，并且不如说是将问题展现在研究者面前。

4.3.6.1.1 体晶的化学势

一个非常重要的事实在很久以前就被建立起来了（Bliznakov 1953；Pangarov 1983），即无限大晶体的化学势不依赖于杂质在其表面上的吸附。我们将使用 Stranski（1928，1929）的方法来证实这一点，该方法计算了当一个表面活性剂的一个完整的单层不存在以及存在时，一个原子从一个考塞尔晶体的表面上的半晶体位置的分离功。如第一章中所示，一个原子从一个半晶体位置的分离功取负号在绝对零度时精确地等于晶体的化学势，$\mu=\varphi_{1/2}$［式（1.58）］。简化起见，我们考虑二维的情况（图 4.53 中左图）。通过看一下图 1.15，并想象它的表面被一个单层的表面活性剂覆盖，三维的情况可以容易地进行复制。我们进一步假设能量的可加性，以及晶体 A 中原子与表面活性剂 S 中原子之间的失配不存在。我们只考虑在第一配位球中的相互作用。

在图 4.53 中所示的没有活性剂的情况 $\varphi_{1/2}^0=2\psi_{AA}$。我们现在通过假设晶体被完整的一层表面活性剂原子所覆盖来计算 $\varphi_{1/2}$。为了这个目标，我们将一个原子蒸发进一个扭结位置。我们首先分离在扭结原子顶上的表面活性剂原子。我们打断一个 SA 和一个 SS 键，因此耗费了能量 $\psi_{SA}+\psi_{SS}$。然后，我们将原子蒸发进扭结位置，这样打断两个 AA 和一个 SA 键。我们耗费了能量 $2\psi_{AA}+\psi_{SA}$。最后，我们将表面活性剂原子放回，得到能量 $-2\psi_{SA}-\psi_{SS}$。总和为 $2\psi_{AA}$，即 $\varphi_{1/2}=\varphi_{1/2}^0$ 或 $\mu_{S,\infty}=\mu_{0,\infty}$。接下来就有，无限大晶体的化学势并不取决于是否有杂质吸附在其表面上。这是一个非常重要的结论，因为当研究生长模式时，无限大晶体的化学势是我们的能量参照点。

4.3.6.1.2 薄膜的化学势

我们用同样的方法计算从半晶体位置的分离功。唯一的区别是 A 的半晶体块被另一种材料 B 的块取代（图 4.53 中右图）。晶格失配被假设等于零。表面活性剂的原子和 A 及 B 的原子一样大。

在没有表面活性剂的情况下，从一个扭结位置的分离功是 $\varphi_{1/2}^0=\psi_{AA}+\psi_{AB}=2\psi_{AA}-(\psi_{AA}-\psi_{AB})$。于是

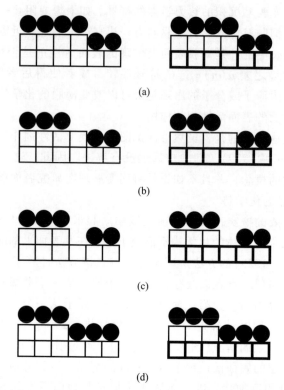

图 4.53 为了确定一个体晶(左图)和被完整的一个单层表面活性剂所覆盖的一个单层厚的薄膜(右图)的化学势的示意图

$$\mu(n) = \mu_{0,\infty} + (\psi_{AA} - \psi_{AB})$$

对于三维的情形和一个任意晶格，我们将得到式(4.125)

$$\mu(n) = \mu_{\infty} + E_{AA} - E_{AB}(n) \tag{4.147}$$

式中，E_{AA} 和 $E_{AB}(n)$ 是为了从一个相似的半晶体 A 和从一个不相似的半晶体 B 分离一个半晶体 A 的每个原子的能量。

在有表面活性剂的情况下，我们首先分离一个 S 原子并且作功 $\psi_{SA} + \psi_{SS}$。然后，我们分离一个 A 原子并且作功 $\psi_{AA} + \psi_{AB} + \psi_{SA} = 2\psi_{AA} - (\psi_{AA} - \psi_{AB}) + \psi_{SA}$。最后，我们将 S 原子放回并且获得一个能量 $-(\psi_{SA} + \psi_{SB} + \psi_{SS})$。结果，我们得到

$$\mu_s(n) = \mu_{0,\infty} + (\psi_{AA} - \psi_{AB}) - (\psi_{SA} - \psi_{SB})$$

这在三维的情况下为(Paunov 1998)

$$\mu_s(n) = \mu_{\infty} + (E_{AA} - E_{AB}) - (E_{SA} - E_{SB}) \tag{4.148}$$

注意，不但 E_{AB} 而且 E_{SB} 也是薄膜厚度或者不如说是到衬底 B 距离的一个函数。如果我们考虑被一个单层 A 和一个单层 S 覆盖的一块 B 材料，可以很容易地得到相同的结果。我们首先蒸发整个 S 的单层，然后 A 单层，最后压

缩回 S 单层。

运用比表面能（$\sigma = E_{AA}/2a^2$）和杜普雷关系的定义，我们可以将上面的方程写为用表面能表达的形式

$$\mu_s(n) = \mu_\infty + a^2(\sigma_{SA} + \sigma_{AB} - \sigma_{SB})$$

它在一个世纪多以前由 Gibbs（1878）推导得出。如果从下标中移除字母 S，我们看到，它表现为 Bauer 的 3-σ 判据的推广。

4.3.6.1.3 表面活性剂的热力学作用

考虑式（4.147）和式（4.148），我们可以给出关于表面活性剂通过覆盖层对于衬底润湿影响的一些结论。

我们首先假设失配为零，并且润湿在没有表面活性剂时是不完全的，即 $E_{AA} > E_{AB}(n)$。然后根据式（4.147），我们不得不预期团簇从沉积刚一开始就直接在衬底上出现（Volmer-Weber 生长）。现在让我们假设，表面活性剂比起吸附在衬底来说会更强地吸附于覆盖层，$E_{SA} > E_{SB}$，以至于式（4.148）中的第三项过分补偿了第二项，即 $(E_{SA} - E_{SB}) > (E_{AA} - E_{AB})$。然后 $\Delta\mu < 0$，并且一定是预期逐层生长的。超过了某个厚度，$E_{SA} = E_{SB}$，并且 $E_{AB} \rightarrow E_{AA}$。然后 $\Delta\mu = 0$，并且由于应变是零，所以不存在改变生长模式的驱动力。由于 $E_{SA} < E_{AA}$，表面活性剂将"漂浮"在覆盖层 A 的表面上。因此，表面活性剂成功地反转了热力学驱动力的符号。原因是，式（4.147）和式（4.148）已经被推导过，用来精确地描述这种情况。

现在，我们假设 A 和 B 的晶格常数不同，这也是通常的情况。在"干净的"情况下润湿又是不完全的，但是表面活性剂如之前一样，过度补偿了键合 $E_{AA} - E_{AB}$ 的差。生长从沉积连续的单层开始。在一些 A 的单层之后，表面活性剂和衬底 B 之间的能量接触完全丧失——$E_{SB} \rightarrow E_{SA}$。相似地，$E_{AB} \rightarrow E_{AA}$。但是，如果失配不为零，如上面所讨论的［见式（4.132）］，由于 $\Delta\mu = \varepsilon_d$，三维岛将会在第一个单层上形成。结果将会是 Stranski-Krastanov 生长而不是 Frank-van der Merwe 生长。基于相同的原因，式（4.148）不能解释在遵守"干净"条件下 Stranski-Krastanov 生长的系统的表面活性剂的动作。在润湿层之外，A 被沉积在应变的 A 之上，并且 $E_{SA} \approx E_{SB}$。

产生这个矛盾的原因在于式（4.148）被过分简化了。它仅仅考虑了其最简形式中的能量，这显然是不够的。键能不是附加的，并且更远的相邻键应当被计入。此外，晶格失配尤其是表面重建应当考虑在内。Jenkins 和 Srivastava（1998）对于在洁净的和 Sb 预覆盖的 Si(001) 上，Ge 厚膜的第 1、2、3 和 4 单层的化学势进行了第一性原理的计算，并将其与 Ge 块材的化学势相比。这种计算考虑了上述所有的因素。作者们发现，没有 Sb 时的基态是拥有弯曲的 Ge 二聚体的（2×1）的重建（图 3.32c）。漂浮的 Sb 导致非弯曲的二聚体（图

3.32b），那里也正是 Ge 的二聚体应该在的地方。它们比较了包含 12 个 Si 单层及 $n(=1,2,3,4)$ 个 Ge 单层及零或一个 Sb 单层的超晶胞的自由表面能。式（2.23）被用来计算自由表面能。可以看到，后者是组分的化学势的一个线性函数，$\varphi_{i,1/2}=-\mu_i$（$i=$ Si，Ge，Sb）。在没有 Sb 时，他们确认，前 4 个单层遵循图 4.41 中标记为 SK 的曲线。在 Sb 预覆盖的表面，第二个单层就已经需要体化学势的值，它定量地遵循图 4.41 中标记为 FM 的曲线。作者们用 Ge 覆盖层悬挂键的饱和形式或更好的润湿来解释他们的结果。

González-Méndez 以及 Takeuchi（1999）对于相反的 Si 在 Ge（001）上的情况得到了相似的结果。这些作者们确认，如果衬底被一个单层的 As 预覆盖，Si 更倾向于在 Ge（001）上进行逐层生长，而不是团簇生长。Si 原子占据几乎类体（bulk-like）的位置，并且润湿几乎是完全的。此外，合金化被强烈地抑制了。

如上面讨论的，对于一个相当厚度的薄膜的 Stranski-Krastanov 模式中润湿层上面的三维岛化，其热力学驱动力的消失等价于完全润湿，$\Delta\mu=0$。后者可以通过不允许大的原子位移来实现（Markov 2001）。如上面提到的，在 SK 模式中，与润湿层接触的原子应当从它们的"类体"位置移动相当多，从而引入失配位错或者靠近岛的边缘（图 4.44）。这些位移使得润湿不完全。在一系列文章中可以找到，作为表面活性剂的 V 族原子在 Si(Ge)(001) 上形成二聚体，它们精确地位于 Si(Ge) 二聚体应该在的地方（Boshart，Bailes Ⅲ 和 Seiberling 1996；Nogami，Baski，和 Quate 1991；Cao 等 1992；Yu 和 Oshiyama 1994）。在表面活性剂和覆盖层二聚体交换位置之后，后者占据了由表面活性剂出走所提供的外延位置。在顶上的表面活性剂二聚体不允许下面的覆盖层原子的大的位移，并且从而不完全地润湿。换言之，表面活性剂原子将覆盖层原子压入类体位置，并且不允许失配位错的形成。因此，表面活性剂通过将晶体原子"锁"进类体位置来抑制三维岛化的热力学驱动力。

我们用下面的评论来结束这一节，即一个表面活性剂，当它更强地吸附至薄膜而不是衬底时，即 $E_{\text{SA}}>E_{\text{SB}}$，它是热力学有效的。然而，结论如"表面活性剂减小了两个晶体的表面能，并且因此导致了逐层生长"在文献中经常地出现。这种提法甚至在同质外延中都出现，例如，Si 在 As 预覆盖的 Si(111) 上的外延，其中 $E_{\text{SA}}\equiv E_{\text{SB}}$。显然，这一类的推广是不相干的。

4.3.6.2　动力学

不存在表面活性剂时，原子到达晶体表面，在其上扩散，加入已存在的台阶或岛，或者产生新的岛。在足够高的温度下，在平台上的原子扩散率很高，并且它们在遇到彼此之前就到达了已经存在的台阶。这导致了台阶流动生长。在低温下，从而原子的扩散率也低，它们在到达台阶之前就遇到彼此，这导致了平台上的二维核。当一个完整的 S 原子单层出现时，两个新的现象发生了。

首先，表面活性剂，其至它仅有很小的量，改变原子并入上升或下降台阶的能量学，使得它刚够修饰台阶。其次，覆盖层原子必须与平台上或台阶上的 S 原子交换位置，从而加入晶体的晶格。这两种现象均导致穿过台阶和在平台上吸附原子的扩散率发生改变，从而对于原子的传输方向（向上或向下）施加一个影响。而且，在平台上的扩散率的改变强烈地影响成核的动力学以及岛的生长，因此激发台阶流动或二维成核。我们更加详细地考虑表面活性剂对于原子吸附至台阶和自台阶脱附的动力学以及平台上相互交换动力学的影响。但是在那样做之前，我们将简要考虑表面活性剂对于二维成核动力学的影响这个"经典"问题。

4.3.6.2.1 表面活性剂对于二维成核的影响

我们在较为简化的同质外延的情况中来探索这个问题。考虑到，不相似衬底（不相似半晶体块 B）只需要对于核形成的功加上一个 $l^2(\sigma + \sigma_i - \sigma_s)$ 类型的项。

为了更为简单地领会基本物理学，我们首先探讨成核的经典理论。对于一个边长为 l，包含 $n = l^2/a^2$ 个原子的正方形核的形成，其吉布斯自由能可以简单地用下面的假想过程（图 4.54）来评估。初始态是一个覆盖着一个单层表面活性剂原子的表面。首先，我们可逆且等温地蒸发所有表面活性剂的原子。然后，在干净的表面上我们制造一个包含 n 个原子的团簇。用于形成它所需的功为［式(2.33)］

$$\Delta G_0 = - n\Delta\mu + 4l\varkappa_c \tag{4.149}$$

式中，$\varkappa_c$ 是在团簇周围的台阶的单位长度的能量。

最后，我们将所有表面活性剂原子凝结回去。这样做的话，当使沿拥有 S 原子的台阶的悬挂键都饱和时，我们获得了 $-4ls\varkappa_c$ 的能量，而当创造一个在包含 S 原子团簇周围的新台阶时，我们耗费了能量 $4l\varkappa_c$。于是，核的形成功为（Markov 1996，1999）：

$$\Delta G_s = \Delta G_0 - 4ls\varkappa_c + 4l\varkappa_s \tag{4.150}$$

式中，$\varkappa_s$ 是包围含 S 原子的团簇的台阶单位长度上的能量。参数

$$s = 1 - \frac{\omega}{\omega_0} \tag{4.151}$$

解释了通过 S 原子达到饱和的悬挂键，并且表现为表面活性剂效率的一个量度，其中

$$\omega = \frac{1}{2}(\psi_{cc} + \psi_{ss}) - \psi_{sc} \tag{4.152}$$

且

$$\omega_0 = \frac{1}{2}\psi_{cc} \tag{4.153}$$

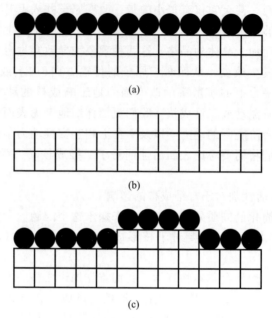

图 4.54 对于在表面活性剂预覆盖的表面上核形成的吉布斯自由能的计算。(a) 实心圆标注了被表面活性剂原子覆盖的初始表面；(b) 表面活性剂原子被蒸发掉，并且创造出一个包含 n 个原子的团簇；(c) 表面活性剂原子被凝结回去，并且一个包含 n 个表面活性剂原子的团簇在其上形成。[I. Markov, *Phys. Rev.* **B 53**, 4148(1996)。American Physical Society 拥有版权 Copyright 2002]

是悬挂键的能量，或者同样地，是形成一个扭结所需的能量(见 1.6.2 节)。

观察式(4.152)，事实马上变得清楚起来，实际上它代表了杜普雷关系，其中 ω 是表面活性剂 S 和晶体 C 两个无限大半块的之间边界的每个键的能量。如果我们用式(4.152)除以被一个原子占据的面积 a^2，这可以被容易地确认。同样注意，ω 是决定混合两种元素 C 和 S 熵的能量学参数。它必须是正的，以便使表面活性剂分离。在没有表面活性剂时，$\psi_{ss}=\psi_{sc}=0$，$\omega_0=\psi_{cc}/2$，以及 $s=0$。在另一个极端，$\psi_{ss}+\psi_{cc}=2\psi_{sc}$，并且 $s=1$。因此，参数 s 从完全无效率时的 0 变到完全有效率时的 1。(通常参数 s 可以比整数大，这意味着 $\omega<0$。但是，这意味着表面活性剂和生长晶体的合金化，它将对覆盖层的质量有一个有害后果，并且应当避免。)

此外，比较式(4.152)和式(1.71)使得我们得出结论，ω 也是当有一个修饰台阶的表面活性剂出现时创造一个扭结的功。于是，由式(1.75)的倒数给出的扭结密度为

$$\rho = \frac{1}{\delta_0} = \frac{2}{a}e^{-\omega/kT}$$

这应当比没有表面活性剂时的密度 $\rho_0 = (2/a)\exp(-\omega_0/kT)$ 要大。我们总结，台阶在有表面活性剂出现时较为粗糙。后者在实验上被 Voigtländer 等（1995）在 Si(111) 的同质外延中观察到。Kandel 和 Kaxiras（2000）通过动力学蒙特卡罗计算得到了相同的结论。

由式（4.150），在有表面活性剂调解的生长情况，对于核形成的吉布斯自由能多包含拥有相反符号的两项，并且因此彼此竞争。包含 s 的项解释了由于悬挂键被表面活性剂原子所饱和而发生的团簇边缘能的减小。包含表面活性剂原子的团簇边缘的悬挂键由于中介的分离不可避免地在二维核的顶上形成，其能量为 $4l\varkappa_s$，它增加了团簇形成的功。

为处于原子论极限的临界核中的少量原子找到一个解是直接的。我们仅仅需要对于两个团簇的边缘能利用式（2.23）

$$\Phi = m\varphi_{1/2} - U_n$$

而不是使用对于边缘能 $\varkappa$ 的毛细管项。

键合能 U_n 可以被分为水平能 E_n 和脱附能 E_{des}（假设键合能的可加性）

$$U_n = E_n + nE_{des} \tag{4.154}$$

并且对于 Φ 我们得到

$$\Phi = n\Delta W - E_n \tag{4.155}$$

式中，$\Delta W = \varphi_{1/2} - E_{des}$ 是将一个原子从扭结位置转移到平台上的能量。

然后，我们在式（4.150）中用 Φ 代替 $4l\varkappa_c$，得到

$$\Delta G_s(n) = -n\Delta\mu + n(1-s)\Delta W - (1-s)E_n + \Phi_s \tag{4.156}$$

式中，Φ_s 的含义是表面活性剂团簇的边缘能 $4l\varkappa_s$。

图 4.55 显示了在 fcc 金属的 (111) 表面上，$\Delta G_s(n)$ 相对于与键合强度 ψ_{cc} 对于团簇尺寸 n 的依赖关系（$\varphi_{1/2} = 6\psi_c$，$E_{des} = 3\psi_c$ 且 $\Delta W = 3\psi_c$），其中 $\psi_{ss}/\psi_{cc} = 0.2$，一个恒定的过饱和 $\Delta\mu = 1.1\psi_{cc}$，以及图中每条曲线上标注的不同值的 s。如同可以看到的，$\Delta G_s(n)$ 表现为一条虚线（如同对于一个小量原子所应当预期的那样，参考图2.17），它在 $n = n^*$ 处表现为一个最大值。在洁净的情况下（$s = 0$），临界核包含两个原子。当 s 非常小（$= 0.05$）（表面活性剂几乎无效），由于表面活性剂团簇边缘能 $4l\varkappa_s$ 的贡献，在临界核中的原子数量等于6。临界核的形成功也增大。将 s 增加到 0.3（减小团簇的边缘能），导致成核功的减小，并且 n^* 又变为等于2。在 s 的一些较大的值（$= 0.7$），$n^* = 1$ 并且成核功剧烈地减小。

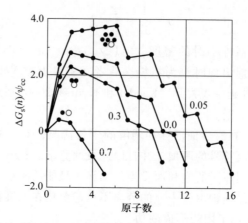

图 4.55　团簇形成的吉布斯自由能的改变相对于分离两个晶体原子所需的功，$\Delta G_{\mathrm{s}}(n)/$ ψ_{cc}，对于一个 fcc 晶体（111）表面上的原子数目的依赖关系。表面活性剂效率值 s 在图中每条曲线上标注出来。核的结构由实心圆给出。空心圆代表了将临界核变为稳定团簇的原子。对于所有曲线过饱和 $\Delta\mu=1.1\psi_{\mathrm{cc}}$。可以看到，表面活性剂效率的增加导致了临界核尺寸以及其形成所需功的减小。唯一的例外是在小 s 值时，这时表面活性剂团簇的边缘能 Φ_{s} 过分补偿了晶态团簇边缘能的减小。在这种情况下，n^* 和 $\Delta G(n^*)$ 相比于洁净情况下更大。［I. Markov, *Phys. Rev.* **B53**, 4148（1996）。American Physical Society 拥有版权 Copyright 2002］

我们看到，在同一条件下（温度、沉积速率），临界核尺寸可以由于表面活性剂的消失或存在而不同。通常地，我们应当期待成核功的减小，进而期待成核率的陡峭地增大。后者的计算需要有对发生在凝聚过程中的特定过程的知识，这将在下面的极端中考虑。我们在这里仅仅提到提高成核率导致更小的二维岛的更大的密度。后者能够联合，并且在达到对于第二层成核的临界岛尺寸之前完全覆盖表面（见 3.2.5.2.1 节）。因此，表面活性剂能够通过增强成核而引起逐层生长（Rosenfeld 等 1993；van der Vegt 等 1998）。

成核率为（见第二章）

$$J_{\mathrm{s}} = \omega^* \Gamma N_0 \exp\left(-\frac{\Delta G_{\mathrm{s}}(n^*)}{kT}\right) \tag{4.157}$$

式中，ω^* 是到达临界核的原子流量；$\Gamma \cong 1$ 是 Zeldovich 因子。$\Delta G_{\mathrm{s}}(n^*)$ 由式（4.156）以 $n=n^*$ 给出。

考虑到 $\Delta\mu = kT\ln(n_{\mathrm{s}}/n_{\mathrm{se}})$，我们可以写出

$$\Delta\mu = kT\ln\left(\frac{n_{\mathrm{s}}}{N_0}\right) - kT\ln\left(\frac{n_{\mathrm{se}}}{N_0}\right) \tag{4.158}$$

式中［见式(3.18)］

$$\frac{n_{\mathrm{se}}}{N_0} = \exp\left(-\frac{\Delta W}{kT}\right) \tag{4.159}$$

联立式(4.156)、式(4.157)、式(4.158)和式(4.159)，得

$$J_{\mathrm{s}} = \omega^* \Gamma N_0 \left(\frac{n_{\mathrm{s}}}{N_0}\right)^{n^*} \exp\left[\frac{n^* s\Delta W + (1-s)E^* - \Phi_{\mathrm{s}}}{kT}\right] \tag{4.160}$$

在没有表面活性剂时，$s = 0$，并且我们得到了熟悉的表达式

$$J_0 = \omega^* \Gamma N_0 \left(\frac{n_{\mathrm{s}}}{N_0}\right)^{n^*} \exp\left(\frac{E^*}{kT}\right) \tag{4.161}$$

注意到表面活性剂的出现并不仅仅被在指数中包含 s 的项所解释。正式流量 ω^* 取决于建筑单元向临界核传输的机制，并且进而取决于第三种元素的单层的出现或缺席。并且，不要忘记 n^* 和 E^* 在式(4.160)和式(4.161)中拥有不同的值。

4.3.6.2.2 吸附-脱附动力学

如同在第三章中讨论的，一个接近上升台阶的原子通过击打加入它；反之，一个接近下降台阶的原子必须克服一个额外的 Ehrlich-Schwoebel(ES)势垒 (Ehrlich 和 Hudda 1966；Schwoebel 和 Shipsey 1966)。如果 ES 势垒低，那么覆盖层基本上以逐层生长模式生长。否则，不同种类的不稳定性会出现(Politi 等 2000)。ES 势垒可以被减小，并且如果翻滚机制被推出机制替代时甚至可以变为负的(见图 3.44b)(Wang 和 Ehrlich 1991)。

Zhang 和 Lagally(1994)提出，如果台阶被表面活性剂原子修饰，并且关系 $\psi_{\mathrm{cc}} > \psi_{\mathrm{sc}} \gg \psi_{\mathrm{ss}}$ 成立，则 ES 势垒会进一步减小。当覆盖层原子与修饰台阶的 S 原子交换位置，可以预期将获得一个能量 $n(\psi_{\mathrm{cc}} - \psi_{\mathrm{sc}})$，其中 n 是一个在扭结位置的原子的配位数。以这种方式，如图 4.56 所示，在下降前的最后一个势垒被进一步地向下移动，低于表面扩散势垒的水平。后者与第一性分子动力学计算的台阶边缘的 Sb 二聚体通过推出机制被一个 Si 二聚体的位移的结果符合得很好(Oh，Kim 和 Lee 1996)。

另一方面，一个从较低平台靠近台阶的原子应当额外地移动表面活性剂的原子，来克服扩散势垒。因此，与没有表面活性剂时相比，它应该克服一个额外的能量势垒，E_{A}(图 4.56)(Markov 1994)。我们已经在第三章开始时讨论过

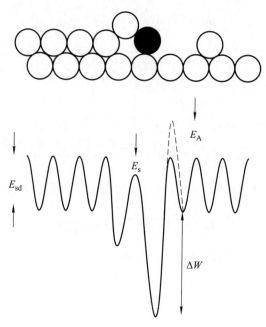

图 4.56　对于向表面活性剂原子修饰的上升和下降台阶运动原子的势能的图解。加入下降台阶的原子，一方面由于推出机制，另一方面由于与 CC 键合相比较弱的 SC 键合，可以尝试一个负的 Ehrlich-Schwoebel 势垒。相反，加入一个上升台阶的原子，由于需要移动一个已经在那里的表面活性剂原子，必须克服一个额外的势垒

这一点（见图 3.1）。结果，被原子尝试的势能将与图 3.44a 中显示的正好相反。因此，表面活性剂能够在台阶处反转吸附-脱附的动力学。这些单纯源于动力学的作用可以抑制异质外延生长中的对于三维岛化的热力学驱动力。

当热力学预测三维岛化时（$\Delta\mu > 0$），原子与上层的键合比与下层的键合要更强。换言之，上层拥有更低的化学势（图 4.41）。这导致一个渐变的化学势，它驱使原子向上运动，并且是二维-三维转变的驱动力。在上升的台阶处出现一个额外的势垒，并且由于 S 原子修饰了台阶，所以在下降台阶处 ES 势垒减小，这些使得吸附-脱附动力学的不对称性反转，并且导致对于二维-三维转变热力学驱动力的抑制。一个源于动力学的吸附原子的反向渐变出现，驱使原子向下。后者导致平面而不是三维生长（Markov 1994）。

为了展示这一点，我们如同 4.3.4 节中那样解决相同的问题。我们得到如式（4.141）那样的相同微分方程系统

$$\frac{\mathrm{d}\Theta_n}{\mathrm{d}\theta} = F(\Theta_{n-1}, \ \Theta_n) - F(\Theta_n, \ \Theta_{n+1})$$

式中，$F(\Theta_0, \ \Theta_1) = 1$；$F(\Theta_N, \ \Theta_{N+1}) = 0$；$F(\Theta_n, \ \Theta_{n+1})$ 包含一个参数 $A = \exp(E_A/kT)$，这是指对于在上升台阶处的原子吸附的额外的势垒 E_A。如上面讨论过的，后者是由于表面活性剂原子位移的必要性，表面活性剂原子在晶体原子到达之前就占据了扭结位置。结果是（Markov 1994）

$$F(\Theta_n, \ \Theta_{n+1}) = \frac{M_n + \Theta_n - \Theta_{n+1} + qA\sqrt{\Theta_{n+1}}}{\ln\left(\dfrac{\Theta_n}{\Theta_{n+1}}\right) + \dfrac{qA}{\sqrt{\Theta_{n+1}}}} \qquad (4.162)$$

式中，$q = \sqrt{\pi a^2 N_s}$，这和之前一样，Θ_n 是分子的最后一项，并且分母被 Θ_{n+1} 替代（来反映势垒是在台阶的另外一面这个事实），并且 M_n 由式（4.142）给出

$$M_n = \frac{4\pi D_s N_s (n_{s, n}^e - n_{s, n+1}^e)}{\Re}$$

上面讨论过的参数 M_n 包含差值 $n_{s, n}^e - n_{s, n+1}^e$，它是二维-三维转变的热力学驱动力。后者是温度的一个增函数，而 N_s，从而 q 以及 A 随着温度的升高陡峭地降低。这是为什么在高温下，$qA \ll 1$，式（4.162）中包含 A 的项可以被忽略，并且我们得到图 4.50 中曲线 1 和 2 所示的结果。在较低温度下，$qA \gg 1$ 且 $F(\Theta_n, \ \Theta_{n+1}) = \Theta_{n+1}$。于是，对于图 3.26（或图 4.49）所示的双层金字塔，表面覆盖为 [参见式（3.204）]

$$\begin{aligned} \Theta_1 &= \Theta_1^0 + \theta - \Theta_2^0(e^\theta - 1) \\ \Theta_2 &= \Theta_2^0 e^\theta \end{aligned} \qquad (4.163)$$

可以看到，与式（3.204）相反，上述方程反映了如下事实，较上层的岛仅通过耗费到达它表面的原子来进行生长。所有到达未被覆盖的衬底和在两个边缘之间的平台上的原子都供给较低的岛。因此，它们生长得块，而且在较上的单层的一个重要部分生长之前就发生联合。图 4.57 中，为了比较，将式（4.163）与图 4.50 中的曲线 1 和 2 一同绘制出来。可以看到 Θ_1 达到整数，而 Θ_2 仍旧可以忽略。二维岛应该联合并且在二维-三维转变发生之前就完全覆盖表面。我们将会观察到逐层生长而不是三维岛化，因为对于团簇的热力学驱动力在上升台阶处完全被动力学势垒抑制。表面的传输被导引到向下的方向。这是由于动力学根源的扩散梯度，它在平台上出现，并且驱动原子向更低的台阶。因此，这阻止了金字塔向三维岛的转变。较上面的岛仍然很小，并且在它

们上面的成核同样也被抑制了。结果，由于在台阶处的反转的吸附-脱附的动力学，生长以一种近乎逐层生长的模式进行。

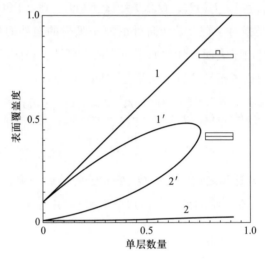

图 4.57　第一（曲线 1 和 1′）和第二（曲线 2 和 2′）单层的表面覆盖对于以单层数为量度的沉积的材料量的依赖关系。曲线 1′ 和 2′：没有表面活性剂或在足够高温度下的生长 [$F(\Theta_1, \Theta_2)$ 由式（4.142）给出，$M_1 = 0.25$]。曲线 1 和 2：当 $F(\Theta_1, \Theta_2) = \Theta_2$ [式（4.163）]时，表面活性剂调节生长。插图显示了覆盖层的形貌——一个双层（三维）岛和一个近乎完整的第一单层以及其上的一小部分的第二单层。[I. Markov, *Phys. Rev.* **B50**, 11271（1994）。American Physical Society 拥有版权 Copyright 2002]

　　因此，吸附-脱附动力学抑制了三维岛化的热驱动力。在高温时，热力学占据主流，并且无论有没有表面活性剂，都会发生 SK 生长。表面活性剂引起的 FM 生长在较低温度时发生。

　　最近，Kandel 和 Kaxiras（2000）从另一个角度探讨了半导体外延情况的吸附-脱附动力学。这些作者们提出，岛边缘的钝化在决定一个特别的表面活性剂是否能抑制三维岛化时，扮演了举足轻重的角色。V 族原子（As 和 Sb）可以成功地钝化四价的 Si 和 Ge 岛，而四价的 Sn 却做不到这一点。对于少于一个单层的沉积材料的量，利用动力学蒙特卡罗模拟，只有在钝化后边缘的情况下观察到了三维岛化的形成。三维岛化被 V 族元素的抑制可以在 4.3.5 节中推演出的模型的框架内进行阐明。图 4.48 中展示的二维-三维转变需要一个容易的从较低岛边缘的原子脱附。一旦此脱附被抑制，二维的前驱体向三维岛的转变进而被遏制。

4.3.6.2.3 交换–去交换动力学

当表面活性剂的一个完整单层出现时，由于需要覆盖层原子加入晶格以及需要 S 原子漂浮在表面上，一个新的动力学效应发生了。这些是覆盖层和 S 原子交换和去交换的现象。Zhang 和 Lagally(1994)首先假设，平台上在覆盖层和 S 原子之间的一个交换过程应当在 S 预覆盖的表面上发生(图 4.58)。Kandel 和 Kaxiras(1995)随后假设，一个去交换过程(图 4.58)也是可能的，而且可以在外延生长中起到一个重要作用。他们计算出，Ge 在 Sb 钝化的表面上表面扩散的激活能的值为 0.5 eV，交换过程的激活能 E_{ex} 和去交换过程的激活能 E_{dex} 的值分别为 0.8 eV 和 1.6 eV。Schroeder 等(1998)研究了 As 对于 Si(111)上同质外延的作用。他们发现一个非常复杂的交换路径，它很大程度上可避免打断化学键，并且他们计算出几乎相等的分别为 0.25 eV 和 0.27 eV 的 E_{sd} 和 E_{ex} 的值，E_{dex} 的值为 1.1 eV。Ko，Chang 和 Yi(1999)通过第一性原理赝势总能计算算出了对于 Ge 在被 Ga、As 和 Sb 预覆盖的 Si(111)表面的表面扩散、交换和去交换的势垒的值。他们发现，在 As 和 Sb 的情况中，交换的势垒甚至要小于

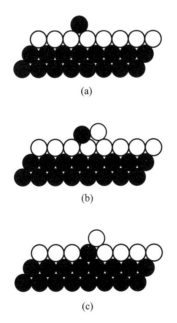

图 4.58　交换(a→b→c)和去交换(c→b→a)过程的示意图。晶体和表面活性剂原子分别用实心圆和空心圆进行标记。[I. Markov，*Surf. Sci.* **429**，102(1999)。经 Elsevier Science B. V. 许可]

分别的表面扩散势垒(对于 E_{sd}, E_{ex} 和 E_{dex}, As 的值分别为 0.35 eV、0.2 eV 和 0.55 eV, Sb 的值分别为 0.7 eV、0.3 eV 和 0.75 eV)。

Kandel 和 Kaxiras(2000)注意到, 去交换过程影响扩散率, 并且进而影响成核动力学。他们提出, 在去交换和交换事件之间, 原子在紧凑的表面活性剂层之上扩散。因此, 一个广义的扩散系数应当解释原子用来进行一个交换事件的时间 $\tau_{ex} = \nu^{-1}\exp(E_{ex}/kT)$ 和一个去交换事件的时间 $\tau_{dex} = \nu^{-1}\exp(E_{dex}/kT)$。有效扩散系数 D_{eff} 由 $D_{eff} = a^2 n/\tau_{eff}$ 给出, 其中 a 是一个单个扩散跳跃的距离, n 是原子在一个去交换和交换事件之间所进行的跳跃的次数, 并且 $\tau_{eff} = \tau_{ex} + \tau_{dex}$。对于一个交换事件的时间和一个扩散跳跃的时间的比值给出了 n 值, 或者 $n = \exp[(E_{ex}-E_{sd})/kT]$。于是

$$D_{eff} = D_s^0 \frac{\exp\left[\dfrac{(E_{sd}^0 - E_{sd})}{kT}\right]}{1 + \exp\left[\dfrac{(E_{dex} - E_{ex})}{kT}\right]} \tag{4.164}$$

式中, E_{sd}^0 和 D_s^0 是在洁净表面上的势垒和扩散系数。

由于 E_{dex} 总是大于 E_{ex}, 我们可以忽略分母中的整数而对两个指数函数进行比较。显然, 当 $E_{dex}-E_{ex}>E_{sd}^0-E_{sd}$, $D_{eff}<D_s^0$, 并且岛密度将比在被表面活性剂钝化的表面上大 $\exp\{\chi[(E_{dex}-E_{ex})-(E_{sd}^0-E_{sd})]/kT\}$ 倍, 其中 χ 是对应的缩放指数 $n^*/(n^*+2)$ 或者 $2n^*/(n^*+3)$。在干净的 Si(111) 表面, $E_{sd}^0 = 0.75$ eV (Voigtländer 和 Zinner 1993)。然后, 根据 Kandel 和 Kaxiras, $E_{dex}-E_{ex} = 0.8$ eV, 并且对于 Sb 调解的 Si(111)生长有 $E_{sd}^0-E_{sd} = 0.25$ eV。对于相同的表面, 但拥有不同的表面活性剂 As 时(Schroeder 等 1998), $E_{dex}-E_{ex} = 0.8$ eV, 并且 $E_{sd}^0-E_{sd} = 0.5$ eV。因此, 在两种情况中, 我们都得期望, 岛的密度将增长一到两个数量级。

这是一个非常重要的结论, 应当更为详细地进行探讨。我们像上面一样引入两个常数, 它们用来表征交换和去交换过程, 并都对沉积一个完整单层所需的时间 $t_1 = 1/F$ 标准化, $F = \Re/N_0$ 是原子的到达频率。首先, 这是在交换 $\tau_{ex} = (F/\nu)\exp(E_{ex}/kT)$ 之前原子在 S 层上的平均停留时间, 其中 ν 是尝试频率。其次, 这是一个嵌在 S 层之内或之下的原子的去交换之前的平均停留时间 $\tau_{dex} = (F/\nu)\exp(E_{dex}/kT)$ (Markov 1999a, b)。显然, 如果一个特别的时间常数比整数大, 对应的过程不会发生。

由于 $\tau_{\text{dex}} \gg \tau_{\text{ex}}$，存在三种可能性。第一种是 $\tau_{\text{dex}} \ll 1$。这个极端描述了可逆的交换，因为吸附原子拥有足够的时间通过一个去交换过程回到 S 层的顶上。一个动态交换-去交换平衡建立起来。利用 Kandel 和 Kaxiras 计算的 $E_{\text{dex}} = 1.6\ \text{eV}$ 的值，我们得到，在 600 K 时，$\tau_{\text{dex}} \approx 0.002$。于是，交换-去交换平衡在沉积过程的刚一开始就建立起来。成核过程基本上是发生在一个无序的（因为涉及不同尺寸的原子）二维相——一个包含混合的 S 和覆盖层原子的单层。入射原子的一个很大的部分仍然在 S 层之上，并且快速扩散到预先存在的台阶。核的形成、生长和消失通过交换和去交换过程发生。第二种极端是 $\tau_{\text{ex}} \ll 1 < \tau_{\text{dex}}$。这是不可逆交换的情形。入射原子迅速与 S 原子交换位置，并且仍然埋在 S 层之下。所有扩散、成核和并入岛及台阶在 S 原子之下（或之间）发生。第三种 $1 < \tau_{\text{ex}} \ll \tau_{\text{dex}}$ 的情况应当被排除，因为它意味着 S 原子仍然埋在到达覆盖层原子之下。注意，在衬底-吸附物系统相同但温度不同时，可以发生可逆和不可逆交换两种情况。很明显，我们可以期望在低温时有不可逆交换的转变。

我们来更加详细地考虑可逆交换的情况。[不可逆交换的情况基本上不重要。原子在一些扩散跳跃之后经历一个交换时间（Markov 1999a）。所有扩散、成核和并入岛和台阶的过程都在一个晶体和表面活性剂原子的混合层中发生，此层之上有位移的表面活性剂原子。强抑制的表面扩散导致一个较大的核密度。]发生一个经历交换和去交换事件的原子之间的动态平衡[交换-去交换平衡（Markov 1999a）]$n_1/\tau_{\text{ex}} = n_{\text{s}}/\tau_{\text{dex}}$。于是

$$n_{\text{s}} = n_1 \exp\left[\frac{(E_{\text{dex}} - E_{\text{ex}})}{kT} \right] \tag{4.165}$$

式中，n_{s} 是嵌入（或之下）表面活性剂层原子的浓度；n_1 是在表面活性剂层之上的原子浓度。

我们假设，成核过程的发生是通过表面活性剂层之上的原子的吸附至通过交换事件嵌入至后者的原子或者团簇。然后，流向临界核的原子流量为

$$\omega^* = \alpha^* \nu n_1 \exp\left[-\frac{(E_{\text{sd}} + E_{\text{ex}}^{(n)})}{kT} \right] \tag{4.166}$$

式中，α^* 是可能的交换事件的数量，通过它们一个原子可以通过加入临界核来制造一个稳定团簇；$E_{\text{ex}}^{(n)}$ 是一个发生在尺寸为 n 的团簇附近的交换过程的势垒。

最后，根据 3.2.3.2 节和 3.2.5.2 节中相同的过程，我们得到了对于 N_{S} 的表达式，可以写为如下形式：

$$N_{\mathrm{s}} = N_{\mathrm{s},\,0}\exp\!\left(-\,\frac{\chi}{n^{*}}\frac{E_{\mathrm{s}}}{kT}\right) \tag{4.167}$$

式中，E_{s} 联合了取决于表面活性剂出现的能量贡献（Markov 1999a，b），并且

$$N_{\mathrm{s},\,0} = N_0\left(\frac{\nu}{F}\right)^{-\chi}\exp\!\left(\frac{\chi}{n^{*}}\frac{E_0}{kT}\right) \tag{4.168}$$

是没有表面活性剂出现时的核密度（$E_{\mathrm{s}}=0$）。或者，如果台阶边缘势垒（或者任何禁止原子并入核的势垒）可以忽略 $[\chi = n^{*}/(n^{*}+2)]$，上述方程与式（3.133）一致，又或者如果一个重要的台阶边缘势垒存在 $[\chi = 2n^{*}/(n^{*}+3)]$，上述方程与式（3.192）一致。在扩散和动力学范围内这两种情况中，E_{s} 由下式给出：

$$E_{\mathrm{s}} = sE^{*} - n^{*}s\Delta W + \Phi_{\mathrm{s}} +$$
$$E_{\mathrm{ex}}^{(n^{*})} - n^{*}\left[\,(E_{\mathrm{dex}} - E_{\mathrm{ex}}) - (E_{\mathrm{sd}}^{0} - E_{\mathrm{sd}})\,\right] \tag{4.169}$$

为了在物理上更加清晰，我们将上面的表达式用边缘能的毛细管项写出

$$E_{\mathrm{s}} = -\,4ls\,\varkappa_{\mathrm{c}} + 4l\,\varkappa_{\mathrm{s}} +$$
$$E_{\mathrm{ex}}^{(n^{*})} - n^{*}\left[\,(E_{\mathrm{dex}} - E_{\mathrm{ex}}) - (E_{\mathrm{sd}}^{0} - E_{\mathrm{sd}})\,\right] \tag{4.170}$$

可以看到，取决于 E_{s} 中涉及的能量的相互作用，式（4.167）中乘以 $N_{\mathrm{s},0}$ 的指数可以小于或大于整数。为了模拟核的形成（$N_{\mathrm{s}}\gg N_{\mathrm{s},0}$），后者必须为负。将会形成较小岛的较大密度，并且薄膜将会以二维成核的方式而不是台阶流动的方式来生长。更为重要的是，较小核的较大密度导致了逐层生长而不是堆的形成。如同在第三章中讨论的，后者需要达到对于第二层成核的临界尺寸。在相反的情况下，表面活性剂将禁止成核，并且或者促进台阶流动生长 [这是由四价 Sn 调解的 Si(111) 同质外延的情况，见 Iwanari 和 Takayanagi（1992）以及由 Markov（1996b）分析的实验数据]，或者当核密度不太大时促进堆的形成。

在 E_{s} 中有两个负项和两个正项。从上面可得 $(E_{\mathrm{dex}} - E_{\mathrm{ex}}) - (E_{\mathrm{sd}}^{0} - E_{\mathrm{sd}})$ 大约为 $0.3 \sim 0.5$ eV（Kandel 和 Kaxiras 2000；Schroeder 等 1998）。我们回忆，第二个负项 ΔW 大约为蒸发焓的一半，并且它被乘以 $n^{*}\geqslant 1$ 和 $s<1$。正因如此，评估表面活性剂效率 s 很有趣。

利用式（4.151）、式（4.152）和式（4.153）以及近似 $\psi_{\mathrm{sc}}\cong\sqrt{\psi_{\mathrm{cc}}\psi_{\mathrm{ss}}}$（London 1930），我们得到

$$s = 2\sqrt{x} - x \tag{4.171}$$

式中，$x = \psi_{\mathrm{ss}}/\psi_{\mathrm{cc}}$。后者可以从表面能 σ 和原子体积 v 进行评估

$$\frac{\psi_{ss}}{\psi_{cc}} \cong \frac{(\sigma v^{2/3})_s}{(\sigma v^{2/3})_c} \tag{4.172}$$

我们现在考虑被最广泛研究的情况，即 Sb-调解的 Si(111) 的生长（Voigtländer 等 1995；Voigtländer 和 Zinner 1993，1994；Horn-von Hoegen 等 1995）。幸运地，我们有两种材料的表面能的数据，$\sigma(Sb) = 395$ erg/cm^2 和 $\sigma(Si) = 1\,240$ erg/cm^2（Swalin 1991）。于是，$\psi_{ss}/\psi_{cc} = 0.4$ 且 $s = 0.86$，并且用 $\Delta H_{ev} = 4.72$ eV（Hultgren 等 1973），我们得到 $s\Delta W \approx 2$ eV。考虑到 $s\Delta W$ 总是大于 E^*［在 $n^* = 1$ 处，$s\Delta W = 2$ eV 且 $E_1 = 0$；在 $n^* = 2$ 处，$s\Delta W = 4$ eV，并且打断 Si-Si 键所需的功 E_2 大约为 $1.7 \sim 2.3$ eV（Nakahara 和 Ichikawa 1993；Honig 和 Kramer 1969），等等］，这意味着核边缘的减小 $n^* s\Delta W - E^* \equiv 4ls\,\varkappa_c$ 被期待，这比纯粹动力学因子 $n^*[(E_{dex} - E_{ex}) - (E_{sd}^0 - E_{sd})]$ 起到更大的作用。

于是，评估正项的贡献很有趣。对于 Φ_s，为了避免形状的作用，我们评估边缘能比值 $\varkappa_s/\varkappa_c \cong (\sigma v^{1/3})_s/(\sigma v^{1/3})_c$。于是，对于 Sb-预覆盖 Si 之上的 Si 的成核，我们得到 $\varkappa_s/\varkappa_c \cong 0.36$。在式（4.170）中除两个边缘能，得到部分 $\Phi_s/\Phi_c = \varkappa_s/s\,\varkappa_c \cong 0.42$。最后，我们可以假设，在一个团簇附近的交换过程比起远离任何尺寸团簇的交换过程来需要一个较小的势垒，E_{ex}，或者 $E_{ex}^{(n^*)} < 0.8$ eV（Markov 1999b）。

我们因此可以说，在 Sb-调解的 Si(111) 的生长中，式（4.169）的最大的项是负的，并且具有热力学根源。被禁止的表面扩散意义上的动力学起到一个次要角色。注意，当一个表面活性剂影响改变边缘能 $\varkappa_c$ 的核的形成功时，它实际上影响了二维成核速率。换言之，如 4.3.6.1 节中讨论的，它影响了作为整个生长过程中一个步骤的成核动力学，而不是润湿意义上的热力学。

我们总结，表面活性剂通过在异质外延的覆盖层对于衬底润湿的影响，在减小覆盖层的表面能进而增大润湿的传统意义上来说，应当是一个稀少的事件，因为它需要零失配。润湿应当被人工地通过将晶体原子"锁定"入类体位置来抑制三维岛化的热力学驱动力来增大。这在 Ge 在 Sb-预覆盖的 Si(001) 表面上的 Stranski-Krastanov 生长的情况中最为可能。如果情况并非如此，表面活性剂动力学地改变生长模式，或者通过抑制原子从岛边缘的脱附，或者通过禁止表面扩散，或者通过增大成核速率。这三个因素都不能忽视。

参 考 文 献

Adam, N. K., *The Physics and Chemistry of Surfaces* (Dover Pub. Inc., 1968).

Alerhand, O. L., Vanderbilt, D., Meade, R. D., and Joannopoulos, J. D., *Phys. Rev. Lett.* **61**, 1973 (1988).

Alerhand, O. L., Berker, A. N., Joannopoulos, J. D., Vanderbilt, D., Hamers, R. J., and Demuth, J. E., *Phys. Rev. Lett.* **64**, 2406 (1990).

Amar, J. G. Family, F., and Lam, P. M., *Phys. Rev.* **B50**, 8781 (1994).

Amar, J. G., and Family, F., *Phys. Rev. Lett.* **74**, 2066 (1995).

Amar, J. G., and Family, F., *Thin Solid Films* **272**, 208 (1996).

Amar, J. G., and Family, F., *Surf. Sci.* **382**, 170 (1997).

Arfken, G., *Mathematical Methods for Physicists*, 2nd ed. (Academic, 1973).

Armstrong, R. D., and Harrison, J. A., *J. Electrochem. Soc.* **116**, 328 (1969).

Asai, M., Ueba, H., and Tatsuyama. C., *J. Appl. Phys.* **58**, 2577 (1985).

Asaro, R. G., and Tiller, W. A., *Metal. Trans.* **3**, 1789 (1972).

Ashu, P., Matthai, C. C., and Shen, T. H., *Surf. Sci.* **251/252**, 955(1991).

Asonen, H., Barnes, C., Salokatve, A., and Vuoristo, A., *Appl. Surf. Sci.* **22/23**, 556 (1985).

Aspnes, D. E., and Ihm. J., *Phys. Rev. Lett.* **57**, 3054 (1986).

Aubry, S., *J. Phys.* **44**, 147 (1983).

Avrami, M., *J. Chem. Phys.* **7**, 1103 (1939)

Avrami, M., *J. Chem. Phys.* **8**, 212 (1940).

Avrami, M., *J. Chem. Phys.* **9**, 177 (1941).

Avron, J. E., Balfour, L. S., Kuper, C. G., Landau, L., Lipson, S. G., and Schulman, L., *Phys. Rev. Lett.* **45**, 814 (1980).

Babkin, A. V., Keshishev, K. O., Kopelovitch, O. B., and Parshin, A., Ya., *Sov. Phys. JETP Lett.* **39**, 633 (1984).

Bak, P., *Rep. Progr. Phys.* **45**, 587 (1982).

Bak, P., and Emery, V. J., *Phys. Rev. Lett.* **36**, 978 (1976).

Bales, G. S., and Zangwill, A., *Phys. Rev.* **B41**, 5500 (1990).

Bales, G. S., and Zangwill, A., *Phys. Rev.* **B48**, 2024 (1993).

Bales, G. S., and Chrzan, D. C., *Phys. Rev.* **B50**, 6057 (1994).

Bales, G. S., and Zangwill, A., *Phys. Rev.* **B55**, R1973 (1997).

Barbier, L., and Lapujoulade, J., *Surf. Sci.* **253**, 303 (1991).

Barbier, L., Khater, A., Salanon, B., and Lapujoulade, J., *Phys. Rev.* **B43**, 14730 (1991).

Barker, T. V., *J. Chem. Soc. Tran.* **89**, 1120 (1906)

Barker, T. V., *Mineral. Mag.* **14**, 235 (1907).

Barker, T. V., *Z. Kristallographie* **45**, 1 (1908).

Barone, A., Esposito, F., Magee, C. J., and Scott, A. C., *Riv. Nuovo Cimento* 1, 227 (1971).

Barrer, R. M., *Surface Organometallic Chemistry: Molecular Approaches to Surface Catalysis*, eds. J. M. Basset, B. C. Gates, J. P. Candy, A. Choplin, M. Leconte, F. Quignard, and C. Santini (Kluwer, 1988) p. 221.

Bartha, J. W., and Henzler, M., *Surf. Sci.* **160**, 379 (1985).

Bassett, D. W., and Webber, P. R., *Surf. Sci.* **70**, 520 (1978)

Bauer, E., *Z. Kristallographie* **110**, 372 (1958).

Bauer, E., Poppa, H., Todd, G., and Bonczek, F., *J. Appl. Phys.* **45**. 5164 (1974).

Bauer, E., Poppa, H., Todd, G., and Davis, P. R., *J. Appl. Phys.* **48** 3773 (1977).

Bauer, E., *Appl. Surf. Sci.* **11/12**, 479 (1982).

Bean, J. C., *Science* **230**, 127 (1985).

Bean, J. C., Feldman, L. C., Fiory, A. T., Nakahara, S., and Robinson, I. K., *J. Vac. Sci. Technol.* **A2**, 436 (1984).

Becker, R., and Döring, W., *Ann. Phys.* **24**, 719 (1935).

Becker, A. F., Rosenfeld, G., Poelsema, B., and Comsa, G., *Phys. Rev. Lett.* **70**, 477 (1993).

Belen'kii, V. Z., *Geometriko-veroyatnostnye modeli kristalizatsii (Geometric-Probabilistic Models of Crystallization)* (Nauka, Moscow, 1980).

Bennema, P., *J. Cryst. Growth* **24/25**, 76 (1974).

Bennema, P., and Gilmer, G., *Crystal Growth: An Introduction*, ed. P. Hartman (North Holland, 1973) p. 263.

Benson, G. C., and Shuttleworth, R., *J. Chem. Phys.* **19**, 130 (1951).

Benson, S., *The Foundations of Chemical Reactions* (McGraw Hill, 1960).

Binnig, G., Rohrer, H., Gerber, Ch., and Weibel, E., *Appl. Phys. Lett.* **40**, 178 (1982a).

Binnig, G., Rohrer, H., Gerber, Ch., and Weibel, E., *Phys. Rev. Lett.* **49**, 57 (1982b).

Binnig, G., and Rohrer, H., *Surf. Sci.* **126**, 236 (1983).

Bliznakov, G., *Commun. Bulg. Acad. Sci.* **3**, 23 (1953).

Bolding, B. C. and Carter, E. A., *Surf. Sci.* **268**, 142 (1992).

Bollmann, W., *Phil. Mag.* **16**, 363, 383 (1967).

Bollmann, W., *Grain Boundaries and Interfaces*, ed. P. Chaudhari and J. W. Matthews (North Holland, 1972) p. 1.

Bolmont, O., Chen, P., Cebenne, C. A., and Proix, F., *Phys. Rev.* **B24**, 4552 (1981).

Bonzel, H. P., *Surf. Sci.* **328**, L571 (1995).

Borovinski, L., and Tzindergosen, A., *Dokl. Akad. Nauk USSR* **183**, 1308 (1968).

Boshart, M. A., Bailes Ⅲ, A. A., and Seiberling, L. E., *Phys. Rev. Lett.* **77**, 1087 (1996).

Bostanov, V., *J. Cryst. Growth* **42**, 194 (1977).

Bostanov, V., Russinova, R., and Budewski, E., *Comm. Dept. Chem., Bulg. Acad. Sci.* **2**, 885

(1969).

Bostanov, V., Staikov, G., and Roe, D. K., *J. Electrochem. Soc.* **122**, 1301 (1975).

Bostanov, V., Obretenov, W., Staikov, G., Roe, D. K., and Budewski, E., *J. Cryst. Growth* **52**, 761 (1981).

Bott, M., Hohage, T., and Comsa, G., *Surf. Sci.* **272**, 161 (1992).

Bott, M., Hohage, T., Morgenstern, M., Michely, T., and Comsa, G., *Phys. Rev. Lett.* **76**, 1304 (1996).

Böttner, H., Schießl, U., and Tacke, M., *Superlattices and Superstructures* **7**, 97 (1990).

Bragg, W. L., and Williams, E. J., *Proc. Roy. Soc.* **A145**, 699 (1934).

Brandes, H., *Z. Phys. Chem.* **126**, 198 (1927).

Brocks, G., Kelly, P. J., and Car, R., *Proceedings of the 20th International Conference on the Physics of Semiconductors*, eds. E. Anastassakis and J. Joannopoulos (World Scientific, 1991a) p. 127.

Brocks, G., Kelly, P. J., and Car, R., *Phys. Rev. Lett.* **66**, 1729 (1991b).

Bromann, K., Brune, H., Röder, H., and Kern, K., *Phys. Rev. Lett.* **75**, 677 (1995).

Brooks, H., *Metal Interfaces*, American Society Metals, Metals Park, Ohio (1952) p. 20.

Bruce, L. A., and Jaeger, H., *Phil. Mag.* **A36**, 1331 (1977).

Bruce, L. A., and Jaeger, H., *Phil. Mag.* **A38**, 223 (1978a).

Bruce, L. A., and Jaeger, H., *Phil. Mag.* **A37**, 337 (1978b).

Brune, H., Röder, H., Boragno, C., and Kern, K., *Phys. Rev. Lett.* **73**, 1955 (1994).

Brune, H., *Surf. Sci. Rep.* **31**, 121 (1998).

Buckle, E. R., and Ubbelohde, A. R., *Proc. Roy. Soc.* **A259**, 325(1960).

Buckle, E. R., and Ubbelohde, A. R., *Proc. Roy. Soc.* **A261**, 196(1961).

Budewski, E., and Bostanov, V., *Electrochim. Acta* **9**, 477 (1964).

Budewski, E., Bostanov, V., Vitanov, T., Stoinov, Z., Kotzeva, A., and Kaischew, R., *Electrochim. Acta* **11**, 1697 (1966).

Budewski, E., Vitanov, T., and Bostanov, V., *Physica Status Solidi* **8**, 369 (1965).

Budewski, E., *Comprehensive Treatise of Electrochemistry*, Vol. Ⅶ, eds. B. E. Conway, J. O'M. Bockris, E. Yeager, S. U. M. Khan, and R. E. White (Plenum, 1983) p. 399.

Burton, W. K., and Cabreram, N., *Disc. Faraday Soc.* **5**, 33 (1949).

Burton, W. K., Cabrera, N., and Frank, F. C., *Phil. Trans. Roy. Soc.* **243**, 299 (1951).

Cabrera, N., and Levine, M. M., *Philos. Mag.* **1**, 450 (1956).

Cabrera, N., and Vermilyea, D. A., *Growth and Perfection of Crystals* (John Wiley, 1958) p. 393.

Cabrera, N., and Coleman, R. V., *The Art and Science of Growing Crystals* (John Wiley, 1963) p. 3.

Cahn, J. W., and Hilliard, J. E., *J. Chem. Phys.* **28**, 258 (1958).

Cahn, J. W., and Hilliard, J. E., *J. Chem. Phys.* **31**, 688 (1959).

Camarero, J., Spendeler, L., Schmidt, G., Heinz, K., de Miguel, J. J., and Miranda, R., *Phys. Rev. Lett.* **73**, 2448 (1994).

Camarero, J., Ferrón, J., Cros, V., Gómez, L., Vázquez de Parga, A. L., Gallego, J. M., Prieto, J. E., de Miguel, J. J., and Miranda, R.. *Phys. Rev. Lett.* **81**, 850 (1998).

Cao, R., Yang, X., Terry, J., and Pianetta, P., *Appl. Phys. Lett.* **61**, 2347 (1992).

Carra, S., *Epitaxial Electronic Materials*, eds. A. Baldereschi, and C. Paorici (World Scientific, 1988) p. 71.

Carslaw, H. S., and Jaeger, J. C., *Conduction of Heat in Solids* (Clarendon Press, 1960).

Chadi, D. J., *Phys. Rev. Lett.* **43**, 43 (1979).

Chadi, D. J., *Phys. Rev. Lett.* **59**, 1691 (1987).

Chakraverty, B. K., *Surf. Sci.* **4**, 205 (1966).

Chang, L. L., and Ludeke, R., *Epitaxial Growth*, Part A, ed. J. W. Matthews (Academic Press, 1975) p. 37.

Chang, K. H., Lee, C. P., Wu, J. S., Liu, D. G., Liou, D. C., Wang, M. H., Chen, L. J., and Marais, M. A., *J. Appl. Phys.* **70**, 4877 (1991).

Chang, S. H., Su, W. B., Jian, W. B., Chang, C. S., Chen, L. J., and Tsong, T. T., *Phys. Rev.* **B65**, 245401 (2002).

Chen, J., Ming, N., and Rosenberger, F., *J. Chem. Phys.* **84**, 2365 (1986).

Chen, L. J., Cheng, H. C., and Lin, W. T., *Mat. Res. Soc. Symp. Proc.* **54**, 245 (1986).

Chen, L. J., and Tu, K. N., *Materials Science Reports* **6**, 53 (1991).

Chen, C., and Tsong, T. T., *Phys. Rev. Lett.* **64**, 3147 (1990).

Chen, Y., and Washburn, J., *Phys. Rev. Lett.* **77**, 4046 (1996).

Chernov, A. A., *Uspekhi Fizicheskikh Nauk* **73**, 277 (1961).

Chernov, A. A., and Lyubov, B., *Growth of Crystals (USSR)* **5**, 11 (1963).

Chernov, A. A., *Annual Review of Materials Science* **3**, Palo Alto, California (Ann. Rev. Inc., 1973) p. 397.

Chernov, A. A., *J. Cryst. Growth* **42**, 55 (1977).

Chernov, A. A., *Modern Crystallography III*, *Springer Series in Solid State Scienes* **36** (Springer, 1884).

Chernov, A. A., *Contemp. Phys.* **30**, 251 (1989).

Chernov, A. A., Kuznetsov, Y. G., Smol'sky, I. L., and Rozhansky, V. N., *Kristallografiya* **31**, 1193 (1986) [*Sov. Phys. Crystallogr.* **31**, 705(1986)].

Chernov, A. A., and Nishinaga, T., *Morphology of Crystals* (Terra Scientific, 1987) p. 207.

Chui, S. T., and Weeks, J. D., *Phys. Rev. Lett.* **40**, 733 (1978).

Christian, J. W., *The Theory of Transformations in Metals and Alloys*, Part *I* : *Equilibrium and General Kinetic Theory*, 2nd ed. (Pergamon 1981).

Cohen, P. I., Petrich, G. S., Pukite, P. R., Whaley, G. J., and Arrott, A. S., *Surf. Sci.* **216**, 222 (1989).

Collins, F. C., *Z. Elektrochemie* **59**, 404 (1955).

Colocci, M., Bogani, F., Carraresi, L., Mattolini, R., Bosacci, A., Franchi, S., Frigeri, P., Rosa-Clot, M., and Taddei, S., *Appl. Phys. Lett.* **70**, 3140 (1997).

Copel, M., Reuter, M. C., Kaxiras, E., and Tromp, R. M., *Phys. Rev. Lett.* **63**, 632 (1989).

Cormia, R. L., Price, F. P., and Turnbull, D., *J. Appl. Phys.* **37**, 1333(1962).

Courtney, W. G., *J. Chem. Phys.* **36**, 2009 (1962).

Curie, P., *Bull. Soc. Mineralog. France* **8**, 145 (1885).

Dash, J. G., *Phys. Rev.* **B15**, 3136 (1977).

Davisson, C., and Germer, L. H., *Phys. Rev.* **30**, 707 (1927).

Defay, R., Prigogine, J., Bellemans, A., and Everett, D. H., *Surface Tension and Adsorption* (Longmans Green, 1966).

De Gennes, P. G., *J. Chem. Phys.* **48**, 2257 (1968).

Demianetz, L. N., and Lobachov, A. N., *Modern Crystallography III* , *Springer Series in Solid State Sciences* **36** (Springer, 1884) p. 279.

De Miguel, J. J., Aumann, C. E., Kariotis, R., and Lagally, M. G., *Phys. Rev. Lett.* **67**, 2830 (1991).

Drechsler, M., and Nicolas, J. F., *Phys. Chem. Solids* **28**, 2609 (1967).

Dubnova, G. N., and Indenbom, V. L., *Sov. Physics—Crystallography* **11**, 642 (1966).

Dunning, W. J., *Chemistry of the Solid State*, ed. W. E. Garner (Butterworths, 1955) p. 333.

Dunning, W. J., *Nucleation*, ed. A. C. Zettlemoyer (Marcel Dekker. 1969) p. 1.

Duport C., Priester, C., and Villain, J., *Morphological Organization in Epitaxial Growth and Removal*, Vol. 14 of *Directions in Condensed Matter Physics*, edited by Z. Zhang, and M. Lagally (World Scientific. Singapore, 1998).

Dupré, A., *Théorie Mécanique de la Chaleur* (Gauthier-Villard, 1869) p. 369.

Eaglesham, D. J., and Cerullo, M., *Phys. Rev. Lett.* **64**, 1943 (1990).

Eaglesham, D. J., Unterwald, F. C., and Jacobson, D. C., *Phys. Rev. Lett.* **70**, 966 (1993).

Ehrlich, G., and Hudda, F. G., *J. Chem. Phys.* **44**, 1039 (1966).

Ehrlich, G., *Surf. Sci.* **331**-**333**, 865 (1995).

Elkinani, I., and Vilain, J., *J. Phys. I France* **4**, 949 (1994).

Elliott, W. C., Miceli, P. F., Tse, T., and Stephens, P. W., *Phys. Rev.* **B54**, 17938 (1996).

Emsley, J., *The Elements*, 2nd ed. (Oxford University Press, 1991).

Fan, W. C., Ignatiev, A., and Wu, N. J., *Surf. Sci.* **235**, 169 (1990).

Farkas, L., *Z. Phys. Chem.* **125**, 239 (1927).

Farley, F. J., *Proc. Roy. Soc.* **212**, 530 (1952).

Farrow, R. F. C., *J. Electrochem. Soc.* **121**, 899 (1974).

Farrow, R. F. C., Parkin, S. S. P., Dobson, P. J., Neave, J. H., and Arrott, A. S., eds., *Thin Film Growth Techniques for Low-Dimensional Structures*, *NATO ASI Series*, *Series B: Physics* **163**(Plenum Press, 1987).

Feder, J., Russel, K. C., Lothe, J., and Pound, G. M., *Adv. Phys.* **15**, 111 (1966).

Feibelman, P. J., *Comments Condens. Matter Phys.* **16**, 191 (1993).

Feibelman, P. J., Nelson, J. S., and Kellogg, G. L., *Phys. Rev.* **B49**, 10548 (1994).

Ferrón, J., Gómez, L., Gallego, J. M., Gamarero, J., Prieto, J. E., Cros, V., Vázquez de Parga, A. L., de Miguel, J. J., and Miranda, R., *Surf. Sci.* **459**, 135 (2000).

Finch, G. I., and Quarrell, A. G., *Proc. Roy. Soc.* **A141**, 398 (1933).

Finch, G. I., and Quarrell, A. G., *Proc. Phys. Soc.* **46**, 148 (1934).

Fisher, D. S., and Weeks, J. D., *Phys. Rev. Lett.* **50**, 1077 (1983).

Fletcher, N. H., *J. Appl. Phys.* **35**, 234 (1964).

Fletcher, N. H., *Phil. Mag.* **16**, 159 (1967).

Fletcher, N. H., and Adamson, P. L., *Phil. Mag.* **14**, 99 (1966).

Fletcher, N. H., and Lodge, K. W., *Epitaxial Growth*, Part B, ed. J. W. Matthews (Academic, 1975) p. 529.

Frank, F. C., *Disc. Faraday Soc.* **5**, 48 (1949a).

Frank, F. C., *Disc. Faraday Soc.* **5**, 67 (1949b).

Frank, F. C., *Growth and Perfection of Crystals* (John Wiley, 1958a) p. 3.

Frank, F. C., *Growth and Perfection of Crystals* (John Wiley, 1958b) p. 411.

Frank, F. C., and van der Merwe, J. H., *Proc. Roy. Soc. London* **A198**, 205 (1949a).

Frank, F. C., and van der Merwe, J. H., *Proc. Roy. Soc. London* **A198**, 216 (1949b).

Frank, F. C., and van der Merwe, J. H., *Proc. Roy. Soc. London* **A200**, 125 (1949c).

Frank, F. C., *J. Cryst. Growth* **22**, 233 (1974).

Frankenheim, M. L., *Ann. Phys.* **37**, 516 (1836).

Franzosi, P., Salviati, G., Genova, F., Stano, A., and Taiariol, F., *Mater. Lett.* **3**, 425 (1985).

Franzosi, P., Salviati, G., Genova, F., Stano, A., and Taiariol, F., *J. Cryst. Growth* **75**, 521 (1986).

Franzosi, P., Salviati, G., Scaffardi, M., Genova, F., Pellegrino. S.. and Stano, A., *J. Cryst. Growth* **88**, 135 (1988).

Frenkel, Ya. I., *Z. Phys.* (*USSR*) **1**, 498 (1932).

Frenkel, Ya. I., *J. Chem. Phys.* **1**, 200, 538 (1939).

Frenkel, Ya. I., and Kontorova, T., *J. Phys.* (*USSR*) **1**, 137 (1938).

Frenkel, Ya. I., *Kinetic Theory of Liquids* (Dover, 1955).

Frenken, J. W. M., and van der Veen, J. F., *Phys. Rev. Lett.* **54**. 134(1985).

Frenken, J. W. M., Hoogeman, M. S., and Kuipers, L., *Bulgarian Chem. Commun.* **29**, 545 (1996/1997).

Fukuda, Y., Kohama, Y., and Ohmachi, Y., *Jap. J. Appl. Phys.* **29**, L20 (1990).

Gallet, F., Nozières, P., Balibar, S., and Rolley, E., *Europhys. Lett.* **2**. 701 (1986).

Gallet, F., Balibar, S., and Rolley, E., *J. Phys.* **48**, 369 (1987).

Gebhardt, M., *Crystal Growth: An Introduction*, ed. P. Hartman (North Holland, 1973) p. 105.

Gerlach, R., Maroutian, T., Douillard, L., Martinotti, D., and Ernst, H. -J., *Surf. Sci.* **480**, 97 (2001).

Gibbs, J. W., *Amer. J. Sci. Arts.* **16**, 454 (1878).

Gibbs, J. W., *On the Equilibrium of Heterogeneous Substances*, *Collected Works* (Longmans, Green & Co., 1928).

Gilmer, G. H., Ghez, R., and Cabrera, N., *J. Cryst. Growth* **8**. 79(1971).

Gilmer, G., *J. Cryst. Growth* **49**, 465 (1980a).

Gilmer, G., *Science* **208**, 355 (1980b).

Girifalco, L. A., and Weiser, V. G., *Phys. Rev.* **114**, 687 (1959).

Gölzhäuser, A., and Ehrlich, G., *Phys. Rev, Lett.* **77**, 1334 (1996).

González-Méndez, M. E., and Takeuchi, N., *Surf. Sci.* **441**. L897(1999).

Gowers. J. P., *Thin Film Growth Techniques for Low-Dimensional Structures*, eds. R. F. C. Farrow, S. S. P. Parkin, P. J. Dobson, J. H. Neave. and A. S. Arrott. *NATO ASI Series*, *Series B*: *Physics* **163**(Plenum Press. 1987) p. 471.

Grabow, M. H., and Gilmer, G. H., *Surf. Sci.* **194**, 333 (1988).

Gradmann. U., *Ann. Phys.* (Leipzig) **13**, 213 (1964).

Gradmann. U., *Ann. Phys.* (Leipzig) **17**, 91 (1966).

Gradmann. U., Kümmerle, W., and Tillmanns, P., *Thin Solid Films* **34**, 249 (1976).

Gradmann. U., and Tillmanns, P., *Physica Status Solidi* **A44**, 539(1977).

Gradmann. U., and Waller, G., *Surf. Sci.* **116**, 539 (1982).

Green. A. K., Prigge, S., and Bauer, E., *Thin Solid Films* **52**, 163(1978).

Griffith. J. E., and Kochanski, G. P., *Critical Rev. Solid State Mater. Sci.* **16**, 255 (1990).

Grinfeld. M. Ya., *Sov. Phys. Dokl.* **31**, 831 (1986).

Grosse, W., *J. Inorg. Nucl. Chem.* **25**, 317 (1963).

Grünbaum, E., *Vacuum* **24**, 153 (1974).

Grünbaum, E., *Epitaxial Growth*, Part B, ed. J. W. Matthews(Academic Press, 1975) p. 611.

Grünbaum, E., and Matthews, W., *Phys. Stat. Sol.* **9**, 731 (1965).

Gushee, D, E., ed., *Nucleation Phenomena* (American Chemical Society, 1966).

Gutzow. I., *Fiz. Chim. Stekla* **1**, 431 (1975).

Gutzow, I., and Toschev, S., *Kristall und Technik* **3**, 485 (1968).

Haas. C., *Solid State Comm.* **26**, 709 (1978).

Haas, C., *Current Topics of Materials Science*, ed. E. Kaldis, **3** (North Holland, 1979)p. 1.

Halpern, V., *J. Appl. Phys.* **40**, 4627 (1969).

Hamers, R. J., Tromp, R. M., and Demuth, J. E., *Phys. Rev.* **B34**, 5343 (1986).

Hanbücken, M., and Neddermeyer, H., *Surf. Sci.* **114**, 563 (1982).

Hanbücken, M., Futamoto, M., and Venables, J. A., *Surf. Sci.* **147**, 433 (1984a).

Hanbücken, M., Futamoto, M., and Venables, J. A., *IOP Conference Series* (Bristol Institute of Physics, 1984b) Chap. 9, p. 135.

Hanbücken, M., and Lelay, G., *Surf. Sci.* **168**, 122 (1986).

Harris, J. J., Joyce, B. A., and Dobson, P. J., *Surf. Sci.* **103**, L90(1981a).

Harris, J. J., Joyce, B. A., and Dobson, P. J., *Surf. Sci.* **108**, L444(1981b).

Hartman, P., *Crystal Growth: An Introduction*, ed. P. Hartman (North Holland, 1973) p. 358.

Heinrichs, S., Rottler, J., and Maass, P., *Phys. Rev.* **B62**, 8338 (2000).

Henzler, M., and Clabes, J., *Jap. J. Appl. Phys. Supl.* **2**, 2, 389 (1974).

Henzler, M., Busch, H., and Friese, G., *Kinetics of Ordering and Growth at Surfaces*, ed. M. G. Lagally, *NATO ASI Series*, *Series B*: *Physics* **239** (Plenum, 1990) p. 101.

Hernán, O. S., Gallego, J. M., Vázquez de Parga, A. L., and Miranda, R., *Appl. Phys.* **A66**, S1117 (1998).

Herring, C., *The Physics of Powder Metallurgy* (McGraw-Hill, 1951) p. 143.

Herring, C., *Structure and Properties of Solid Surfaces* (University of Chicago Press, 1953) p. 5.

Hertz, H., *Ann. Phys.* **17**, 177 (1882).

Heyer, H., Nietruch, F., and Stranski, I. N., *J. Cryst. Growth* **11**, 283(1971).

Heyraud, J. C., and Metois, J. J., *Acta Metall.* **28**, 1789 (1980).

Heyraud, J. C., and Metois, J. J., *Surf. Sci*, **128**, 334 (1983).

Hilliard, J. E., *Nucleation Phenomena*, ed. D. E. Gushee (American Chemical Society, 1966) p. 79.

Hillig, W., *Acta Met.* **14**, 1868(1966).

Hirth, J. P., and Pound, G. M., *Condensation and Evaporation*, *Progress in Materials Science* **11** (MacMillan, 1963).

Hirth, J. P., and Lothe, J., *Theory of Dislocations* (McGraw-Hill. 1968).

Hollomon, J. H., and Turnbull, D., *Progress in Metal Physics*, ed. B. Chalmers, 4 (Pergamon, 1953) p. 333.

Hollomon, J. H., and Turnbull, D., *The Solidification of Metals and Alloys*, Amer. Inst. Min. Metallurg. Eng. Symp., New York, 1951. p. 1.

Holt, D. B., *J. Phys. Chem. Solids* **27**, 1053 (1966).

Honig. R. E., and Kramer, D. A., *RCA Rev.* **30**, 285 (1969).

Honjo, G., and Yagi, K., *J. Vac. Sci. Technol.* **6**, 576 (1969).

Honjo, G., and Yagi, K., *Current Topics of Materials Science* **6**. ed. E. Kaldis (North Holland, 1980) p. 196.

Honnigmann, B., *Gleichgewichts- und Wachstumsformen von Kristallen* (Steinkopff Verlag, 1958).

Horn-von Hoegen, M., Al Falou, A., Müller, B. H. Köhler, U. Andersohn, L. Dahlheimer, B., and Henzler, M., *Phys. Rev.* **B49**, 2637(1994).

Horn-von Hoegen, M., Copel, M., Tsang, J. C., Reuter, M. C., and Tromp, R. M., *Phys. Rev.* **B50**, 10811 (1994).

Horn-von Hoegen, M., Falta, J., and Tromp, R. M., *Appl. Phys. Lett.* **66**, 487 (1995).

Horng, C. T., and Vook, R., *J. Vac. Sci. Technol.* **11**, 140 (1974).

Hornstra, J., *J. Phys. Chem. Solids* **5**, 129 (1958).

Houdré, R., Carlin, J. F., Rudra, A., Ling, J., and Ilegems, M., *Superlattices and Microstructures* **13**, 67 (1993).

Hoyt, J. J., *Acta Metall. Mater.* **38**, 1405 (1990).

Hu, S. M., *J. Appl. Phys.* **70**, R53 (1991).

Hultgren, R., Desai, P. D., Hawkins, D. T., Gleiser, M., Kelley, K. K., and Wagman, D. D., *Selected Values of the Thermodynamic Properties of the Elements* (American Society for Metals,

Metals Park, Ohio 44073, 1973).

Hultgren, R., Desai, P. D., Hawkins, D. T., Gleiser, M., and Kelley, K. K., *Selected Values of the Thermodynamic Properties of Binary Alloys* (American Society for Metals, Metals Park, Ohio 44073, 1973a).

Huntington, C. G., *Solid State Phys.* **7**, 213 (1958).

Hwang, I. -S., Chang, T. -C., and Tsong, T. T., *Phys. Rev. Lett.* **80**, 4229 (1998).

Iwanari, S., and Takayanagi, K., *J. Cryst. Growth* **119**, 229 (1992).

Iwanari, S., Kimura, Y., and Takayanagi, K., *J. Cryst. Growth* **119**, 241 (1992).

Jackson, K. A., *Growth and Perfection of Crystals* (John Wiley, 1958) p. 319.

Jackson, K. A., *Nucleation Phenomena*, ed. D. E. Gushee (American Chemical Society, 1966) p. 35.

Jakobsen, J., Jakobsen, K. W., Stoltze, P., and Nørskov, J. K., *Phys. Rev. Lett.* **74**, 2295 (1995).

James, P. F., *Phys. Chem. Glasses* **15**, 95 (1974).

James, P. F., *Nucleation and Crystallization in Glasses*, *Advances in Ceramics* **4**, ed. J. H. Simmons, D. R. Uhlmann, and G. H. Beall, Columbus, Ohio (1982) p. 1.

Janke, E., Emde, F., and Lösch, F., *Tafeln Höherer Funktionen* (B. G. Teubner Verlagsgesselschaft, 1960).

Jayaprakash, C., Saam, W. F., and Teitel, S., *Phys. Rev. Lett.* **50**, 2017 (1983).

Jenkins, S. J., and Srivastava, G. P., *Surf. Sci.* **398**, L313 (1998).

Jentzsch, F., Froitzheim, H., and Theile, R., *J. Appl. Phys.* **66**, 5901(1989).

Jesser, W. A., and Kuhlmann-Wilsdorf, D., *Physica Status Solidi* **19**. 95 (1967).

Johnson, W., and Mehl, R., *Trans. Amer. Inst. Min. Metal.* **135**, 416 (1939).

Joyce, B. A., Sudijono, J. L., Belk, J. G., Yamaguchi, H., Zhang, X. M., Dobbs, H. T., Zangwill, A., Vvedensky, D. D., and Jones, T. S., *Jpn. J. Appl. Phys.* **36**, 4111 (1997).

Joyce, B. A., and Vvedensky, D. D., NATO Science Series, II. Mathematics, Physics and Chemistry, **65**, *Atomistic Aspects of Epitaxial Growth* eds. M. Kotrla, N. I. Papanicolaou, D. D. Vvedensky, and L. T. Wille (Kluwer, 2002) p. 301.

Kaischew, R., *Z. Phys.* **102**, 684 (1936).

Kaischew, R., *Ann. l' Univ. Sofia* (*Chem.*) **63**, 53 (1946/1947).

Kaischew, R., *Comm. Bulg. Acad. Sci.* (*Phys.*) **1**, 100 (1950).

Kaischew, R., *Bull. l' Acad. Bulg. Sci.* (*Phys.*) **2**, 191 (1951).

Kaischew, R., *Fortschr. Miner.* **38**, 7 (1960).

Kaischew, R., Bliznakow, G., and Scheludko, A., *Comm. Bulg. Acad. Sci.* (*Phys. Ser.*) **1**, 146 (1950).

Kaischew, R., and Mutaftschiev, B., *Electrochim. Acta* **10**, 643 (1965).

Kaischew, R., and Budewski, E., *Contemp. Phys.* **8**, 489 (1967).

Kaischew, R., *Selected Papers*, Bulgarian Academy of Sciences, Sofia. 1980.

Kaischew, R., *J. Cryst. Growth* **51**, 643 (1981).

Kalff, M., Comsa, G., and Michely, T., *Phys. Rev. Lett.* **81**, 1255(1998).

Kamat, S. V., and Hirth, J. P., *J. Appl. Phys.* **67**, 6844 (1990).

Kamke, E., *Differentialgleichungen: Lösungsmethoden und Lösungen I. Gewönliche Differentialgleichungen*, Leipzig, 1959.

Kandel, D., *Phys. Rev. Lett.* **78**, 499 (1997).

Kandel, D., and Kaxiras, E., *Phys. Rev. Lett.* **75**, 2742 (1995).

Kandel, D., and Kaxiras, E., *Solid State Phys.* **54**, 219 (2000).

Kantrowitz, A., *J. Chem. Phys.* **19**, 1097 (1951).

Kaplan, R., *Surf. Sci.* **93**, 145 (1980).

Kaplan, I. G., *Theory of Molecular Interactions* (Elsevier, 1986).

Kariotis, R., and Lagally, M., *Surf. Sci.* **216**, 557 (1989).

Kashchiev, D., *Surf. Sci.* **14**, 209 (1969).

Kashchiev, D., *Nucleation* (Butterwords, Oxford, 2000).

Kasper, E., Herzog, H. J., and Kibbel, H., *Appl. Phys.* **8**, 199 (1975).

Kasper, E., and Herzog, H. J., *Thin Solid Films* **44**, 357 (1977).

Kasper, E., *Appl. Phys.* **A28**, 129 (1982).

Katayama, M., Nakayama, T., Aono, M., and McConville, C. F., *Phys. Rev.* **B54**, 8600 (1996).

Kellog, G. L., and Feibelman, P. J., *Phys. Rev. Lett.* **64**, 3143 (1990).

G. L. Kellogg, *Surf. Sci. Rep.* **21**, 1 (1994).

Kern, R., LeLay, G., and Metois, J. J., *Current Topics in Materials Science* **3**, ed. E. Kaldis (North Holland, 1979) p. 128.

Keshishev, K. O., Parshin, A., and Babkin, A., *Zh. Eksp. Teor. Fiz.* **80**, 716 (1981).

Kikuchi, R., *Nucleation Phenomena* (Elzevier, 1977) p. 67.

Kirkwood, J. G., and Buff, F. P., *J. Chem. Phys.* **17**, 338 (1949).

Knudsen, M., *Ann. Phys.* **29**, 179 (1909).

Ko, Y. -J., Chang, K. J., and Yi, J. -Y., *Phys. Rev.* **B60**, 1777 (1999).

Kodiyalam, S., Khor, K. E., and Das Sarma, S., *Phys. Rev.* **B53**, 9913(1996).

Kohama, Y., Fukuda, Y., and Seki, M., *Appl. Phys. Lett.* **52**, 380(1988).

Kolb, E. D., and Laudise, R. A., *J. Amer. Ceram. Soc.* **49**, 302 (1966).

Kolb, E. D., Wood, D. L., Spencer, E. G., and Laudise, R. A., *J. Appl. Phys.* **38**, 1027 (1967).

Kolmogorov, A. N., *Izv. Acad. Sci. USSR* (Otd. Phys. Math. Nauk)**3**, 355 (1937).

Korutcheva, E., Turiel, A. M., and Markov, I., *Phys. Rev.* **B61**, 16890(2000).

Kossel, W., *Nachrichten der Gesellschaft der Wissenschaften Göttingen*, *Mathematisch-Physikalische Klasse*, Band 135, 1927.

Koutsky, J. A., PhD Thesis, Case Institute of Technology, Cleveland, Ohio, 1966.

Krasil'nikov, V. Yugova, T., Bublik, V., Drozdov, Y., Malkova, N., Shepenina, G., Hansen, K., and Rezvov, A., *Sov. Phys. Crystallogr.* **33**, 874 (1988).

Kratochvil, J., and Indenbom, V. L., *Czech.*, *J. Phys.* **B13**, 814(1963).

Kroemer, H., *Heteroepitaxy of Silicon*, eds. J. C. C. Fan, and J. M. Poate, *Mater. Res. Soc. Symp.* **67**, 3 (1986).

Krug, J., Politi, P., and Michely, T., *Phys. Rev.* **B61**, 14037 (2000).

Kuznetsov, Y. G., Chernov, A. A., and Zakharov, N. D., *Kristallografiya* **31**, 1201 (1986); *Soviet Phys. Crystallogr.* **31**, 709 (1986).

Kyuno, K., and Ehrlich, G., *Surf. Sci.* **394**, L179 (1997).

Lacmann, R., *Z. Kristallographie* **116**, 13 (1961).

Land, D. V., People, R., Bean, J. C., and Sergent, A. M., *Appl. Phys. Lett.* **47**, 1333 (1985).

Landau, L. D., *Collected Works* **2** (Nauka, 1969) p. 119.

Landau, L. D., and Lifshitz, E. M., *Statistical Physics* (Pergamon, 1958) Chap. 16.

Laudise, R. A., *J. Amer. Chem. Soc.* **81**, 562 (1959).

Laudise, R. A., *The Growth of Single Crystals* (Prentice Hall, 1970).

Laudise, R. A., and Ballman, A. A., *J. Amer. Chem. Soc.* **80**, 2655(1958).

Laudise, R. A., and Ballman, A. A., *J. Phys. Chem.* **64**, 688 (1960).

Leamy, J. H., Gilmer, G. H., and Jackson, K. A., *Surface Physics of Materials* **1**, ed. J. P. Blakeley (Academic, 1975) p. 121.

LeGoues, F. K., Copel M., and Tromp, R., *Phys. Rev. Lett.* **63**, 1826(1989).

LeLay, G., *Surf. Sci.* **132**, 169 (1983).

LeLay, G., Chauret, A., Manneville, M., and Kern, R., *Appl. Surf. Sci.* **9**, 190 (1981).

Lennard-Jones, J. E., *Proc. Roy. Soc. London* **A106**, 463 (1924).

Leonard, D., Krishnamurthy, M., Reaves, C. M., Denbaars, S. P., and Petroff, P. M., *Appl. Phys. Lett.* **63**, 3203 (1993).

Lepage, J., Mezin, A., and Palmier, D., *J. Microsc. Spectrosc. Electron.* **9**, 365 (1984).

Levine, J. D., *Surf. Sci.* **34**, 90 (1973).

Lewis, B., and Campbell, D., *J. Vac. Sci. Technol.* **4**, 209 (1967).

Lewis, B., and Anderson, J. C., *Nucleation and Growth of Thin Films* (Academic, 1978).

Li, Y., and DePristo, A. E., *Surf. Sci.* **319**, 141 (1994).

Liang, J. M., Chen, L. J., Markov, I., Singco, G. U., Shi, L. T., Farrell. C., and Tu, K. N., *Mater. Chem. Phys.* **38**, 250 (1994).

Lighthill, M. J., and Whitham, G. B., *Proc. Roy. Soc.* **A229**, 281, 317 (1955).

Lin, W. T., and Chen, L. J., *J. Appl. Phys.* **59**, 3481 (1986).

Lin, D. S., Miller, T., and Chiang, T. C., *Phys. Rev. Lett.* **67**, 2187(1991).

Liu, S., and Metiu, H., *Surf. Sci.* **359**, 245 (1996).

London, F., *Z. Phys. Chem.* **11**, 22 (1930).

Lord, D. G., and Prutton, M., *Thin Solid Films* **21**, 341 (1974).

Lothe, J., and Pound, G. M., *J. Chem. Phys.* **36**, 2080 (1962).

Lothe, J., and Pound, G. M., *Nucleation*, ed. A. C. Zettlemoyer (Marcel Dekker, 1969) p. 109.

Lu, Y., Zhang, Z., and Metiu, H., *Surf. Sci.* **257**, 199 (1991).

Lyubov, B., and Roitburd, A. L., *Problemi Metallovedeniya i Fisiki Metallov* (Metallurgizdat, 1958) p. 91.

Machlin, E. S., *Trans. Am. Int. Min. Metall. Pet. Eng.* **197**, 437(1953).

Mackenzie, J. D., *Modern Aspects of the Vitreous State* (Butterworths, 1960) p. 188.

Maiwa, K., Tsukamoto, K., and Sunagawa, I., *J. Cryst. Growth* **102**, 43 (1990).

Marchand, M., Hood, K., and Caillé, A., *Phys. Rev.* **B37**, 1898 (1988).

Marchenko, V. I., and Parshin, A. Ya., *Zh. Eksp. Teor. Fiz.* **79**, 257(1980).

Marchenko, V. I., *Pis'ma Zh. Eksp. Teor. Fiz.* **33**, 397 (1981).

Marée, P. M. J., Barbour, J. C., and van der Veen, J. F., *J. Appl. Phys.* **62**, 4413 (1987).

Marée, P. M. J., Nakagawa, K., Mulders, F. M., van der Veen, J. F., and Kavanagh, K. L., *Surf. Sci.* **191**, 305 (1987).

Markov, I., *Thin Solid Films* **8**, 281 (1971).

Markov, I., and Kashchiev, D., *J. Cryst. Growth* **13/14**, 131 (1972a).

Markov, I., and Kashchiev, D., *J. Cryst. Growth* **16**, 170 (1972b).

Markov, I., and Kashchiev, D., *Thin Solid Films* **15**, 181 (1973).

Markov, I., Boynov, A., and Toschev, S., *Electrochim. Acta* **18**, 377(1973).

Markov, I., and Toschev, S., *Electrodep. Surf. Treatm.* **3**, 385 (1975).

Markov, I., and Kaischew, R., *Thin Solid Films* **32**, 163 (1976a).

Markov, I., and Kaischew, R., *Kristall und Technik* **11**, 685 (1976b).

Markov, I., Stoycheva, E., and Dobrev, D., *Commun. Dept. Chem. Bulg. Acad. Sci.* **3**, 377 (1978).

Markov, I., and Karaivanov, V., *Thin Solid Films* **61**, 115 (1979).

Markov, I., *Mater. Chem. Phys.* **9**, 93 (1983).

Markov, I., and Milchev, A., *Surf. Sci.* **136**, 519 (1984a).

Markov, I., and Milchev, A., *Surf. Sci.* **145**, 313 (1984b).

Markov, I., and Milchev, A., *Thin Solid Films* **126**, 83 (1985).

Markov, I., and Stoyanov, S., *Contemp. Phys.* **28**, 267 (1987).

Markov, I., *Crystal Growth and Characterization of Advanced Materials*, eds. A. N. Christensen, F. Leccabue, C. Paorici, and O. Vigil (World Scientific, 1988) p. 119.

Markov, I., and Trayanov, A., *J. Phys. C: Solid State Phys.* **21**, 2475(1988).

Markov, I., and Trayanov, A., *J. Phys.: Condens. Matter* **2**, 6965(1990).

Markov, I., *Surf. Sci.* **279**, L207 (1992).

Markov, I., *NATO ASI Series Surface Diffusion: Atomistic and Collective Processes*, ed. M. Tringides (Plenum, 1996a) p. 115.

Markov, I., *NATO ASI Series: Collective Diffusion on Surfaces: Correlation Effects and Adatom Interactions*, eds. M. C. Tringides and Z. Chvoj (Kluwer 2001) p. 259.

Markov, I., *Phys. Rev.* **B48**, 14016 (1993).

Markov, I., *Phys Rev.* **B50**, 11271(1994).

Markov, I., *Phys. Rev.* **B54**, 17930 (1996).

Markov, I., *Phys. Rev.* **B56**, 12544 (1997).

Markov, I., *Phys. Rev.* **B53**, 4148 (1996).

Markov, I., *Phys. Rev.* **B59**, 1689 (1999a).

Markov, I., *Surf. Sci.* **429**, 102 (1999b).

Markov, I., and Prieto, J. E., NATO Science Series, II. Mathematics, Physics and Chemistry, **65**, *Atomistic Aspects of Epitaxial Growth* eds. M. Kotrla, N. I. Papanicolaou, D. D. Vvedensky and L. T. Wille (Kluwer, 2002) p. 411.

Massies, J., and Linh, N. T., *J. Cryst. Growth* **56**, 25 (1982a).

Massies, J., and Linh, N. T., *Thin Solid Films* **90**, 113 (1982b).

Massies, J., and Linh, N. T., *Surf. Sci.* **114**, 147 (1982c).

Massies, J., and Grandjean, N., *Phys. Rev.* **B48**, 8502 (1993).

Matthews, J. W., *Philos. Mag.* **6**, 1347 (1961).

Matthews, J. W., *Philos. Mag.* **8**, 711 (1963).

Matthews, J. W., and Crawford, J. L., *Thin Solid Films* **5**, 187 (1970).

Matthews, J. W., Mader, S., and Light, T. B., *J. Appl. Phys.* **41**, 3800(1970).

Matthews, J. W., and Blakeslee, A. E., *J. Cryst. Growth* **27**, 118(1974).

Matthews, J. W., ed., *Epitaxial Growth* (Academic Press, 1975).

Matthews, J. W., *J. Vac. Sci. Technol.* **12**, 126 (1975a).

Matthews, J. W., *Epitaxial Growth*, Part B, ed. J. W. Matthews (Academic Press, 1975b) p. 560.

Matthews, J. W., Jackson, D. C., and Chambers, A., *Thin Solid Films* **26**, 129 (1975c).

Mayer, H., *Advances in Epitaxy and Endotaxy*, eds. R. Niedermayer and H. Mayer (VEB Deutscher Verlag für Grundstoffsindustrie, Leipzig, 1971) p. 63.

McMillan, W. L., *Phys. Rev.* **B14**, 1496 (1976).

Metois, J. J., and Heyraud, J. C., *J. Cryst. Growth* **57**, 487 (1982).

Meyer, J. A., Vrijmoeth, J., van der Vegt, H. A., Vlieg, E., and Behm, R. J., *Phys. Rev.* **B51**, 14790 (1995).

Meyer, G., Voigtländer, B., and Amer, N. M., *Surf. Sci.* **274**, L541(1992).

Milchev, A., *Electrochim. Acta* **28**, 947 (1983).

Milchev, A., Stoyanov, S., and Kaischew, R., *Thin Solid Films* **22**, 22, 255 (1974).

Milchev, A., and Stoyanov, S., *J. Electroanl. Chem.* **72**, 33 (1976).

Milchev, A., and Malinowski, J., *Surf. Sci.* **156**, 36 (1985).

Milchev, A., *Contemp. Phys.* **32**, 321 (1991).

Milchev, A., *Phys. Rev.* **B33**, 2062 (1986).

Milchev, A., and Markov, I., *Surf. Sci.* **136**, 503 (1984).

Miller, D. C., and Caruso, R., *J. Cryst. Growth* **27**, 274 (1974).

Miyazaki, T., Hiramoto, H., and Okazaki, M., *Proc. 20th Int. Conf. Physics of Semiconductors*, eds. E. Anastassakis and J. Joannopoulos(World Scientific, 1991) p. 131.

Mo, Y. W., Kleiner, J., Webb, M. B., and Lagally, M. G., *Phys. Rev. Lett.* **66**, 1998 (1991).

Mo, Y. W., Savage, D. E., Swartzentruber, B. S., and Lagally, M., *Phys. Rev. Lett.* **65**, 1020

(1990).

Moelwyn-Hughes, E. A., *Physical Chemistry*, 2nd revised edition(Pergamon, 1961).

Moison, J. M., Houzay, F., Barthe, F., Leprince, L., André, E., and Vatel, O., *Appl. Phys. Lett.* **64**, 196 (1994).

Mönch, W., *Surf. Sci.* **86**, 672 (1979).

Moore, A. J. W., *Metal Surfaces*, (American Society for Metals, Metals Park, Ohio, 1963), p. 155.

Morse, P. M., *Phys. Rev.* **34**, 57 (1929).

Müller, E., *Z. Phys.* **131**, 136 (1951).

Müller, E., *Science* **149**, 591 (1965).

Müller, P., and Kern, R., *J. Cryst. Growth* **193**, 257 (1998).

Müller, P., and Kern, R., *Surf. Sci.* **457**, 229 (2000).

Müller, B., Nedelmann, L., Fischer, B., Brune, H., and Kern, K., *Phys. Rev.* **B54**, 17858 (1996).

Murthy, C. S., and Rice, B. M., *Phys. Rev.* **B41**, 3391 (1990).

Mutaftschiev, B., *Adsorption et Croissane Cristalline*, CNRS, Paris, 1965, p. 231.

Mutaftschiev, B., *The Atomistic Nature of Crystal Growth*, Spriner Series in Materials Science **43**, 2001.

Myers-Beaghton, A. K., and Vvedensky, D. D., *Phys. Rev.* **B42**, 5544(1990).

Nagl, C., E. Platzgummer, E., Schmid, M., Varga, P., Speeller, S., and Heiland, W., *Phys. Rev. Lett.* **75**, 2976 (1995).

Nakahara, H., and Ichikawa, M., *Surf. Sci.* **298**, 440 (1993).

Narusawa, T., Gibson, W. M., and Hiraki, A., *Phys. Rev.* **B24**, 4835(1981a).

Narusawa, T., and Gibson, W. M., *Phys. Rev. Lett.* **42**, 1459 (1981b).

Narusawa, T., and Gibson, W. M., *J. Vac. Sci. Technol.* **20**, 709(1982).

Neave, J. H., Joyce, B. A., Dobson, P. J., and Norton, N., *Appl. Phys.* **A31**, 1 (1983).

Neave, J. H., Joyce, B. A., and Dobson, P. J., *Appl. Phys.* **A34**, 179(1984).

Neave, J. H., Dobson, P. J., Joyce, P. A., and Zhang, J., *Appl. Phys. Lett.* **47**, 100 (1985).

Nenow, D., *Progr. Cryst. Growth Characterization* **9**, 185 (1984).

Nenow, D., and Dukova, E., *J. Cryst. Growth* **3/4**, 166 (1968).

Nenow, D., Pavlovska, A., and Karl, N., *J. Cryst. Growth* **67**, 587(1984).

Nielsen, A., *Kinetics of Precipitation* (Pergamon, 1964).

Nielsen, A., *Cryst. Growth*, ed. H. S. Peiser (Pergamon, 1967) p. 419.

Nishioka, K., and Pound, G. M., *Nucleation Phenomena* (Elzevier. 1977) p. 205.

Nogami, J., Baski, A. A., and Quate, C. F., *Appl. Phys. Lett.* **58**, 475 (1991).

Nordwall, H. J., and Staveley, L. A. K., *J. Chem. Soc.* 224, (1954).

Nozières, P., and Gallet, F., *J. Phys.* Paris, **48**, 353 (1987).

Nozières, P., *Solids Far From Equilibrium*, ed. C. Godrèche (Cambridge University Press, 1991).

Oh, C. W., Kim, E., and Lee, Y. H., *Phys. Rev. Lett.* **76**, 776 (1996).

Ohno, T. R., and Williams, E. D., *Jap. J. Appl. Phys.* **28**, L2061(1989a).

Ohno, T. R., and Williams, E. D., *Appl. Phys. Lett.* **55**, 2628 (1989b).

Oldham, W. G., and Milnes, A. G., *Solid State Electron.* **7**, 153 (1964).

Olsen, G. H., Abrahams, M. S., and Zamerowski, T. J., *J. Electrochem. Soc.* **121**, 1650 (1974).

Onsager, L., *Phys. Rev.* **65**, 117 (1944).

Oqui, N., *J. Mater. Sci.* **25**, 1623 (1990).

Ostwald, W., *Z. Phys. Chem.* **22**, 306 (1897).

Oxtoby, D. W., *J. Phys. Condens. Matter* **4**, 7627 (1992).

Pandey, K. C., *Phys. Rev. Lett.* **47**, 1913 (1981).

Pangarov, N., *Electrochim. Acta* **28**, 763 (1983).

Pashley, D. W., *Adv. Phys.* **5**, 173 (1956).

Pashley, D. W., *Adv. Phys.* **14**, 327 (1965).

Pashley, D. W., *Recent Progress of Surface Science* **3**, eds. J. F. Danielli, A. C. Riddiford and M. Rosenberg (Academic, 1970) p. 23.

Pashley, D. W., *Epitaxial Growth*, Part A (Academic Press, 1975) p. 1.

Pauling, L. and Herman, Z. S., *Phys. Rev.* **B28**, 6154 (1983).

Paunov, M., and Harsdorff, M., *Z. Naturforsch.* **29**, 1311 (1974).

Paunov, M., *Cryst. Res. Technol.* **33**, 165 (1998).

Pavlovska, A., *J. Cryst. Growth* **46**, 551 (1979).

Pavlovska, A., and Nenow, D., *Surf. Sci.* **27**, 211 (1971a).

Pavlovska, A., and Nenow, D., *J. Cryst. Growth* **8**, 209 (1971b).

Pavlovska, A., and Nenow, D., *J. Cryst. Growth* **12**, 9 (1972).

Pavlovska, A., and Nenow, D., *J. Cryst. Growth* **39**, 346 (1977).

Pavlovska, A., Fanlian, K., and Bauer, E., *Surf. Sci.* **221**, 233 (1989).

Pehlke, E., and Tersoff, J., *Phys. Rev. Lett.* **67**, 465 (1991a).

Pehlke, E., and Tersoff, J., *Phys. Rev. Lett.* **67**, 1290 (1991a).

Peierls, R., *Phys. Rev.* **B18**, 2013 (1978).

People, R., and Bean, J. C., *Appl. Phys. Lett.* **47**, 322 (1985).

People, R., and Bean, J. C., *Appl. Phys. Lett.* **49**, 229 (1986).

Petroff, P. M., Lorke, A., and Imamoglu, A., *Physics Today* (May 2001).

Pimpinelli, A., and Villain, J., *Physics of Crystal Growth* (Cambridge University Press, 1998).

Pinczolits, M., Springholz, G., and Bauer, G., *Appl. Phys. Lett.* **73**, 250 (1998).

Ploog, K., *Epitaxial Electronic Materials* (World Scientific, 1986) p. 261.

Politi P., Grenet, G., Marty, A., Ponchet, A., and Villain, J., *Phys. Rep.* **324**, 271 (2000).

Poon, T. W., Yip, S., Ho, P. S., and Abraham, F. F., *Phys. Rev. Lett.* **65**, 2161 (1990).

Pötschke, G., Schröder, J., Günther, C., Hwang, R. Q., and Behm, R. J., *Surf. Sci.* **251/252**, 592 (1991).

Pound, G. M., Simnad, M. T., and Yang, L., *J. Chem. Phys.* **22**, 1215(1954).

Powell, G. L. F., and Hogan, L. M., *Trans. Metallurg. Soc. AIME* **242**, 2133 (1968).

Prieto, J. E., de la Figuera, J., and Miranda, R., *Phys. Rev.* **B62**, 2126 (2000).

Prieto, J. E., Rath, Ch., Heinz, K., and Miranda, R., *Surf. Sci.* **454-456**, 736 (2000).

Prieto, J. E., and Markov, I., *Phys. Rev.* **B66**, 073408 (2002).

Priester, C., and Lannoo, M., *Phys. Rev. Lett.* **75**, 93 (1995).

Probstein, R. F., *J. Chem. Phys.* **19**, 619 (1951).

Ramana Murty M. V., and Cooper, B. H., *Phys. Rev. Lett.* **83**, 352(1999).

Ratsch, C., and Zangwill, A., *Surf. Sci.* **293**, 123 (1993).

Ratsch, C., Zangwill, A., Šmilauer, P., and Vvedensky, D. D., *Phys. Rev. Lett.* **72**, 3194 (1994).

Rawlings, K. J., Gibson, M. J., and Dobson, P. J., *J. Phys.* **D11**, 2059(1978).

Reed, M. A., *Scienific American*, (January 98 1993).

Reiss, H., *J. Chem. Phys.* **18**, 840 (1950).

Reiss, H., *Nucleation Phenomena* (Elzevier, 1977) p. 1.

Robins, J. L., and Rhodin, T. N., *Surf. Sci.* **2**, 346 (1964).

Robins, J. L., and Donohoe, A. J., *Thin Solid Films* **12**, 255 (1972).

Robinson, V. N. E., and Robins, J. L., *Thin Solid Films* **5**, 313 (1970).

Robinson, V. N. E., and Robins, J. L., *Thin Solid Films* **20**, 155 (1974).

Roland, C., and Gilmer, G. H., *Phys. Rev. Lett.* **67**, 3188 (1991).

Roland, C., and Gilmer, G. H., *Phys. Rev.* **B46**, 13428 (1992a).

Roland. C., and Gilmer, G. H., *Phys. Rev.* **B46**, 13437 (1992b).

Rollmann, L. D., *Adv. Chem. Ser.* **173**, 387 (1979).

Rosenberger, F., *Fundamentals of Crystal Growth* I : *Macroscopic Equilibrium and Transport Concepts*, *Springer Series in Solid State Physics* **5** (Springer, 1979).

Rosenberger, F., *Interfacial Aspects of Phase Transformations*, ed. B. Mutaftschiev, *NATO ASI Series*, *Series C*: *Mathematical and Physical Sciences* **87**(Reidel, 1982) p. 315.

Rosenfeld, G., Servaty, R., Teichert, C., Poelsema, B., and Comsa, G., *Phys. Rev. Lett.* **71**, 895 (1993).

Rottler, J., and Maass, P., *Phys. Rev. Lett.* **83**, 3490 (1999).

Royer, L., *Bull. Soc. Fr. Mineralog. Crystallogr.* **51**, 7 (1928).

Rudra, A., Houdré, R., Carlin, J. F., and Ilegems, M., *J. Cryst. Growth* **136**, 278 (1994).

Sakamoto, T., Kawai, N. J., Nakagawa, T., Ohta, K., and Kojima, T., *Appl. Phys. Lett.* **47**, 617(1985a).

Sakamoto, T., Funabashi, H., Ohta, K., Nakagawa, T., Kawai, N. G., Kojima, T., and Bando, Y., *Superlatt. Microstruct.* **1**, 347 (1985b).

Sakamoto, T., Kawai, N. J., Nakagawa, T., Ohta, K., Kojima, T., and Hashiguchi, G., *Surf. Sci.* **174**, 651 (1986).

Sakamoto, T., and Hashiguchi, G., *Jap. J. Appl. Phys.* **25**, L78 (1986).

Sakamoto, T., Sakamoto, K., Nagao, S., Hashiguchi, G., Kuniyoshi, K., and Bando, Y., *Thin Film Growth Techniques for Low-Dimensional Structures*, *NATO ASI Series*, *Series B*: *Physics*

163 (Plenum, 1987) p. 225.

Sakamoto, T., Sakamoto, K., Miki, K., Okumura, H., Yoshida, S., and Tokumoto, H., *Kinetics of Ordering and Growth at Surfaces*, ed. M. G. Lagally, *NATO ASI Series, Series B: Physics* (Plenum, 1990) p. 263.

Sakamoto, K., Miki, K., and Sakamoto, T., *J. Cryst. Growth* **99**, 510 (1990).

Sato, M., and Uwaha, M., *Phys. Rev.* **B51**, 11172 (1995).

Schikora, D., Schwedhelm, S., As, D. J., Lischka, K., Litvinov, D., Rosenauer, A., Gerthsen, D., Strassburg, M., Hoffmann, A., and Bimberg, D., *Appl. Phys. Lett.* **76**, 196 (2000).

Schlichting, H., *Boundary Layer Theory* (McGraw-Hill, 1968).

Schroeder, K., Engels, B., Richard, P., and Blügel, S., *Phys. Rev. Lett.* **80**, 2873 (1998).

Schwoebel, R. L., and Shipsey, E. J., *J. Appl. Phys.* **37**, 3682 (1966).

Schwoebel, R. L., *J. Appl. Phys.* **40**, 614 (1969).

Scott, A. C., Chu, F. Y. F., and McLaughlin, D. W., *Proc. IEEE* **61**, 1443 (1973).

Sharma, B. L., and Purohit, R. K., *Semiconductor Heterojunctions* (Pergamon, 1974).

Sharples, A., *Polymer* **3**, 250 (1962).

Shaw, D. W., *Heterostructures on Silicon: One Step Further with Silicon*, eds. Y. I. Nissim and E. Rosencher (Kluwer, 1989) p. 61.

Shchukin, V. A., Ledentsov, N. N., Kopp'ev, P. S., and Bimberg, D., *Phys. Rev. Lett.* **75**, 2968 (1995).

Shi, G., and Seinfeld, J. H., *J. Chem. Phys.* **93**, 9033 (1990).

Shoji, K., Hyodo, M., Ueba, H., and Tatsuyama, C., *Jap. J. Appl. Phys.* **22**, 1482 (1983).

Sigsbee, R. A., and Pound, G. M., *Adv. Coll. Interface Sci.* **1**, 335 (1967).

Sigsbee, R. A., *Nucleation*, ed. A. C. Zettlemoyer (Marcel Dekker, 1969) p. 151.

Skripov, V. P., Koverda, V. P., and Butorin, G. T., *Kristallografia* **15**, 1219 (1970).

Skripov, V. P., Koverda, V. P., and Butorin, G. T., *Growth of Crystals* **11**, University of Erevan, 1975, p. 25.

Skripov, V. P., *Current Topics in Materials Science* **2**, ed. E. Kaldis (North Holland, 1977) p. 327.

Šmilauer, P., and Harris, S., *Phys. Rev.* **B51**, 14798 (1995).

Smol'sky, I. L., Malkin, A. I., and Chernov, A. A., *Sov. Phys. Crystallogr.* **31**, 454 (1986).

Somorjai, G. A., and van Hove, M. A., *Progr. Surf. Sci.* **30**, 201 (1989).

Spaepen, F., and Turnbull, D., *Laser Annealing of Semiconductors*, eds. J. M. Poate and J. W. Mayer (Academic, 1982) p. 15.

Stern, O., *Z. Elektrochem.* **25**, 66 (1919).

Steigerwald, D. A., Jacob, I., and Egelhoff, Jr. W. F., *Surf. Sci.* **202**. 472 (1988).

Stillinger, F., and Weber, T. A., *Phys. Rev.* **B36**, 1208 (1987).

Stock, K. D., and Menzel, E., *J. Cryst. Growth* **43**, 135 (1978).

Stock, K. D., and Menzel, E., *Surf. Sci.* **91**, 655 (1980).

Stoop, L. C. A., and van der Merwe, J. H., *Thin Solid Films* **17**, 291 (1973).

Stowell, M. J., *Philos. Mag.* **21**, 125 (1970).

Stoyanov, S., *Thin Solid Films* **18**, 91 (1973).

Stoyanov, S., *J. Cryst. Growth* **24/25**, 293 (1974).

Stoyanov, S., *Current Topics in Materials Science* **3**, ed. E. Kaldis (North Holland, 1979) p. 421.

Stoyanov, S., and Kashchiev, D., *Current Topics in Materials Science* **7**, ed. E. Kaldis (North Holland, 1981) p. 69.

Stoyanov, S., and Markov, I., *Surf. Sci.* **116**, 313 (1982).

Stoyanov, S., *Surf. Sci.* **172**, 198 (1986).

Stoyanov, S., *Surf. Sci.* **199**, 226 (1988).

Stoyanov, S., and Michailov, M., *Surf. Sci.* **109**, 124 (1988).

Stoyanov, S., *J. Cryst. Growth* **94**, 751 (1989).

Stoyanov, S., *Europhys. Lett.* **11**, 361 (1990).

Stranski, I. N., *Ann. Univ. Sofia* **24**, 297 (1927).

Stranski, I. N., *Z. Phys. Chem.* **36**, 259 (1928).

Stranski, I., *Z. Phys. Chem.* **A142**, 453 (1929).

Stranski, I. N., and Kuleliev, K., *Z. Phys. Chem.* **A142**, 467 (1929).

Stranski, I. N., and Totomanow, D., *Z. Phys. Chem.* **A163**, 399(1933).

Stranski, I. N,, and Kaischew, R., *Z. Phys. Chem.* **B26**, 100 (1934a).

Stranski, I. N., and Kaischew, R., *Z. Phys. Chem.* **B26**, 114 (1934b).

Stranski, I. N., and Kaischew, R., *Z. Phys. Chem.* **B26**, 132 (1934c).

Stranski, I. N., and Kaischew, R., *Z. Phys. Chem.* **A170**, 295 (1934d).

Stranski, I. N., and Kaischew, R., *Ann. Phys.* **23**, 330 (1935).

Stranski, I. N., *Ann. Sofia Unversity* **30**, 367 (1936/1937).

Stranski, I. N., Kaischew, R., and Krastanov, L., *Z. Phys. Chem.* **B23**, 158 (1933).

Stranski, I. N., and Krastanov, L., *Sitzungsber. Akad. Wissenschaft Wien* **146**, 797 (1938).

Strassburg, M., Deniozou, Th., Hoffmann, A., Heitz, R., Pohl, U. W., Bimberg, D., Litvinov, D., Rosenauer, A., Gerthsen, D., Schwedhelm, S., Lischka, K., and Schikora, D., *Appl. Phys. Lett.* **76**, 685 (2000).

Strickland-Constable, R. F., *Kinetics and Mechanism of Crystallization* (Academic, 1968).

Stumpf, R., and Scheffler, M., *Phys. Rev. Lett.* **72**, 254 (1994).

Sugita, Y., Tamura, M., and Sugawara, K., *J. Appl. Phys.* **40**, 3089 (1969).

Suliga, E., and Henzler, M., *J. Vac. Sci. Technol.* **A1**, 1507 (1983).

Sunagawa, I.,, and Bennema, P., *Preparation and Properties of Solid State Materials*, ed. W. R. Wilcox, **7** (Marcel Dekker, 1982) p. 1.

Swalin, R. A., *Thermodynamics of Solids*, 2nd ed. (John Wiley & Sons, 1991).

Swartzentruber, B. S., Mo, Y. W., Kariotis, R., Lagally, M. G., and Webb, M. B., *Phys. Rev. Lett.* **65**, 1913 (1990).

Swendsen, R. H., *Phys. Rev.* **B17**, 3710 (1978).

Szyszkowski, B., *Z. Phys. Chem.* **64**, 385 (1908).

Takayanagi, K., *Surf. Sci.* **104**, 527 (1981).

Tamman, G., *Der Glaszustand* (L. Voss, Leipzig, 1933).

Temkin, D., *Mechanism and Kinetics of Crystallization*, Nauka i Technika, Minsk, 1964, p. 86.

Temkin, D., *Growth of Crystals* **5b**, ed. N. N. Sheftal' (Consultant Bureau, 1968) p. 71.

Temkin, D., and Shevelev, V. V., *J. Cryst. Growth* **52**, 104 (1981).

Temkin, D., and Shevelev, V. V., *J. Cryst. Growth* **66**, 380 (1984).

Tersoff, J., and Tromp, R., *Phys. Rev. Lett.* **70**, 2782 (1993).

Tersoff, J., and LeGoues, F. K., *Phys. Rev. Lett.* **72**, 3570 (1994).

Tersoff, J., Denier van der Gon, A. W., and Tromp, R. M., *Phys. Rev. Lett.* **72**, 266 (1994).

Theodorou, G., and Rice, T. M., *Phys. Rev.* **B18**, 2840 (1978).

Thomas, D. G,, and Staveley, L. A. K., *J. Chem. Soc.* 4569 (1952).

Thomy, A., Duval, X., and Regnier, J., *Surf. Sci. Rep.* **1**, 1 (1981).

Thomson, G. P., and Reid, A., *Nature* **119**, 80 (1927).

Thornton, J. M. C., Williams, A. A., Macdonald, J, E., van Silfhout, R. G., Finney, M. S., and Norris, C., *Surf. Sci.* **273**, 1 (1992).

Tian, Z. -J., and Rahman, T. S., *Phys. Rev.* **B47**, 9751 (1993).

Timoshenko, S., *Theory of Elasticity* (McGraw-Hill, 1934).

Tkhorik, Yu. A., and Khazan, L. S., *Plasticheskaya Deformaciya i Dislokacii Nesootvetstvia v Geteroepitaksial'nych Sistemakh* (Naukova Dumka, 1983).

Toda, M., *J. Phys. Soc. Japan* **22**, 431 (1967).

Tolman, R. C., *J. Chem Phys.* **17**, 333 (1949).

Toschev, S., Paunov, M., and Kaischew, R., *Commun. Dept. Chem.*, *Bulg. Acad. Sci.* **1**, 119 (1968).

Toschev, S., and Markov, I., *J. Cryst. Growth* **3/4**, 436 (1968).

Toschev, S., and Markov, I., *Ber. Bunsenges. Phys. Chem.* **73**, 184(1969).

Toschev, S., Milchev, A., Popova, K., and Markov, I., *C. R. l'Acad. Bulg. Sci.* **22**, 1413 (1969).

Toschev, S., and Gutzow, I., *Kristall und Technik* **7**, 43 (1972).

Toschev, S., Stoyanov, S., and Milchev, A., *J. Cryst. Growth* **13/14**, 123 (1972).

Toschev, S., *Crystal Growth: An Introduction*, ed. P. Hartmann(North Holland, 1973) p. 1.

Tromp, R. M., Hamers, R. J., and Demuth, J. E., *Phys. Rev. Lett.* **55**, 1303 (1985).

Tsong, T. T., *Atome Probe Field Ion Microscopy* (Cambridge University Press, 1990).

Tsong, T. T., *Physics Today* **46**, 24 (1993).

Turnbull, D., *J. Appl. Phys.* **21**, 1022 (1950).

Turnbull, D., and Sech, R. E., *J. Appl. Phys.* **21**, 804 (1950).

Turnbull, D., *Solid State Physics*, eds. F. Seitz and D. Turnbull, **3** (Academic, 1956) p. 224.

Uhlmann, D. R., and Chalmers, B., *Nucleation Phenomena*, ed D. E. Gushee (American Chemical Society, 1966) p. 1.

van de Leur, R. H. M., Schellingerhout, A. J. G., Tuinstra, F., and Mooji, J. E., *J. Appl. Phys.* **64**, 3043 (1988).

van der Eerden, J. P., *J. Cryst. Growth* **56**, 174 (1982).

van der Eerden, J. P., *Electrochim. Acta* **28**, 955 (1983).

van der Eerden, J. P., and Müller-Krumbhaar, H., *Phys. Rev. Lett.* **57**, 2431 (1986).

van der Merwe, J. H., *Proc. Phys. Soc. London* **A63**, 616 (1950).

van der Merwe, J. H., *J. Appl. Phys.* **34**, 117 (1963a).

van der Merwe, J. H., *J. Appl. Phys.* **34**, 123 (1963a).

van der Merwe, J. H., *J. Appl. Phys.* **41**, 4725 (1970).

van der Merwe, J. H., *Treatise on Materials Science and Technlogy* **2**, ed. H. Herman (Academic, 1973) p. 1.

van der Merwe, J. H., *J. Microscopy* **102**, 261 (1974).

van der Merwe, J. H., *Epitaxial Growth*, Part B, ed. J. W. Matthews (Academic, 1975) p. 494.

van der Merwe, J. H., *CRC Critical Reviews in Solid State and Materials Science*, ed. R. Vancelow (CRC Press, Boca Raton, 1979) p. 209.

van der Merwe, J. H., Woltersdorf, J., and Jesser, W. A., *Mater. Sci. Eng.* **81**, 1 (1986).

van der Vegt, H. A., van Pinxteren, H. M., Lohmeier, M., Vlieg, E., and Thornton, J. M. C., *Phys. Rev. Lett.* **68**, 3335 (1992).

van der Vegt, H. A., Alvarez, J., Torrelles, X., Ferret, S., and Vlieg, E., *Phys. Rev.* **B52**, 17443 (1995).

van der Vegt, H. A., Vrijmoeth, J., Behm, R. J., and Vlieg, E., *Phys. Rev.* **B57**, 4127 (1998).

van Hove, J. M., Lent, C. S., Pukite, P. R., and Cohen, P. I., *J. Vac. Sci. Technol.* **B1**, 741 (1983).

van Loenen, E. J., Elswijk, H. B., Hoeven, A. J., Dijkkamp, D., Lenssinck, J. M., and Dieleman, J., *Kinetics of Ordering and Growth at Surfaces* ed. M. Lagally (Plenum, 1990) p. 283.

Vanselow, R., and Li, X. Q. D., *Surf. Sci.* **281**, L326 (1993).

Vanselow, R., and Li, X. Q. D., *Surf. Sci.* **301**, L229 (1994).

Vegard, L., *Z. Phys.* **5**, 17 (1921).

Vekilov, P. G., Kuznetsov, Yu. G., and Chernov, A. A., *J. Cryst. Growth* **121**, 643 (1992).

Venables, J. A., *Philos. Mag.* **27**, 697 (1973).

Venables, J. A., Spiller, G. D. T., and Hanbücken, M., *Rep. Prog. Phys.* **47**, 399 (1984).

Venables, J. A., *Current Topics in Materials Science* **2**, ed. E. Kaldis (North Holland, 1979) p. 165.

Venables, J. A., Derrien, J., and Janssen, A. P., *Surf. Sci.* **95**, 411(1980).

Villain, J., *Ordering in Strongly Fluctuating Condensed Matter Systems*, ed. T. Riste, *NATO ASI Series B: Physics* **50** (Plenum, 1980) p. 222.

Villain, J., *J. Phys. I France* **1**, 19 (1991).

Villarba, M., and Jónsson, H., *Surf. Sci.* **317**, 15 (1994).

Vitanov, T., Sevastianov, E., Bostanov, V., and Budevski, E., *Elektrokhimiya* (*Sov. Electrochem*, *USSR*) **5**, 451 (1969).

Vitanov, T., Popov, A., and Budevski, E., *J. Electrochem. Soc.* **121**. 207 (1974).

Voigtländer, B., and Zinner, A., *Surf. Sci.* **292**, L775 (1993).

Voigtländer, B., and Zinner, A., *Appl. Phys. Lett.* **63**, 3055 (1993a).

Voigtländer, B., and Zinner, A., *J. Vac. Sci. Technol.* **A12**, 1932(1994).

Voigtländer, B., Zinner, A., Weber, T., and Bonzel, H. P., *Phys. Rev.* **B51**, 7583 (1995).

Voigtländer, B., *Surf. Sci. Rep.* **43**, 127 (2001).

Volmer, M., and Weber, A., *Z. Phys. Chem.* **119**, 277 (1926).

Volmer, M., *Kinetik der Phasenbildung* (Theodor Steinkopf, 1939).

Volterra, V., *Ann. Ecole Norm. Super.* **24**, 400 (1907).

Vook, R. W., *Int. Metals Rev.* **27**, 209 (1982).

Vook, R. W., *Opt. Eng.* **23**, 343 (1984).

Voronkov, V. V., *Sov. Phys. Crystallogr.* **15**, 13 (1970).

Vrijmoeth, J., van der Vegt, H. A., Meyer, J. A., Vlieg, E., and Behm, R. J., *Phys. Rev. Lett.* **72**, 3843 (1994).

Vvedensky D. D., Clarke, S., Hugill, K. J., Wilby, M. R., and Kawamura, T., *J. Cryst. Growth* **99**, 54 (1990a).

Vvedensky, D. D., Clarke, S., Hugill, K. J., Myers-Beaghton, A. K., and Wilby, M. R., *Kinetics of Ordering and Growth at Surfaces*, ed. M. G. Lagally (Plenum, 1990b) p. 297.

Wakeshima, H., *J. Chem. Phys.* **22**, 1614 (1954).

Walther, T., Cullis, A. G., Norris, D. J., and Hopkinson, M., *Phys. Rev. Lett.* **86**, 2381 (2001).

Walton, A. G., *Formation and Properties of Precipitates* (John Wiley, 1967).

Walton, A. G., *Nucleation*, ed. A. C. Zettlemoyer (Marcel Dekker, 1969) p. 225.

Walton, D., *J. Chem. Phys.* **37**, 2182 (1962).

Walton, D., *Nucleation*, ed. A. C. Zettlemoyer (Marcel Dekker, 1969) p. 379.

Wang, M. H., and Chen, L. J., *J. Appl. Phys.* **71**, 5918 (1992).

Wang, S. C., and Ehrlich, *Phys. Rev. Lett.* **67**, 2509 (1991).

Wang, S. C., and Ehrlich, *Phys. Rev. Lett.* **71**, 4174 (1993b).

Wang, S. C., and Ehrlich, *Phys. Rev. Lett.* **71**, 41 (1993a).

Wang, S. C., and Tsong, T. T., *Surf. Sci.* **121**, 85 (1982).

Weeks, J. D., *Ordering in Strongly Fluctuating Condensed Matter Systems*, ed. T. Riste, *NATO ASI Series B: Physics* **50** (Plenum, 1980) p. 293.

Wilby, M. R., Clarke, S., Kawamura, T., and Vvedensky, D. D., *Phys. Rev.* **B40**, 10617 (1989).

Wilby, M. R., Ricketts, M. W., Clarke, S., and Vvedensky, D. D., *J. Cryst. Growth* **111**, 864 (1991).

Wilemski, G., *J. Chem. Phys.* **62**, 3763 (1975a).

Wilemski, G., *J. Chem. Phys.* **62**, 3772 (1975b).

Wilson, H. A., *Philos. Mag.* **50**, 609 (1900).

Wolf, P. E., Gallet, F., Balibar, S., Rolley, E., and Nozières, P., *J. Phys.* **46**, 1987 (1985).

Woltersdorf, J., *Thin Solid Films* **85**, 241 (1981).

Wood, C. E. C., *Surf. Sci. Lett.* **108**, L441 (1981).

Wulff, G., *Z. Kristallographie* **34**, 449 (1901).

Wulfhekel, W., Lipkin, N. N., Kliewer, J., Rosehfeld, G., Jorritsma, L. C., Poelsema, B., and Comsa, G., *Surf. Sci.* **348**, 227 (1996).

Xie, Y. H., Gilmer, G. H., Roland, C., Silverman, P. J., Buratto, S. K., Cheng, J. Y., Fitzgerald, E. A., Kortan, A. R., Schuppler, S., Marcus, M. A., and Citrin, P. H., *Phys. Rev. Lett.* **73**, 3006 (1994).

Yamaguchi, T., and Fujima, N., *J. Phys. Soc. Japan* **60**, 1028 (1991).

Yang, Y., and Williams, E. D., *Surf. Sci.* **215**, 102 (1989).

Yau, S. -T., Thomas, B. R., and Vekilov, P. G., *Phys. Rev. Lett.* **85**, 353 (2000).

Young, T., *Trans. Roy. Soc. London* **95**, 65 (1805).

Yu, W., and Madhukar, A., *Phys. Rev. Lett.* **79**, 905 (1997).

Yu, B. D., and Oshiyama, A., *Phys. Rev. Lett.* **72**, 3190 (1994).

Zeldovich, Ya. B., *Acta Physicochim. USSR* **18**, 1 (1943).

Zeldovich, Ya. B., and Myshkis, A. D., *Elements of Applied Mathematics*, 2nd edition (Nauka, Moscow, 1967).

Zeng, X. C., and Oxtoby, D. W., *J. Chem. Phys.* **95**, 5940 (1991).

Zettlemoyer, A. C., ed., *Nucleation* (Marcel Dekker, 1969).

Zhang, J., and Nancollas, G. H., *J. Cryst. Growth* **106**, 181 (1990).

Zhang, Z., Lu, Y., and Metiu, H., *Surf. Sci.* **248**, L250 (1991a).

Zhang, Z., Lu, Y., and Metiu, H., *Surf. Sci.* **255**, L543 (1991b).

Zhang, Z., Lu, Y., and Metiu, H., *Surf. Sci.* **255**, L719 (1991c).

Zhang, Z., and Lagally, M., *Phys. Rev. Lett.* **72**, 693 (1994).

Zhdanov, G. S., *Kristallographiya* **21**, 706 (1976).

Zhong, L., Zhang, T., Zhang, Z., and Lagally, M. G., *Phys. Rev.* **B63**. 113403 (2001).

Zinke-Allmang, M., *Thin Solid Films* **346**, 1 (1999).

Zinsmeister, G., *Vacuum* **16**, 529 (1966).

Zinsmeister, G., *Thin Solid Films* **2**, 497 (1968).

Zinsmeister, G., *Thin Solid Films* **4**, 363 (1969).

Zinsmeister, G., *Thin Solid Films* **7**, 51 (1971).

索　引

译 者 后 记

晶体生长是与当今世界许多工业都紧密相关的科学技术之一，尤其在如今"物联网"、"大数据"的信息社会的背景之下，微电子与光电子技术的飞速发展也对高质量晶体块材和薄膜的生长有迫切的需求。回顾晶体生长发展的历史，其实是一部基础科学和仪器设备共同进步的发展史，所以对于从事先进材料生长相关工作的人们，一般首先接触而专精的是化学气相沉积、分子束外延等精密复杂的生长设备，而对于晶体生长和外延方面的基础知识，尤其是决定和主导生长的热力学及动力学过程，则往往是泛泛了解。介绍晶体和外延生长的书籍，经常也是围绕生长、检测相关技术展开介绍，简要涉及其中的材料、物理、化学基础知识。这本书恰好相反，它基本没有技术手段的相关介绍，而是完全利用数学和物理分析，从热力学和原子动力学上来描述成核、晶体生长和外延的过程，解析性地、非常深入地阐释了其中的种种机制。从这个角度讲，虽然本书称为"给初学者"的晶体生长之著作，但是译者认为，对于首次接触晶体和外延生长的初学者来说，如果缺乏直接的感性认识，阅读本书会感到有些艰深，甚至枯燥（正因如此，将书名意译为《晶体生长初步》）。但是，如果对于晶体材料的生长、检测已经有了一些接触和研究，这本书就成为一本难得的经典著作，读者会发现，在实践中纷繁复杂的表象之下，隐藏的正是本书用大量公式推导、演绎的热力学和动力学过程。本书沿着这条思路，利用明快晓畅的方式，使读者可对生长过程进行深入理解，乃至预测，因为"热力学告诉我们何为可能而何为不可能"。这也是本书成为从事晶体和外延生长的研究者们的必读参考书的原因。

本书的英文原版有 500 多页，但仅分为四章，即晶体-环境相平衡，成核，晶体生长以及外延生长。第一章基于吉布斯的经典工作介绍了热力学的基本概念；第二章讨论了二维、三维核的同质及异质成核，并研讨了成核率的相关理论知识。前两章涉及的理论成为理解后两章的基础。第三章主要讨论晶体表面的生长，尤其是层状生长，第二版中加入了 Ehrlich-Schwoebel 势垒的知识。第四章对于从事晶体和外延生长的科研人员最为有用，讨论了外延界面的结构和能量，介绍了外延薄膜的生长机制，尤其是著名的三种基本生长过程，即 Volmer-Weber 生长、Stranski-Krastanov 生长以及 Frank-van der Merwe 生长，并在第二版中加入了表面活性剂的影响。通过上述介绍不难看出，读者要更好地理解这些内容，最好有一些固体物理学、结晶学和统计热力学的基础知识。

本书作者 Ivan Markov 现为保加利亚科学院荣誉教授，毕业于保加利亚的著名学府索菲亚大学，该大学孕育了在晶体生长动力学理论方面有突出贡献的 Kaischew 教授的研究组，作者是晶体生长和外延的专家，也曾是该组成员之一，其研究主要活跃于 20 世纪八九十年代及 21 世纪初。本书第一版的成书时间为 20 世纪 90 年代，所以第一版引文的绝大部分发表于 20 世纪 80 年代之前，第二版中才加入了许多 20 世纪末及 21 世纪初的文献，书中对于晶体生长中掺杂的影响没有介绍，但这并不影响本书在该领域的经典教科书的地位。由于本书偏重数学、物理描述，所以并不好读，也招致一些读者的批评，但作者在第二版序言中写道，虽然他努力使得可读性更强，但并不愿将一本物理教科书写得如同畅销小说，他希望读者进行一些努力来掌握此书的内涵。译者在翻译时以"信"和"达"为准则，如实反映原文本意，同时在多数时候也力图兼顾"雅"，使译文更符合中文阅读习惯，从而让读者接受起来更加轻松。

译者从事外延生长的材料与应用物理研究多年，此书一直为案头参考书，所以抱有良好的初衷，希望更多的中文读者受益。然而，一方面译者对于本书中涉及的晶体块材生长部分从未涉猎，另一方面水平实属有限，因此译文中不足、错讹之处在所难免，请读者不吝指正。

王志明教授从动笔之前就一直给予我不断的鼓励，并且对书稿每一章都进行了细心的审阅及修改。翻译过程持续一年多，我得到了编辑同志的充分理解和帮助，同时也得到了家人的支持。博士生代立言在书稿校对过程中亦有贡献。在此一并表示深深的感谢！

牛刚

于西安交通大学

2016 年 8 月

材料科学经典著作选译

已经出版

非线性光学晶体手册（第三版，修订版）
V. G. Dmitriev, G. G. Gurzadyan, D. N. Nikogosyan
王继扬 译，吴以成 校

ISBN 978-7-04-027780-7

非线性光学晶体：一份完整的总结
David N. Nikogosyan
王继扬 译，吴以成 校

ISBN 978-7-04-027779-1

脆性固体断裂力学（第二版）
Brian Lawn
龚江宏 译

ISBN 978-7-04-025379-5

凝固原理（第四版，修订版）
W. Kurz, D. J. Fisher
李建国 胡侨丹 译

ISBN 978-7-04-028879-7

陶瓷导论（第二版）
W. D. Kingery, H. K. Bowen, D. R. Uhlmann
清华大学新型陶瓷与精细工艺国家重点实验室 译

ISBN 978-7-04-025600-0

晶体结构精修：晶体学者的SHELXL软件指南（附光盘）
P. Müller, R. Herbst-Irmer, A. L. Spek, T. R. Schneider,
M. R. Sawaya
陈昊鸿 译，赵景泰 校

ISBN 978-7-04-028880-3

金属塑性成形导论
Reiner Kopp, Herbert Wiegels
康永林 洪慧平 译，鹿守理 审校

ISBN 978-7-04-028136-1

金属高温氧化导论（第二版）
Neil Birks, Gerald H. Meier, Frederick S. Pettit
辛丽 王文 译，吴维弢 审校

ISBN 978-7-04-030273-8

金属和合金中的相变（第三版）
David A.Porter, Kenneth E. Easterling, Mohamed Y. Sherif
陈冷 余永宁 译

ISBN 978-7-04-030567-8

电子显微镜中的电子能量损失谱学（第二版）
R. F. Egerton
段晓峰 高尚鹏 张志华 谢琳 王自强 译

ISBN 978-7-04-031535-6

纳米结构和纳米材料：合成、性能及应用（第二版）
Guozhong Cao, Ying Wang
董星龙 译

ISBN 978-7-04-032624-6